高等学校教材

机械工程前沿著作系列 HEP MEF
HEP Series in Mechanical Engineering Frontiers

先进制造科学与技术丛书

MEMS 技术及应用

Technologies and Applications of MEMS

MEMS JISHU JI YINGYONG

蒋庄德 等 著

中国教育出版传媒集团
高等教育出版社 · 北京

内容简介

本书讨论的主题是微机电系统（MEMS）这一前沿交叉学科。作者通过对 MEMS 技术的主要方面：结构、材料、工艺、设计、测量进行系统论述，并随之对 MEMS 的典型应用进行分类介绍，为读者勾勒出当前微机电系统的发展全貌。作为对主体内容的补充和延伸，纳机电系统（NEMS）和石墨烯在本书的结尾部分被予以专门的讨论。为 MEMS 专业课程提供适用的本科和研究生教材是本书的出发点，为达此目的，本书在内容安排上注意基础理论知识和具体技术细节并重，力图体现作者对 MEMS 专业方向学生的培养理念和教学思路。

图书在版编目（CIP）数据

MEMS 技术及应用 / 蒋庄德等著 . -- 北京 : 高等教育出版社，2018. 11（2024. 11 重印）

ISBN 978-7-04-050478-1

Ⅰ. ① M… Ⅱ. ①蒋… Ⅲ. ①微电机 Ⅳ. ① TM38

中国版本图书馆 CIP 数据核字（2018）第 203176 号

策划编辑 刘占伟　责任编辑 刘占伟　封面设计 杨立新　版式设计 杜微言
插图绘制 于 博　责任校对 刘 莉　责任印制 刁 毅

出版发行	高等教育出版社	咨询电话	400-810-0598
社　　址	北京市西城区德外大街4号	网　　址	http://www.hep.edu.cn
邮政编码	100120		http://www.hep.com.cn
印　　刷	涿州市京南印刷厂	网上订购	http://www.hepmall.com.cn
			http://www.hepmall.com
开　　本	787mm×1092mm 1/16		http://www.hepmall.cn
印　　张	21	版　　次	2018 年 11 月第 1 版
字　　数	400千字	印　　次	2024 年 11 月第 2 次印刷
购书热线	010-58581118	定　　价	69.00 元

本书如有缺页、倒页、脱页等质量问题，请到所购图书销售部门联系调换

物 料 号 50478-00

作者简介

蒋庄德, 中国工程院院士, 西安交通大学教授, 英国伯明翰大学博士、名誉教授, 澳大利亚新南威尔士大学客座教授; 教育部科学技术委员会副主任兼战略研究指导委员会主任, 国务院学位委员会学科评议组成员, 中国机械工程学会副理事长, 中国微米纳米技术学会副理事长等; 教育部 “微纳制造与测试技术” 国际联合实验室主任。担任 “Nature” 出版集团唯一工程类期刊 *Microsystems & Nanoengineering* 编委、中国工程院院刊 *Frontiers of Mechanical Engineering* 副主编、*International Journal of Manufacturing* 主编。

长期从事微纳制造与先进传感技术、精密超精密加工与测试技术及装备等方面的研究, 在高端 MEMS 传感技术及系列器件、数字化精密测量以及超精密加工技术与装备等工程科技领域成果卓著, 在微纳米技术相关基础理论和生物检测技术及仪器等方面开展了创新性研究。获国家技术发明二等奖 2 项, 国家科技进步二等奖 1 项, 其他省部级奖励 9 项; 获首届全国创新争先奖, 何梁何利科学与技术进步奖, 西安交通大学研究生教育突出贡献奖。发表学术论文 600 余篇。

序　　言

《MEMS 技术及应用》是西安交通大学仪器科学与技术学科开课已久的一门本科专业课, 并对机械、电气、电子、材料、航空等学科研究生开放。现在, 这门课程的教材作为 “先进制造科学与技术丛书” 中的一本得以在高等教育出版社出版, 可以视为作者对西安交通大学 MEMS 教学的一次很好的总结。

西安交通大学精密工程研究所是国内最早涉足 MEMS 领域研究的学术单位之一, 其在 MEMS 方向的科研活动可以回溯到 20 世纪 90 年代初。近 30 年来, 西安交通大学 MEMS 团队取得了令人瞩目的科研成就, 国家级各类重大科研项目不断承接, 大型专业实验设备日趋完备, 国际合作广泛深入, 实验室建设成就突出, 培养了数百名优秀的博士、硕士研究生, 高水平论文层出不穷, 多种微系统特别是微传感器器件成功研发, 至今已获得多项国家级科技奖项。

作为这个优秀科研团队的创建人和领军者, 蒋庄德院士与我长期共事, 其早期创业艰辛, 但能不畏困难, 努力登攀, 不仅在 MEMS 科研方面硕果累累、成绩斐然, 而且十分注重人才培养和教学工作。20 年前, 蒋教授凭借自身的丰富学识, 受邀到境外大学进行长达整个学期的 MEMS 授课, 成为该领域的国际知名学者。其后, 蒋教授又开设研究生 MEMS 课程, 进一步拓展了该课程的广度和深度。时至今日, 作者才将其教学所得汇集成书, 可见其人治学之严谨, 真正是厚积而薄发。

纵观全书, 内容全面系统, 不仅体现了作者团队认真细致的撰写态度, 也从侧面反映了西安交通大学 MEMS 团队研究方向既专且广的科研布局。当前, 是制造业与信息化深度融合的时代, MEMS 传感器在智能制造、增材制造、大数据和工业互联网等方向所发挥的作用日益重要。我相信, 这样一本内容翔实、立意深远的专业书籍不仅对于 MEMS 课程学习的学生而且对于该领域的众多研究者都具有十分有益的帮助和借鉴价值。在此, 由衷祝愿蒋院士团队不断取得研究和教学成果, 并对我国 MEMS 科研创新、技术进步和产业化继续做出重要的贡献。

2018 年 6 月 25 日

前　言

历经 30 余年的演进和发展, 微机电系统 (micro electro mechanical system, MEMS) 这门前沿交叉学科已积淀了诸多经典内容。中国多所研究型大学在研究生和本科生阶段已开设了 MEMS 课程, 而且一些高质量的中英文专业书籍也得到了广大师生的认可和好评, 尽管如此, MEMS 教材在适用性和有效性方面的改善和提升一直都在持续进行。

作为中国最早开展 MEMS 学科研究的学术单位之一, 西安交通大学精密工程研究所多年来在 MEMS 科研方面不乏出色的成绩, 但更有意义的成果是我们为 MEMS 学科培养了数百名博士、硕士研究生。在 MEMS 方向培养研究生的近 30 年中, 相关课程从初创到完备, 从研究生培养拓展到本科生教学, 从实验室建设到前沿科学研究和广泛的国际合作, 都在不断积累经验, 取得进步。

长期的科研工作、研究生培养和课堂教学实践使西安交通大学 MEMS 团队有了较深厚的积累, 正在兴起的智能传感器、大数据、智能制造、工业互联网和物联网, 特别是芯片核心技术的研究, 使得该学科更增发展动力。为大学的 MEMS 教学提供一本内容全面、逻辑清晰、特色鲜明的教材, 不仅很有必要, 而且正当其时。

经过长时间的编写和修改, 本书最终确定的章节内容包括: MEMS 导论、MEMS 结构、MEMS 材料、MEMS 工艺、MEMS 设计、MEMS 测量、MEMS 应用, 以及纳机电系统 (NEMS) 和石墨烯。全书系统地阐述了微机电系统的主流技术、典型应用和研究热点, 相信能够对同学们的 MEMS 学习提供有益的辅导和帮助。

西安交通大学多位老师参与了本书的编写工作: 第 3 章, 王海容、林启敬; 第 4 章, 卢德江、王琛英; 第 5 章, 田边、王久洪; 第 6 章, 王久洪、王海容; 第 7 章, 赵立波; 第 8 章, 杨树明、李磊; 第 9 章, 韩枫。在此对全体参编教师的辛勤工作表示感谢和敬意。

作者

2018 年 5 月

目　　录

第 1 章　MEMS 导论

1959 年, 诺贝尔奖获得者、加州理工学院教授费曼在其所作的著名演讲《底层的丰富》中问道 “为什么我们不可以从另外一个角度出发, 从单个的分子甚至原子开始进行组装, 以达到我们的要求?” 1981 年, 扫描隧道显微镜 (STM) 的发明为我们揭示了一个可见的原子、分子世界, 使我们观测物质的分子和原子成为可能。1984 年, 费曼在他的另外一次演讲中又提出了一个问题: “制造极其微小的、有可移动部件的机器的可能性有多大?” 2016 年, 三位科学家因发明了 “行动可控、在给予能源后可执行任务的分子机器” 获得了诺贝尔化学奖。以上历程, 虽然仅仅是微纳制造技术发展的一个缩影, 但却生动形象地说明了微纳制造对认识和改造物质世界所作出的巨大贡献。正如中国古代道家典籍《庄子》中所描述的蜗牛两根触角上的两个小国家, 两根蜗牛触角就是他们的整个世界, 也正如中国古语所言 “螺蛳壳里做道场”、“小天地里大乾坤”, 微纳制造和它所打造的 微机电系统 (MEMS)/纳机电系统 (NEMS) 将人类社会带进了一个设计和制造的全新领域。

始于 20 世纪 60 年代的集成电路 (integrate circuit, IC) 长期保持着高速发展态势, 被认为是 20 世纪标志性的技术与工业成就。这一人类追求电路微型化的成功努力不仅使计算机与信息技术发生了翻天覆地的变化, 而且也激发了人们在更广阔的领域内进行微小型化革命的雄心。IC 工艺的特征尺度在近几十年的时间里不断下降, 使芯片的面积在基本保持不变的情况下, 其内部所包含的器件数量按照摩尔定律 (Moore's Law) 呈指数上升。但显然这种持续降低特征尺度的技术进步是会触碰到天花板的, 毕竟原子有一定的物理体积。2015 年,《纽约时报》撰文指出摩尔定律在集成电路制造业的神话即将被打破; 摩尔本人亦认为摩尔定律到 2020 年就会黯然失色。因此, 从尺寸缩小转向功能扩展, 即 more than Moore, 而非 more Moore, 自然成为 IC 发展的一种道路选择。MEMS 因而得以在 IC 中诞生, 并从中分离出来, 成为一门独立的工程学科, 也被看作 IC "下一个符合逻辑的步伐"。

作为高年级本科生和研究生阶段的课程教材, 本书将全面系统地介绍 MEMS 的基本知识和基础理论。全书共计 9 章: 第 1 章为 MEMS 导论; 第 2 章为 MEMS 结构; 第 3 章为 MEMS 材料; 第 4 章为 MEMS 工艺; 第 5 章为 MEMS 设计; 第 6 章为 MEMS 测量; 第 7 章为 MEMS 应用; 第 8 章为 NEMS 概述; 第 9 章为石墨烯概述。

本章首先介绍 MEMS 的基本概念, 并以常规尺度的机电系统和 IC 作为参照物进一步解析概念的要点。之后的一个小节将着重讨论 MEMS 的主要优点与现阶段的不足, 并将进一步阐述 MEMS 的价值和面临的挑战。简要的发展历程之后是 MEMS 的市场状况, 了解这些方面的情况对于全面认识 MEMS 至关重要。

1.1 概念与定义

MEMS 是 micro electro mechanical system 的首字母缩写, 源于 1989 年美国国家自然科学基金委员会 (NSF) 举办的微细加工技术研讨会总结报告 *Microelectron Technology Applied to Electronical Mechanical System*, 其字面含义是指集成了微电子和微机械的微系统, 事实上现在人们对这一专业名词的理解已经放宽为所有超越 IC 功能并具有相似尺度的微型系统、器件或结构。

由于一系列特定的原因, 世界各地的学术界对这一事物的认知有不同的侧重之处, 相应地, 对 MEMS 概念的表述也不完全相同。

美国北卡罗来纳微电子中心 (MCNC) 的定义: MEMS 是由电子和机械组成的集成化器件或系统, 采用与集成电路兼容的大批量处理工艺制造, 尺寸在微米到毫米之间, 尤其是将计算、传感与执行融为一体, 从而改变了感知和控制自然界的方式。

欧洲 NEXUS (The Network of Excellence in Multi-functional Microsystems) 的定义: 微机构产品具有微米级结构, 并具有微机构形状提供的技术功能。微系统由多个微元件组成, 并作为一个完整的系统进行优化, 以提供一种或多种特定功能。

日本微机械中心的定义: 微机械由只有几毫米大小的功能元件组成, 它能够执行复杂、细微的任务。

国际电工技术委员会 (IEC) 的定义: 微系统是微米量级内的设计和制造技术。它集成了多种元件, 并适合于以低成本大批量生产。

前面三个代表性的定义反映了不同的技术路线, 都有所侧重, 而 IEC 的定义准确周到, 是对 MEMS 成熟而深刻的理解和表述。

为了便于学习, 这里再引用一个较为传统的表述: MEMS 是由微加工技术制备, 特征结构在微米尺度 (1μm ~ 1 mm 范围) 的, 集成有微传感器、微致动器、微电子信号处理与控制电路等部件的微型系统。其中, 微传感器用于获取外部信息, 微电子信号处理与控制电路用于处理信息并作出决策, 微致动器用于执行决策。

根据上述定义, MEMS 的内部结构如图 1.1 所示。MEMS 在结构组成和功能表现上与常规尺度的机电系统并无区别, 均能够对环境作出正确有效的反应, 两者的差别主要是结构特征尺度上的差异, MEMS 大致要小 3 ~ 4 个数量级。IC 与 MEMS 具有相同或者相似的尺度, 但无论其设计多么复杂, 终归只是电路部分而非完整的智能系统。IC 既不能够对工作环境中各种物理量进行感测, 也不具备机械运动或其他方式的执行功能, 而这两方面却正是 MEMS 的核心。

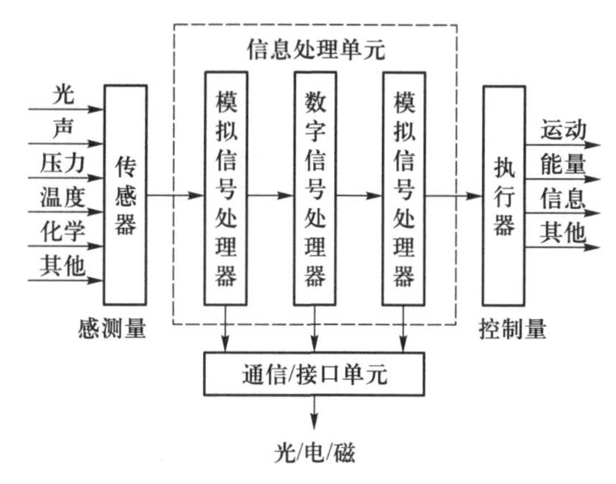

图 1.1 MEMS 的内部结构及其与外部环境的相互作用

1.2 优势与不足

从 MEMS 的定义出发, 我们可以容易地发现其拥有一些其他系统所不具备的固有优势。其中, 最明显的是 MEMS 系统和器件的尺寸十分微小, 通常在微米量级, 图 1.2 所示的微电机与一根人类头发的直径可相比拟。微小的尺寸不仅使得 MEMS

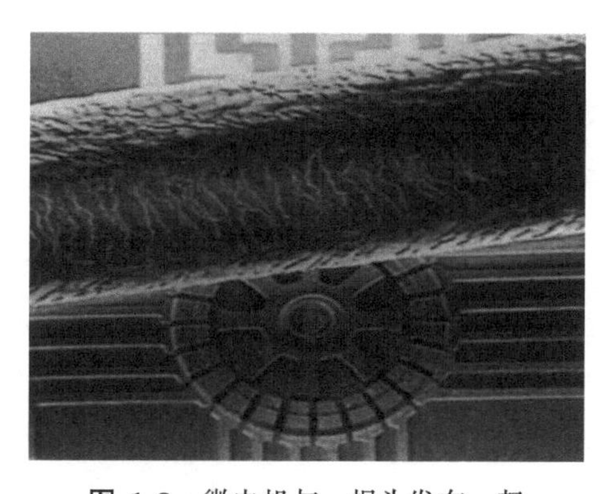

图 1.2 微电机与一根头发在一起

能够在一些常规机电系统无法介入的微小空间场合内工作，而且还意味着系统具有微小的质量和能耗，一个典型的例子是质量不到 1 kg 的微卫星，其照片如图 1.3 所示，这显然是对搭载质量极为关注的航天发射领域所乐见的。再者，微小的结构尺寸通常还为 MEMS 器件带来更高的灵敏度和更好的动态特性，这主要是因为微型系统的质量惯性和热惯性都小得多，微结构的固有频率通常也比较高。

图 1.3 Pico 卫星

MEMS 另外一个重要优势源于其制备工艺，目前 80% 以上的 MEMS 采用硅微工艺进行制作，这使其具有类比于 IC 的大批量生产模式。如图 1.4 所示，成阵列布置的一批芯片在前道加工工序中作为一个硅晶圆可同时得到加工，MEMS 芯片的制造成本因而得以大大降低，例如 ADI 公司非常成功的 MEMS 产品 —— 微加速度传感器芯片每片售价只有几美元。大批量制造带来的低成本可能是 MEMS 最重要的一个特点，虽然不像其尺寸微小那样显而易见，但它却是 MEMS 市场竞争力的核心。尤其对于以研发费用高和制造环境严苛为特点的精密制造工业，只有大批量制造才能有效保证产品的市场销量和竞争力。

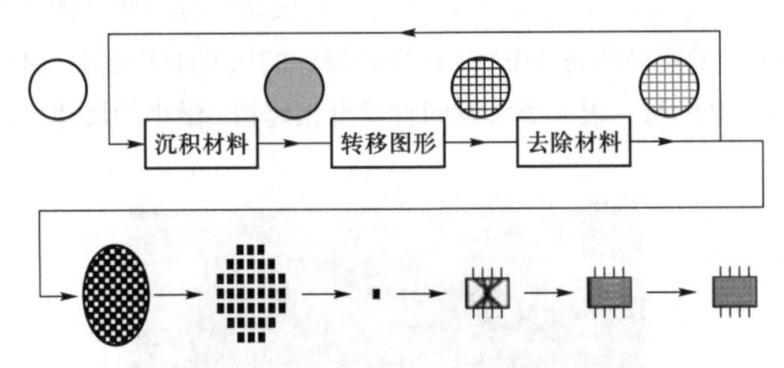

图 1.4 IC 工业模式的批量化制作流程

于单一芯片内实现机电集成也是 MEMS 独有的特点，这同样来自与 IC 兼容的硅微加工流程。单片集成 (monolithic integrate) 系统能够避免杂合 (hybrid) 系统中由各种连接所带来的电路寄生效应，因此可以达到更高的性能并更加可靠。图 1.5 所示是由美国桑迪亚 (Sandia) 国家实验室与加州大学伯克利分校的传感器与致动器

中心 (Berkeley Sensor & Actuator Center, BSAC) 联合研发的单片集成式 MEMS 惯性测量系统, 可以看到感测单元和外围电路被集成制作在同一芯片内。再者, 由于省去了连接和某些封装环节, 对于大批量制造来说, 单片集成更有利于节约成本。

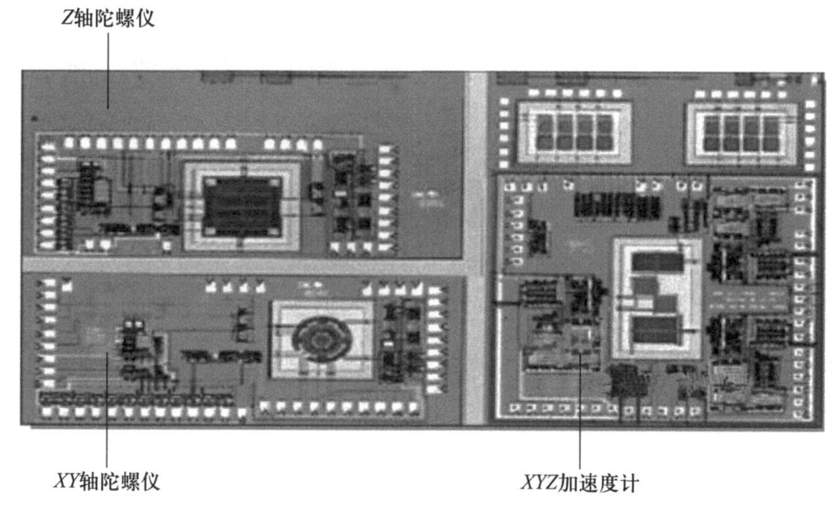

图 1.5 Sandia 国家实验室与 BSAC 联合研发的集成式 MEMS 惯性测量系统

除了具有上述优点之外, MEMS 在现阶段还存在着一些不足。首先, MEMS 的微小尺寸和大批量制造模式使得组件装配特别困难, 这极大地限制了 MEMS 结构组件的复杂程度, 从而削弱了整个系统的功能。因此, 目前许多 MEMS 都是设计成无需装配或者具有自装配功能的系统, 例如图 1.6 所示的由芯片内部装配机构立起的微平面镜。再者, MEMS 构件的加工绝对误差虽然很小, 但其相对误差较大 (图 1.7), 这对于有结构配合要求的应用场合显然是不利的。另外, 还存在 MEMS 硅微加工所适用的材料较为单一、三维加工能力明显不足等限制性因素, 这些方面的改进还有待人们对 MEMS 继续进行深入的研究。

图 1.6 由芯片内部装配机构立起的微平面镜

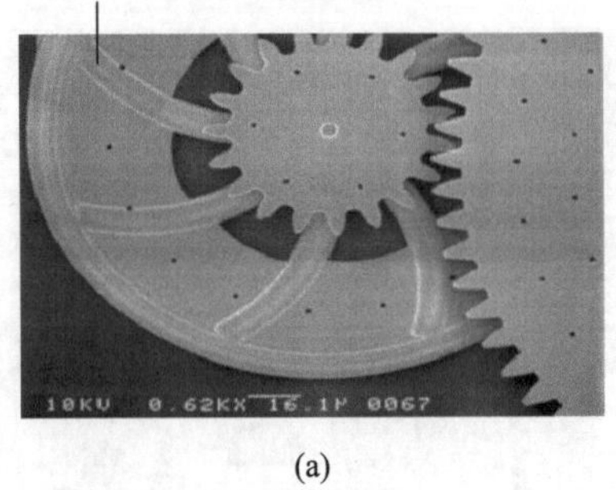

(a)

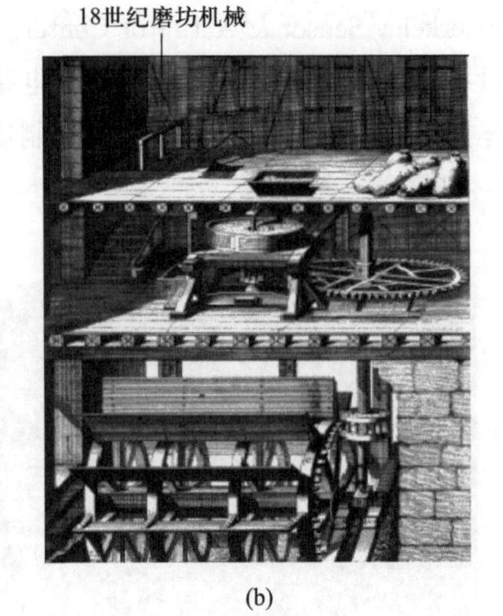

(b)

图 1.7 硅微工艺制备的微齿轮机构与 18 世纪磨坊机械的相对加工精度相当

1.3 历史与发展

1962 年, 世界上第一个真正意义上的 MEMS 器件 —— 微型硅压力传感器由 Honeywell 公司研制成功。1967 年, Westhousing 提出了共振门场效应管 (GFET) 的设想, 体现出采用牺牲层方法制造硅材料微机械结构的良好创意。1970 年, 出现了硅基加速度计。1977 年, 出现了电容式压力传感器。1979 年, 出现了微喷墨打印头。

20 世纪 80 年代初期, 以单晶硅的各向同性和各向异性腐蚀技术为代表的体硅微机械加工技术成为制作 MEMS 器件的有效手段。1980 年, 第一次进行了以多晶硅薄膜作为结构层的表面硅微工艺的实验, MEMS 制作技术取得突破性进展, 各种微细加工技术实验研究的高潮随后到来。1982 年, Petersen 发表论文 *Silicon as Mechanical Materials*, 详细阐述了基于硅技术的微机械器件制造的可能性和优点。同年, 德国卡尔斯鲁厄原子能研究中心提出了一种以高深宽比结构为特色的光刻电铸法 (LIGA) 工艺。1985 年, 牺牲层技术被引入微机械加工, 表面微机械加工概念由此产生, 进一步拓展了 MEMS 加工的灵活性。

1988 年, 美国加州大学伯克利分校和麻省理工学院分别采用表面工艺研制了 MEMS 静电电机。同年, 第一届 IEEE MEMS 国际会议召开。其后, 美国 15 名科学家提出 "小机器、大机遇: 关于新兴领域 —— 微动力学的报告" 的国家建议书, 声称 "由于微动力学 (微系统) 在美国的紧迫性, 应在这样一个新的重要技术领域与其他国家的竞争中走在前面"; 此建议得到了美国国家有关机构的重视, 连续大力投资, 并把微纳米技术与航空航天、信息作为科技发展的三大重点。

1989 年, Tang、Nguyen 等利用多晶硅表面牺牲层工艺研制出梳齿式静电力驱动器。1991 年, Pister、Judy 等利用多晶硅表面牺牲层工艺研制出多晶硅微铰链, 使得研制具有平面变形的微结构成为可能。1992 年, 美国国防高级研究计划局 (DARPA) 资助的 MCNC 公司推出标准化的三层多晶硅表面牺牲层微制造工艺。1993 年, 康奈尔大学发布了 SCREAM 工艺, 可以制备单晶硅材料的悬空结构。同年, 第一只由表面硅微工艺制作的片内集成处理电路的微加工速度传感器由 ADI 公司售出, 如图 1.8 所示, 标志着 MEMS 产业时代的到来。1994 年, Bosch 公司为 DRIE 工艺申请了专利。1998 年, 美国 Sandia 国家实验室推出了 5 层多晶硅 SUMMiT 工艺。

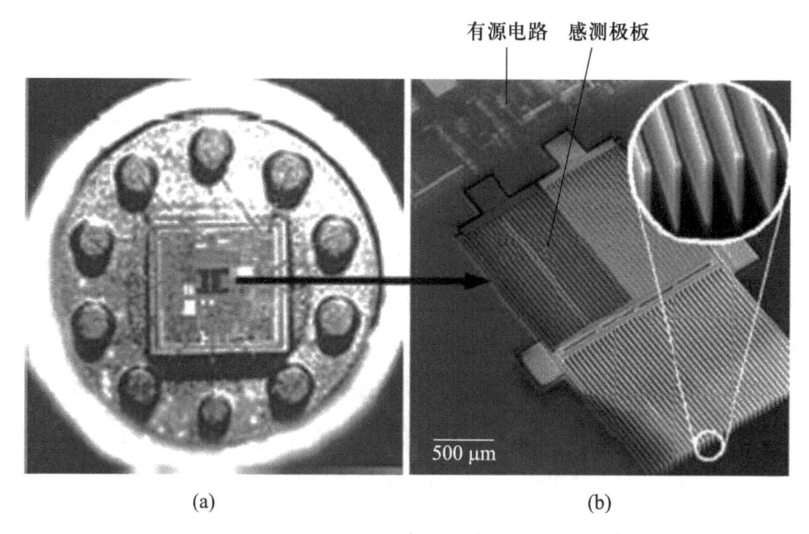

图 1.8 ADI 公司售出的第一批集成式加速度传感器

纵观 MEMS 的发展历程可以看出, 继承并发展源于 IC 的硅微加工工艺是促使 MEMS 产生一系列重大进步的主要动因, IC 已经极大地改变了这个世界, 时至今日, 许多大型、昂贵和复杂的电子系统已经为微小、高效和廉价的 IC 所代替。不过, 尽管 IC 的效能在以指数函数增长, 但其绝大多数的增长都集中在数据处理、存储和通信方面。MEMS 与已发生的硅革命不同, 它不仅仅是在硅上实现晶体管, 更为重要的是其崭新的结构使得芯片能够推理、感知、行动和交流。除了对信息进行存储和处理之外, MEMS 还能够处理化学物质、运动、光和知识, 其表征不再是单一的线宽, 而是芯片理解环境、影响环境和启发使用者的能力。近几十年来, MEMS 产品和技术不断地进行市场化的努力, 相信如同 IC 在 20 世纪所做的那样, MEMS 将在 21 世纪强有力地影响人类的生产与生活。

1.4 产业与市场

MEMS 产品的可靠性优良, 技术附加值高, 经济效益回报率大于传统产业, 其主要的市场有装备制造、仪器仪表、航空航天、军事、交通、生物医疗等。

第一轮 MEMS 商业化浪潮始于 20 世纪 80 年代初，当时用背底蚀刻形成膜片制作压力传感器，不久又出现了基于电容感应移动质量的加速计，用于触发汽车安全气囊和定位陀螺仪。

第二轮商业化出现于 20 世纪 90 年代，主要围绕着个人计算机和信息技术的兴起。德州仪器 (TI) 公司根据静电驱动斜微镜阵列推出了投影仪，而热致动式喷墨打印头直到现在仍然大行其道。

第三轮商业化出现于世纪之交，微光学器件通过全光开关及相关器件而成为光纤通信的补充。尽管该市场现在已萧条，但微光学器件从长期来看仍将是 MEMS 一个增长强劲的领域。

推动第四轮商业化的市场应用包括：面向射频的无源元件、在硅片上制作的音频、生物和神经元探针，以及生化药品开发系统和微型药品输送系统的静态和移动器件。

目前，MEMS 的新一轮浪潮伴随着消费类电子产品的市场，已经迅速兴起。2014 年，MEMS 传感器市场规模达到 130 亿美元。除了在物理、气体检测、化学分析等领域的应用外，MEMS 传感器在健康医疗、汽车、物联网等领域也表现出巨大的市场潜力。依赖关键技术的进步并跟随市场需求的导向，MEMS 先进传感器的种类越来越多，并逐渐向智能化、小型化、无线化、高精度发展。未来，智能手机和平板电脑，以及正在兴起的可穿戴设备、拥有百余个 MEMS 传感器的汽车电子系统等，将是 MEMS 主要的应用领域。

信息技术和制造技术的深度融合是 “中国制造 2025” 的核心主线，数字化、网络化、智能化是制造业也是装备制造行业发展的重要趋势。智能制造创新地融合了新兴的制造、智能、信息等科学技术，使得工业互联网、大数据、云计算、人工智能等技术在装备制造中得到有效应用。以 MEMS 传感器为重点发展方向的先进传感技术作为工业互联网、物联网以及大数据所需大量信息的直接来源，对智能制造、人工智能等领域的发展将起到至关重要的作用。

第 2 章　MEMS 结构

虽然拥有和常规尺度机电系统一样的内部组成: 传感、执行和信息处理单元, 但 MEMS 绝不是简单地将常规系统进行同比例的缩小。事实上, MEMS 的材料、制备工艺、测量技术、结构特征与换能机理均与常规系统迥然不同。既然这些主要的设计依据都是崭新的, MEMS 理所当然地体现出前所未有的独特面貌。这些独特的结构特征隐藏在 MEMS 产品千差万别的具体形式之中, 十分有必要进行讨论和总结。

MEMS 的材料、制备工艺、测量技术、设计方法还有应用实例, 在后续的章节中都有专门论述。本章则集中讨论塑造 MEMS 结构特征的三个最主要的影响因素: 尺度效应、微加工工艺和换能机理。

本章内容和后续章节存在一些内在联系, 例如尺度效应在 “MEMS 设计”、“MEMS 测量” 以及 “NEMS 概述” 等章节中会被重复提及; 在第 4 章中会详细讨论 MEMS 微加工的设备与技术条件; 换能机理会在第 7 章 —— “MEMS 应用” 中借助具体实例一一展现。因此, 希望读者阅读和学习中注意这些内容的相互对照和彼此印证。

2.1　微尺度效应对微结构的影响

微观尺度效应泛指由机构微小化所带来的与在常规尺度环境下具有不同表现的各种物理效应。

微观尺度效应可分为两大类: 一类是, 当物体尺度缩小至与粒子运行的平均自由程同一量级时, 介质连续性等宏观假定不再成立; 另一类是, 虽然连续介质等宏观假定仍然成立, 但由于物体尺度的微小化, 各种作用力的相对重要性产生了逆转, 从而导致了作用规律的变化。MEMS 的尺度介于纳米尺度 (分子尺度) 与常规尺度之间, 故而对其起主要作用的是第二类微观尺度效应。

物体的尺寸缩小到微米尺度时, 其力与运动原理、摩擦机理及许多物理效应都发生明显变化, MEMS 微观尺度效应主要表现在如下几个方面:

(1) 薄膜材料特性与块体材料有所不同[1-3]。

对于 MEMS 而言, 薄膜这一特殊的材料形态十分常见。它们可能是制作微结构的材料, 也可能是工艺过程中不可或缺的工艺层, 可以是金属单质、掺杂的半导体, 也可以是电介质、陶瓷或者高分子聚合物。各种薄膜的物理、化学性质各异, 共同之处在于它们的厚度为纳米至微米量级, 远远不及其平面尺寸。

与我们较为熟悉的块体材料不同, 薄膜是三维中有一维处于介观尺度形态的材料, 其材料特性严重地依赖于薄膜的具体制备工艺。例如: MEMS 表面硅微工艺中最常用的结构材料 —— 多晶硅薄膜, 其内部结晶状况随制备温度几十度的变化而有巨大差异, 相应的材料特性包括薄膜应力也剧烈地变化。

(2) 常规系统中经常被忽略的表面力在 MEMS 中占据主导作用。

MEMS 的尺度比常规机械结构低 $3\sim4$ 个量级, 随着特征尺度 L 的降低, 结构的比表面积 (表面积比体积) 会增大 $3\sim4$ 个量级。例如, 静电力正比于 L^2, 电磁力正比于 L^4, 重力正比于 L^3, 随着 L 的减小, 静电力越来越显著, 重力的影响相应减弱, 而电磁力减弱得更迅速, 这就是为什么常规系统中常见的电磁驱动在 MEMS 中难得一见, 相反, 常规很少采用的静电驱动结构在 MEMS 设计中却比比皆是[4]。

(3) 微摩擦的机理与常规摩擦有所不同。

在微米尺度, 构件间相对运动时, 运动界面的摩擦、润滑机理和性能有着与常规尺度不同的表现, 表面摩擦力、润滑膜黏滞力表现突出。因为材料塑性强度提高, 宏观上粗糙度和犁沟等因素对摩擦力的影响减弱, 微观摩擦将取决于构件表面间的分子作用力[5]。表面间的分子吸引力加剧了表面的贴合, 使得运动构件启动时的阻力增大。事实上, 在 MEMS 中作为运动负载的不再是质量惯性, 而是静电、分子间作用等造成的表面摩擦力。

(4) 热学表现不再符合常规经验。

随着特征尺度的大幅度降低, MEMS 结构的热消散能力 (可看作正比于 L^2) 相对于其热存储能力 (L^3) 急剧上升, 这意味着热量传递相对加快。这一变化所带来的利弊必须在 MEMS 热学器件的设计时加以考虑。热力驱动在常规尺度系统中因其频率低下而缺乏应用场合, 但是在 MEMS 中, 许多驱动结构都是依据各种热力效应, 它们有着不错的工作频率, 甚至可以满足精密而高效的喷墨打印。

(5) 常规的流体力学不再适用于微流体。

在 MEMS 的尺度, 与 L^2 成正比的毛细作用主导着微流体, 单位长度上的流体压降正比于 a^{-3}, 其中 a 为管道直径。由于如此明显的压降提升, 常规基于体积效应的泵不再有效, 基于表面效应 (如压电效应) 的泵则更为适用[6]。

2.2 微加工工艺对微结构的影响

毫无疑问, 任何人造系统的结构特征都反映了当时当地的工艺水平。MEMS 发展到今天, 制造技术已经取得长足进步, 但对于微结构的制作仍然不可能随心所欲。制备工艺对 MEMS 结构的制约和影响表现在方方面面, 下面举例详细说明。

1. 真正意义的三维结构十分有限

传统机械制造工艺依靠刀具和工件的相互运动, 可以加工复杂的三维形貌。但 MEMS 目前发展成熟的主流工艺 —— 硅微加工 (silicon micromachining) 和光刻电铸法 (LIGA) 本质上都是平面工艺, 两者均不具备自由加工三维结构的能力。虽然在 XY 平面上曲线可以十分复杂, 但在 Z (厚度、深度、高度) 方向, 即便深刻蚀和深光刻的能力上限已经达到毫米量级, 自由变化的侧壁仍然是设计的禁区。

2. 平面图形优先选用折线而非曲线

理论上 MEMS 加工所依赖的光刻工艺允许微结构的 XY 平面上存在任何曲线, 但在设计时仍应避免不必要的曲线存在。事实上, 对应后续的加工过程, 具有曲线还是折线轮廓的图形并无任何差别。但由于光刻掩模版的制作费用受该因素影响而存在巨大差异, 因此除非必要, MEMS 设计通常还是采用折线。常规尺度结构上通孔多为圆形, 是因为回转加工的方便性或者圆孔无应力集中的优点, 而相似的 MEMS 微结构上则布满方孔 (图 2.1)。

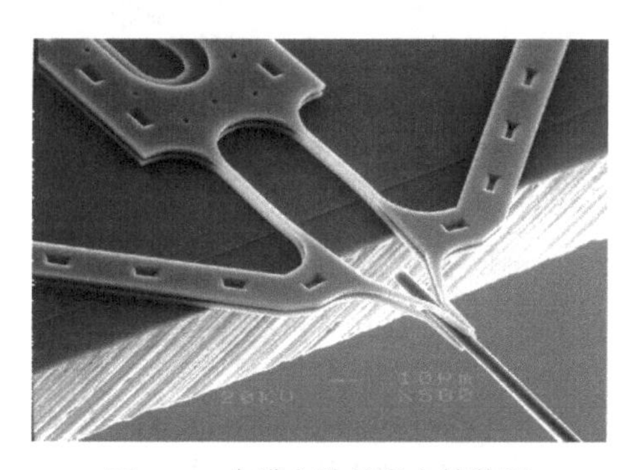

图 2.1 布满方孔的微夹持装置

3. 阵列式的结构相当多见

虽然在许多方面 MEMS 微加工比不上机械加工, 但有一个方面微加工具有绝对的优势。那就是, 与单件加工模式的机械加工不同, 无论是硅微加工还是光刻电铸都是不折不扣的批量加工工艺。这一点不仅意味着 MEMS 具有成本控制方面的先天优势, 而且其阵列结构, 哪怕是单元数量巨大的阵列, 也与单个结构的加工一样方便。MEMS 的设计者一直在努力运用这一结构上的有利之处, 针对具体的应用, 将一个复杂的工作分解为多个简单而相同的部分 (图 2.2)。

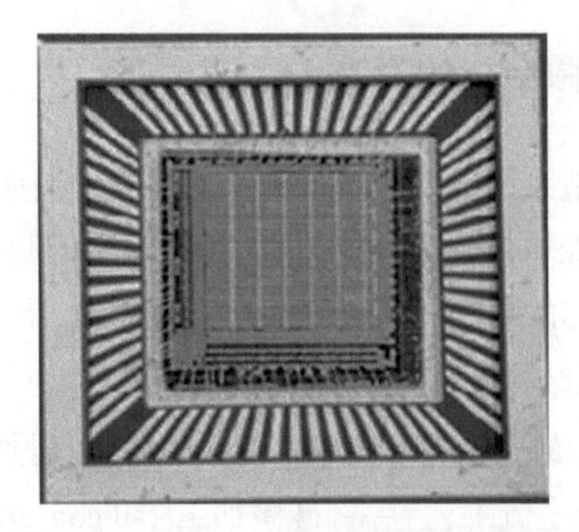

图 2.2 由 25 万多个微喷嘴组成的阵列

4. 运动副为弹性形变所取代

运动副规定了两个物体相对运动的具体形式, 通常包括有轨道、铰链、齿轮、轴承等。这些机械结构大多数都可以被今天的微加工所实现, 因此完全可以出现在 MEMS 的结构中。但更多的情况则是, 这些运动副被一些微结构的弹性形变所替代 (图 2.3), 以简化工艺的复杂度。当然, 足够的弹性形变需要足够大尺寸的弹性构件, 这在常规尺度下一般是不能容忍的浪费, 但对尺寸本就十分微小的 MEMS 来说却经常可以接受。

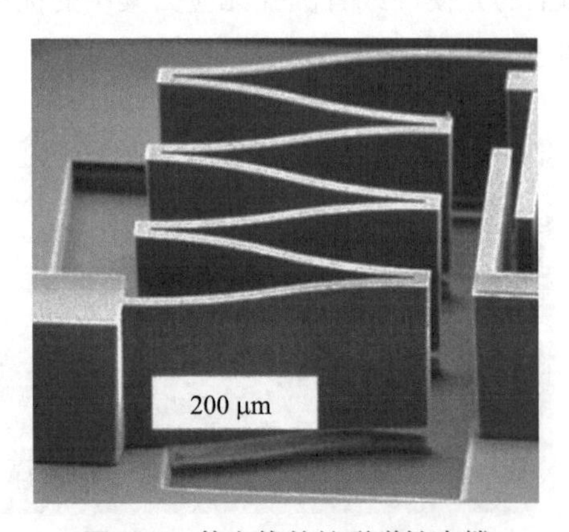

图 2.3 静电梳的蛇形弹性支撑

5. 伴随有自装配装置

多个构件的装配一直是 MEMS 面临的最关键的难题。牺牲层技术的出现在一定程度上提供了解决这一问题的方案, 但是其自装配的复杂程度仍然十分有限。因此, 一些难以依靠牺牲层技术实现的 MEMS 就不得不在其功能器件附近安放一条自装配线[7], 如图 2.4 所示。用户在启用该 MEMS 装置时需要自行启动装配线完成最终的结构形式, 以实现既定功能。许多时候, 这条自装配线比核心器件更为复杂和昂贵, 但这有可能是 MEMS 克服装配困难这一自身缺陷的必要选择。

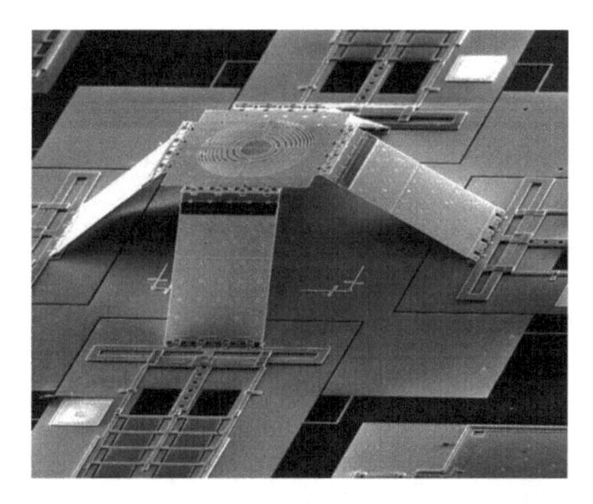

图 2.4 菲涅尔透镜由机械装配线确定其位置

2.3 换能物理效应对微结构的影响

虽然由于应用场合的不同, MEMS 器件的形式和功能具有很大的差异, 但其特征性的组成单元还是微传感器和微致动器。而传感器、致动器则可相应地看作实现非电量到电量、电量到非电量转换的功能器件, 因此无论设计何种 MEMS 产品都必须考虑采用恰当的换能物理效应。

由于上述原因, 某些换能效应相较于其他一些换能效应更适用于 MEMS 的设计。这同时也使得应用这些换能效应的 MEMS 在结构上具有各自鲜明的特征, 例如采用静电效应的 MEMS 器件, 无论是传感器还是致动器, 经常都表现为梳齿状结构[8-9]。下面将介绍几个 MEMS 致动器常采用的换能效应。

2.3.1 压电效应

压电效应 (piezoelectric effect) 是指压电晶体受力时其两端会产生电位差。同样地, 当压电晶体两端施加电压时, 晶体会产生伸缩变化。

图 2.5 所示为压电效应的示意图。在图 2.5a 中, 电介质在沿一定方向上受到外力的作用而变形时, 其内部会产生极化现象, 同时在它的两个相对表面上出现正负相反的电荷。当外力去掉后, 它又会恢复到不带电的状态, 这种现象称为正压电效应。在图 2.5a 中, 当作用力的方向改变时, 电荷的极性也随之改变。相反, 如图 2.5b 所示, 当在电介质的极化方向上施加电场时, 这些电介质也会发生变形, 电场去掉后, 电介质的变形随之消失, 这种现象称为逆压电效应。

压电材料主要的正压电效应/逆压电效应可分为纵向效应、横向效应和切向效应三种。压电微传感器、压电微执行器主要利用纵向效应, 可用于各种动态力、机械冲击与振动的测量。另外, 压电 MEMS 有个显著的优点: 通过适当的结构设计, 可以在一个单元上兼具传感/执行元件的双重功能。

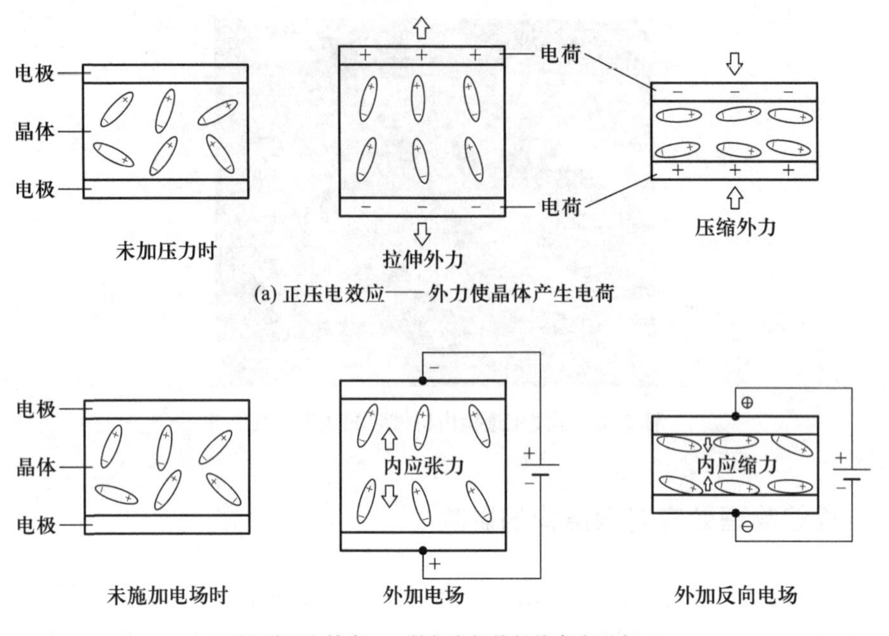

图 2.5 压电效应的示意图

压电式微传感器的优点包括: 响应速度快, 从 μs 到 ms 级范围; 输出力大 (与尺寸相比), 可达数 kPa; 微小位移输出稳定, 从 nm 到 μm 级范围非常适合制作微执行器元件, 体积小, 重量轻, 刚性好, 可以提高其固有频率, 得到较宽的工作频率范围; 灵敏度高, 稳定性好, 可靠。对应用纵向压电效应的传感器, 电荷量与晶体的变形无关, 因而灵敏度与传感器刚度无关; 输出具有比较理想的线性, 相关控制技术比较成熟。

压电式 MEMS 的缺点主要包括: 需要在硅的基底上生成其他材料的压电薄膜, 常用的有石英、锆钛酸铅 (PZT)、氧化锌等, 制作比较困难; 集成电路工艺兼容性不好。

在常规机电系统中, 压电晶体可以制作成多种形状, 例如悬臂、圆环、多层压合等, 但在 MEMS 中, 压电材料通常是以薄膜的形式存在, 如图 2.6 所示, 在弹性梁结构上附有一层压电薄膜, 当薄膜两面加电压 V 后, 悬臂梁各部分位移量为

$$\delta(x)=\frac{3t_{\mathrm{e}}(t_{\mathrm{e}}+t_{\mathrm{p}})E_{\mathrm{e}}E_{\mathrm{p}}x^2d_{31}V}{E_{\mathrm{e}}^2t_{\mathrm{e}}^4+E_{\mathrm{e}}E_{\mathrm{p}}(4t_{\mathrm{e}}^3t_{\mathrm{p}}+6t_{\mathrm{e}}^2t_{\mathrm{p}}^2+4t_{\mathrm{e}}t_{\mathrm{p}}^3)+E_{\mathrm{p}}^2t_{\mathrm{p}}^4} \tag{2.1}$$

式中, t_{e} 和 t_{p} 分别是弹性梁和压电薄膜的厚度; E_{e} 和 E_{p} 分别是其杨氏模量; d_{31} 是压电系数。并且假设弹性梁和压电薄膜的长度、宽度相同。

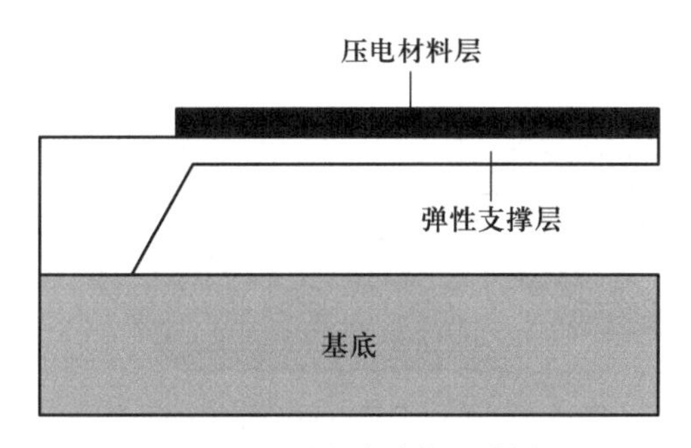

图 2.6 压电致动的悬臂梁

2.3.2 静电效应

静电 (electrostatic) 效应, 也称电容效应。

电容传感器的工作原理是利用力学量变化使电容器中一个参数发生变化, 从而实现信号的转换。由物理学可知, 在忽略边缘效应的情况下, 平板电容器的电容量为

$$C = \frac{\varepsilon_0 \varepsilon_r S}{d} \tag{2.2}$$

1) 极距变化

在电容器中, 若两极板相互覆盖面积及极间介质不变, 则电容量与极距 d 呈非线性关系。当两极板在被测参数作用下发生位移时, 引起电容量的变化为

$$\Delta C = -\frac{\varepsilon_0 \varepsilon_r S}{d^2} \Delta d \tag{2.3}$$

2) 面积变化

面积变化型电容传感器的工作原理是在被测参数的作用下来变化极板的有效面积, 常用的有角位移型和线位移型。

3) 介质变化

介质变化型大多用于测量电介质的厚度、位移、液位, 还可根据极板间介质的介电常数随温度、湿度、容量的改变来测量温度、湿度和容量等。

静电致动是 MEMS 最成熟也是采用最多的致动方式, 其好处是理论成熟, 对结构材料无特殊要求, 因而工艺相对简单, 而且工作频率高, 功耗低, 其主要缺点在于具有明显的非线性, 需高压驱动且驱动力较小。

一个采用牺牲层方法制备的简单的静电致动器的结构如图 2.7 所示。对于平行板电容, 其存储的能量 W 为

$$W = \frac{1}{2} C V^2 \tag{2.4}$$

式中, V 是两极板间的电压; C 为两极板之间的电容。所以, 极板间的作用力 F 为

$$F = \frac{\partial W}{\partial x} = \frac{1}{2} \frac{\partial C}{\partial x} V^2 \tag{2.5}$$

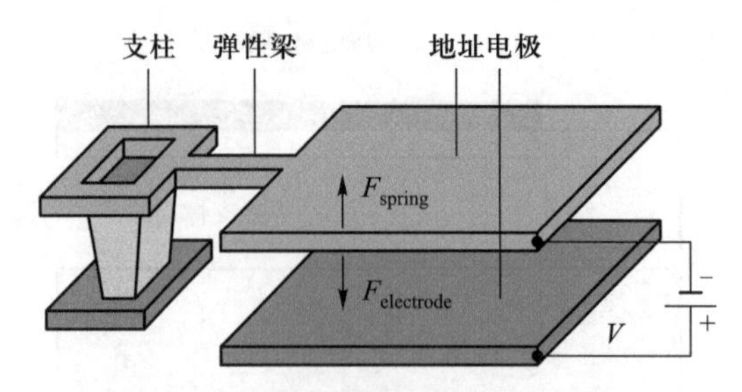

图 2.7　平行板静电致动器结构示意图

为了实现平面方向上的运动, 许多 MEMS 都采用梳状静电致动器, 该致动器由表面硅微工艺制备。一个典型的梳状静电驱动装置的扫描电子显微镜照片如图 2.8 所示。

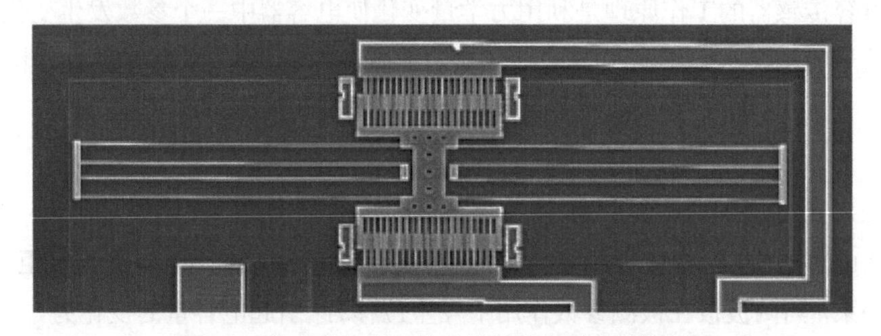

图 2.8　梳状静电驱动装置的扫描电子显微镜照片

2.3.3　热胀效应

热胀效应是主要的热力转换方式, 不同材料具有不同的热胀系数, 并且随温度发生变化。一般, 金属材料较半导体材料具有更高的热胀系数。当两种不同热胀系数的材料贴合在一起时, 随着温度的变化, 热胀失配会带来两种材料内部的应力变化, 随之而来的是结构的变形。

热致动器是 MEMS 中最常用的驱动方式之一, 由于器件的热惯性很小, 因而 MEMS 热致动器的响应速度完全可以满足很多应用场合的要求[10]。

如图 2.9 所示, 可以利用硅与金属双梁结构的热胀效应来实现弹性梁的变化。梁末端的位移量 δ 可以通过下式进行计算:

$$\delta = \frac{3l^2(\alpha_1 - \alpha_2)(t_1 - t_2)\Delta T}{7(t_1 + t_2)^2 - 8t_1t_2 + \dfrac{4E_1b_1t_1^3}{E_2b_2t_2} + \dfrac{4E_2b_2t_2^3}{E_1b_1t_1}} \tag{2.6}$$

式中, l 是梁的长度; b_1、b_2, t_1、t_2, E_1、E_2, a_1、a_2 分别是两层材料的宽度、厚度、杨氏模量和热胀系数; ΔT 是温度变化差值。可以明显地看出, 热胀系数的差异越大,梁的偏转位移就越大。这种双层热胀致动器可以由硅微工艺实现，驱动电压较低，输出的力和位移较大，但不适于某些有高频要求的场合。

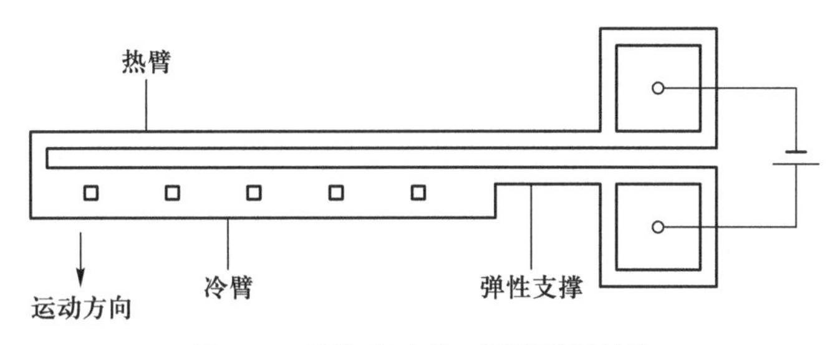

图 2.9 热胀致动的双层悬臂梁结构

另一种热致动的方式是，将一定体积的液体或气体密封于腔体内，腔体的一个面是弹性薄膜。当液体被插入其中的加热器并加热后，液体的膨胀会推动该弹性薄膜变形，产生运动。这种方法输出的力可以很大，但能量消耗也较大，而且致动频率也较低。

此外，还可以利用形状记忆合金来实现热驱动。形状记忆合金，例如 Ti/Ni 合金，在加热后其长度会有所改变。由于是导体，通电加热十分方便，但其加工过程与 MEMS 的主流工艺 —— 硅微加工不兼容，这是一个明显的缺点。

参考文献

[1] McCarty A, Chasiotis I. Description of brittle failure of non-uniform MEMS geometries. Thin Solid Films, 2007, 515(6): 3267-3276.

[2] Chasiotis I, Knauss W G. The mechanical strength of polysilicon films 1: The influence of fabrication governed surface conditions. Journal of the Mechanics and Physics of Solids, 2003, 51(8): 1533-1550.

[3] Chasiotis I, Knauss W G. The mechanical strength of polysilicon films 2: Size effects associated with elliptical and circular perforations. Journal of the Mechanics and Physics of Solids, 2003, 51(8): 1551-1572.

[4] Dutoit N E, Wardle B L, Kim S G. Design considerations for MEMS-scale piezoelectric mechanical vibration energy harvesters. Integrated Ferroelectrics, 2005, 71(1): 121-160.

[5] van Spengen W M, Turq V, Frenken J W. The description of friction of silicon MEMS with surface roughness: Virtues and limitations of a stochastic Prandtl-Tomlinson model and the simulation of vibration-induced friction reduction. Beilstein Journal of Nanotechnol, 2010, 1(1): 163-171.

[6] Pernod P, Preobrazhensky V, Merlen A, et al. MEMS for flow control: Technological facilities and MMMS alternatives//J. F. Morrison et al. IUTAM Symposium on Flow Control and MEMS, 15-24, 2008.

[7] Hoo J H, Park K S, Baskaran R, Böhringer K F. Self-assembly for heterogeneous integration of microsystems//Encyclopedia of Nanotechnology. Springer Netherlands, 2012: 2354-2371.

[8] Choudhary R, Singh P. MEMS comb drive actuator: A comparison of power dissipation using different structural design and materials using COMSOL 3.5b. Advance in Electronic and Electric Engineering. 2014, 4(5): 507-512.

[9] Shalimov A, Timoshenkov S. Comb structure analysis of the capacitive sensitive element in MEMS-accelerometer//Proceedings Volume 9467, Micro- and Nanotechnology Sensors, Systems, and Applications Ⅶ, 2015.

[10] Kumar V, Sharma N N, Kumar V, et al. Design and validation of silicon-on-insulator based U shaped thermal microactuator. International Journal of Materials, Mechanics and Manufacturing, 2014.

第 3 章　MEMS 材料

微机电系统 (MEMS) 涉及的材料有多种类别。其中, 硅是使用最为广泛的材料, 主要原因除了硅在自然界中含量丰富、具有优良的机械和电学性能外, 从 IC 继承和发展来的硅微加工工艺也比较成熟, 能够制备从深亚微米到毫米级的高精度微结构[1]。MEMS 中常用的硅材料包括单晶硅晶圆以及多晶硅和硅基化合物薄膜等。除硅材料外, 其他材料如陶瓷材料、聚合物、金属等也是 MEMS 的常用材料[2-3]。了解这些材料的特性对理解 MEMS 器件的结构与工作原理十分必要。

3.1　单晶硅

单晶硅是半导体行业中最重要、应用最广泛的基底材料。在 MEMS 领域, 单晶硅因具有优异的性能, 有着最广泛的应用: ① 单晶硅具有良好的各向异性腐蚀特性以及与掩模材料的兼容性, 易于得到不同尺寸的高精度微结构; ② 在表面微机械加工中, 单晶硅基底是最理想的 MEMS 结构平台; ③ 硅基 MEMS 器件便于与微电子器件进行集成; ④ 掺杂单晶硅具有较强的压阻效应, 常被用来制作力学传感器。表 3.1

表 3.1　单晶硅的主要性质

性质/单位	数值或特征
原子量	28.09
密度/ (g/cm^3)	2.328
熔点/℃	1 420
热导率/[W/(cm·℃)]	1.5
介电常数	11.9
本征电阻率/(Ω·cm)	2.3×10^5
晶体结构	金刚石型
晶格常数/Å	5.430 95

列出了单晶硅的主要性质[4]。

3.1.1 晶圆制备

常用的单晶硅晶圆由单晶硅芯棒切割得到 (图 3.1a), 高纯的熔融单质硅在凝固时硅原子以金刚石晶格排列成许多晶核, 如果这些晶核长成晶面取向相同的晶粒, 则这些晶粒平行结合起来便结晶成单晶硅。单晶硅芯棒主要的拉制方法有: 直拉法、磁控拉晶法、悬浮区熔法。经拉制成型的芯棒, 用精密金刚石刀具切成所需的薄片, 再经过研磨抛光形成硅晶圆 (图 3.1b)。单晶硅的抛光法有单面抛光和双面抛光两种, 单面抛光是在单晶硅片的正面进行研磨抛光, 而双面抛光则是在单晶硅片的正反面都进行研磨抛光。

(a) 单晶硅芯棒

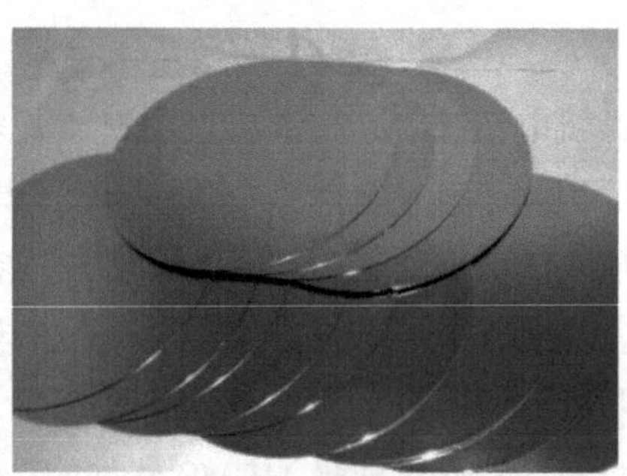
(b) 单晶硅晶圆

图 3.1 单晶硅芯棒和单晶硅晶圆

根据需要, 可以加工得到不同厚度、不同晶向、不同直径的晶圆 (wafer)。目前, 常用的标准晶圆尺寸主要有: ① 直径为 4 in①, 厚度为 0.5 mm; ② 直径为 6 in, 厚度为 0.75 mm; ③ 直径为 8 in, 厚度为 1 mm; ④ 直径为 12 in, 厚度为 0.75 mm 等。常用的单晶硅片多进行 n 型或 p 型掺杂, n 型硅片是在硅材料中掺杂 5 价原子 (如 P、As、Sb 等) 以替代 4 价硅原子, 所以 n 型硅片存在大量电子, 主要依靠电子导电; p 型硅片是在硅片材料中掺杂 3 价原子 (如 Al、B、Ga 等) 以代替 4 价硅原子, 所以 p 型硅片中存在大量的空穴, 主要依靠空穴导电。

3.1.2 晶体结构

根据布拉维空间点阵学说, 可将构成晶体的原子、离子看成分立的点, 这些点就构成了点阵[5]。点阵具有不同的周期性和规律性, 可以想象用直线将其中的“点”连接起来, 就形成了各种格子, 称为晶格。对于点阵可以取一个体积最小的单元, 这种单元呈平行六面体, 将它们沿三个不同的方向位移, 就可形成整体晶体。这个最小的

① 1 in=25.4 mm, 下同。

单元称为晶胞。

单晶硅的晶格是金刚石晶格结构, 每个硅原子和周围的 4 个硅原子间形成相同的 Si-Si 键[6]。金刚石晶格结构的基础是面心立方晶胞, 即晶胞在立方体的每个顶点上有一个原子, 每个面的中心也有一个原子, 如图 3.2 所示。

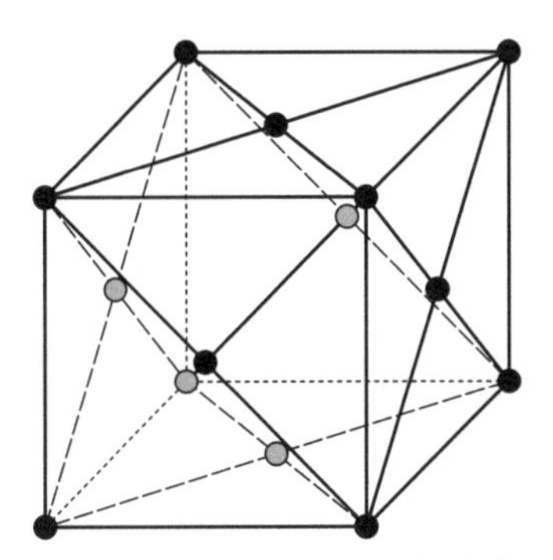

图 3.2 典型的面心立方晶胞

可以将硅晶体结构考虑为两个相互套构的面心立方晶体的合成, 如图 3.3a 所示。每一个 A 晶格的硅原子都与 B 晶格的 4 个硅原子形成共价键连接, 同样地, 每一个 B 晶格的硅原子也都和 A 晶格的 4 个硅原子形成共价键连接, 如图 3.3b 所示。

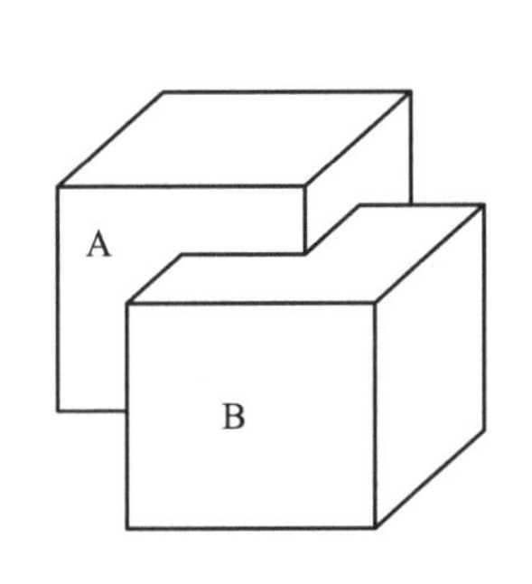

(a) 两个面心立方晶体的结合体

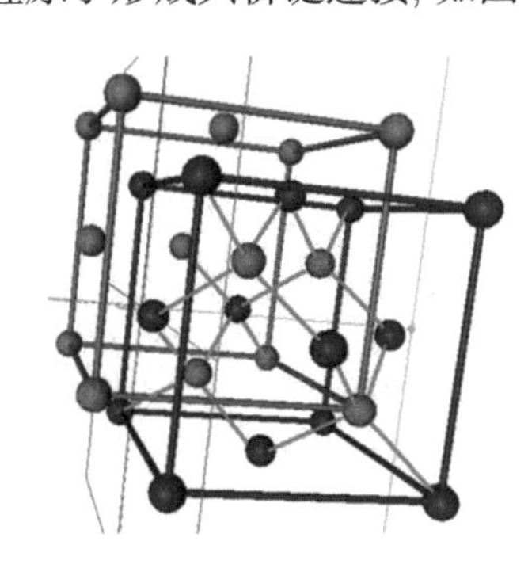

(b) 结合体中的原子互连

图 3.3 硅的晶体结构

针对硅晶体中原子不对称分布以及晶体内材料特性不均匀问题, 通常采用米勒指数指定硅晶体的特定方向和平面。假设一个平面, 在 x、y、z 轴的截距 (从原点算起) 分别为 h、k、l, 取其倒数之比为 a: b: c, 将 a、b、c 转化为互质整数, 就是晶面或者晶向的米勒指数。通常用 (a b c) 的形式表示图 3.4 中的晶面, ⟨a b c⟩ 表示该晶面的法线方向, 简称晶向。

在晶体结构中, (100), (010), (001) 表示的三种不同晶面虽然处于不同的方向, 但它们的原子排列是一样的, 晶面的性质也完全相同, 可以将其称为晶面族, 用符号 {100} 表示, 如图 3.4 所示。同样地, 硅晶体中还存在着原子排列规律相同的 {110} 和 {111} 等晶面族。

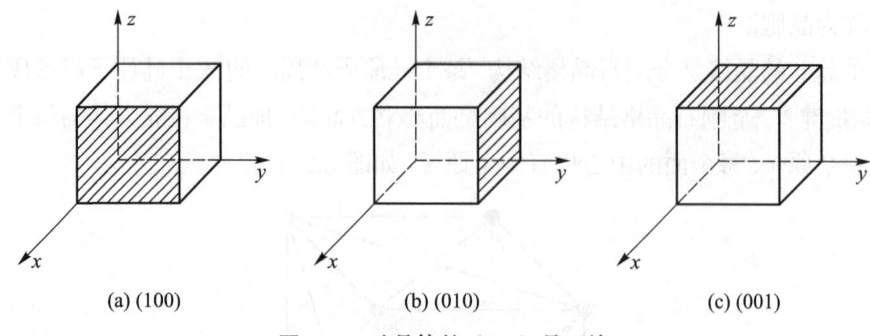

图 3.4 硅晶体的 {100} 晶面族

除了晶面外, 还需要了解晶体的晶向。晶向是与晶面垂直的法线方向。图 3.5 所示为硅晶体的常用晶面及其对应的晶向, 其中 ⟨100⟩ 为 (100) 晶面的晶向, ⟨110⟩ 为 (110) 晶面的晶向, ⟨111⟩ 为 (111) 晶面的晶向。

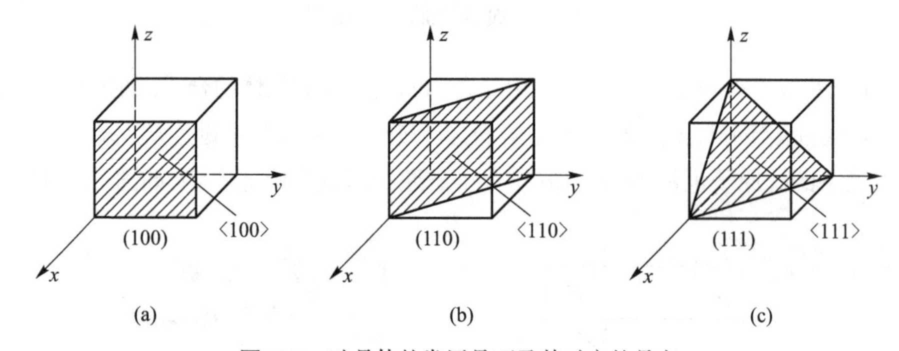

图 3.5 硅晶体的常用晶面及其对应的晶向

由于硅属于立方晶体结构, 不同晶面上原子分布密度不同, 使得不同晶面的物理化学性质也不同, 导致硅晶体的各向异性。在硅晶体的不同晶面中, 原子密度以 (111) $>$ (110) $>$ (100) 的顺序递减, 因此, 扩散速度以 (111) $<$ (110) $<$ (100) 的顺序递增, 加工过程中, 材料的被刻蚀速率也以 (111) $<$ (110) $<$ (100) 的顺序递增[7-8]。

3.1.3 力学性能

由于硅原子在各个晶向上具有不同的分布, 所以单晶硅属于各向异性材料, 在各个方向具有不同的机械特性。因此, 硅片厂商在供货时一般利用 “参考面” 给出硅片的切割方向。参考面一般有 “主参考面” 和 “副参考面” 两类。大的参考面称为主参考面, 它平行于特定的晶面, 主要用作光刻和划片过程的对准基准面。小的参考面称为副参考面, 它与主参考面之间的位置关系指明了硅晶圆的晶向和掺杂类型。

由 SEMI (Semiconductor Equipment and Materials International) 标准规定的不同晶向和掺杂类型硅片的主参考面和副参考面位置关系如图 3.6 所示。以 MEMS 中常用的 (100) 硅片为例, 其主参考面平行于 (110) 晶面, 表面平行于 (100) 晶面。副参考面与主参考面平行时为 n 型硅片, 垂直时为 p 型硅片。

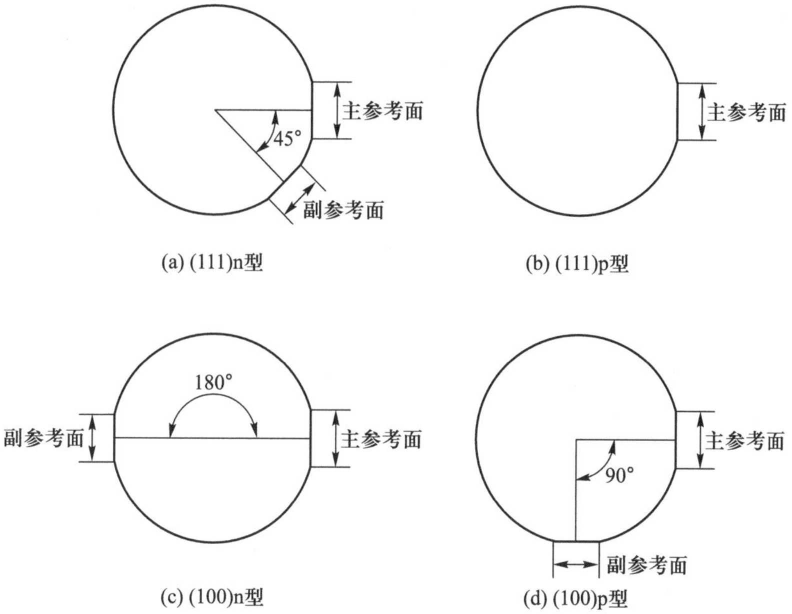

(a) (111)n型　(b) (111)p型

(c) (100)n型　(d) (100)p型

图 3.6　主、副参考面标明了晶圆的晶向和掺杂类型

单晶硅具有良好的力学性能, 蠕变几乎为零, 性能稳定[9]:

(1) 硅晶体的晶格缺陷少, 经微细加工后易获得平整的表面, 单晶硅的实测强度比钢高。

(2) 单晶硅具有与钢接近的杨氏模量, 但其密度却只有 2.3 g/cm^3, 与铝相当, 同时高的杨氏模量可以更好地保证 “载荷 – 形变” 之间的线性关系。

(3) 单晶硅的热膨胀系数为 2.33×10^{-6} ℃$^{-1}$, 只有钢的 1/8、铝的 1/10, 同时其熔点为 1 673 K, 使得单晶硅器件在高温下也能保证结构的稳定。

(4) 单晶硅无机械迟滞, 是制备传感器和执行器的理想材料。

此外, 单晶硅还具有良好的加工特性和电学特性, 其提纯、结晶等工艺已经成熟, 且 MEMS 硅微加工同 IC 工艺兼容性较好。表 3.2 所示为单晶硅的力学性能参数。

表 3.2　**单晶硅的力学性能参数**

参数	数值
屈服强度/MPa	7 000
弯曲强度/MPa	70 ~ 200
杨氏模量/GPa	⟨100⟩: 129.5; ⟨110⟩: 168; ⟨111⟩: 186.5
剪切模量/GPa	⟨100⟩: 79; ⟨110⟩: 61.7; ⟨111⟩: 57.5
泊松比	0.18
热膨胀系数/(10^{-6}℃$^{-1}$)	2.33
热导率/[W/(cm·℃)]	1.57

3.1.4 压阻特性

压阻 (piezoresistance) 效应是指固体材料的电阻与其体内应力分布相关的现象[10]。掺杂的单晶硅具有较为明显的压阻效应, 这个特点可以应用于许多 MEMS 力学量感测场合, 以实现机械量 (力或变形) 与电信号之间的转换, 例如压力传感器、加速度传感器等[11-12]。

如图 3.7 所示, 单晶硅方体受到压力作用, 体内产生应力 σ, 由压阻效应引起的电阻变化值为 ΔR, 有如下关系式:

$$\Delta R/R = \pi_t \sigma \tag{3.1}$$

式中, π_t 为横向压阻系数, 如果电流与应力平行, 则存在纵向压阻系数 π_l。一般情况下, 横向和纵向都存在应力, 式 (3.1) 可表示为

$$\Delta R/R = \pi_t \sigma_t + \pi_l \sigma_l \tag{3.2}$$

式中, σ_t 和 σ_l 分别为应力 σ 的横向和纵向分量; π_t 和 π_l 的值取决于晶体属性以及应力相对于硅晶格的方位取向。

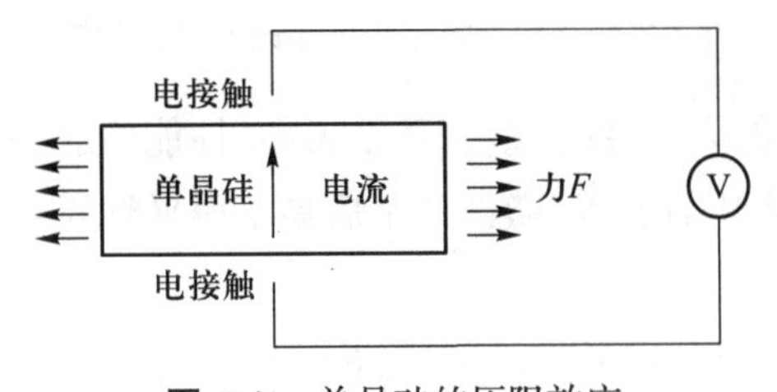

图 3.7 单晶硅的压阻效应

低掺杂 p 型 (110) 晶面上压阻系数随应力取向的变化如图 3.8 所示。可以看出, 该材料在 ⟨110⟩ 方向上的压阻系数最大, 约为 70×10^{-11} Pa^{-1}。对于 n 型硅, 压阻系数在 ⟨100⟩ 方向最大, ⟨110⟩ 方向上最小。

用来产生压阻效应的硅电阻掺杂浓度通常低于 10^{19} cm^{-3}, 这是因为更高浓度的掺杂会带来压阻系数的迅速减小。另外, 硅压阻效应亦受温度影响, 表 3.3 列出了不同掺杂浓度时的电阻温度系数 (TCR) 与压阻温度系数 (TCP) , 可以看出, 压阻效应相比于电阻受温度的影响要大得多。

表 3.3 不同掺杂类型、掺杂浓度单晶硅的 TCR 和 TCP

掺杂浓度/ (10^{18} cm^{-3})	p 型 TCR/ (10^{-2} ℃$^{-1}$)	p 型 TCP/ (10^{-2} ℃$^{-1}$)	n 型 TCR/ (10^{-2} ℃$^{-1}$)	n 型 TCP/ (10^{-2} ℃$^{-1}$)
5	0.0	−0.27	0.01	−0.28
10	0.01	−0.27	0.05	−0.27
30	0.06	−0.18	0.09	−0.18
100	0.17	−0.16	0.19	−0.12

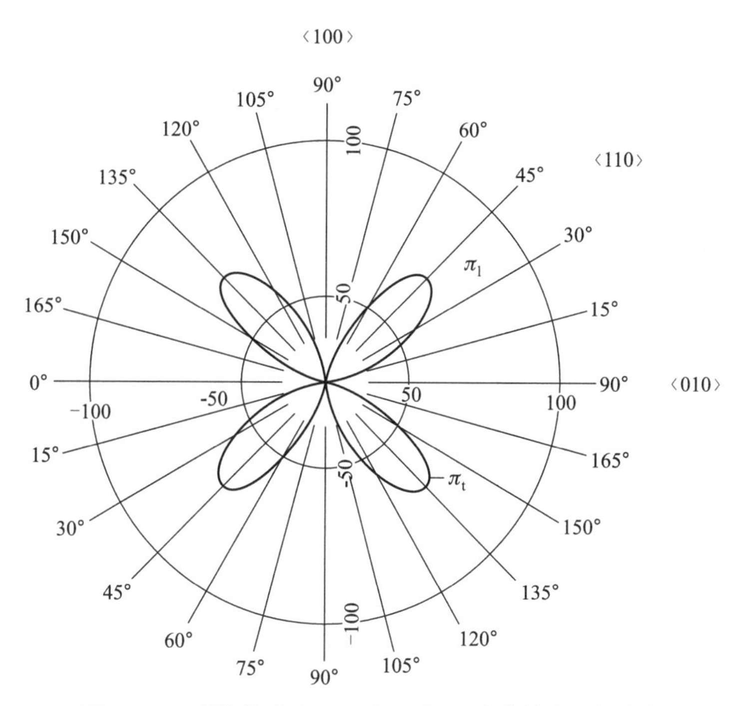

图 3.8 p 型单晶硅 (110) 面 π_t 和 π_l 在各晶向上的分布

3.2 硅基薄膜

除了单晶硅外, 一些硅基薄膜材料如多晶硅、二氧化硅、氮化硅、碳化硅等也是 MEMS 中常用的材料, 这些硅单质或化合物具有良好的工艺性, 可用用作 MEMS 器件的各种结构, 并具有不同的功用。

3.2.1 多晶硅

多晶硅 (polycrystalline silicon) 是纯度达到半导体级的呈多晶状的硅材料, 根据形态可以分为棒状多晶硅和颗粒状多晶硅, 是 MEMS 表面加工主要的结构材料[13]。多晶硅多采用化学气相沉积法制备, 经过掺杂后, 可作为导体和控制开关, 是微电阻和实现欧姆接触的良好材料。多晶硅具有随机的晶粒尺寸和取向, 因此在热分析和结构分析时, 可以认为是各向同性的。表 3.4 列出了多晶硅的力学性能参数。多晶硅具有压阻效应, 经常应用于微型传感器中, 进行应变的感测[14]。

表 3.4 多晶硅的力学性能参数

参数	数值
杨氏模量/GPa	160
泊松比	0.23
热膨胀系数/(10^{-6} ℃$^{-1}$)	2.8

3.2.2 二氧化硅

二氧化硅 (silicon dioxide, SiO_2) 具有很好的绝缘性、绝热性和抗腐蚀能力。在 MEMS 中, 二氧化硅主要有三个方面的用途: ① 作为热和电的绝缘体; ② 作为硅衬底刻蚀的掩模; ③ 作为表面微加工的牺牲层[15-17]。表 3.5 列出了二氧化硅的主要机械性能参数。

表 3.5 二氧化硅的机械性能参数

参数	数值
密度/(g/cm^3)	2.27
电阻率/(Ω·cm)	$> 10^{16}$
相对介电常数	3.9
熔点/℃	1 700
热导率/[W/(cm·℃)]	0.014
热膨胀系数/(10^{-6} ℃$^{-1}$)	0.5

在硅微加工中, 二氧化硅薄膜一般采用扩散氧化法或化学气相沉积法制备[18-19]。

3.2.3 氮化硅

氮化硅 (silicon nitride, Si_3N_4) 也是 MEMS 中使用较多的材料, 具有良好的耐高温性能和抗腐蚀性能[20]。氮化硅可以有效防止杂质的扩散以及离子污染, 是高危保护膜和深层刻蚀掩模的理想材料[21]。氮化硅还可以用作光波导以及防止水和其他有毒流体进入衬底的密封材料[22]; 另外, 它还可以用作高强度电子绝缘层和离子注入掩模[23]。表 3.6 所示为氮化硅的力学性能参数。

表 3.6 氮化硅的力学性能参数

参数	数值
密度/(g/cm^3)	3.1
屈服强度/GPa	14
杨氏模量/GPa	385
熔点/℃	1 930
热导率/[W/(cm·℃)]	0.19
热膨胀系数/(10^{-6} ℃$^{-1}$)	0.8

在硅微加工中, 氮化硅薄膜一般采用化学气相沉积法制备[24]。

3.2.4 碳化硅

碳化硅 (silicon carbide, SiC) 具有多种晶体结构, 其中研究最多的是六方的 4H–

SiC 和 6H–SiC 与立方的 3C–SiC[25]。碳化硅具有优良的物理和化学性能:

(1) 碳化硅为宽禁带半导体, 具有优异的电学特性, 如高击穿场强、高饱和电子漂移速度和高热导率等[26]。

(2) 碳化硅比硅有更高的硬度、杨氏模量以及明显的耐磨损、耐腐蚀和抗黏附特性, 而且能在高温下保持力学性能稳定[27]。因此, 碳化硅在恶劣环境 MEMS 领域具有优势。

(3) 碳化硅薄膜能在硅、二氧化硅、氮化硅、绝缘层上硅 (SOI) 等多种基底上生长, 使得碳化硅基 MEMS 器件的制造工艺相对灵活, 同时又易于与微电子器件进行单片集成。

碳化硅薄膜在 MEMS 中主要有两种应用。

(1) 作为保护层: 碳化硅具有低应力、高密度、附着力强、耐腐蚀及抗摩擦性, 将其沉积在硅微结构上, 可提高器件的耐腐蚀和耐磨性。

(2) 作为微结构层: 将碳化硅薄膜沉积在硅或其他衬底上, 利用硅微工艺制成碳化硅微结构, 具有耐高温的特点[28]。

表 3.7 所示为碳化硅的力学性能参数, 在硅微加工中, 碳化硅薄膜通常采用化学气相沉积法制备[29]。

表 3.7 碳化硅的力学性能参数

参数	数据
密度/(g/cm^3)	3.2
屈服强度/GPa	21
模量/GPa	700
熔点/℃	2 300
热导率/[W/(cm·℃)]	3.5
热膨胀系数/(10^{-6} ℃$^{-1}$)	3.3

3.3 其他材料

除了上述的硅和硅基材料, MEMS 还可采用许多非硅基的材料[30], 例如陶瓷、聚合物、金属、石英、硼硅酸玻璃、塑料等。

3.3.1 陶瓷

MEMS 中的陶瓷材料又称为精密陶瓷材料, 即经过控制化学合成物质的比例以及精密成型烧结, 加工成适合 MEMS 需要的精密陶瓷, 也称为功能陶瓷材料[31]。这种精密陶瓷材料与传统陶瓷材料相比, 有如下特点:

(1) 化学稳定性好, 抗腐蚀、抗氧化能力强;

(2) 熔点高, 密度小;

(3) 强度高, 刚度高, 硬度高, 耐磨损;

(4) 韧性小, 塑性小, 变形能力差, 易发生脆性变形;

(5) 成型加工能力差。

陶瓷材料在 MEMS 中主要有两方面的应用: 一是作为基底材料; 二是作为微执行器和微传感器的材料。

1. 作为基底材料

作为基底材料, 陶瓷材料已经在微电子和 MEMS 技术中得到了广泛的应用[32]。一般来说, 以陶瓷材料为基底, 主要采用厚膜、薄膜、键合、粘连等技术来制造微电子电路和微机械系统。可用作基底的陶瓷材料有氧化铝、氧化铍、氮化铝等, 表 3.8 给出了上述三种陶瓷材料的机械性能参数。

表 3.8　在 MEMS 中作为基底的陶瓷材料的机械性能参数

参数	氧化铝	氧化铍	氮化铝
电解常数	9.5	7.0	10
热膨胀系数/(10^{-7} ℃$^{-1}$)	75	85	34
热传导系数/[kal/(m·h·℃)]	17	198	129

2. 作为微执行器和微传感器的材料

微执行器和微传感器所用的陶瓷材料多为压电陶瓷材料[33]。它是一种电致伸缩材料, 同时具备正压电效应和逆压电效应。所谓正压电效应是指当某些电介质 (往往指绝缘体) 晶体在外应力作用下其表面所产生的电荷积累; 反之, 在电场作用下, 晶体中产生应变 (或应力) 的现象称为逆压电效应。利用压电陶瓷的正压电效应可以制作压力、加速度等微传感器, 所制备的传感器具有优良的频率特性和可集成性[34]; 利用逆压电效应可以制作微泵和微执行器, 所制作的微执行器不但价格低廉、质量轻、体积小, 易于与基底结合, 响应速度快, 而且对结构的动力学特性影响很小, 可以通过分布排列实现大规模的结构驱动, 具有较大的驱动力[35]。

用作微执行器和微传感器的常用陶瓷材料有钛酸钡 (BT) 、锆钛酸铅 (PZT) 、偏铌酸铅 (PN) 、铌酸铅钡锂 (PBLN) 、改性钛酸铅 (PT) 等, 在 MEMS 中主要用来制作微执行器和微压力传感器以及微加速度计中的动态信号转换器。

3.3.2　聚合物

聚合物, 包括塑料、黏合剂、胶质玻璃和有机玻璃等多种材料。由于其独特的性能, 在 MEMS 中已经逐渐用于制作微结构、微传感器和微执行器[36]。

1. 聚合物的特性

聚合物分子较大, 一般是由小分子构造成的链状分子。聚合物材料的物理特性不仅与分子质量和分子链的构成有关, 也与分子链的排列有关。与 MEMS 传统材料 (硅和其他工程材料) 相比, 聚合物所具有的独特的机械特性主要有以下几点[37-38]:

(1) 聚合物材料的杨氏模量变化范围很大。对于高弹性的聚合物材料, 杨氏模量可以低至几 MPa, 而对于硬的聚合物材料, 却可高达 4 GPa。

(2) 聚合物的最大抗拉强度可达 100 MPa 量级, 远远低于金属和半导体材料。

(3) 很多聚合物具有黏弹性行为。施加作用力时, 聚合物会发生瞬间弹性变形, 然后发生黏滞及时变应变。

(4) 聚合物的机械特性受到很多因素的影响, 如温度、分子质量、添加剂、结晶度以及热处理工艺等。

2. 用于 MEMS 的聚合物

聚合物材料相对于硅半导体材料而言, 有许多独特的优点: ① 聚合物增强了断裂强度, 具有弹性模量低、断裂时间延长和成本相对低的优点; ② 聚合物加工技术简单柔性, 可以得到不同性能的聚合物材料; ③ 很多聚合物材料适于独特的低成本批量制造和封装技术, 如热微成型、热压印以及喷射模塑等, 而且某些聚合物具有硅以及硅的其他衍生物等材料所没有的一些独特电学特性、物理特性和化学特性; ④ 质量轻, 耐腐蚀性高, 形状稳定性高, 原材料和生产聚合物工艺的成本低。

聚合物是用于微传感器和微系统封装的理想材料, 广泛用于屏蔽微系统中的电磁干扰和射频干扰。一些特殊类型的聚合物亦可在 MEMS 中产生特殊的功用: 光阻聚合物可用于生产掩模, 通过光刻在衬底上产生所要的图形, 在光刻电铸法 (LIGA) 工艺中用于制作具有 MEMS 器件几何形状的初模 (表面用镍等金属覆盖, 以用于大批量微部件的后续注塑成型) , 以制造微器件部件[39]; 导电聚合物可用于 MEMS 的有机衬底, 可制作晶体管、有机薄膜显示器以及存储器, 但是聚合物带电体的迁移率仍然要比硅及化合物半导体材料小多个数量级; 铁电聚合物可用于微器件中的执行器, 如微泵[40]; 具有独特性质的聚合物可用作毛细管的涂层物质, 以加强微流体中的电渗作用; 聚合物膜可用作微器件的绝缘体和微电容器中的介电物质。

在 MEMS 中常用的聚合物材料有聚酰亚胺 (PI) 、SU–8 胶、液晶聚合物 (LCP)、聚二甲基硅氧烷 (PDMS)、聚甲基丙烯酸甲酯 (PMMA)、聚对二甲苯 (PX)、聚四氟乙烯 (PTFE)、凝胶等[41]。

1) 聚酰亚胺 (PI)

PI 具有优异的特性, 如机械坚固性和耐久性、良好的绝缘性、低于 400 ℃ 时良好的热稳定性和化学稳定性、材料便宜且处理设备简单等[42]。在 MEMS 中, PI 可用作绝缘膜、衬底膜、机械元件、弹性接头、黏合膜。PI 也可以用作传感器和执行器的结构单元[43], 但是由于其不能导电, 对压力也不敏感, 需要另外集成导体和应变计, 一般通过热解、掺杂或加入导电纤维的方法对其进行改性, 使之变得敏感。

2) SU–8 胶

SU–8 胶具有良好的力学性能、抗化学腐蚀性和热稳定性, 其光刻的成本比 LIGA 技术和深反应离子刻蚀技术要低得多[44]。SU–8 胶是一种近紫外负性光刻胶, 由于在近紫外光范围内光吸收度低, 能够在整个光刻胶层获得均匀一致的曝光量, 可得到具有垂直侧壁和高深宽比的厚膜图形, 因而其主要作用就是用于在厚光敏聚合物上制造高深宽比以及形成台阶等结构复杂的图形; SU–8 胶不导电, 在电镀时可以直接作为绝缘体使用; 此外, SU–8 胶可以集成到很多微型器件中, 也可以在表面加工中作为牺牲层材料[45-46]。

3) 液晶聚合物 (LCP)

液晶聚合物是一种具有独特结构和物理特性的热塑性塑料, 它具有其他工程聚合物所不具备的电学、热学、力学和化学等方面的综合特性[47]。LCP 具有优良的热稳定性、耐热性、耐化学药品性及耐腐蚀性; LCP 的耐气候性、耐辐射性良好, 具有优异的阻燃性; LCP 的绝缘性能比一般工程塑料更好; 此外, LCP 还具有突出的耐磨、减磨性能。LCP 常用作空间和军事电子系统的衬底, 其厚度可以从几 μm 到几 mm[48]。

4) 聚二甲基硅氧烷 (PDMS)

聚二甲基硅氧烷是一种室温硫化硅树脂的人造橡胶材料, 它能够承受较大程度的变形, 并在使其变形的力撤销后仍能恢复原貌; 具有良好的透光性、电绝缘性、力学弹性、气体渗透性、化学稳定性、疏水性和生物兼容性[49]; 具有很高的抗剪切能力, 可在 $-50 \sim 200$ ℃ 下长期使用。PDMS 是制造柔性 MEMS 器件的理想材料, 亦广泛应用于光机电系统的微流控器件中[50]。

5) 聚甲基丙烯酸甲酯 (PMMA)

PMMA 是品质最优异, 价格又较便宜的合成透明材料中的一种, 具有良好的透光性、化学稳定性、耐候性、绝缘性和力学强度[51]; 比重不到普通玻璃的一半, 抗碎裂能力却高出几倍; 对酸、碱、盐有较强的耐腐蚀性。在应用方面, 块状 PMMA (常称作丙烯酸树脂) 可用于制作微流控器件; 感光的 PMMA 薄膜是一种广泛应用的电子束和 X 射线光刻胶[52]; 旋涂的 PMMA 可用作牺牲层[53]。

6) 聚对二甲苯 (PX)

PX 是一种热固性聚合物, 是唯一采用化学气相沉积制备的塑料, 有极其优良的电学性能、耐热性、耐候性和化学稳定性[54]。在 MEMS 中, PX 薄膜表现出一些非常有用的特性, 例如非常低的内应力, 可以在室温下淀积、保角涂覆, 具有良好的化学惰性以及刻蚀选择性等, 常用作电绝缘层、化学保护层、防护层和密封层[55]。

7) 聚四氟乙烯 (PTFE)

PTFE 具有很好的电绝缘性、耐腐蚀性、力学韧性; 具有抗酸抗碱、抗各种有机溶剂的特点, 几乎不溶于所有的溶剂; 能耐高温和低温, 摩擦系数极低, 具有高润滑性。PTFE 可用作表面覆盖层、绝缘层、抗反射膜或者黏附层。

8) 凝胶

凝胶是一种在一定条件下可产生膨胀和收缩效应的聚合物[56], 至少由两种成分组成: 一种是液体; 另一种是由长聚合物分子组成的网状结构。网状结构可与液体化合, 也可重新分开。当凝胶与溶解物化合时, 其体积膨胀变大; 当溶解物再次被释放出来时, 凝胶的体积收缩变小。具有可收缩和膨胀特性的凝胶有聚苯乙烯 (膨胀性差)、聚乙烯醇及其衍生物 (膨胀特性较好)、聚丙烯酸盐 (膨胀特性很好)。可膨胀凝胶的活性可通过以下方法来改变: 改变溶液的 pH、热效应、光作用和静电相互作用。在 MEMS 中, 凝胶可用于制造传感器和执行器, 具有很高的机械转换效率。

除了以上几种聚合物, 还有一些新的聚合物可应用于功能结构层、特殊的牺牲层、黏附层、化学传感器和机械执行器, 例如电活性聚合物、聚合物纳米复合材料、可感光制图的凝胶以及压电聚合物等。随着新材料技术的发展, 将来还会有更多聚合物材料在 MEMS 中得到应用。此外, 随着聚合物材料改性方法的迅猛发展, 可以对其电活性、强度和耐温性等方面进行改性, 从而扩展其应用范围。

3.3.3 金属

金属材料具有良好的机械强度、延展性以及导电性, 是 MEMS 技术中一类极其重要的材料[57]。除了铝、镍、铜、金、铂等, 一些特殊的金属材料也在 MEMS 中得到了广泛应用。金属材料除用于连线外, 还可实现驱动、传感等功能[58]。

1. 磁致伸缩金属

磁致伸缩金属材料是一种同时兼有正逆机械和磁耦合的功能材料。当周围有外在磁场时, 磁致伸缩材料便会产生变形; 反之, 如果对其施加作用力, 则形成的磁场就会发生相应的变化。典型的磁致伸缩材料有合金 Ni、NiCo、FeCo、镍铁氧体等, 在 MEMS 中常用于制作微传感器和微执行器[59]。磁致伸缩材料具有如下优点: 变形大, 可产生 $5 \sim 10$ 倍的压电陶瓷应变; 不同材料, 正逆磁致伸缩可以变化; 居里温度高 (380 ℃), 产生的引力大; 驱动电压低, 磁滞损耗小, 响应速度快; 能量密度高, 输出功率高; 工作范围广, 可在 $-50 \sim 70$ ℃ 范围内正常工作。

2. 形状记忆合金

特定金属元素的合金表现出一种被称为形状记忆效应的行为, 即合金的形状被改变之后, 一旦加热到一定的跃变温度时, 它又可以回复到原来的形状, 具有这种特殊功能的合金称为形状记忆合金。形状记忆合金通过利用应力和温度诱发相变的机理来实现形状记忆功能, 即将已在高温下定形的形状记忆合金放置在低温或者常温下, 使其产生塑性变形, 当环境温度升高到临界温度 (相变温度) 时, 合金变形消失, 并可恢复到定形时的原始状态[60]。

目前, 已经发现的记忆合金体系包括 Au–Cd、Ag–Cd、Cu–Zn、Cu–Zn–Al、Cu–Zn–Sn、Cu–Zn–Si、Cu–Sn、Cu–Zn–Ga、In–Ti、Au–Cu–Zn、NiAl、Fe–Pt、Ti–Ni、Ti–Ni–Pd、Ti–Nb、U–Nb 和 Fe–Mn–Si 等。最常用到的形状记忆合金为铜基合金, 其成本低、导热率高, 环境温度反应时间短。性能最佳的是 TiNi, 其耐腐蚀、抗疲劳性能好, 可靠性高, 强度高, 形状恢复稳定, 重复性好[61]。表 3.9 给出了部分形状记忆合金的物理性能参数。

表 3.9　部分形状记忆合金的物理性能参数

种类	相变温度/K	杨氏模量/GPa	密度/(g/cm^3)	膨胀系数/(10^{-6} ℃$^{-1}$)	抗拉强度/GPa	延伸率/%
TiNi	220 ~ 270	70 ~ 90	6.5	6 ~ 10	0.8 ~ 1.1	40 ~ 50
CuAlNi	130 ~ 370	80 ~ 100	7.0	17	1.1	8 ~ 10
CuZnAl	90 ~ 370	70 ~ 100	8.0	17	0.75	10 ~ 15
FeMnSi	20 ~ 30		7.2	16	0.7	25

形状记忆合金是集 “传感” 与 “执行” 于一体的功能材料, 在 MEMS 中可用于微型驱动元件、力敏及热敏传感部件、微泵、微阀及其阵列、人工心脏、血管支架、微夹持器、微柔性系统等的制备[62]。

3. 流变材料

流变体分为电流变体和磁流变体。

随着 MEMS 材料的发展, 诞生了一种新型的流体材料 —— 铁流。电流变体是人工合成的一种材料, 是集固体属性与液体流动性一体的胶体分散体, 是由高介电常数、低导电率的电介质颗粒分散于低介电常数绝缘体中所形成的悬浮液体。在外加电场的作用下, 胶体粒子将被极化, 并沿着电场方向呈链状排列, 从而使得流变特性如黏性、塑性、弹性发生巨大的变化, 或者黏性液体转变为固态凝胶, 或者流体发生难以预料的变化。在 MEMS 中, 电流变体主要应用于制造微阀、微泵、微开关和其他没有机械运动的微执行器。

铁流是一种悬浮于水、油等液体中的 Fe_3O_4 等的微粒, 尺寸在 5 ~ 50 nm 范围内, 微粒间存在偶极子力和范德瓦耳斯力。此种微粒在磁场作用下, 通过改变局部微粒密度, 能够产生类似固体状的运动, 从而实现各种微执行功能。铁流同时具有液体和固体特性, 在 MEMS 诸多领域得到应用, 如铁流微驱动器、铁流泵光磁微传感器; 在生物医学方面, 利用铁流技术可通过磁场牵引将药物输送到肿瘤和癌细胞处, 还可利用铁流产生的磁场检测病毒、细胞和细菌; 在微加工方面, 利用铁流可通过控制磁场加工类似 PDMS 的聚合物微结构; 在微加速度计、微热管方面, 铁流对提高产品性能将起到很大作用。

磁流变体是一种智能分散体材料, 具有磁流变效应。磁流变效应是指某些流体在外加磁场的作用下, 黏度发生变化, 流动屈服应力增大, 由液体变化为固体, 而外加磁场去掉后, 又从固体恢复到液体的一种现象。磁流变体在 MEMS 中主要用于制作微传感器和微执行装置。

3.3.4 新兴材料

随着 MEMS 技术的成熟和发展以及研究人员对各种材料的不断探索, 一批新兴材料如石墨烯、碳纳米管、金刚石、SOI 等由于其特殊的功能在 MEMS 中得到了越来越多的应用。其中, 石墨烯和碳纳米管在纳机电系统 (NEMS) 中也有重要应用[63], 相关内容详见第 8 章、第 9 章相关章节。

1. SOI

绝缘层上硅 (silicon-on-insulator, SOI) 是一种新型结构的硅材料, 是在顶层硅和背衬底之间引入了一层埋氧化层[64]。通过在绝缘体上形成半导体薄膜, SOI 材料具有体硅所无法比拟的优点: 可以实现集成电路中元器件的介质隔离, 彻底消除体硅互补金属氧化物半导体 (CMOS) 电路中的寄生闩锁效应; 具有低功耗、低开启电压、高速、集成度高、速度快、工艺简单、与现有集成电路完全兼容且减少工艺程序、耐高温等优点。因而, SOI 被认为是 21 世纪的微电子新技术之一以及新一代的硅基材料。

目前, 使用比较广泛的 SOI 材料主要有三种 , 即注氧隔离的 SIMOX (seperation by implanted oxygen) 材料、硅片键合和反面腐蚀的 BESOI(bonding-etchback SOI) 材料以及将键合与注入相结合的 Smart Cut SOI 材料[65]。SIMOX 是将氧离子注入单晶硅片中, 在高温下与硅发生反应, 形成具有良好绝缘性的二氧化硅沉淀物埋层 (图 3.9)。

图 3.9 SIMOX 制备工艺流程

BESOI 采用键合技术使两个硅片紧密键合在一起, 并在中间形成二氧化硅层充当绝缘层。主要通过三个过程实现: 首先在室温的环境下将一热氧化硅片与另一非氧化硅片键合; 其次经过退火增强两个硅片的键合力度; 最后通过研磨、抛光及腐蚀来削薄其中一个硅片到所要求的厚度 (图 3.10)。

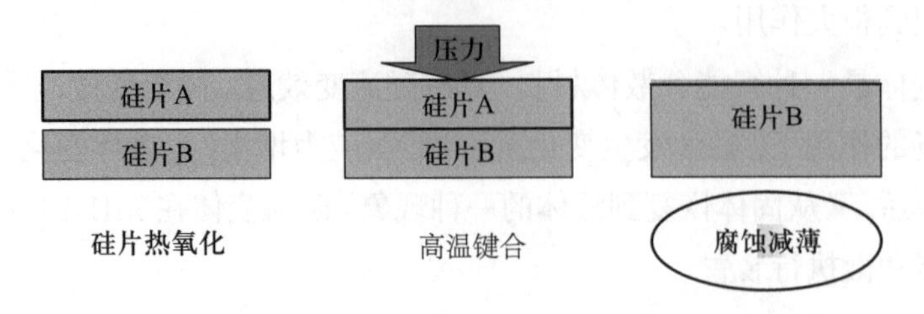

图 3.10 BESOI 制备工艺流程

Smart Cut SOI 在室温的环境下使一圆片热氧化, 并注入一定剂量 H^+; 然后使其在常温下与另一非氧化圆片键合; 再通过低温退火使注入的 H^+ 形成气泡, 令硅片剥离, 然后再高温退火增强两圆片的键合力度; 最后进行表面平坦化, 形成所需的硅片 (图 3.11)。

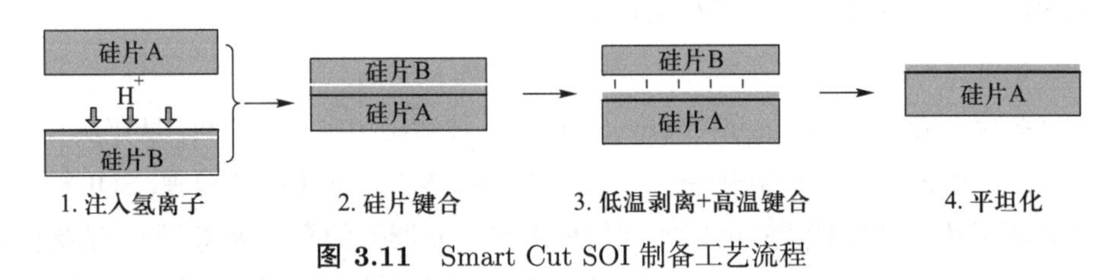

图 3.11 Smart Cut SOI 制备工艺流程

这三种材料中, SIMOX 适于制作薄膜全耗尽超大规模集成电路, BESOI 适于制作部分耗尽集成电路, 而 Smart Cut SOI 已成为 SOI 中最具竞争力、最具发展前途的一种材料, 很有可能成为今后 SOI 材料的主流。

除了在集成电路上的应用, SOI 材料在低压、低功耗电路、耐高温电路[66]、MEMS 传感器、光电集成等方面, 都具有重要的应用。

2. 金刚石薄膜

金刚石是碳的一种同素异形体, 硬度在固体材料中最高, 同时具有最高的强度、弹性模量 (1 050 GPa) 和热导率 (为铜的 5 倍)。金刚石还具有良好的电学性能、光学透过性、耐腐蚀性以及化学稳定性。

金刚石薄膜的合成技术包括热灯丝 CVD、微波等离子体 CVD、等离子体喷射 CVD、低温 CVD、异质外延、织构生长等[67]。由于其极高的硬度和极好的化学稳定性, 金刚石薄膜难以用常规的半导体加工工艺实现高精度的图形, 因此要使金刚石膜在 MEMS 领域广泛应用, 就必须采用特殊工艺, 目前主要采用选择性生长和刻蚀。

金刚石材料的独特性质使其在 MEMS 中展示出独特的优越性, 可用于制作金刚石薄膜微传感器 (包括压力传感器、生物传感器等)、金刚石薄膜微执行器 (包括微电子机械开关、微型金刚石电动机、金刚石微型电夹)、金刚石薄膜微结构 (包括金刚石薄膜探针、金刚石喷嘴、微型金刚石齿轮) 等。

3.4 材料性能表征

通过对各类材料的简单介绍, 我们可以了解到, 不同的材料具有不同的材料性能, 因此适用于不同的 MEMS 应用和设计。关于材料性能的测量与表征, 下面讨论两种常用技术: 测量力学性能的纳米压入法以及测量电学性能的四探针法。

3.4.1 纳米压入法

MEMS 器件或系统多由薄膜沉积而成, 受工艺影响, 薄膜材料与其宏观尺度材料的力学性能有很大不同, 薄膜应力普遍存在, 这些均会对微结构的性能产生影响, 因此必须对 MEMS 中广泛存在的薄膜、小体积材料的力学性能进行测量。MEMS 材料的力学性能主要包括硬度、弹性模量、屈服强度、断裂强度、硬化指数、蠕变以及疲劳强度等, 其测量方法主要有纳米压入法[68]、鼓泡法、微梁弯曲法、微拉伸法、微梁振动法及试件与测试机构一体化法等。表 3.10 所示为几种测试方法的比较, 其中纳米压入法由于操作简单、测量范围广, 成为使用最多的测试方法。

表 3.10 MEMS 材料力学性能测试方法与适用性

测试方法	硬度	弹性模量	屈服强度	断裂强度	疲劳强度	残余应力	结合强度
纳米压入法	√√	√√	√	√	√	√	√
微梁弯曲法		√√	√	√	√√	√	
鼓泡法		√√	√√			√√	
微拉伸法		√√	√√	√	√		√
一体化法	√	√	√	√			
微梁振动法		√√			√		

纳米压入法通常采用纳米压入仪, 压入过程一般由加载和卸载两个过程组成, 即加载机构在位移或载荷增量控制方式驱动下将压头缓慢压入试样至所设定的最大位移或载荷, 然后该加载机构的反向驱动使压头卸载至零。在加载、卸载过程中, 同步测量压头的位移和载荷。对测得的位移和载荷数据进行曲线拟合作图, 可得到加载、卸载过程的载荷 – 位移曲线。

图 3.12 所示为典型的载荷 – 位移曲线示意图, 其中横坐标为位移, 纵坐标为载荷。为了能够进行薄膜、MEMS 材料及小体积材料力学性能的测量, 纳米压入过程中, 对力与位移的分辨率要求非常高, 即力分辨率在 μN 以上, 而位移在 nm 级, 如 MTS 的 Nano Indenter XP 载荷分辨率为 0.05 μN, 位移分辨率为 0.01 nm。同时, 为了能够满足薄膜、硬膜及梁弯曲的实验要求, 纳米压入仪的位移与力的最大量

程也较大, 如 Nano Indenter XP 位移传感器的最大量程为几百 μm, 最大载荷为数百 mN。这样能够保证压入仪对大多数薄膜材料与小体积材料进行力学性能测量的压入实验。

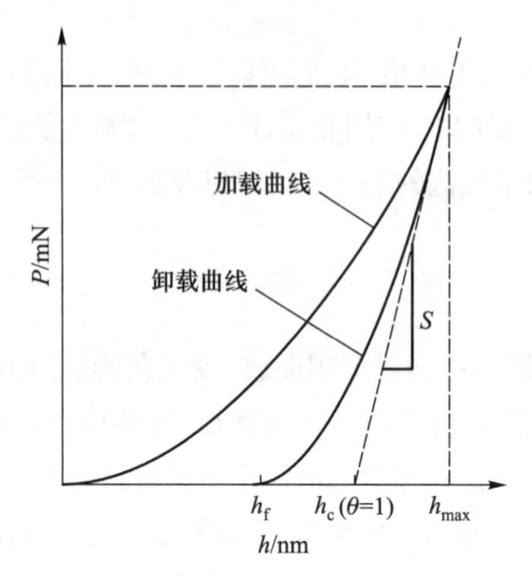

图 3.12 典型的载荷 – 位移 $(P-h)$ 曲线示意图

纳米压入法可以采用各种类型压头, 其中金刚石三棱锥的 Berkovich 压头由于加工性好, 且具有几何自相似性 (self-similarity), 在压入实验中应用最为广泛, 成为纳米压入仪的标配压头[69]。

纳米压入法根据所得到的载荷 – 位移曲线, 通过一定评定模型计算可以得到 MEMS 材料的硬度和弹性模量, 甚至屈服强度等各项材料力学特性。

3.4.2 四探针法

薄膜材料被广泛地应用于微电子器件、微驱动器/微执行器、微传感器中。许多 IC 和 MEMS 器件的重要参数均与薄层电阻有关。作为测量薄层电阻的主流技术, 近年来, 四探针测试技术已经成为在 MEMS 电特性测量方面应用最为广泛的技术手段[70]。

四探针法除了用来测量半导体材料的电阻率以外, 还被用来测量扩散层薄层电阻, 以判断扩散层质量是否符合设计要求。与其他方法相比, 四探针法的主要优点在于设备简单, 操作方便, 精确度高, 而且对试样的几何尺寸无严格要求。

1. 测量原理

直流四探针法也称为四电极法, 使用的仪器以及与试样的接线如图 3.13 所示: 测试时 4 根金属探针与试样表面接触, 外侧两根 1、4 为通电流探针, 内侧两根 2、3 为测电压探针。由电流源输入小电流使试样内部产生压降, 同时用高阻抗的静电计、电子毫伏计或数字电压表测出其他两根探针的电压, 即 V_{23}。

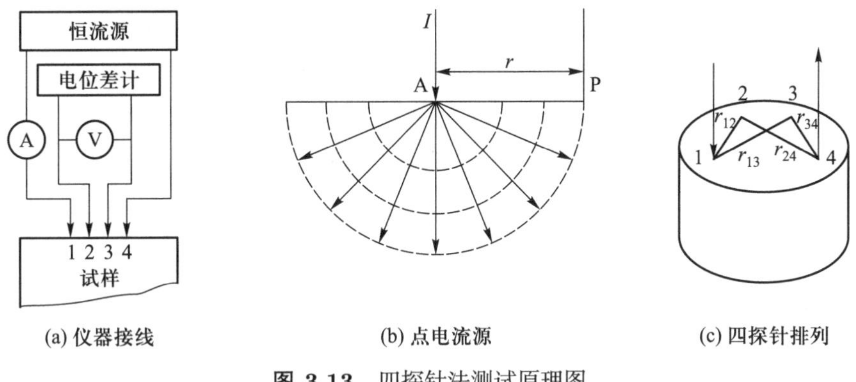

(a) 仪器接线　　(b) 点电流源　　(c) 四探针排列

图 3.13　四探针法测试原理图

由于均匀导体内恒定电场的等位面为球面, 则在半径为 r 处等位面的面积为 $2\pi r^2$。若有一块电阻率为 ρ 的均匀半导体试样, 其几何尺寸相对于探针间距来说可以看作半径无限大, 则当探针引入的点电流源的电流为 I 时, 电流密度为

$$j=\frac{I}{2\pi r^2} \tag{3.3}$$

根据电导率与电流密度的关系, 可得

$$E=\frac{j}{\sigma}=\frac{I}{2\pi r^2\sigma}=\frac{I\rho}{2\pi r^2} \tag{3.4}$$

则距点电荷 r 处的电势为

$$V=\frac{I\rho}{2\pi r} \tag{3.5}$$

半导体内各点的电势应为 4 个探针在该点形成电势的矢量和。通过数学推导可得四探针法测量电阻率的公式

$$\rho=\frac{V_{23}}{I}\cdot 2\pi\left(\frac{1}{r_{12}}-\frac{1}{r_{24}}-\frac{1}{r_{13}}+\frac{1}{r_{34}}\right)^{-1}=C\frac{V_{23}}{I} \tag{3.6}$$

式中

$$C=2\pi\left(\frac{1}{r_{12}}-\frac{1}{r_{24}}-\frac{1}{r_{13}}+\frac{1}{r_{34}}\right)^{-1}$$

为探针系数, 单位为 cm; r_{12}、r_{24}、r_{13}、r_{34} 分别为相应探针间的距离, 见图 3.13c。

若四探针在同一平面的同一直线上, 其间距分别为 S_1、S_2、S_3, 且 $S_1=S_2=S_3=S$ 时, 则

$$\rho=\frac{V_{23}}{I}\cdot 2\pi\left(\frac{1}{r_{12}}-\frac{1}{r_{24}}-\frac{1}{r_{13}}+\frac{1}{r_{34}}\right)^{-1}=\frac{V_{23}}{I}2\pi S \tag{3.7}$$

这就是常见的直流等间距四探针法测电阻率的公式。为了减小测量区域, 以观察电阻率的不均匀性, 4 根探针不一定都排成直线, 还可排成正方形或矩形, 此时只需改变电阻率计算公式中的探针系数 C。

四探针法的优点是探针与半导体试样之间不要求制备合金结电极, 这给测量带来了方便。四探针法可以测量试样沿径向分布的断面电阻率, 从而可以观察电阻率的不均匀情况。由于这种方法可迅速、方便、无破坏地测量任意形状的试样, 且精度较高, 适合于在大批量生产中使用。但由于该方法受针距的限制, 很难发现小于 0.5 mm 的两点电阻的变化。

2. 半导体材料电阻率测量

半导体材料电阻率为

$$\rho = \frac{V}{I}C \tag{3.8}$$

探针系数为

$$C = \frac{2\pi}{\dfrac{1}{S_1} + \dfrac{1}{S_2} - \dfrac{1}{S_1 + S_2} - \dfrac{1}{S_2 + S_3}} \tag{3.9}$$

式中, S_1、S_2、S_3 分别为探针 1 与 2、2 与 3、3 与 4 的间距。若电流取 $I = C$, 则 $\rho = V$, 可由数字电压表直接读出。

半导体材料电阻率测量方法适用于块状和棒状半导体试样及薄片电阻率的测量。薄片试样因为其厚度与探针间距相比不能忽略, 所以测量时要提供试样的厚度和测量位置的修正系数, 可由相关资料查得。

3. 方块电阻测量

方块电阻, 指一个正方形的薄膜导电材料边到边之间的电阻。如图 3.14 所示, 即 B 边到 C 边的电阻值。任意大小的正方形边到边的电阻都是一样的, 方阻仅与导电膜的厚度等因素有关, 因此测量金属、多晶硅、导电漆膜、印制电路板铜箔膜等薄膜状导电材料的方阻时, 可以间接得到其厚度值

$$R_s = \frac{\rho\alpha}{d\alpha} = \frac{\rho}{d} \tag{3.10}$$

式中, d 为薄膜厚度。

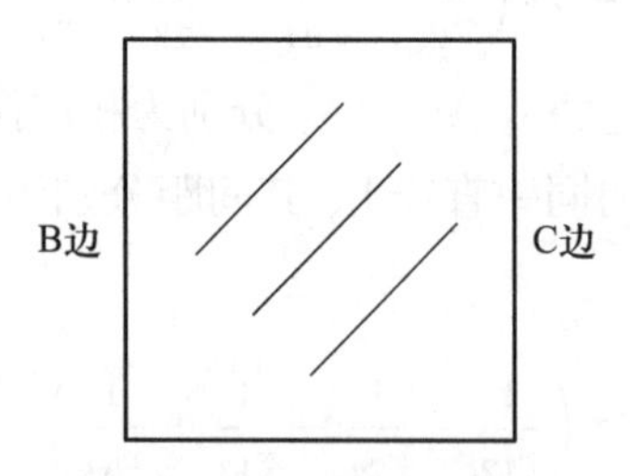

图 3.14 方块电阻

测试时, 要求探头的 4 根探针之间的距离相等。4 根探针由 4 根引线连接到方阻测试仪上, 当探头压在导电薄膜材料上面时, 方阻计就能立即显示出材料的方阻值。

其具体原理是, 外端的两根探针产生电流场, 内端上两根探针测试电流场在这两个探点上形成的电势。方阻越大, 产生的电势也越大, 由此就可以测出材料的方阻值。

影响探头法测试方阻精度的因素包括:

(1) 探头边缘到材料边缘的距离要远大于探针间距, 一般要求 10 倍以上。

(2) 探针头部之间的距离相等, 否则会产生等比例测试误差。

(3) 理论上要求探针头部与导电薄膜接触的点越小越好。但实际应用时, 因针状电极容易破坏被测试的导电薄膜材料, 所以一般采用圆形探针头。

4. 范德堡法及改进范德堡法

普通直线四探针法只能用于测量尺寸为 mm 级以上的试样, 具有以下不足: ① 被测试样尺寸受探针间距的限制, 这是因为探针要有足够的直径, 才能保证其刚性; ② 测量精度受边缘效应和探针游移的影响, 尤其试样很小时, 边缘效应和探针游移的影响就更不可忽视, 需要对结果进行修正。而范德堡法和改进范德堡法可以避免这些不足, 在微小试样的测量中应用广泛。

范德堡法用于扁平、厚度均匀、任意形状且不含有任何隔离孔的试样材料, 接触点在边缘。如图 3.15 和图 3.16 所示, 接触点很小, 并且安放在试样外围。围绕试样进行 8 次测量。对这些读数进行数学组合, 来决定试样的平均电阻率。

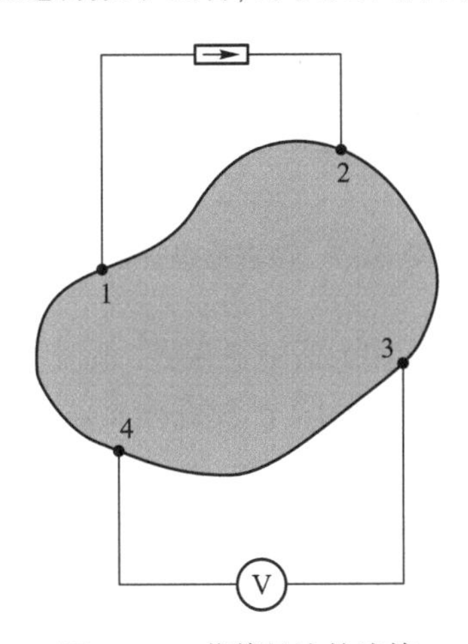

图 3.15 范德堡法的连接

范德堡法对于任意形状的试样, 当触点在边界上任意位置时, 下面的公式成立:

$$R_s = \frac{\pi}{2\ln 2}\left(\frac{V_{12}+V_{34}}{I_{12}}\right) f\left(\frac{V_{34}}{V_{12}}\right) \tag{3.11}$$

式中, f 为范德堡修正函数, 与边界条件有关, 当为正方形时, $f=1$。

用范德堡法测得的方块电阻不受试样大小和探针游移的影响, 但还受探针间距的限制。对微小试样而言, 在边缘上制备小触点十分困难。因此, 范德堡法难以直接测量微小试样的方块电阻。改进的范德堡法很好地解决了该问题, 且成功地应用于

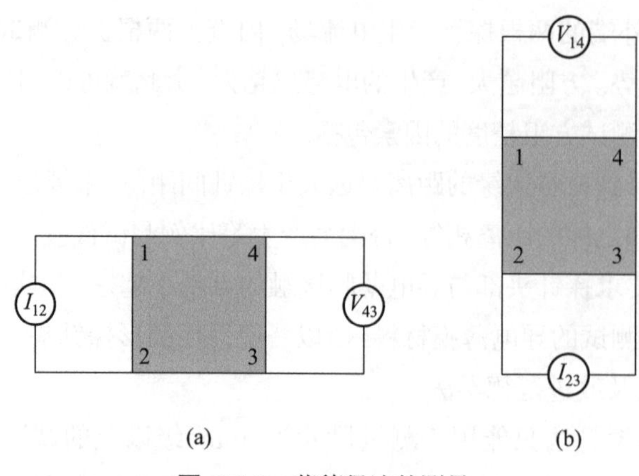

图 3.16 范德堡法的测量

微小试样方块电阻的测量。这一方法的要点是, 在显微镜的帮助下采用目视法, 只要保证四探针针尖分别置于方形微小试样面上的内切圆外 4 个角区, 如图 3.17 所示, 就可以正确地测出其方块电阻, 不需要再测定探针的几何位置。

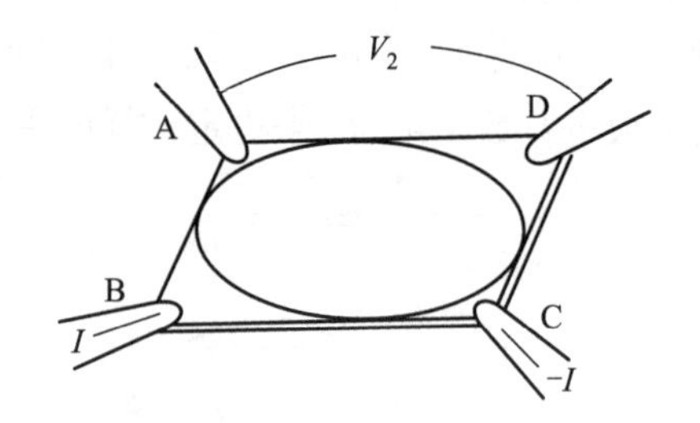

图 3.17 改进范德堡法示意图

第一次测量时, A、B 探针作为通电流探针, 电流为 I, D、C 探针作为测电压探针, 其间电压为 V_1。第二次测量时, B、C 探针作为通电流探针, 电流仍为 I, A、D 探针作为测电压探针, 其间电压为 V_2。然后, 依次以 C、D 和 D、A 作为通电流探针, 相应的测电压探针 B、A 和 D、C 间的电压分别为 V_3 和 V_4。由 4 次测量可得试样的方块电阻:

$$R_s = \frac{1}{4}\sum \frac{\pi}{2\ln 2}\left(\frac{V_n + V_{n+1}}{I}\right) f\left(\frac{V_{n+1}}{V_n}\right) \tag{3.12}$$

这一方法的特点是:

(1) 4 根探针从 4 个方向分别由操纵杆伸出, 触到试样上, 探针杆需有足够的刚性。探针间距取决于探针针尖的半径, 不受探针杆直径所限。

(2) 测量精度与探针的游移无关, 测量重复性好, 无需保证重复测量时探针位置的一致性。

(3) 不要求等距、共线, 只要求显微镜观察后能保证针尖在试样的 4 个角区边缘附近的一定界限内。

参考文献

[1] Gad-El-Hak M, Seemann W E. MEMS handbook. Applied Mechanics Reviews, 2002, 55(6):109.

[2] Kim B J, Meng E. Review of polymer MEMS micromachining. Journal of Micromechanics and Microengineering, 2015, 26(1): 013001.

[3] Dorey R A. Ceramic thick films for MEMS and microdevices. William Andrew, 2011.

[4] Hava S, Auslender M. Single-crystal silicon: Electrical and optical properties. Springer US, 2006.

[5] Hofmann P. Solid state physics: An introduction. John Wiley & Sons, 2015.

[6] Elkareh B, Lou N H. Review of single-crystal silicon properties. Silicon Analog Components, 2015.

[7] 刘国权. 材料科学与工程基础. 高等教育出版社, 2015.

[8] 尹建华, 李志伟. 半导体硅材料基础. 化学工业出版社, 2012.

[9] Tilli M, Motooka T, Airaksinen V M, et al. Handbook of silicon based MEMS materials and technologies. 2nd ed. Elsevier, 2015.

[10] Li X, Wei X, Xu T, et al. Remarkable and crystal-structure-dependent piezoelectric and piezoresistive effects of InAs nanowires. Advanced Materials, 2015, 27(18):2852-2858.

[11] Phan H, Dao D V, Nakamura K, et al. The piezoresistive effect of SiC for MEMS sensors at high temperatures: A review. Journal of Microelectromechanical Systems, 2015, 24(6):1663-1677.

[12] Song J W, Lee J S, An J E, et al. Design of a MEMS piezoresistive differential pressure sensor with small thermal hysteresis for air data modules. Review of Scientific Instruments, 2015, 86(6):065003.

[13] Gonzalez P, Haspeslagha L, De Meyer K, et al. Evaluation of the piezoresistive and electrical properties of polycrystalline silicon-germanium for MEMS sensor applications// IEEE, International Conference on Micro Electro Mechanical Systems. IEEE, 2010:580-583.

[14] Gridchin V A, Lyubimsky V M. Piezoresistance in the films of p- type polycrystalline silicon. Semiconductors, 2004, 38(8):976-980.

[15] Suja K J, Komaragiri R. Computer aided modeling for a miniature silicon-on-insulator MEMS piezoresistive pressure sensor. Photonic Sensors, 2015, 5(3):202-210.

[16] Toshiyoshi H. Silicon oxide sacrificial etching technology. IEEJ Transactions on Sensors & Micromachines, 2011, 131(131): 8-13.

[17] Liu Z, Shah A, Alasaarela T, et al. Silicon dioxide mask by plasma enhanced atomic layer deposition in focused ion beam lithography. Nanotechnology, 2017, 28(8):085303.

[18] Ho S S, Rajgopal S, Mehregany M. Thick PECVD silicon dioxide films for MEMS devices. Sensors & Actuators A: Physical, 2016, 240: 1-9.

[19] Hashim U, Azman A H, Ayub R M, et al. Comparison of deal grove model growth

rate with dry thermal oxidation process for ultra-thin silicon dioxide film// International Conference on Biomedical Engineering, IEEE, 2015: 1-4.

[20] Klemm H. Silicon nitride for high-temperature applications. Journal of the American Ceramic Society, 2010, 93(6): 1501-1522.

[21] Liu Y, Zhang W, Jian T, et al. The silicon nitride mask for isotropic wet etching. Semiconductor Optoelectronics, 2016.

[22] Zhao H, Kuyken B, Leo F, et al. Visible-to-near-infrared octave spanning supercontinuum generation in a partially underetched silicon nitride waveguide. Optics letters, 2015, 40(10): 2177-2180.

[23] Wang L, Qin H, Zhang W, et al. High reliability of vanadyl-phthalocyanine thin-film transistors using silicon nitride gate insulator. Thin Solid Films, 2013, 545(18): 514-516.

[24] Tsai T C, Lou L R, Lee C T. Influence of deposition conditions on silicon nanoclusters in silicon nitride films grown by laser-assisted CVD method. IEEE Press, 2011, 10(2): 197-202.

[25] Lu X, Lee J Y, Lin Q. High-frequency and high-quality silicon carbide optomechanical microresonators. Scientific Reports, 2015, 5:17005.

[26] Jha H S, Yadav A, Singh M, et al. Growth of wide-bandgap nanocrystalline silicon carbide films by HWCVD: Influence of filament temperature on structural and optoelectronic properties. Journal of Electronic Materials, 2015, 44(3):1-7.

[27] Awad Y, Khakani M A E, Brassard D, et al. Effect of thermal annealing on the structural and mechanical properties of amorphous silicon carbide films prepared by polymer-source chemical vapor deposition. Thin Solid Films, 2010, 518(10): 2738-2744.

[28] Awad Y, Khakani M A E, Brassard D, et al. Effect of thermal annealing on the structural and mechanical properties of amorphous silicon carbide films prepared by polymer-source chemical vapor deposition. Thin Solid Films, 2010, 518(10): 2738-2744.

[29] Kamble M, Waman V, Mayabadi A, et al. Synthesis of cubic nanocrystalline silicon carbide (3C–SiC) films by HW–CVD Method. Silicon, 2016: 1–9.

[30] Vasiliev A A, Pisliakov A V, Sokolov A V, et al. Non-silicon MEMS platforms for gas sensors. Sensors and Actuators B: Chemical, 2016, 224: 700-713.

[31] 李永祥. 信息功能陶瓷研究的几个热点. 无机材料学报, 2014, 29(1): 1-5.

[32] Xiong J J, Li C, Jia P G, et al. An insertable passive LC pressure sensor based on an alumina ceramic for in situ pressure sensing in high-temperature environments. Sensors, 2015, 15(9): 21844-21856.

[33] Chopra K, Pandey S. A new design of aluminium cantilever with embedded piezoelectric ceramic film in RF MEMS devices for energy harvesting//TENCON 2015——2015 IEEE Region 10 Conference. IEEE, 2015:1-6.

[34] Shanmuganantham T, Gogoi U J, Gandhimohan J. A study scheme of energy harvesting process of MEMS piezoelectric pressure sensor//International Conference on Circuit, Power and Computing Technologies. IEEE, 2016: 1-5.

[35] Pabst O, Hölzer S, Beckert E, et al. Inkjet printed micropump actuator based on piezoelectric polymers: Device performance and morphology studies. Organic Electronics, 2014, 15(11): 3306-3315.

[36] Seena V, Hari K, Prajakta S, et al. A novel piezoresistive polymer nanocomposite MEMS accelerometer. 2017, 27(1): 015014.

[37] Yekani Fard M. Nonlinear inelastic mechanical behavior of epoxy resin polymeric materials. 2011.

[38] Kadi H E. Modeling the mechanical behavior of fiber-reinforced polymeric composite materials using artificial neural networks: A review. Composite Structures, 2006, 73(1): 1-23.

[39] Romankiw L T. A path: From electroplating through lithographic masks in electronics to LIGA in MEMS. Electrochimica Acta, 1997, 42(20-22): 2985-3005.

[40] Choi S T, Kwon J O, Bauer F. Multilayered relaxor ferroelectric polymer actuators for low-voltage operation fabricated with an adhesion-mediated film transfer technique. Sensors & Actuators A Physical, 2013, 203(6): 282-290.

[41] Liu C. Recent developments in polymer MEMS. Advanced Materials, 2007, 19(22): 3783-3790.

[42] Liaw D J, Wang K L, Huang Y C, et al. Advanced polyimide materials: Syntheses, physical properties and applications. Progress in Polymer Science, 2012, 37(7): 907-974.

[43] Xiao S Y, Che L F, Li X X, et al. A novel fabrication process of MEMS devices on polyimide flexible substrates. Microelectronic Engineering, 2008, 85(2): 452-457.

[44] Zhou Z F, Huang Q A, Li W H, et al. Simulations, analysis and characterization of the development profiles for the thick SU-8 UV lithography process//Sensors. IEEE, 2010: 2525-2529.

[45] Salvo P, Verplancke R, Bossuyt F, et al. Adhesive bonding by SU-8 transfer for assembling microfluidic devices. Microfluidics and Nanofluidics, 2012, 13(6): 987-991.

[46] Foulds I G. SU-8 surface micromachining using polydimethylglutarimide (pmgi) as a sacrificial material. 2007.

[47] Jr W J J, Kuhfuss H F. Liquid crystal polymers. I. Preparation and properties of p-hydroxybenzoic acid copolyesters. Journal of Polymer Science Part A Polymer Chemistry, 2010, 34(15):3031-3046.

[48] Lin C, Lixin X, Qi H. Radiation characteristics of a flexible micro-electro-mechanical system antenna on a liquid crystal polymer substrate. 2016.

[49] Lötters J C, Olthuis W, Veltink P H, et al. The mechanical properties of the rubber elastic polymer polydimethylsiloxane for sensor applications. Journal of Micromechanics & Microengineering, 1999, 797(3): 145-147.

[50] Gao S, Tung W T, Wong D S, et al. Direct optical patterning of poly(dimethylsiloxane) microstructures for microfluidic chips//Eighth International Symposium on Advanced Optical Manufacturing and Testing Technology. 2016:96850X.

[51] Nasraoui M, Forquin P, Siad L, et al. Influence of strain rate, temperature and adiabatic heating on the mechanical behaviour of poly-methyl-methacrylate: Experimental and modelling analyses. Materials & Design, 2012, 37: 500-509.

[52] Carbaugh D J, Wright J T, Parthiban R, et al. Photolithography with polymethyl methacrylate (PMMA). Semiconductor Science & Technology, 2016, 31(2): 025010.

[53] Pyo K H. High-performance graphene top-gate FETs with air dielectric using foldable substrates. 2015.

[54] Kahouli A, Sylvestre A, Laithier J F, et al. Structural and dielectric properties of parylene-VT4 thin films. Materials Chemistry & Physics, 2014, 143(3): 908-914.

[55] Kim B J, Jin W, Baldwin A, et al. Parylene MEMS patency sensor for assessment of hydrocephalus shunt obstruction. Biomedical Microdevices, 2016, 18(5): 87.

[56] Lloyd G O, Steed J W. Anion-tuning of supramolecular gel properties. Nature Chemistry, 2010, 1(6): 437.

[57] Shikida M, Niimi Y, Shibata S. Fabrication and flow-sensor application of flexible thermal MEMS device based on Cu on polyimide substrate. Microsystem Technologies, 2015: 1-9.

[58] Gassensmith J J, Kim J Y, Holcroft J M, et al. A metal-organic framework-based material for electrochemical sensing of carbon dioxide. Journal of the American Chemical Society, 2014, 136(23): 8277.

[59] Zheng X, Gu F. Research on the property of electro-deposited Ni-Fe-SiC alloy for MEMS// International Conference on Optical Instruments and Technology. International Society for Optics and Photonics, 2011: 820214-820214-4.

[60] Grabowski B, Tasan C C. Self-healing metals//Self-healing Materials. Springer International Publishing, 2015.

[61] Jani J M, Leary M, Subic A, et al. A review of shape memory alloy research, applications and opportunities. Materials & Design, 2014, 56(4): 1078-1113.

[62] Choudhary N, Kaur D. Shape memory alloy thin films and heterostructures for MEMS applications: A review. Sensors & Actuators A Physical, 2016, 242: 162–181.

[63] Abdelghany M, Mahvash F, Mukhopadhyay M, et al. Suspended graphene variable capacitor. 2016, 3(4).

[64] Doris B, Desalvo B, Cheng K, et al. Planar fully-depleted-silicon-on-insulator technologies: Toward the 28 nm node and beyond. Solid-State Electronics, 2016, 117: 37-59.

[65] Chen M, Wang Y B. Overview of SOI technologies in China. 2009: 1-4.

[66] Lu C C, Liao K H, Udrea F, et al. Multi-field simulations and characterization of CMOS-MEMS high-temperature smart gas sensors based on SOI technology. Journal of Micromechanics & Microengineering, 2008, 18(7): 075010.

[67] Auciello O, Sumant A V. Status review of the science and technology of ultrananocrystalline diamond (UNCD^{TM}) films and application to multifunctional devices. Diamond & Related Materials, 2010, 19(7-9): 699-718.

[68] Li X, Bhushan B. A review of nanoindentation continuous stiffness measurement technique and its applications. Materials Characterization, 2002, 48(1): 11-36.

[69] Li C, Zhang F, Meng B, et al. Simulation and experiment on surface morphology and mechanical properties response in nano-indentation of 6H–SiC. Journal of Materials Engineering & Performance, 2017: 1-10.

[70] Çiftyürek E, Mcmillen C D, Sabolsky K, et al. Platinum-zirconium composite thin film electrodes for high-temperature micro-chemical sensor applications. Sensors & Actuators B Chemical, 2015, 207(Part A): 206-215.

第 4 章 MEMS 工艺

时至今日, MEMS 已经越来越被看作一个具有自身鲜明特点的技术门类, 而非仅仅具有某类特征的器件或集成系统。作为 MEMS 技术的核心, 制造工艺既是决定 MEMS 发展水平的关键技术因素也是亟待突破的主要技术瓶颈。20 世纪 80 年代, "牺牲层 (sacrificed layer)" 技术的发明在一定程度上标志着 MEMS 的诞生, 其后陆续出现了许多专门化的工艺技术, 持续推动 MEMS 走向成熟, 未来 MEMS 的进一步发展仍然有赖于制造工艺的不断突破和创新。

MEMS 对制造工艺的要求虽然因具体的器件和结构差别而差异巨大, 但也存在明确的共性。适用于 MEMS 的制造工艺必须同时具备至少两个方面的特点: 一是要实现微米尺度结构的加工; 二是加工过程必须大批量化。前者是由 MEMS 的特征尺度所决定的, 后者是 MEMS 产品市场竞争力的根本保证。

常规的机械制造工艺对 MEMS 提出的这两项基本的工艺要求均难以满足: 一方面, 虽然精密机械加工的精度可以达到亚微米甚至纳米量级, 但其特征尺度仍主要集中在毫米及以上尺度; 另一方面, 以车、铣、刨、磨为代表的机切削加工工艺原则上都还是单件加工过程。由此可以明确: 常规的机械制造工艺对于 MEMS 来说难有帮助, MEMS 制造工艺必须另寻技术源泉。

在 MEMS 正式出现之前, 唯一能够同时满足微米量级的特征尺度和大批量化加工的成熟制造技术只有集成电路 (IC) 制造工艺。而且, 我们也已经了解: MEMS 的发端即是 IC "下一个符合逻辑的步伐"。借用 IC 主流工艺 —— 硅工艺 (silicon process) 业已成熟的生产和检测设备以及丰富多样的单项加工技术, MEMS 硅微加工 (silicon micromachining) 得以迅速发展到实用和市场化阶段。同时, 硅微加工还为 MEMS 带来了机电单片集成的可能性, 这无疑是一种极具诱惑力的 "终极" 集成方案。当然, IC 的硅工艺并不完全契合 MEMS 的加工要求, 其主要的不足在于两个方面: 装配能力的匮乏以及三维造型能力的不足。对于平面电路来说这两点均非必要, 但对于 MEMS 器件而言, 无法批量化地进行微装配将大大制约最终的系统复杂度以及与复杂度相匹配的产品功能性。另外, 二维平面结构也显然是对 MEMS 结构应用和设计的极大制约。值得庆幸的是, MEMS 硅微加工发展出了基于牺牲层技术的表面硅微加工 (surface micromachining), 在一定程度实现了批量化的自装配; 另外, 体硅微加工 (bulk micromachining) 则极大地提升了结构的厚度 (高度、深度), 使结构造型由两维上升为两维半或者说准三维。

硅微加工的发展最终将 MEMS 介绍给这个世界, 但是在其取得巨大成功的今天, MEMS 硅微加工仍然存在一些不足之处, 其中之一就是材料的单一性。具体的工艺总是与其适用的材料联系在一起, 不存在可加工一切材料的工艺, 也不存在适用于任何工艺的材料。即使硅与硅基薄膜材料被证明有着一系列良好的力学与物理特性, 现实中广泛的应用需求仍然期盼着其他材料能够加入到 MEMS 产品的结构构成中来。光刻电铸法 (LIGA) 及准 LIGA 工艺, 不仅符合 MEMS 对加工工艺的基本要求, 并能同时实现牺牲层自装配与高深宽比结构, 关键还可以采用树脂、金属、陶瓷和塑料等材料制备结构, 因而成为继硅微加工之后的又一项重要的 MEMS 制造工艺。

MEMS 制造工艺与 MEMS 设计的联系是另一个需要引起特别关注的问题。事实上, 任何成功的设计都不是仅仅考虑应用需求的结果, 加工工艺的特长与限制性因素无疑也是设计的重要依据。对于 MEMS 而言, 由于目前设计软件的发展水平和产品生产的代工模式, 制造工艺对结构设计有着先决和指导意义。因此, 专门从事产品设计的 MEMS 研发人员也必须对制造工艺进行深入的了解。

4.1 光刻

光刻 (photolithography), 可直译为照相平版印刷术, 是 IC 工业发展出的图形转移技术。硅微加工和 LIGA 这两大 MEMS 主流加工工艺, 均采用光刻作为获得初始微小图形的技术手段。本节将结合 MEMS 的特点, 讲述光刻的原理以及硅微加工中的光刻装备和工艺流程。LIGA 工艺所采用的立体光刻技术将在后文有关 LIGA 与准 LIGA 的小节中进行介绍。

4.1.1 光刻原理

在光刻工艺中用以形成图形的结构层的是一种称为光刻胶 (photoresist) 层的有机材料, 其特性是对于某一特定波长附近的光线十分敏感。在有适当波长和足够光强的光照下, 被曝光部分的光刻胶会发生充分的胶联反应, 使其在特定溶液 (显影液) 中的被溶解性得到大幅度的改变。如果被曝光的光刻胶部分变得更容易被溶解,则该种光刻胶属于正性光刻胶的范畴, 反之则属于负性光刻胶的范畴。在随后类似于照相技术环节的显影 (developing) 过程中, 无论正胶还是负胶, 其相对较易溶解的光刻胶部分 (正胶的曝光区域/负胶的未曝光区域) 被溶解掉, 而其余部分得到保留, 如此在原本平坦连续的光刻胶层中实现了局部的空洞。这样, 正性胶显影得到的图形结构与原始版图实空一致, 而负性胶最终得到的图形结构与原始版图则实空相反。通常, 这一光刻过程可以看作具有一定厚度的平面造型, 也就是说图形通过光线的传递从掩模版图上转移到了光刻胶层中。由于光线通常能够通过很窄的缝隙, 因此光刻工艺可以实现尺度非常微小的图形转移, 以满足微加工对特征尺度 (线宽) 的需要。

图 4.1 所示为正性胶光刻的图形转移过程以及后续加工结果。首先, 光刻胶被均匀涂布在基底表面形成光刻胶层 (PR layer); 在光刻胶层上方平行放置一块制有掩模版图的平板, 称为掩模版或光刻版 (mask glass); 然后, 平行光通过光刻版图形中的透明部分垂直照射光刻胶层, 进行区域性曝光 (exposure); 随后的显影过程溶解掉曝光部分的正性光刻胶, 图形从光刻版到光刻胶层的转移至此完成。

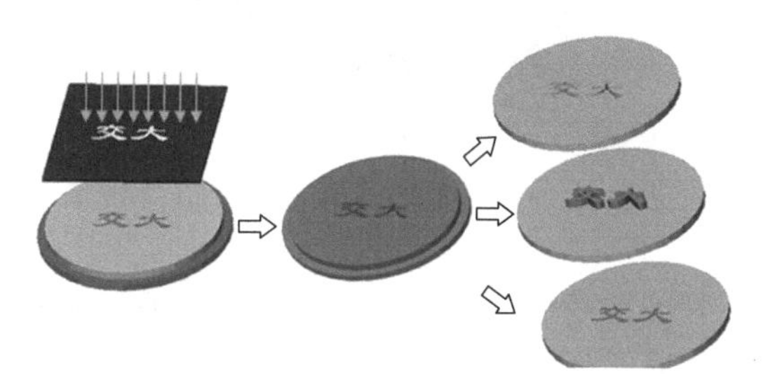

图 4.1 正性胶光刻的图形转移过程及后续加工结果

由上述的工艺原理可知, 将照相术与平版印刷术结合在一起的光刻技术, 既依靠光学方法固有的细微分辨率进行高精度 (目前已至纳米量级) 的图形转移, 同时又利用平版印刷的批量化特性获得高效的处理能力, 因此它能够较好地满足 MEMS 的加工要求。

需要注意的是, 与 LIGA 工艺中的立体光刻不同, 在硅微工艺中的光刻由于胶层较薄 (通常在亚微米至微米量级) , 相当于 MEMS 特征尺度的下限, 因此通常仅被看作微图形转移技术, 而非完整意义的结构造型。事实上, 真正的结构造型还需要光刻之后的一系列加工过程来实现, 这些加工过程将在后面的章节进行讨论。这里需要明确的是, 任何后续的加工过程如需进行选择性加工以实现造型的要求, 则都需要光刻的结果 (已完成图形转移的光刻胶层) 作为在 XY 平面上的加工控制手段 [即掩蔽层 (mask layer)]。

4.1.2 UV 光刻版

作为图形转移技术的光刻工艺, 必须有原始的图形模版, 称为掩模版, 附加在光刻版上。MEMS 中 UV 光刻所使用的光刻版通常为正方形, 厚度为 1.5 ~ 3 mm, 平面大小依据被曝光的晶圆 (wafer) 尺寸以及所采用的光刻机 (mask aligner) 而定, 是一块单面附有金属铬层 (厚度 800 ~ 1 000 Å) 的石英玻璃 (对深紫外光有很好的通透性) 平板, 掩模版图就构造于该铬层。一些 UV 光刻版如图 4.2 所示。

图 4.2 光刻版[1]

光刻版上的掩模版图是 MEMS 设计过程的最终结果。光刻版的制备则是 MEMS 制造过程的初始环节。它是一个精细却不必批量化的工艺过程, 一直以来在不断进化。目前, 最具柔性的 UV 光刻版制备过程大致如下: 掩模版图经 CAD 软件工具设计得到掩模文件 (PG file); 根据文件对石英玻璃表面铬层上 0.5 ~ 1 μm 厚的电子束敏感胶层进行电子束直写 (electron beam writing) 曝光; 显影完成后, 借助光刻胶层图案的掩蔽对铬层进行刻蚀 (etching, 即去除材料的微加工工艺, 后续章节有详细讨论) ; 最后去除所余胶层, 制备得到完工的光刻版。

4.1.3 UV 光刻机

光刻机的功能主要有两个: 一是对光刻胶层进行曝光, 二是将掩模版与晶圆对准, 因此也常称其为曝光机或对准机 (mask aligner)。光刻机的基本原理结构如图 4.3 所示: 光源负责提供足够强度的光照; 光学系统对光源发出的光进行处理和控制, 将其垂直投射到光刻版上; 透过光刻版的光线最终到达基底之上的光刻胶层, 实现既定剂量的曝光。无疑, 光线、光刻版和光刻胶层间的几何位置关系由光刻机的机械调整机构和光学观测系统来实现。

光刻机的曝光系统包括曝光源和光路通过的多重透镜装置, 根据使用要求, 可以

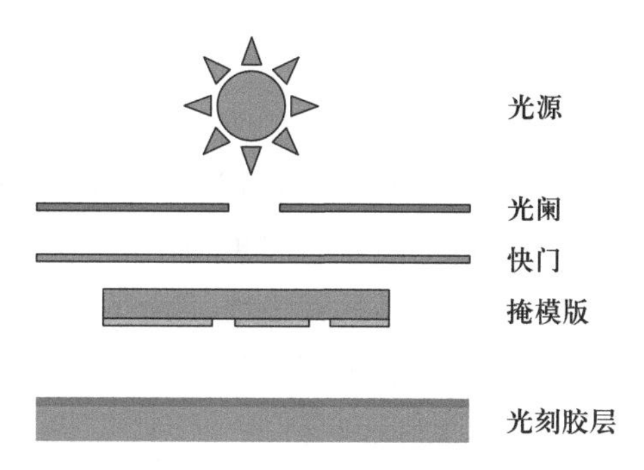

图 4.3 光刻机基本原理结构

很简单，也可能十分复杂。根据曝光源的不同，可以将光刻分为光学光刻、粒子束光刻、电子束光刻等。光学光刻又可细分为可见光、紫外光 (UV)、深紫外光 (DUV)、极深紫外光 (EUV)、X 射线光刻，等等。

由于 MEMS 结构尺寸基本都在 μm 以上，因此 MEMS 硅微加工中的曝光源采用普通紫外光就可以，通常是由高压电弧汞灯所发出的波长为 436 nm (g 线) 或 365 nm (i 线) 的紫外光。一般地，除了曝光所需要的那条单线外，其他波长的光线在光刻机的光学系统中会被抑制。

图 4.4 所示为一台科研用途的 UV 光刻机，其光刻最小线宽为 0.7 μm。图 4.4b 所示为该光刻机的内部结构。

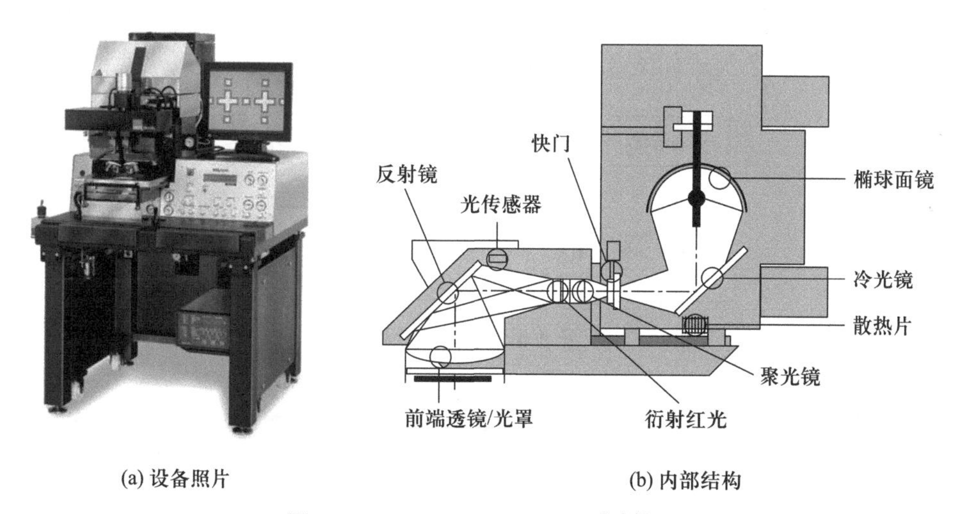

(a) 设备照片　　(b) 内部结构

图 4.4 Karl–Suss MA6 UV 光刻机

LIGA 工艺由于要在胶层中光刻出高深宽比的微结构，通常采用穿透性很强的同步辐射 X 射线作为曝光源，因此成本较高。采用深紫外光作为曝光源的准 LIGA 工艺，成型的深宽比相较于 LIGA 小很多，但却因为光源便宜而具有更强的竞争力。

对准是指在对已有所加工的基底进行光刻时，实现掩模版图与已制备结构的对准。因此, 光刻机配有一定倍数的光学显微镜以及一系列的调整与锁死机构, 供操作者完成套刻时的对准以及位置的保持。

MEMS 体硅微加工要对硅片的正反面都进行加工, 因此双面对准光刻必须得到实现。双面对准光刻原理如图 4.5 所示。简单的双面对准可以借助红外显微镜观察正反面的图形, 以将其对准。更为优越的方法是, 改造普通光刻机, 使其成为专门型双面对准光刻机, 从而在晶圆正反两面同时进行光学图像的拾取。

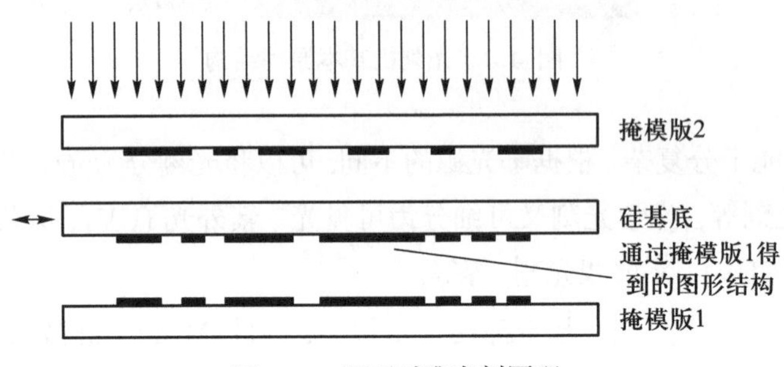

图 4.5 双面对准光刻原理

4.1.4 光刻流程

与其他所有的硅微工艺一样, 光刻过程必须始终处于超净室 (clean room) 环境下, 并且由于含有照相过程, 还必须在黄光室 (yellow room, 等同于暗室) 中进行。一个简略的光刻工艺流程如图 4.6 所示。

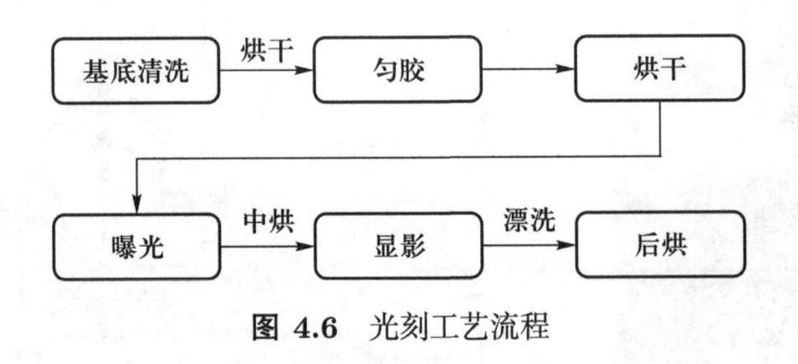

图 4.6 光刻工艺流程

首先是光刻基底的清洗, 具体过程视基底材料而有不同。对于硅晶圆, 通常的清洗步骤包括: 去离子水 (deionized water) 清洗、酸洗、氨水清洗、丙酮沸煮、甲醇超声波振荡清洗等, 目的是去除基底表面的固体颗粒、金属离子、有机物残余等。清洗后的基底经吹干或甩干后还需数分钟的烘干。

烘干后的晶圆被真空吸附于匀胶机 (spin coater) 的载片台上, 然后滴上一定量的液态光刻胶, 随着载片台的旋转, 离心作用使得晶圆自然处于水平状态, 光刻胶也随之被摊薄、甩匀。匀胶过程通常需持续数十秒, 胶层厚度主要取决于胶的黏度和匀胶时的转速等工艺参数。

涂胶后的晶圆在曝光前通常还需进行一定时间的烘干, 称为前烘。以 AZ4533 光刻胶为例, 需在 90 ℃ 下前烘 30 min。前烘的目的是减少光刻胶中的液态溶剂成分, 对光刻胶进行一定程度的固化, 以利于曝光得到精细的轮廓。

曝光在光刻机上进行, 对准精度由显微镜分辨率和人为因素决定, 另外还必须控制光强和曝光时间, 这是保证图形精度的重要参数。

曝光后的晶圆有时可能还要经历与前烘类似的中烘, 以固定胶层中不同溶解特性物质的位置。随后进行显影, 显影液根据工艺要求可以进行一定程度的稀释, 显影时间必须准确控制。图形显影完全后, 还需漂洗, 以去除晶圆上的残留物质。

显影后的晶圆通常还需进行较前烘更高温度的后烘。AZ4533 光刻胶的后烘温度为 130 ℃, 时间约 30 min。后烘的主要目的是硬化已成型的胶层, 使其在后续的刻蚀、改性等加工过程中具有更好的掩蔽能力。

在完成某些后续工艺 (例如刻蚀) 之后, 晶圆上残余的光刻胶可能需要专门加以去除。常用的除胶方法包括: 硫酸 – 双氧水溶液热煮、纯氧干法刻蚀、热氧化去胶等。

4.2 非等离子体硅微加工技术

硅微加工是目前 MEMS 的主流制造工艺, 是 MEMS 在发展的过程中对 IC 硅工艺的有选择继承和多方位拓展, 包含多种单项 MEMS 硅微加工技术。

加工技术按照改变加工材料的方式来划分有 4 种情况, 即材料的增长、去除、变形和改性。材料的增长在硅微加工中主要是在衬底材料上进行薄膜淀积 (thin film deposition) 和在块体材料之间进行键合 (bonding); 材料的去除主要依靠刻蚀 (etching); 而材料的改性则包括掺杂 (doping)、表面氧化 (oxidation)、退火 (annealing) 等。MEMS 硅微加工所针对的材料除个别特例, 一般不涉及变形的情况。

与常规的机械加工技术中主要依靠固体间的力学作用进行切削的情况不同, 粒子物理、化学反应以及一些物理化学的复合效应在 MEMS 硅微加工技术中扮演着主要角色。显然, 这种采用以原子 (团)、分子、离子、电子等微观粒子作为加工媒介的工艺方法, 其工艺环境必然是液体或气体。习惯上, 液体环境的加工方法称为 “湿法”, 相应地, 气体 (包括等离子体) 环境的加工则称为 “干法”。考虑到等离子体 (plasma) 的特殊性, 本节将讲述 MEMS 硅微加工中以液体或普通气体为加工环境和媒介的单项硅微加工技术。在下一节中再讲述以等离子体为加工环境的硅微加工技术, 之后还将讨论典型的硅微加工流程和 MEMS 封装技术。

4.2.1 薄膜淀积

在各类衬底上进行各种薄膜的淀积 (deposition), 也称沉积, 是 IC 薄膜工艺所必需的, 同样也是 MEMS 硅微加工技术的重要组成。淀积所生成的薄膜在 IC 工艺中可以是电子器件层、隔离层、电路互连层, 也可以是刻蚀或离子注入所需的掩蔽层。在 MEMS 中, 薄膜同样可能扮演相同的角色, 但还可能是表面硅微工艺中的牺牲层, 或者是作为具备力学、光学、化学等特殊功能的结构层而被制备。多样的用途自然就需要淀积多种材质、特性和结构的薄膜。根据各种淀积技术的不同优势, 金属薄膜通常采用蒸发 (evaporation)、溅射 (sputtering) 等物理气相沉积 (physical vapor deposition) 技术制备, 而电介质和半导体膜则多采用化学气相沉积 (chemical vapor deposition) 方法制备。这些硅微加工所采用的薄膜淀积方法都是在气体环境下 (气相) 进行的干法工艺, 相比在溶液中进行的化学镀、电镀等湿法工艺具有明显的质量优势。

1. 表面动力学与薄膜生长

为了深入学习气相淀积 (vapor deposition, VD), 我们有必要简单了解一下相关机理。如图 4.7 所示, 当气体原子或者分子到达衬底表面时, 由于范德瓦耳斯力的原因, 其中有一部分原子或分子会物理吸附于衬底表面上, 其中更有一部分会继而与衬底表面形成化学吸附。化学吸附与物理吸附的不同在于, 化学吸附中被吸附原子和衬底表面原子存在化学键, 即共享电子, 因而是更稳固的连接。被吸附的气体原子随后也可能脱离衬底表面的吸附, 这称为解吸附。吸附与解吸附这两种效应除了与气体原子、衬底表面的材料有关外, 还取决于气体原子的能量, 例如气体原子的能量足够大就可能直接实现化学吸附而不经历物理吸附的阶段。最终吸附并留在衬底表面的气体原子比例称为黏附系数 (sticking coefficient)。正是因为有这样的气体原子在固体表面的吸附效应, 薄膜淀积才能够在气体环境中实现。

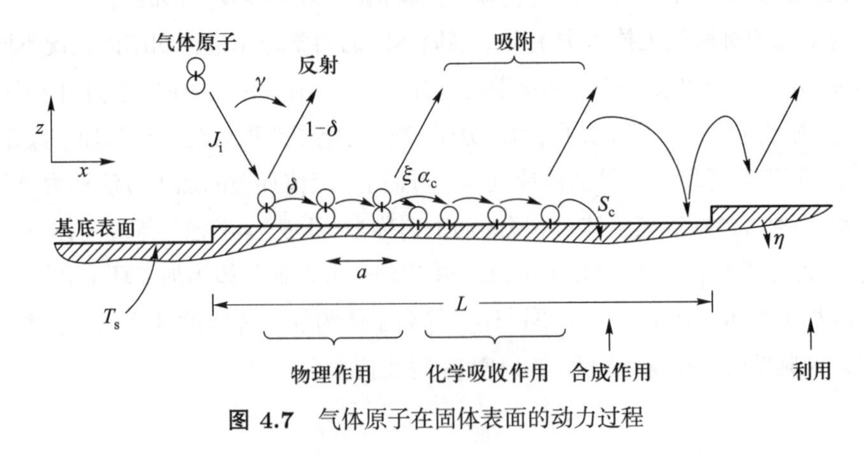

图 4.7 气体原子在固体表面的动力过程

被吸附的原子会进行称为表面扩散 (surface diffusion) 的扩散运动, 即断开与衬底间已有的化学键而移动至表面上的另一相邻位置。表面扩散长度是指统计意义上的一个原子的平均扩散距离，较大的表面扩散长度通常意味着薄膜有较少的缺陷，而且更为光滑、均匀，因而是淀积工艺所希望实现的。显然，较高的衬底表面温度使得被吸附原子具有较高的能量，因而扩散能力也较高，但是高温会导致薄膜材料的粗大晶粒，从而使薄膜材料特性变差。过高的温度还会使被吸附原子在还未被下一层被吸附原子埋没时就解吸附，脱离固体表面，因此存在一个使得表面扩散长度最大并能保证材料积累效率的最佳温度范围。

薄膜中通常都存在薄膜应力，它是薄膜表面能的表征，过大的应力会使薄膜破裂。薄膜原子的表面扩散会使薄膜整体的表面能最小化，因此表面扩散也有益于降低薄膜应力。通常，在薄膜淀积的过程中，除了给衬底加温提高表面扩散长度以外，还可以采用等离子体对薄膜进行离子轰击的方法，以提升薄膜表面原子的能量水平。

2. 蒸发淀积

蒸发淀积通常是一个物理淀积过程，也就是说其加工过程中没有任何化学反应，常用于金属薄膜的制备。简单的蒸发淀积台结构如图 4.8 所示，作为薄膜衬底的晶圆安装在高真空腔内，被淀积的材料装在坩埚内并被加热发出蒸气，由于腔内压力很低，例如 15 mTorr①，气体密度很小，蒸气原子可以直线运动通过腔体，直至到达晶圆表面，淀积为薄膜。

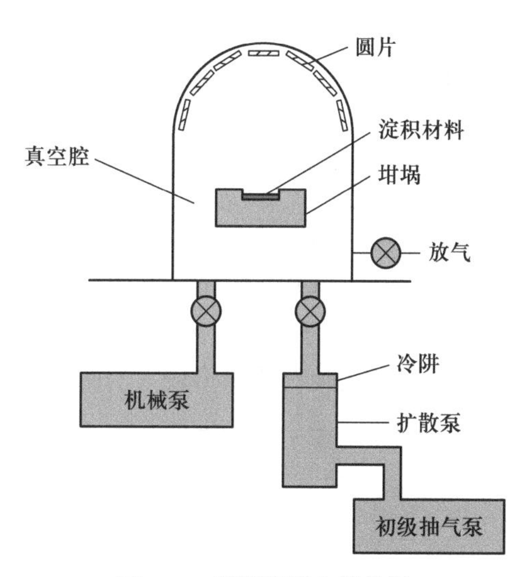

图 4.8 蒸发淀积台结构图

为了得到可接受的淀积速率，被淀积材料的蒸气压至少应为 10 mTorr。很多金属材料如 Ta、W、Ti、Pt 具有很高的熔化温度，为了达到 10 mTorr 的蒸气压需要 3 000 ℃ 以上的高温，而 Al、Au、Ag 等金属达到相同的蒸气压则只需要 1 500 ℃

① 1 Torr=133.322 4 Pa，余同。

以下的温度, 因而更适于蒸发淀积。为了增大淀积材料的范围, 材料的加热方法可以采用电子束轰击方式, 而不是简单的电阻发热。如图 4.9 所示, 电子束由一个围绕淀积材料棒的钨丝环发出, 轰击材料棒的顶端, 使其局部升温而蒸发。

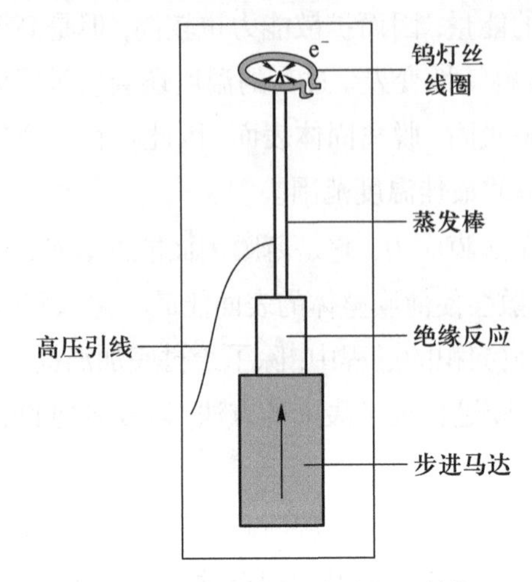

图 4.9 低流量电子束蒸发源结构

蒸发淀积的一个不足之处是台阶覆盖效应所带来的薄膜厚度不均匀。台阶覆盖 (step-coverage) 对所有的薄膜淀积工艺而言都是一个重要的薄膜表面形貌质量指标, 其含义是: 当衬底表面出现台阶时, 台阶各表面处淀积得到薄膜表面的厚度会有差异, 通常侧壁会比正常平面处薄, 其最薄处的厚度与薄膜正常厚度之比定义为台阶覆盖比, 即

$$台阶覆盖比 = (t_{\mathrm{s}}/t_{\mathrm{n}}) \times 100\% \tag{4.1}$$

由于台阶形貌对蒸气原子造成的阴影作用, 基底上有一侧的台阶侧壁会得不到淀积, 如图 4.10a 所示。如果在蒸发淀积过程中不断地旋转晶圆, 会得到轴对称的侧壁薄膜, 如图 4.10b 所示, 淀积结果有所改善。对晶圆加热则可以进一步地改善台阶覆盖, 不过, 对衬底进行加热又常会使薄膜中形成人们所不希望的大晶粒生长。

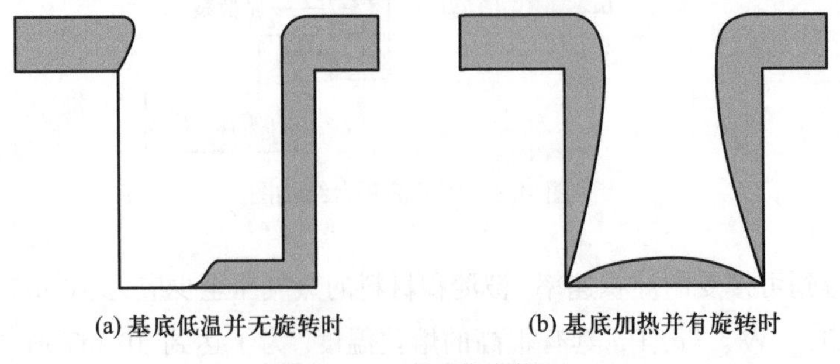

(a) 基底低温并无旋转时　　(b) 基底加热并有旋转时

图 4.10 淀积薄膜截面

由于蒸发淀积制作的金属薄膜的形貌较差, 速率较低, 同时也难以良好地控制

合金材料的淀积, 因此在很多场合已被同属物理淀积的离子溅射所替代。不过蒸发淀积台更为简易通用, 并且其台阶覆盖效应较差的特点在剥离工艺中反而更为有利。另外需要特别指出, 台阶覆盖效应并非只是存在于蒸发淀积中, 事实上几乎所有的气相淀积工艺都或多或少地存在台阶覆盖效应。

3. 化学气相沉积

化学气相沉积 (chemical vapor deposition, CVD), 顾名思义, 是依靠气态的化学物质在衬底表面上反应生成薄膜的方法。与物理沉积不同, 化学气相沉积生成的薄膜与源气体是不同的化学物质。这种淀积方法能够制备宽范围材料的薄膜, 包括多种单质和化合物 (具体见表 4.1) , 但其最常见的应用还是淀积电介质和半导体薄膜, 可与通常制备金属薄膜所采用的物理淀积方法互为补充。不过, 有时为了获得更好的台阶覆盖, 金属材料的淀积也会采用 CVD 系统。

表 4.1　常用化学气相沉积材料与化学反应式

化学反应类型及生成物	化学反应式
热分解生成 Si 单质	$SiH_4(g) \longrightarrow Si(c)+2H_2(g)$
热分解生成 Si 单质	$SiH_2Cl_2(g) \longrightarrow Si(c)+2HCl(g)$
热分解生成 C 单质	$CH_4(g) \longrightarrow C+2H_2(g)$
氧化反应成 SiO_2	$SiH_4(g)+2O_2(g) \longrightarrow SiO_2(c)+2H_2O(g)$
氮化反应生成 Si_3N_4	$SiH_4(g)+4NH_3(g) \longrightarrow Si_3N_4(c)+12H_2(g)$
还原反应生成金属 W	$WF_6(g)+3H_2(g) \longrightarrow W(c)+6HF(g)$
置换反应生成 GaAs	$Ga(CH_3)_3(g)+AsH_3(g) \longrightarrow GaAs(c)+3CH_4(g)$
置换反应生成 ZnS	$ZnCl_2(g)+H_2S(g) \longrightarrow ZnS(c)+2HCl(g)$
置换反应生成 TiN	$2TiCl_4(g)+2NH_3(g)+H_2(g) \longrightarrow TiN(c)+8HCl(g)$

首先简单叙述一下 CVD 的工作原理: 生成薄膜所需的化学反应物质以气体分子形式通过扩散过程到达衬底表面, 衬底被加热或者受到离子轰击而获得供化学反应进行的能量, 反应物质因此得以在衬底表面发生反应, 得到固体生成物, 并不断累积以构成所需薄膜。

根据工作原理, CVD 过程一般包括以下步骤: ① 反应气体通入腔内并到达衬底附近; ② 这些反应气体可能需要反应生成系列次生分子作为最终的反应物质; ③ 反应物质分子扩散至衬底表面; ④ 表面反应; ⑤ 反应副产物以气态形式脱离表面。

这一串行过程主要包含两个方面的影响: 一是反应腔内的化学反应, 包括气相反应和衬底表面反应; 二是气体在反应腔中的流动和分子扩散。

1) 化学反应

以如图 4.11 所示的用于淀积多晶硅薄膜的反应气体 —— 硅烷所产生的气相反应和表面反应为例, 可以看出, 反应气体在衬底附近和表面的化学反应可以是多步和多路的, 而总体的反应速度主要取决于其中最快一路中的最慢一步的反应速率。

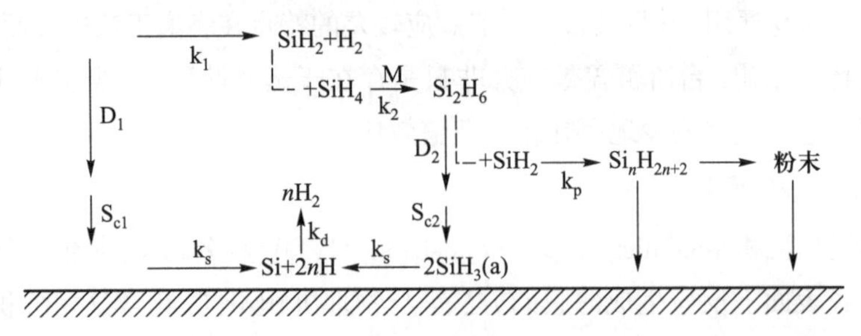

图 4.11 硅烷分解并淀积生成多晶硅薄膜的气相与表面反应过程

在常压环境下, 由于分子密度大, 分子碰撞频繁, 气体达到热平衡, 气相反应可以达到化学平衡状态, 这时腔内气体中的各化学成分的数量保持恒定, 并可根据各反应的吉布森自由能加以计算。而在低压情况下, 分子密度很小, 分子间没有足够频率的碰撞, 因此化学反应未能达到平衡状态, 而是处于所谓的动力学控制过程, 这时气相反应的量化计算非常复杂。

气相反应也可能生成固态物质, 称为同质反应, 这在 CVD 中应尽力避免, 因为这种在空间而不是衬底表面生成的固体颗粒会污染薄膜并影响薄膜的均匀性。表面反应和气相反应同样遵循阿伦尼乌斯方程

$$K_p(T) = K_0 \mathrm{e}^{-\Delta G/kT} \tag{4.2}$$

式中, $K_p(T)$ 是某化学反应随温度变化的反应平衡系数; ΔG 是该反应中吉布森自由能的变化值。上式表明, 化学反应速率与温度的倒数具有指数函数关系, 对于通常的吸热反应来说, 温度越高反应进行得越快。除此之外, 反应速度还取决于参加反应的反应物质的浓度, 这取决于反应气体的组分、供给气流、腔体气压等因素所影响的反应物质扩散过程。

2) 扩散过程

反应腔内气体反应物质的输运包括气体供给、对流和扩散三个阶段, 其中扩散发生在临近衬底表面的边界层。如图 4.12 所示, 边界层的厚度为 δ, 反应物质的浓度从层外的 n_z 到衬底表面的 n_0 呈梯度递减。这一反应物质浓度的梯度分布, 由衬底表面处的反应物质被成膜反应消耗而产生, 并驱动反应物质在反应腔内向衬底表面进行定向扩散。

当淀积过程处于稳态时, 淀积流量 J_r, 即衬底单位面积上单位时间内所消耗的反应物质流量, 与反应物质到达衬底的扩散流量 J_A 相等, 根据菲克定律, 有如下关系式:

$$f_0 = \frac{n_z - n_0}{n_z} = \left| \frac{J_r}{D n_z / \delta_n} \right| \tag{4.3}$$

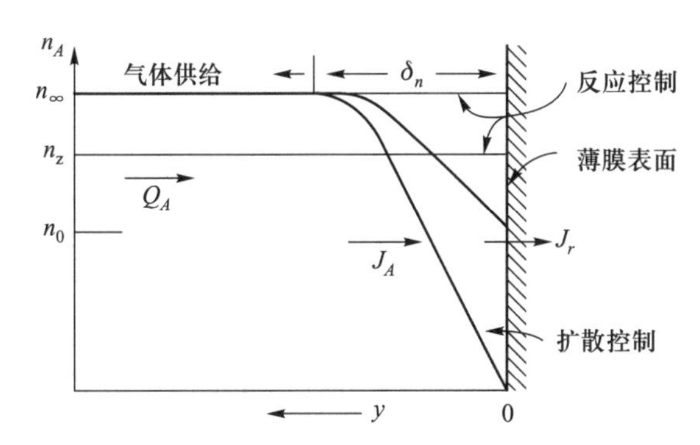

图 4.12 反应腔内反应物质的扩散

式中, D 为反应物质扩散率, 单位为 cm^2/s, 可在手册中查到。表面反应消耗掉的反应物质的流密度为

$$J_r = J_A = -D\frac{n_z - n_0}{\delta} \tag{4.4}$$

当表面反应消耗掉的反应物质的比例 $f_0 \to 0$ 时, $n_0 \approx n_z$, 且 $J_r \ll Dn_z/\delta_n$, 即薄膜淀积所消耗的反应物质只占到达衬底表面的反应物质的很小一部分, 这时的淀积过程处于反应速率限制状态, 即淀积速率受与温度密切相关的化学反应速率的控制, 而不受扩散过程变化的影响。

当 $f_0 \to 1$ 时, $n_0 \approx 0$, 且 $J_r \approx Dn_z/\delta_n$, 即能到达衬底表面的反应物质基本都被表面反应所消耗, 这时的淀积过程处于扩散速率限制状态, 即淀积速率随扩散速率变化而改变, 但不受温度变化的影响。

通常, CVD 系统处于上述两种状态中的一种, 而介于两者之间的过渡状态会同时受反应和扩散两方面因素的影响, 因而难以控制, 要尽量加以避免。以反应速率限制状态工作的 CVD 系统必须有良好的温度控制和温度均匀性, 这类系统可以对许多硅片以相当低的速率加工, 通常不仅加热硅片而且也加热腔壁, 所以称作热壁式批处理 CVD 反应器。工作在扩散速率限制状态的 CVD 系统, 必须有良好的气体流量控制及腔体几何形状设计, 以确保反应物质均匀输送到所有硅片的各个部位, 因此这种系统通常是单片或小批量系统。

腔体气压 P 通过影响反应物质气体中的摩尔比 X_A 以及浓度 N_A 来影响反应物质分子的扩散过程, 进而影响淀积速率。

当气压 P 增大, X_A 保持不变时, N_A 会随之增大, 反应速率限制状态下的淀积流量 J_r 会增大, 扩散限制状态下的淀积流量基本保持不变, 因为增大的分子浓度会阻碍扩散, 从而抵消掉 N_A 增大的影响。

当气压 P 增大, N_A 保持不变时, X_A 会随之减小, 反应速率限制状态下的淀积流量保持不变, 扩散限制状态下的淀积流量会减小。

3) 常压化学气相淀积

常压化学气相淀积 (APCVD) 是最早的 CVD 工艺, 由于是在大气压下工作, 无需真空系统, 该类型的淀积系统设备因而较为简单。其淀积速率比较快, 可以超过 1 000 Å/min, 但因淀积多晶硅时均匀性差而不被采用, 现常用于较厚的电介质薄膜淀积。APCVD 可以处于反应速率限制状态, 但更多的情况是处于扩散限制状态。尽管可以通过加入足够量的 N_2 或惰性气体来减少颗粒污染的发生, 但薄膜质量欠佳仍然是 APCVD 的主要缺点。

图 4.13 所示为一个简单连续供片的 APCVD 反应器结构。硅片温度在 240 ~ 450 ℃ 范围内进行调节, 以淀积 SiO_2 薄膜, 反应气体为硅烷和氧气, 但需要加氮气进行稀释, 以减轻气相的同质反应。

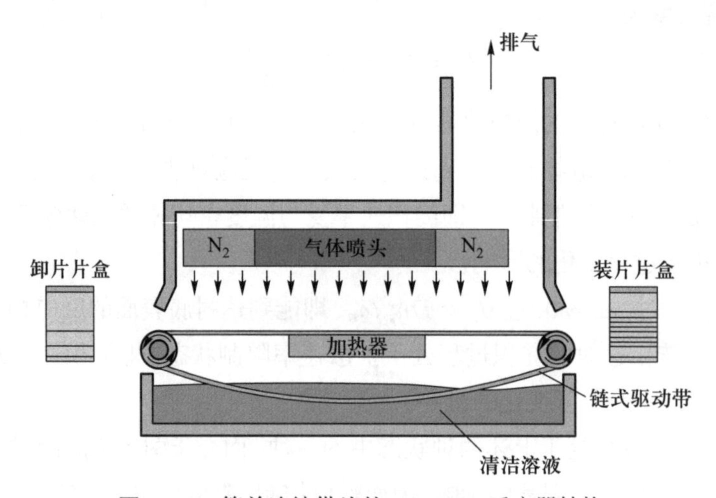

图 4.13 简单连续供片的 APCVD 反应器结构

4) 低压化学气相淀积

低压化学气相淀积 (LPCVD) 工作在 0.1 ~ 1.0 Torr 的低压力区间, 此时气相同质反应难以发生, 因此不需要进行惰性气体稀释。其反应腔壁可以是热壁也可以是冷壁, 图 4.14 所示的是两种典型的 LPCVD 反应器结构。

热壁淀积系统具有温度分布均匀和对流效应小的优点, 但会带来腔壁上的淀积, 为避免腔壁上已附有的材料对薄膜工件的污染, 热壁系统必须是专用于某一特定材料的薄膜淀积。实际上, 几乎所有的多晶硅淀积和相当数量的电介质淀积都是在热壁系统中进行的。这样的系统中, 晶圆密集地装填在一起, 以进行大批量淀积, 为了达到合理的淀积均匀性, 这一淀积过程必须严格地处于反应控制之下。

多数的 LPCVD 多晶硅淀积温度在 575 ~ 650 ℃, 典型的淀积速率为 100 ~ 1 000 Å/min。淀积 SiO_2 的气体除了硅烷和氧气外, 还可以是 $SiCl_2H_2$ 和 N_2O, 或者是 TEOS (四乙基原硅酸盐) 的分解物质。Si_3N_4 可以由硅烷和一种含氮的反应气体

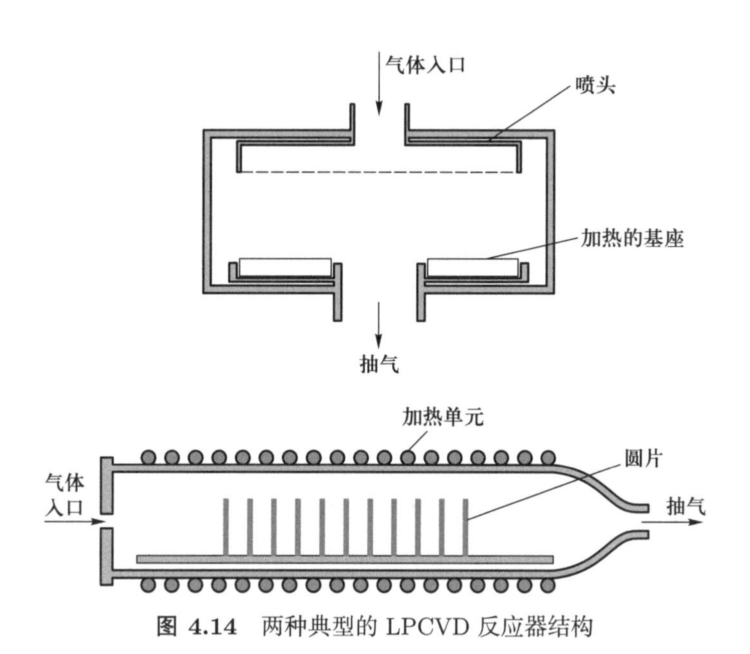

图 4.14 两种典型的 LPCVD 反应器结构

来淀积, $SiCl_2H_2$ 和 NH_3 的组合很常见, 其典型的淀积温度是 700 ~ 900 ℃。

LPCVD 相较 APCVD 具有较低的淀积速率, 但是可以批量加工, 薄膜均匀性和台阶覆盖也都更好, 因此目前被大量应用于工业中的单晶硅和氮化硅 CVD 系统。另一重要的 CVD 系统称为 PECVD, 是在等离子体环境下进行淀积的 CVD 系统, 将在后文中予以讨论。

4.2.2 刻蚀

刻蚀 (etching) 在 MEMS 硅微加工中扮演着类似于机械切削在传统机械加工中的角色, 是硅微加工中去除材料的主要方法, 也是 MEMS 微结构的主要造型手段[2-4]。刻蚀是指对已完成图形转移 (如光刻), 表面具有掩蔽层 (光刻胶层或者其他材料薄膜) 的工件, 采用物理、化学或物理化学相结合的刻蚀机理, 去除未被掩蔽部分材料, 保留被掩蔽部分材料的工艺过程。

根据刻蚀加工是在液态环境还是在气态 (包括等离子态) 环境下进行, 可分为湿法刻蚀与干法刻蚀。现在所有的干法刻蚀都是等离子刻蚀, 其详细内容将在 4.4 节中讨论, 本节则着重讲述湿法刻蚀工艺。无论干法刻蚀还是湿法刻蚀, 都有着共同的工艺评价指标。

1. 刻蚀的评价指标

1) 刻蚀速率

刻蚀速率是指工件未被掩蔽的暴露部分 (可能是单晶硅基底, 也可以是其他材料薄膜) 在深度方向上被去除的速率, 单位通常为 μm/min 或者 Å/min。如图 4.15

所示, 刻蚀速率 R_{E} 的计算公式为

$$R_{\mathrm{E}} = \frac{Y}{T} \tag{4.5}$$

式中, T 为刻蚀时间。MEMS 深刻蚀 (deep etching) 通常要求刻蚀速率需大于 1 μm/min。

2) 各向异性值

刻蚀的各向异性是指刻蚀同一材料时不同方向的刻蚀速率存在差异。通常为了定量地描述刻蚀的各向异性程度, 将刻蚀的各向异性值定义为 A_{E}, 参照图 4.15, 其表达式为

$$A_{\mathrm{E}} = 1 - \frac{x}{y} \tag{4.6}$$

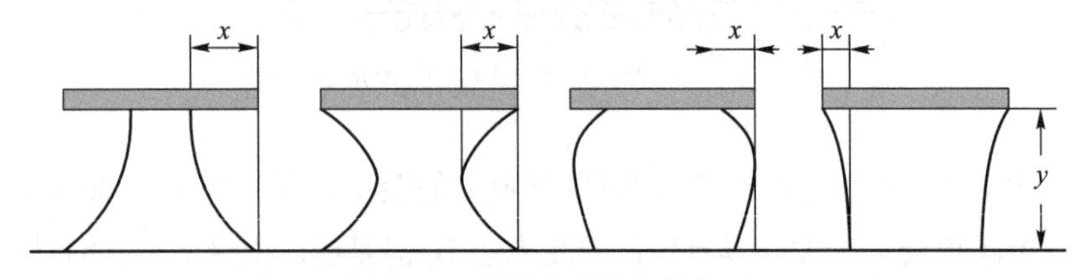

图 4.15 刻蚀得到的各种截面

许多 MEMS 结构都要求具有比 IC 结构更高的刻蚀各向异性值, 例如高深宽比 MEMS (high aspect ratio MEMS, HARM) 通常要求 $A_{\mathrm{E}} > 0.98$。

3) 选择比

刻蚀选择比是指在同一刻蚀过程中不同材料或者同一材料不同方向上刻蚀速率的比值。例如图 4.16 所示, 基底与掩蔽层的刻蚀选择比 S_{E} 为

$$S_{\mathrm{E}} = \frac{d}{t_0 - t_1} \tag{4.7}$$

式中, t_0 为光刻胶的起始厚度; t_1 为刻蚀完成后光刻胶的厚度; d 为刻蚀深度。

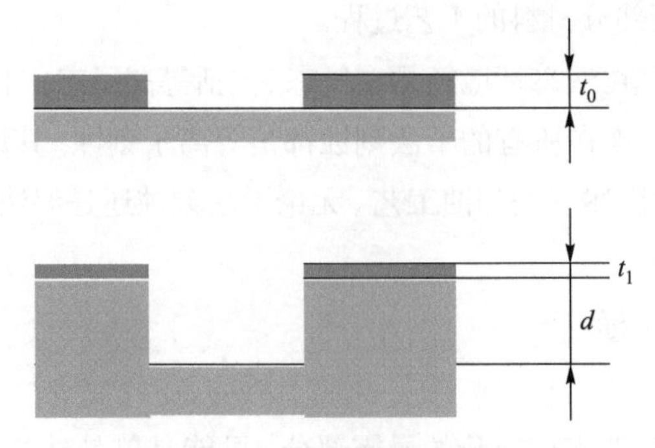

图 4.16 刻蚀前后对比

显然, 在薄膜刻蚀或者刻深较浅的场合中, 不需要太高的刻蚀选择比。但是对于深刻蚀的情况, 刻蚀选择比往往是一个重要的工艺制约因素。

其他对刻蚀的评价指标还包括平面图形的几何失真、表面粗糙程度、化学污染、物理损伤等。对于不同的应用场合, 这些刻蚀指标的重要性也不尽相同, 另一方面, 不同的刻蚀技术在这些评价指标上也有完全不同的工艺表现。

2. 湿法刻蚀

湿法刻蚀 (wet etching) 是将工件浸入特定的化学腐蚀液中, 利用纯粹的化学腐蚀作用去除工件材料的刻蚀方法。通常由三个步骤组成: ① 刻蚀剂移动到被腐蚀晶圆表面; ② 与未被掩蔽的暴露部分发生化学反应, 生成可溶解的副产物; ③ 从晶圆表面移去反应生成物。由于这三个步骤都必须发生才能实现刻蚀, 因此其中最慢的一个步骤决定着刻蚀速度, 称为速度限制步骤。

一般情况下, 我们都想得到高速率、均匀、受控良好的刻蚀过程, 所以湿法刻蚀剂通常处在被搅动的状态, 以帮助其到达晶圆表面, 并带走晶圆表面的刻蚀生成物。许多情况下, 湿法刻蚀都会产生气体生成物并形成气泡, 从而阻止新的刻蚀剂到达晶圆表面, 在腐蚀槽中的搅动将减小晶圆表面气泡的附着能力。然而, 即使不产生气泡, 小尺寸的图形也可能腐蚀得很慢, 这是由于带走狭小缝隙中反应生成物相对比较困难。另外湿法刻蚀过程中的化学反应步骤显然也遵循阿伦尼乌斯方程, 就是说, 化学反应速度与温度呈对数正比关系, 因此在许多湿法刻蚀中刻蚀剂会被加热, 以实现较高的刻蚀速率。

1) 刻蚀铝层

铝是目前 IC 中主要的连线材料, 在 MEMS 中则还可以用来制作反射镜面、双金属电热驱动器等多种结构, 湿法刻蚀可以实现 MEMS 中大多数铝以及其他金属结构和连线的刻蚀。

最常用的铝刻蚀剂配方是: 20% 的乙酸 +77% 磷酸 +3% 硝酸。需要注意的是, Al 层中混杂的 Si 和 Cu 很难在标准的铝刻蚀剂中被腐蚀去除。

2) 刻蚀 Si_3N_4 层

Si_3N_4 层是硅工艺中常见的电介质薄膜, 化学性质较为稳定, 针对 Si_3N_4 的常用湿法刻蚀剂为磷酸 (140 ~ 200 ℃), 对 SiO_2 的选择比大致为 10, 对 Si 的选择比大致为 30。

另一个配方是以浓度 49% 的 HF 与 70% 的 HNO_3 按 3∶10 比例制成的混合溶液, 在 70 ℃ 温度下进行对 Si_3N_4 的湿法刻蚀。

3) 刻蚀 SiO_2 层

最常见的湿法刻蚀工艺之一即是采用 HF 稀释溶液对 SiO_2 层的湿法刻蚀, 其精确的反应轨迹相当复杂, 影响因素包括: 离子的浓度、溶液 pH 等, 简单的反应表达

式如下:

$$SiO_2 + 6HF \longrightarrow H_2 + SiF_6 + 2H_2O \tag{4.8}$$

常用的 HF 腐蚀液配方有 6 份、10 份或者 20 份 (体积) 水兑 1 份 HF, 其中 6:1 配比的 HF 腐蚀液对热氧化制备的 SiO_2 刻蚀速率大约为 1 200 Å/min, 对淀积制备的 SiO_2 则更快。HF 稀释液对 SiO_2 和 Si 的刻蚀选择比通常好于 100。由于反应会消耗 HF, 所以通常还会在溶液中加入一些 NH_4F 作为缓冲。

4) 刻蚀 Si

最常用的湿法刻蚀 Si 的方法是采用强氧化剂对 Si 进行氧化, 然后再利用 HF 腐蚀掉 SiO_2。例如, 常用的 HNA 是 HF 与 HNO_3 和 H_2O (或 CH_3COOH) 的混合溶液, 当 HF 浓度较低时, 反应速度由腐蚀剂 HF 浓度决定; 当 $HN0_3$ 浓度较低时, 反应速度由氧化剂 HNO_3 浓度决定, 这种溶液的刻蚀速率非常高, 甚至可以达到 490 μm/min。

以上所述各种溶液对各种材料所进行的湿法刻蚀都是典型的各向同性刻蚀, 即刻蚀的各向异性接近于 0。各向同性刻蚀在某些场合是我们所需要的, 例如在 MEMS 表面工艺中移除牺牲层。另外, 在大多数对薄膜的刻蚀过程中, 各向同性刻蚀也是可以接受的, 这是因为这种情况下横向的钻蚀 (undercutting) 比较有限。

但对于体硅微加工的情况, 刻蚀需要达到数十至数百 μm 乃至更深, 并且要保持一定的截面形状, 这时各向同性刻蚀就完全不适用, 必须对单晶硅体进行各向异性刻蚀。

在第 3 章中我们已经详细讨论过单晶硅的晶向, 常用的硅晶面有 (100)、(110)、(111), 闪锌矿晶体结构的 (111) 晶面的原子平面密度最高, 因此 (111) 晶面内键能最高。某些刻蚀剂能够克服其他晶面内的键能, 从而进行速度较快的化学腐蚀, 但较难克服 (111) 晶面内的键能, 因而对 (111) 面的腐蚀速率要低得多, 这样就实现了单晶硅的各向异性湿法刻蚀。

各向异性湿法刻蚀的刻蚀机理是利用刻蚀剂在单晶硅不同晶向上具有不同刻蚀速率的特性来实现具有方向选择性的刻蚀, 因此各向异性湿法刻蚀有着对单晶硅晶向的依赖性。存在与 (110) 面垂直的 (111) 面, 以及与 (100) 面呈 54.74 ℃ 的 (111) 面。根据这一特点, 选用 (110) 或者 (100) 晶面的硅片, 并采用各向异性刻蚀剂进行湿法刻蚀, 我们就能得到与硅片表面垂直或呈 54.74 ℃ 角的刻蚀平面, 如图 4.17 所示。

常用的各向异性湿法刻蚀单晶硅的刻蚀剂有: KOH、EDP (乙二胺、邻苯二酚和水的混合溶液) 、TMAH (四甲基氢氧化铵) 等。表 4.2 给出了三种常用的针对单晶硅的各向异性刻蚀剂的主要性质。

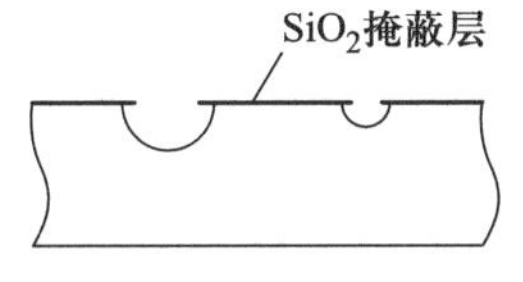

(a) 各向同性湿法刻蚀：搅动

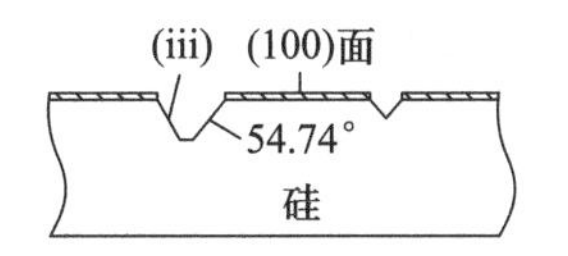

(b) 各向异性湿法刻蚀：(100)表面

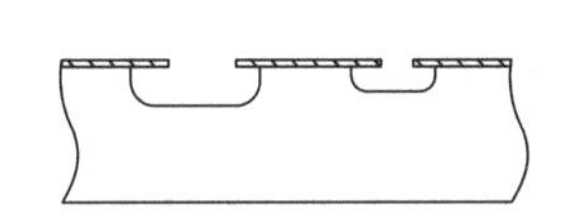

(c) 各向同性湿法刻蚀：无搅动

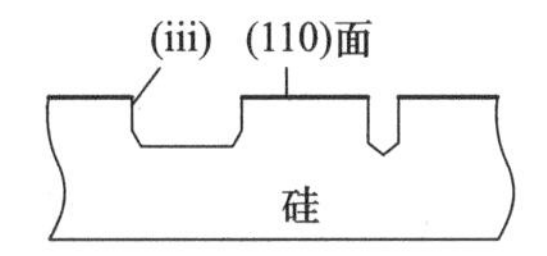

(d) 各向异性湿法刻蚀：(110)表面

图 4.17 各向同性与各向异性湿法刻蚀的对比

表 4.2 三种常用的各向异性刻蚀剂的主要性质

刻蚀剂/稀释剂/添加剂/温度	刻蚀速率 (100)/ (mm/min)	刻蚀速率比 (100)/(111)	掩蔽膜材料 (刻蚀速率)	刻蚀中止特性	备注
KOH/水/异丙醇/85 ℃	1.4	400, (110)/(111) 为 60	Si_3N_4 (几乎不刻蚀); SiO_2(28 Å/min)	掺杂浓度 $> 10^{20}$ cm^{-3} 时, 刻蚀速率是原来的 1/20	与 IC 不兼容, 对氧化层腐蚀过快, 大量 H_2 气泡
乙二氨、邻苯二酚、和水的混合溶液 (EDP)/115 ℃	1.25	35	SiO_2($2 \sim 5$ Å/min); Si_3N_4 (1 Å/min)	掺杂浓度 $> 5 \times 10^{10} cm^{-3}$ 时, 刻蚀速率是原来的 1/50	有毒, 易失效, 需与 O_2 隔离, 少 H_2, 硅酸盐沉淀
四甲基氢氧化铵 (TMAH)/水/90 ℃	1.0	$12.5 \sim 50$	SiO_2 刻蚀速率比 (100) 硅低 4 个数量级; LPCVD Si_3N_4	掺杂浓度 $> 4 \times 10^{20}$ cm^{-3} 时, 刻蚀速率是原来的 1/40	与 IC 兼容, 易操作, 表面光滑, 研究不充分

虽然 pH 大于 12 的碱性溶液都适用于对硅的刻蚀, 但最常采用的配方还是 KOH (23.5%)、异丙醇 (13.5%) 和水 (63%) 的混合溶液, 在不同温度下对 (100) 晶面的刻蚀速度在 $0.2 \sim 5$ μm/min 之间, (110) 晶面的刻蚀速率较为低些, (100) 与 (111) 晶面之间的刻蚀选择比大于 100, 与 SiO_2 之间的刻蚀选择比在 10^3 数量级, 与 Si_3N_4 之间的刻蚀选择比在 10^4 数量级, 这表明 SiO_2 或 Si_3N_4 可作为 KOH 湿法刻蚀过程中的掩蔽材料。通常 KOH 刻蚀都在 $60 \sim 80$ ℃, 更高的溶液温度会带来反应的不均匀。采用 KOH 溶液对硅进行刻蚀在 IC 中通常是不可行的, 这是因为金属离子对电

子器件是致命的污染, 但对于 MEMS 结构件来说, KOH 刻蚀往往是最简单、安全的各向异性湿法刻蚀方法。

EDP 不会造成金属离子污染, 但有毒。TMAH 很安全, 并且不腐蚀铝, 与 IC 兼容, 但晶向间的刻蚀选择比较差。

5) 湿法刻蚀的控制

对湿法刻蚀最重要的控制是如何掌握刻蚀深度。对于实验室中单件、小批量的刻蚀过程, 不断地取出试样进行刻蚀深度的测量是最保险的做法。对于刻蚀精度要求不高的场合, 可以通过试验测定刻蚀速度, 并控制刻蚀时间。而对于批量较大、精度要求较高的刻蚀过程, 就必须采用自动的刻蚀控制方法, 即自停止刻蚀技术。常用的自停止刻蚀技术有重掺杂控制法和电化学控制法, 还有就是只适用于 (100) 晶面刻蚀的 V 形槽控制法, 算是半自动的刻蚀控制方法。

常用的重掺杂控制法有两种: 一是对要被刻蚀去除的区域进行 n 型或者 p 型的重掺杂, 然后利用 HNA 对重掺杂硅和轻掺杂硅的刻蚀选择比大于 15 的特点, 进行选择性的刻蚀; 二是在设计刻深以下利用掺杂技术形成一个重掺杂的 p 型刻蚀阻挡层, 由于 EDP 溶液几乎不腐蚀重掺杂的 p 型层, 刻蚀得以在该阻挡层处自动停止。重掺杂刻蚀控制技术的优点主要是, 对晶圆的总厚度差异 (total thickness variation,TVV) 不敏感, 另外也无需及时地取出被刻晶圆。其缺点在于, 这样高的掺杂水平与 IC 工艺不兼容, 而且会严重损害单晶硅的压阻效应。

电化学控制法也需要用到掺杂技术, 不过只是轻掺杂。其具体做法是: 预先分别对硅片正反两面采用扩散掺杂技术进行 p 型掺杂和 n 型掺杂, 使整个硅片成为一个 p–n 结, 然后使硅片在如图 4.18 所示的电化学反应环境下被刻蚀, 最终刻蚀会自动停止在 p–n 结的交界处, 因此通过掺杂工艺对 p–n 结的交界面进行深度控制即可实现刻蚀深度的自动控制。

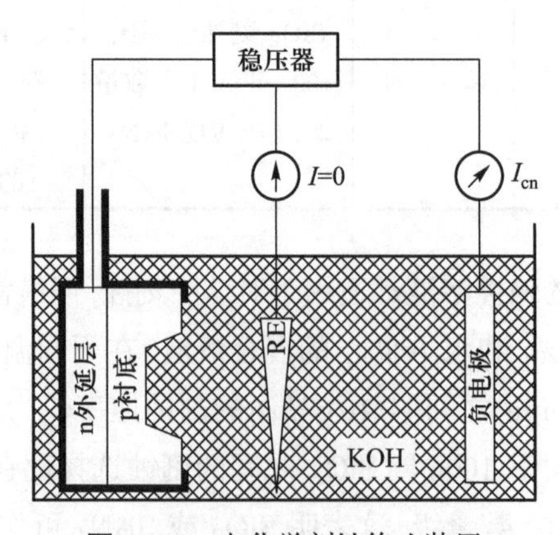

图 4.18 电化学刻蚀终止装置

除了刻蚀深度以外, 湿法刻蚀经常还需注意刻蚀面的表面粗糙度、平面图形中尖角过刻蚀、光刻胶浮渣、悬空结构件与彻底的黏附等诸多问题。这些问题通常可以通过刻蚀工艺参数优化、平面图形补偿设计、确保光刻质量等手段加以解决或减轻。

总的来说, 湿法刻蚀虽然有严重的缺点: 工艺控制性差、颗粒污染严重、各向异性刻蚀受到晶向限制等, 但其刻蚀机理简单、设备简易、刻蚀速率高, 并且具有纯化学反应所带来的高选择比和低物理损伤的优点, 所以湿法刻蚀虽然不适于 IC 中 2 μm 以下尺寸结构的刻蚀, 但在相对尺寸较大的 MEMS 结构的刻蚀中仍然扮演着重要角色。

4.2.3 材料改性

在 MEMS 硅微加工中对材料性质加以改变的工艺方法主要包括: 硅的热氧化、半导体掺杂、薄膜退火等。

1. 硅的热氧化

二氧化硅薄膜在 MEMS 中经常扮演着电介质绝缘层、刻蚀掩蔽层和牺牲层等多种角色, 在本章前文已提到利用 CVD 方法能够制备二氧化硅薄膜, 并且适用于各种材料的衬底。本节将介绍另一种二氧化硅薄膜的制备技术 —— 硅的热氧化, 其化学反应式如下:

$$\mathrm{Si}\ (\text{固体}) + \mathrm{O_2}\ (\text{气体}) \longrightarrow \mathrm{SiO_2}\ (\text{固体}) \tag{4.9}$$

热氧化方法显然仅对硅衬底适用, 但其制得的二氧化硅层较淀积方法制备的淀积层更为致密, 有着较高的密度和较低的电阻率。另外, 由于该方法较为简单经济, 所以在 IC 和 MEMS 硅微加工中相较淀积方法常常优先采用。

事实上, 硅表面暴露在空气中时, 空气中的氧会自然地和硅反应生成二氧化硅, 反应式同样是式 (4.9)。不过, 这种氧化反应在常温常压下不会一直进行下去, 原因是氧原子必须要扩散穿过已生成的二氧化硅层才能够继续与硅发生反应[5], 而常温常压下空气中氧原子的扩散能力使硅片表面的这种自然氧化层的厚度通常都在 $20 \sim 40$ Å 范围内, 根本不能作为有效和可靠的氧化层直接加以利用。

硅热氧化工艺采用高温乃至高压的方法来促进氧的扩散能力, 从而实现氧化反应的持续进行, 氧化层的增长速度和反应温度与氧气的分压呈指数正比关系, 并随反应时间而逐渐降低。热氧化炉结构如图 4.19 所示。

硅热氧化工艺在实际中分为两种: 干氧法和湿氧法。前者使用氧气作为氧化剂, 而后者使用水蒸气, 反应式如下:

$$\mathrm{Si}\ (\text{固体}) + \mathrm{H_2O}\ (\text{气体}) \longrightarrow \mathrm{SiO_2}\ (\text{固体}) + \mathrm{H_2}\ (\text{气体}) \tag{4.10}$$

采用水蒸气的好处是, 水蒸气的扩散能力更强, 因而氧化层增长速率更高, 通常

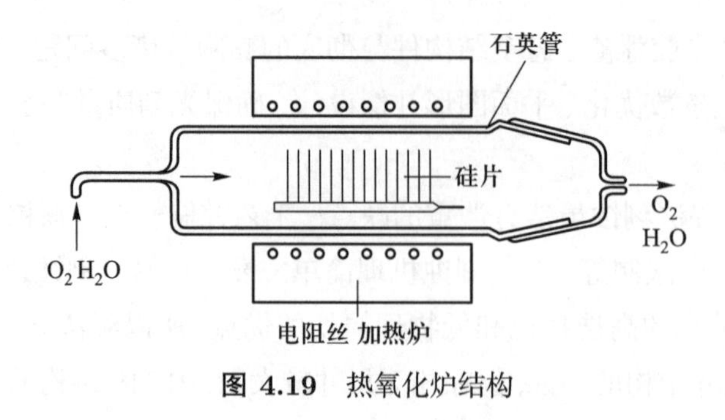

图 4.19 热氧化炉结构

比干氧法高一个数量级, 但 H_2 的产生也带来了氧化层中的针孔现象, 使得湿氧法制备得到的二氧化硅层疏松, 密度较低。

2. 半导体掺杂

半导体最为重要的一个优点就是材料的电特性能够通过在材料内部掺入一定量的杂质元素而获得巨大的改变, 这也是实现各类半导体电子器件工作机理的主要物理基础, 本书对此不作深入探讨, 感兴趣的读者可以查阅有关半导体器件的著作。掺杂 (doping) 在 MEMS 中的作用除了建构电子器件之外, 还可能用于实现其他功能, 例如具有压阻效应的硅电阻以及前文提到的湿法刻蚀控制区等。

对硅进行掺杂的杂质, 通常是 Ⅲ 族和 V 族元素, 如 B、As、P、Ga 等, 从而得到 p 型或 n 型的掺杂区域。硅的原子数密度是 $5\times10^{22}\ \mathrm{cm}^{-3}$, 以常见的杂质原子数密度为 $10^{17}\ \mathrm{cm}^{-3}$ 来估算, 掺杂浓度不过百万分之几, 但材料的电特性以及工艺特性却因此产生了十分重大的变化。

当杂质被掺入硅片形成掺杂区域后, 它们可能在硅片中进行再分布。再分布可能是有意进行的, 也可能是后续热处理过程的副效应。这种杂质原子在硅片中的运动主要是由扩散引起的, 也就是说是随机热运动的结果, 其结果是掺杂区域的边界得到扩张, 而掺杂浓度梯度有所降低。

热扩散是最早被利用以实现掺杂的工艺方法。如图 4.20 所示, 杂质气体原子通过掺杂窗口向硅基底深处扩散的同时, 也向周围扩散, 其运动规律符合菲克扩散模型, 杂质浓度随温度的增加而降低。目前的 IC 工业中, 只有需要制作重掺杂薄层时, 才会采用扩散工艺来掺入杂质, 而对于分布控制要求较高的轻掺杂, 主要是采用离子注入工艺来实现。

在离子注入过程中, 杂质原子首先被电离, 然后经静电场加速入射到硅片表面, 通过测量离子电流可以严格地控制掺杂剂量, 剂量范围通常在 $10^{11}\sim10^{18}\ \mathrm{cm}^{-2}$ 之间。另外, 通过控制加速静电场的电压还可以控制杂质离子的穿透深度。

离子注入由于对掺杂分布具有良好的控制能力而替代扩散工艺成为普遍应用的掺杂技术, 但也存在其固有的缺点: 首先, 入射离子会损伤半导体晶格, 造成缺陷; 其

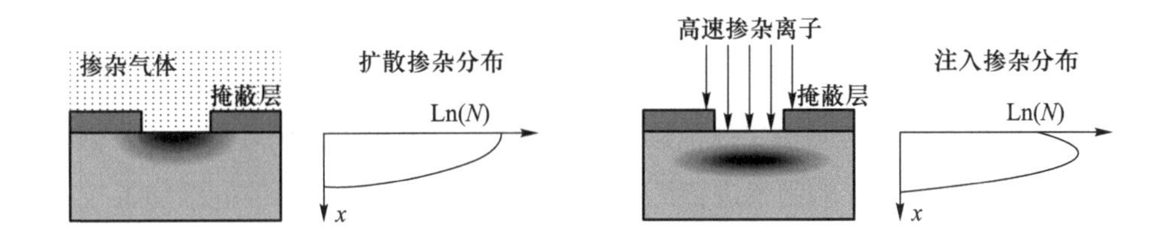

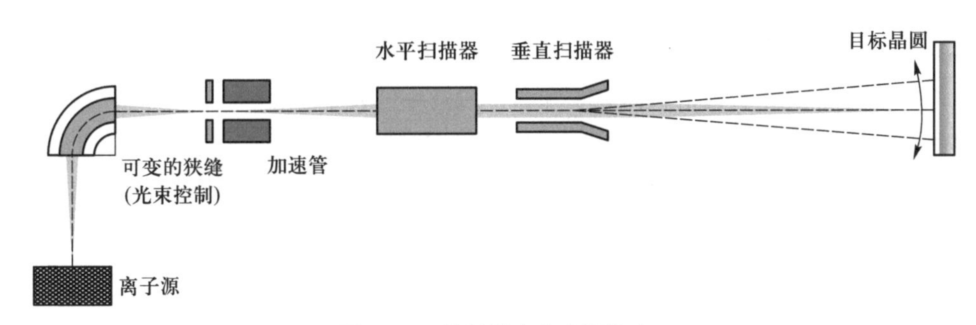

图 4.20 扩散掺杂和离子注入

次, 很浅和很深的注入分布难以实现; 再者, 高剂量注入时的生产效率较低; 最后, 离子注入机通常十分昂贵。

3. 薄膜退火

退火 (annealing) 是一种以高温加热手段改变材料内部组织和应力分布的热处理工艺, 通常对材料的化学性质不作改变, 只是帮助内部晶体组织进行重整与内应力的释放。

前文提到, 薄膜的内应力是其表面能的表征, 当薄膜材料原子的扩散能力通过退火的高温过程得到加强后, 薄膜表面能趋于最小化的努力将使内应力得以降低。同时, 材料内部存在的晶体缺陷如失配、晶错等也可通过退火中的晶体生长过程得到改善。

薄膜中的应力可能在薄膜淀积时就存在, 也可能是在之后的其他工艺环节中由于薄膜与基底材料间的热胀失配而造成。内应力会影响薄膜与基底的黏附能力, 严重时会导致薄膜断裂、薄膜起皱、晶圆翘曲等, 另外, 离子注入也不可避免地带来注入损伤[6], 因此通常在薄膜淀积或离子注入工序之后都有相应的退火工艺。

退火的温度和时间随薄膜材料以及工艺要求的不同而不同, 例如多晶硅的退火温度一般在 600 ~ 1 100 ℃ 之间。退火过程中最重要的是保证晶圆内部温度的均匀性, 以避免引起新的应力。另外, 退火还会引起掺杂的再分布, 快速热处理 (RTP) 技术因此得到发展, 以实现更好的温度均匀性和更短的再分布时间。

4.3 等离子体物理基础

本节主要介绍有关等离子体的基本物理理论, 对等离子体的发生机理、势场分布、直流偏压和各种影响因素进行简单讨论, 为下节讲述等离子体硅微加工技术提供理论基础。

4.3.1 什么是等离子体

等离子体是由大量的自由电子和离子以及中性粒子组成的, 在整体上表现为电中性的电离气体。等离子态是区别于固态、液态和气态的物质存在的第 4 种聚集态。

简单地说, 等离子体是具有较高电离度的自由气体, 电离度一般大于 10^{-5}, 这样的电离度是日常气体所不具备的, 必须在特殊环境中或者依靠专门技术才能获得。

整体的电中性是指, 等离子体在总体上总电荷为零, 对外不表现出带电特性。事实上, 等离子体内部的带电粒子间存在着多体相互作用, 但由于其间的库仑相互作用的位能远远小于粒子热运动的动能, 所以通常加以忽略。

在自然界和实验室, 可以由多种不同的方法产生等离子体, 主要包括: 热电离、辐射电离、放电电离、激光诱导等离子体等。其中, 放电电离在实验室和工程上得到了广泛应用, 也是我们在下一章中所要集中讨论的等离子体硅微加工工艺中实现等离子体的主要方法。如无特别说明, 后文中提到的等离子体都是指人工放电电离等离子体。

4.3.2 等离子体密度

根据定义, 等离子体首先必须要有足够大比例的气体原子被电离, 而气体原子的电离事实上主要依靠电子与原子间非弹性的电离碰撞来产生。进一步的研究证明: 电子的能量必须达到远高于室温气体热运动动能的水平才可能造成电离碰撞。低压气体中, 电子在外部电场作用下能够进行有效的动能积累, 以达到电离碰撞所需的电子能量水平。适于产生等离子体的气体气压通常在 $1 \sim 300$ mTorr 之间。

现在我们来计算一下, 在 $1 \sim 300$ mTorr 气压范围内, 室温的氩气里氩原子的密度有多大。根据理想气体状态方程

$$PV = NRT = NN_0 k_{\mathrm{B}} T \tag{4.11}$$

式中, N 是摩尔数; N_0 是阿伏伽德罗常数, $N_0 = 6.022 \times 10^{23}\ \mathrm{mol^{-1}}$; R 是摩尔气体常数, $R = 8.314$ J/mol; k_{B} 是玻尔兹曼常数, $k_{\mathrm{B}} = 1.380 \times 10^{-23}$ J/K。则原子密度 n_{a} 可以表达为

$$n_{\mathrm{a}} = \frac{NN_0}{V} = \frac{P}{k_{\mathrm{B}} T} \tag{4.12}$$

由上式计算得到的氩等离子体中的氩原子密度大约为 $3.5\times10^{13}\sim1\times10^{16}$ cm^{-3}。

除了气体原子, 等离子体中还含有密度几乎相等的电子和离子, 即 $n_{\mathrm{e}}\approx n_{\mathrm{i}}=n_{\mathrm{p}}$, n_{p} 称为等离子体密度。等离子体的电离率通常在 $10^{-5}\sim10^{-2}$ 之间, 等离子体密度 n 一般在 $10^{9}\sim10^{12}$ cm^{-3} 范围内, 其中密度在 10^{11} cm^{-3} 以上的等离子体通常称作高密度等离子体 (high density plasma, HDP)。实际情况中, 影响等离子体密度的因素很复杂, 主要包括: 气体原子种类、气体气压、粒子能量、容器结构与腔壁状况等, 因此很难对其建立一个简单而准确的模型。

4.3.3 等离子体鞘层

宏观上讲, 等离子体在稳态时各部分具有相同的电位, 否则其中的带电粒子会重新分布, 以形成新的统一的等离子体电位, 即使施加外部电场, 这一点也同样成立。这显然与普通气体在电场中的表现截然不同。

与上述特性相一致, 当等离子体与容器接触时, 也显现出与普通气体不同的性质。在等离子体和器壁交界处, 等离子体不是直接与腔壁相接触, 而是形成一层相对于等离子体电位为负电位的薄层, 它把等离子体包围起来, 并与器壁相连, 通常称为等离子体鞘层 (sheath), 下面我们简单讨论一下等离子体鞘层的形成和性质。

我们知道, 在等离子体中电子的平均热速度远大于离子平均热速度, 所以一开始到达腔壁的电子数远远超过离子数。这样, 固体腔壁不断积累负电荷, 使腔壁形成相对等离子体电位为负的电位。腔壁与等离子体之间不断加强的电场将阻止电子向腔壁运动, 并吸引离子向腔壁运动, 从而使电子流密度逐渐减小, 离子流密度逐渐增加。最后, 当到达腔壁的电子流密度与离子流密度相等时, 固体腔壁的负电位数值不再改变。这样, 在等离子体和腔壁之间形成的电场薄层即称为等离子体鞘层。

从鞘层的形成可以看出, 在等离子体鞘层内的空间已经失去了电中性, 因此鞘层不具备等离子体的性质。如图 4.21 所示, 将等离子体电位定为零时, 腔壁电位为负值, 相应地, 如果像通常情况那样将设备中的容器腔壁接地, 电位为零, 则等离子体电位 V_{p} 就必然为某一个正值, 一般在 100 V 以内。

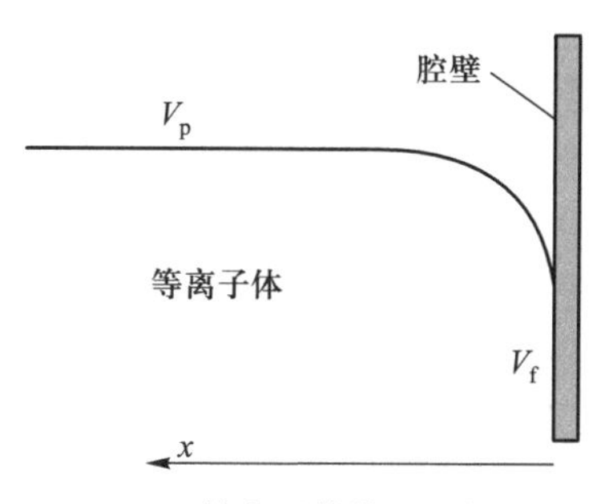

图 4.21 等离子体鞘层电势示意

4.3.4 直流与射频放电

当前已有多种等离子体加工设备应用于 IC 制造业和 MEMS 硅微加工当中，虽然它们有着不同的结构和用途，但都是采用对低压气体施加强电（磁）场来实现气体放电电离，以形成等离子体。气体电离进行至稳态后，外部电源仍然保持能量供给，以维持等离子体的存在。

等离子体反应器中应用最多也最为简单的结构是，采用平行板电极来产生电场。两平行极板间可以是直流 (DC) 放电也可以是射频 (RF) 放电。这两种放电形式在等离子体硅微加工中有着不同的应用场合，这些具体应用将在下节讨论，现在先了解一下 DC 和 RF 平行板电极放电生成等离子体的一些基本特性。

1. 平行板直流放电

如图 4.22 所示，两极板中的阳极接地，阴极接直流负压，两极板间的强电场促使其间的气体进行放电电离，最终达到稳态并在极板中间区域形成等离子体，等离子体本体与两极板间的过渡部分则分别是阳极鞘层和阴极鞘层。

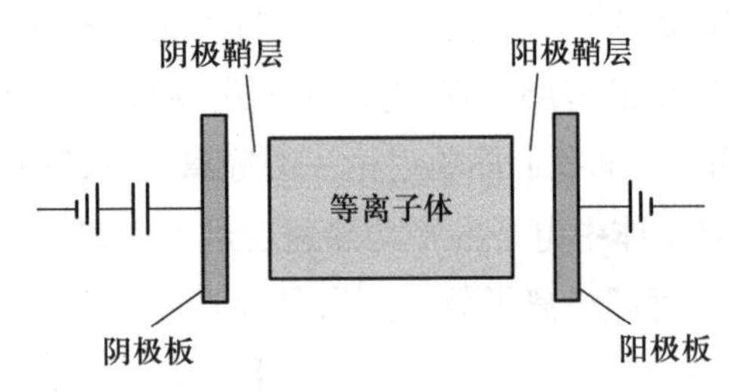

图 4.22 平行板直流放电等离子体装置示意图

两极板间离子与电子的密度以及各点电位如图 4.23 所示。在等离子体本体部分，离子和电子的密度处处相等，即 $n_{\mathrm{i}} = n_{\mathrm{e}}$，并且各处都处于一个统一的正电位（相对于接地的阳极）—— 等离子体电势 V_{p}。在阴极鞘层区域，进入鞘层的离子由于被电场加速，距离阴极越近，则流速越大，离子密度越小，但流量保持不变；而进入阴极鞘层的电子，动能不足以穿过强电场，在到达阴极之前，密度越来越小，最终都被电场“弹回”等离子体本体，因此只有离子到达阴极。

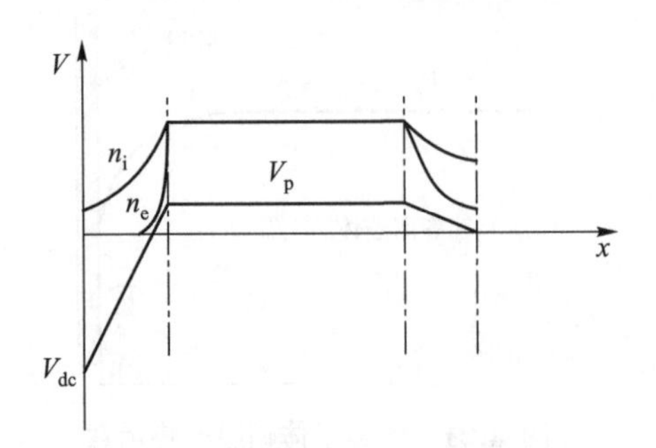

图 4.23 等离子体内的电势分布与带电粒子的密度分布

在阳极鞘层区域, 离子的情况与在阴极鞘层的情况类似, 由于电场的加速, 虽然流量保持不变, 但离子密度越接近阳极就越低; 进入阳极鞘层的电子密度在鞘层边缘处与离子的密度相同, 但由于速度大很多, 因而流向阳极的电子流量也大出离子很多, 在通过电场的过程中, 流量和密度不断减小, 阳极鞘层的电场强度较阴极电场小很多, 因此最终有一部分电子可以到达阳极。

事实上, 还有一种粒子的表现也十分重要, 它是由离子或电子轰击两个极板而产生的, 是从极板向等离子体本体发射出的二次电子。两极板间的放电电流由进入阴极的离子流、进入阳极的电子流和离子流以及二次电子流共同构成。

由于入射到极板上的离子都不会再返回到等离子体中去, 两个极板就像不停吸入离子的 "黑洞", 那么等离子体所损失的离子就必须通过足够高效的电离加以补充。通常情况下, 鞘层内发生的电离数远不及到达极板的离子数, 即离子的损失数, 因此我们知道, 电离主要是发生在等离子体的主体内, 并且由以下三种电子和原子的电离碰撞产生: ① 从阴极鞘层射入等离子体的高能二次电子; ② 从阳极鞘层射入等离子体的高能二次电子; ③ 等离子体主体内热运动的高能电子。

2. 平行板射频放电

在直流放电过程中, 在阳极和阴极之间, 有着恒定的电流穿过等离子体。这样, 为保证该直流电路的导通, 两极板必须是导体。可是在等离子体硅微加工过程中, 硅片通常作为一个极板而被加工, 并且其表面经常性地覆有电介质、光刻胶等绝缘薄膜。显然, 产生直流放电等离子体所需的直流通路在这样的场合下是不能实现的。因此, 有必要实现射频放电等离子体, 以满足加工非导体材料的要求, 平行板射频放电等离子体装置的示意图如图 4.24 所示。

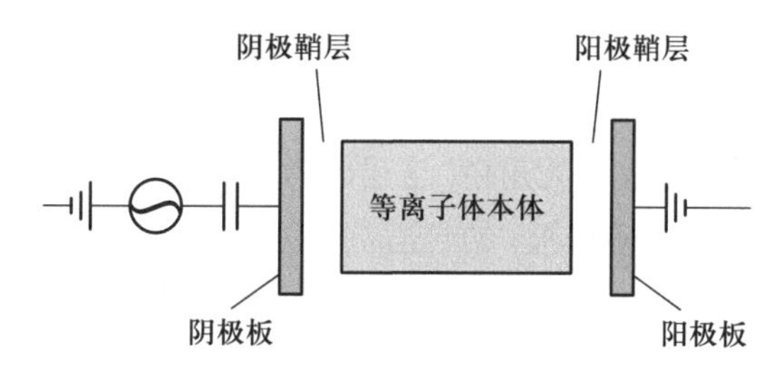

图 4.24 平行板射频放电等离子体装置示意图

在平行板射频放电系统中, 作为腔壁的电极通常接地, 另一电极通过一个隔直电容和射频电源连接。由于没有直流能通过该电容, 两极板间在时间上的平均电流必然为零。这时, 两极板间的放电过程类似一个平行板电容的充放电过程, 其间生成的等离子体在任一固定时刻与直流平行板放电生成的等离子体没有什么不同。另外, 射频放电的工业标准频率为 13.56 MHz, 远远低于通常人工生成等离子体所固有的振荡频率 $10^9 \sim 10^{10}$ Hz, 因此在射频放电过程中, 等离子体完全可以跟上极板电压的变化而保持稳态。

由于等离子体中电子和离子具有差异很大的机动性, 等离子体射频放电中的电流 - 电压关系, 与直流放电中的电流 - 电压关系很不相同。当加电极板处于负压半周时, 该极板排斥电子, 并且吸引离子; 当其处于正压半周时, 该极板排斥离子, 并且吸引电子。由于电子惯性较离子小很多, 从而该极板在正压半周得到的负电荷会较负压半周得到的正电荷多, 如图 4.25a 所示, 这样就违反了射频放电平行板间净电流为零的原则。

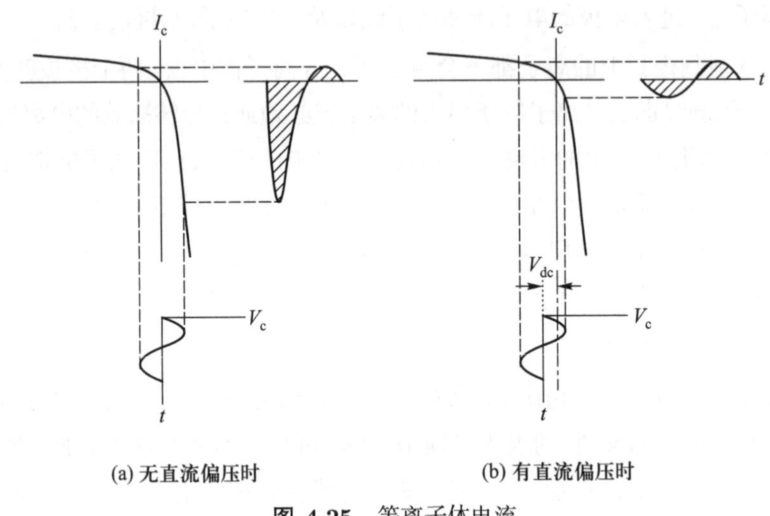

(a) 无直流偏压时　　(b) 有直流偏压时

图 4.25　等离子体电流

为使极板间净电流为零, 必须在加电极板上附加一个负的直流偏压, 以平衡电子与离子惯性差异所带来的电流不平衡, 如图 4.25b 所示。这个直流偏压的存在, 使得该极板在整个时间段中的工作表现类似于直流放电中的阴极, 因此射频放电中的加电极板通常也称作阴极, 接地极板相应地称作阳极。直流偏压在许多射频放电等离子体加工中扮演着十分重要的角色, 这是因为离子的反应赶不上 13.56 MHz 交流电压的变化, 离子对硅片 (阴极板) 的轰击基本可以看作直流偏压驱动的结果。

前文已经说明平行板射频放电等同于一个电容充放电过程, 考虑等离子体中的电位分布和极板鞘层, 整个放电过程的等效电路如图 4.26 所示。其中, C_w 是代表阳极鞘层的电容, C_c 是代表阴极鞘层的电容。

根据该等效电路可以有如下的表达式:

$$V_c(t) = V_{dc} + v_{rf}\sin\omega t$$
$$V_p(t) = \overline{V}_p + v_p\sin\omega t \tag{4.13}$$

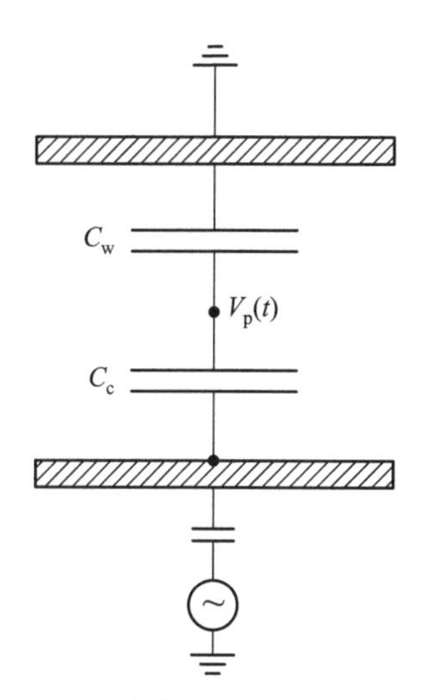

图 4.26 平行板射频放电的等效电路

考虑两种极值情况, $\sin\omega t = 1$ 和 -1, 式 (4.13) 为

$$\begin{aligned}\overline{V}_p + v_p &= V_{dc} + v_{rf} \\ \overline{V}_p - v_p &= 0\end{aligned} \tag{4.14}$$

由式 (4.14) 解得 v_p 为

$$v_p = \frac{1}{2}(V_{dc} + v_{rf}) \tag{4.15}$$

另外, 由 C_w 和 C_c 两电容的电流相等可得

$$\omega C_c(v_{rf} - v_p) = \omega C_w v_p \tag{4.16}$$

由式 (4.16) 解得 v_p 为

$$v_p = v_{rf}\frac{C_c}{C_c + C_w} \tag{4.17}$$

联立式 (4.15) 和式 (4.17) 可得

$$V_{dc} = v_{rf}\frac{C_c - C_w}{C_c + C_w} \tag{4.18}$$

从式 (4.18) 可知, V_{dc}/v_{rf} 由 C_c 和 C_w 决定。现在考虑实际的情况, 在等离子体加工设备的腔体中, 通常作为阳极的腔壁的面积远大于作为阴极板的面积, 即有 $C_c/C_w \ll 1$。这时, 式 (4.17) 和式 (4.18) 则为

$$v_p \approx v_{rf}\frac{C_c}{C_w} \tag{4.19}$$

$$V_{dc} \approx -v_{rf}\left(1 - \frac{2C_c}{C_w}\right) \tag{4.20}$$

由以上两式, 我们可以估算平行板射频放电等离子体中等离子体电位和直流偏压。

4.4 等离子体硅微加工技术

通过上一节对等离子体基本物理的简单讨论，已经了解到等离子体与普通气体在许多方面具有完全不同的表现。等离子体能产生大量处于激发态的气体原子 (分子)，并使极板遭受定向的离子轰击，这两方面的特点使得等离子体在材料的增长、去除和改性等各种硅微加工场合中较普通气体具有更丰富的能量施加手段，因而往往可以取得更为理想的加工结果。

等离子体加工的机理较为复杂，设备也较为昂贵，但其仍然保持了在气体环境中进行干法加工所具有的工艺过程易控制、环境易保持、自动化易实现等优点，并通常具有加工效率高、加工缺陷小、加工温度低等特性，因此制作 MEMS 器件和结构时等离子技术通常是优先考虑的工艺选项。

4.4.1 离子溅射

我们已经知道，无论直流放电等离子体还是射频放电等离子体都会产生对阴极板的离子轰击。离子轰击在不同的等离子体微加工过程中有着不同的表现和功用，图 4.27 说明了离子在轰击靶材时可能产生的各种效应。

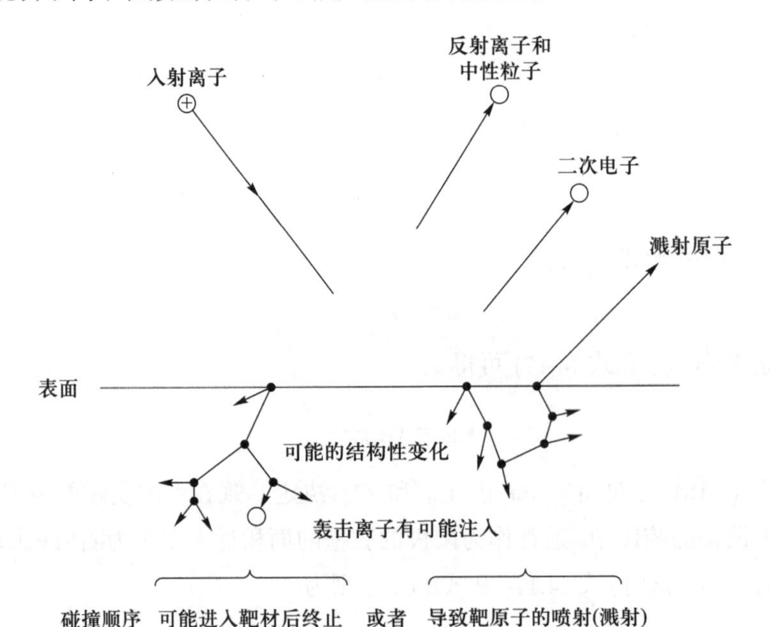

图 4.27 离子轰击靶材时可能产生的各种效应

离子在撞击靶材后发生何种效应，主要取决于离子的能量，即 <5 eV 时，发生的效应主要是离子的反射和在靶材表面的物理吸附: 离子能量在 $5\sim10$ eV 的区间时，靶材表面材料会发生迁移或破坏，这种材料的结构重整效应可以用于对被加工材料

的表面改性, 但在 IC 加工中也经常会带来空隙、裂缝、晶错等不希望发生的缺陷, 这时必须通过退火等热处理手段予以治愈; 当能量高于 10 keV 时, 入射离子将穿过许多层原子的距离, 深入到靶材内部, 并改变其物理结构, 这种能量情况常见于离子注入工艺。

离子溅射发生在上述后两种情况之间的能量区域, 即 10 eV ~ 10 keV, 这时大多数的碰撞和能量传递发生在几个原子层内, 如果有靶材表面原子或原子团通过碰撞获得足够的能量而从靶材表面逃逸出去, 则离子溅射的效应就发生了。离子溅射的定义是: 材料被高能注入离子通过碰撞作用所逐出的物理效应。对于典型的溅射能量, 溅出的材料 95% 左右是单原子, 其他大部分是双原子。

1. 溅射的动力学分析与溅射收益率

图 4.28 表现了离子轰击所引起的靶材内部粒子间由碰撞所发生的能量转移情况。m_i 和 m_t 分别是两个相撞粒子的质量, m_t 静止, m_i 以速度 v_i 和零角度与 m_t 发生碰撞。根据能量守恒和动量守恒方程 (这里省略详细的推导过程) , 从 m_i 转移到 m_t 上的能量比重可以表达为

$$\frac{\frac{1}{2}m_\mathrm{t}u_\mathrm{t}^2}{\frac{1}{2}m_\mathrm{i}v_\mathrm{i}^2}=\frac{m_\mathrm{t}}{m_\mathrm{i}v_\mathrm{i}^2}\left(\frac{2m_\mathrm{i}v_\mathrm{i}}{m_\mathrm{t}+m_\mathrm{i}}\cos\theta\right)^2=\frac{4m_\mathrm{i}m_\mathrm{t}}{(m_\mathrm{t}+m_\mathrm{i})^2}\cos^2\theta \tag{4.21}$$

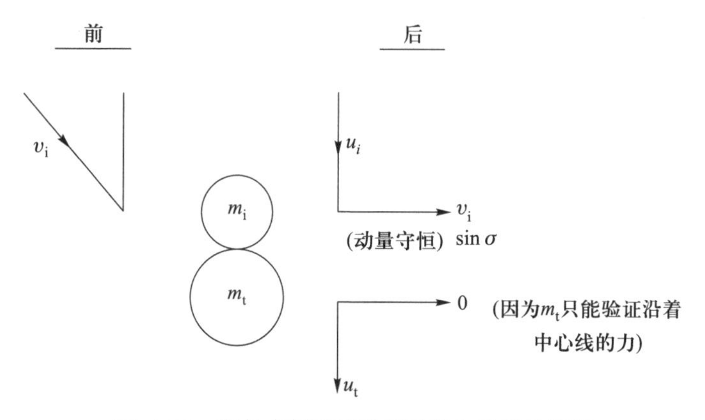

图 4.28 靶材内部粒子碰撞时发生的能量转移

溅射收益率是指一个入射离子平均逐出的靶材原子数。溅射收益率 S 与离子入射角度有关, 并且正比于离子能量 E, 反比于靶材材料表面结合能 U_0, 可以表示为

$$S\propto\frac{4m_\mathrm{i}m_\mathrm{t}}{(m_\mathrm{t}+m_\mathrm{i})^2}\frac{E}{U_0} \tag{4.22}$$

在离子能量小于 1 keV 时, 溅射收益率相对离子能量具有较好的线性, 如图 4.29a 所示, 这时离子注入层较浅, 即距靶材表面较近, 注入离子的能量能够比较充分地传递给靶材表面的原子。在 1 keV 以上的离子能量区间, 随着离子能量的增加

溅射收益率不再增高, 而是趋于恒定, 如图 4.29b 所示, 这是因为此时离子注入层较深, 离子能量最终更多地传递给靶材内部的原子而不是表面的原子。基于同样的道理, 当注入离子能量继续增高时, 溅射收益率甚至会有所降低。

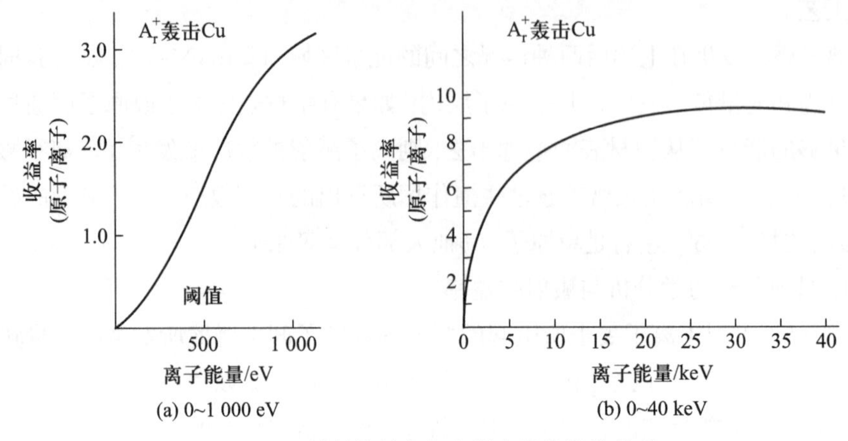

图 4.29 溅射收益率与入射离子能量的关系

2. 基本的离子溅射淀积装置

离子溅射技术可以用来实现清洁硅片表面、刻蚀特殊材料等加工目的, 但该项技术最广泛的应用还是淀积 Al、W、Ti 等金属薄膜。离子溅射淀积的基本原理是: 首先, 等离子体对靶材 (阴极) 进行离子轰击, 溅射出靶材原子; 其次, 这些溅射出的气态靶材原子到达晶圆表面 (阳极); 最后，靶材原子在晶圆表面上发生淀积, 从而生成靶材材料的薄膜。要实现这样的加工机理, 离子淀积装置除了能够产生等离子体, 并使离子轰击具有足够的能量产生溅射之外, 通常还要能对阳极进行加热以提高淀积质量, 并配备其他一些提升淀积效率和操作便利性的设施。图 4.30 所示为离子溅射淀积装置腔体结构。

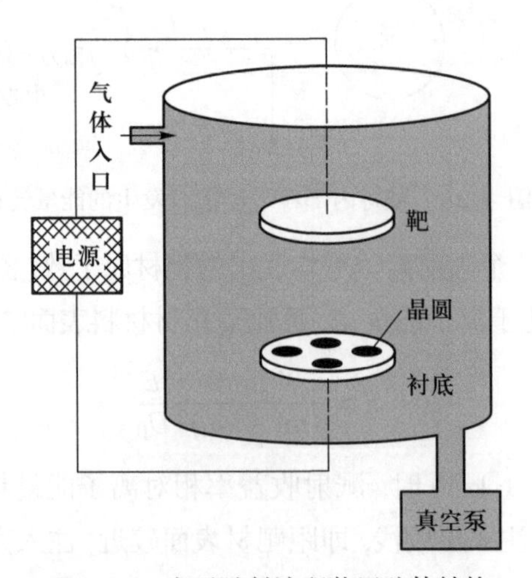

图 4.30 离子溅射淀积装置腔体结构

离子溅射出的原子和原子团带有 10 ~ 50 eV 的能量, 差不多是蒸发得到的气体原子能量的 100 倍, 这使得溅射淀积薄膜的原子表面迁移率较蒸发淀积的薄膜大为提高, 从而改善了台阶覆盖效应。在离子溅射复合材料和合金时, 其淀积材料的化学配比在初始时会与靶材略有不同, 但随着溅射过程的进行, 薄膜的成分会重新接近靶材材料。由于该工艺的这些优点以及很宽范围的材料适用性, 离子溅射通常被认为是较电子束蒸发更为理想的物理气相淀积薄膜的方法。

3. 直流溅射淀积

直流放电等离子体产生的溅射过程称作直流溅射。在直流溅射淀积过程中, 腔内气压和极板间的电流强度是决定淀积效率的两大因素。

当气压过低 (<10 mTorr) 时, 阴极鞘层比较厚, 即离子在距极板较远处产生, 比较容易在腔壁复合而消失。另外, 此时的名义自由路径较大, 粒子间的碰撞概率较小, 电离率较低, 阴极产生的二次电子数量不足, 难以维持阳极板对电子的吸收。此时, 等离子体不能得到保持, 溅射淀积也就不能实现。

随着气压的升高, 电离率增高, 等离子体得以产生并得到保持, 更多的离子使得极板间电流增大, 溅射效率也相应增高。但当气压过高时, 被溅射出的靶材原子因为过多的粒子碰撞而能量损失较多, 从而较难到达工件表面, 淀积效率相应降低。由此, 如图 4.31 所示, 直流溅射淀积存在一个最优的工作气压。

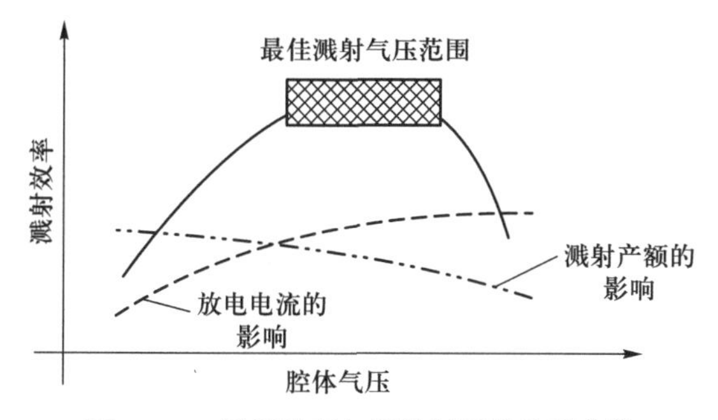

图 4.31 溅射效率与腔体气压的关系曲线

通常, 溅射效率正比于作用在等离子体上的电功率, 而反比于两极板间的距离。对于普通的平行板直流溅射淀积装置, 其极板间的电压一般为几千 V, 工作气压为 10 ~ 100 mTorr, 具有高电压、低电流、低淀积效率的特点。另外, 直流溅射通常都不能淀积电介质薄膜, 因为绝缘材料的薄膜会阻断直流电路, 而且在直流放电中会引起电弧, 等离子体因而不能得到保持。

目前, 普遍采用的直流溅射淀积方法是磁力直流溅射淀积, 该淀积方法具有更高的淀积效率, 其特点主要是在靶材背部放置磁铁, 从而在靶材附近形成自封闭磁场, 图 4.32 示意了两种磁控结构。该磁场典型的磁感应强度为几百 G (高斯), 能够增强带电粒子的碰撞过程, 因而产生更高的等离子体密度, 可达到 $10^{10} \sim 10^{12}\ \text{cm}^{-3}$,

而一般的直流和 RF 溅射只有 $10^9 \sim 10^{10}\ \mathrm{cm}^{-3}$。高密度等离子体具有较高的电离率, 等离子体阻抗也较小, 因此磁力直流溅射可以采用更低的电压并得到更大的电流, 淀积效率得以大幅度提高。一个典型的 2 kW 功率磁力直流溅射淀积台, 极板电压为 400 V, 电流强度为 5 A, 淀积 Al 的速度达到 1 μm/min。

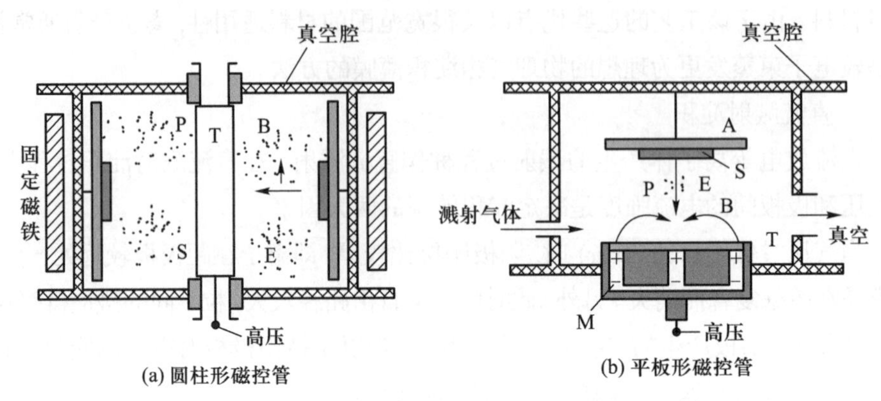

图 4.32　两种不同的直流溅射磁控结构

4. 射频溅射淀积

射频 (RF) 溅射淀积采用 RF 放电等离子体, 适用于淀积直流溅射不能淀积的电介质薄膜。正如前一节所述, RF 放电等离子体具有不同于直流放电等离子体的诸多特性, RF 放电中的两极板的工作状态就像一个平行板电容, 其电源频率采用国际标准的 13.56 MHz, 这种情况下任何电导率的薄膜都不会影响电路的导通, 电介质薄膜因此可以得到淀积。

RF 溅射淀积所需的离子轰击由 RF 放电等离子体所具有的加在阴极板上的偏置负压所驱动。有一点必须注意, 在 RF 溅射过程中, 阳极和阴极都会受到离子轰击, 因此工作可能受到源自阳极轰击的污染。为降低这种污染, 根据式 (4.23):

$$\frac{V_{\mathrm{s,c}}}{V_{\mathrm{s,w}}} = \left(\frac{A_{\mathrm{w}}}{A_{\mathrm{c}}}\right)^4 \tag{4.23}$$

作为阴极的靶材的面积应该较阳极做得足够小, 这样可以有效地降低阳极鞘层的电压降, 减轻对阳极的离子轰击, 从而杜绝阳极材料被溅射出来。

5. 反应溅射淀积

一般的离子溅射淀积完全是物理过程, 因而生成等离子体通常采用惰性气体, 其中氩气最为常用。但是, 如果将反应气体与氩气混合应用于离子溅射, 则可以实现化合物薄膜的淀积, 这种溅射淀积过程包含化学反应, 称作反应溅射淀积。表 4.3 给出了一些常见的反应溅射淀积生成的化合物。

事实上, 实现化合物溅射淀积既可以直接采用该化合物靶材, 也可采用反应溅射淀积。但反应溅射淀积通常更具优势, 这是因为: 通常高纯度的单质较高纯度的化合物更易得到, 另外直接溅射淀积化合物的效率一般也较低。

表 4.3　常见的反应溅射淀积生成的化合物

	反应溅射生成的化合物	使用的反应气体
氧化物	Al_2O_3, In_2O_3, SnO_2, SiO_2, Ta_2O_5	O_2
氮化物	TiN, TaN, AlN, Si_3N_4	N_2、NH_3
碳化物	TiC, WC, SiC	CH_4、C_2H_2、C_3H_8
硫化物	CdS, CuS, ZnS	H_2S
氮氧化物	SiO_xN_y	

6. 偏压溅射淀积

与所有薄膜生成方法一样, 溅射淀积薄膜的材料特性和微观形貌也受到工艺过程的强烈影响。改善溅射淀积薄膜的台阶覆盖, 通常有两种方法: 对工件衬底进行加热和离子轰击。与蒸发一样, 进行衬底加热可以增强表面扩散作用, 从而显著地改善台阶覆盖。不过, 由于对靶材的辐照加热和高能二次电子轰击产生的大量的热都会进入晶圆, 晶圆表面的温度事实上难以控制。再者, 对衬底充分加热, 会造成薄膜中的粗大晶粒以及不同材料层间的相互扩散效应。

在晶圆上施加 DC 或者 RF 偏压, 典型的电压为 $-50 \sim -300$ V, 将有助于溅射材料的淀积, 可以在一定程度上改善台阶效应, 并会降低薄膜中的气体组分, 减小薄膜电阻率, 增大薄膜材料密度, 从而有助于增强薄膜与衬底的附着强度, 如图 4.33 所示。

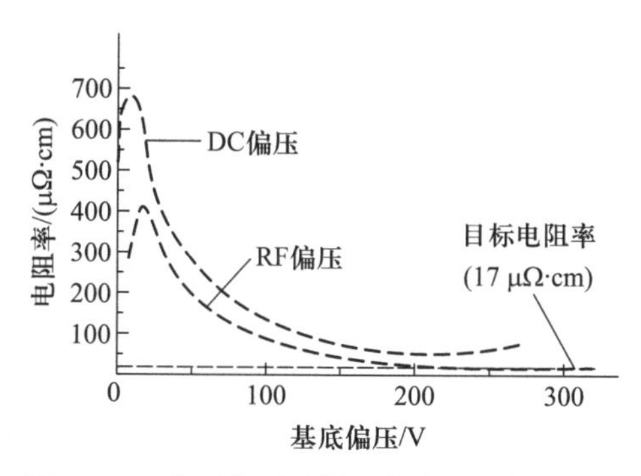

图 4.33　偏压离子溅射对薄膜电阻率的影响

4.4.2　等离子体增强化学气相沉积

本节将要讨论的等离子体增强化学气相沉积 (plasma enhanced CVD, PECVD) 技术, 同样遵循前文讲述的 CVD 系统的基本加工原理, 但与 APCVD 和 LPCVD 有不同之处: 在 PECVD 系统中供给表面反应所需能量的主要手段不再是对衬底加热,而是等离子体中的处于激发态的化学活性反应基以及等离子体鞘层对衬底表面的离子轰击。因此, PECVD 不仅具有更高的淀积效率, 而且可以工作在相对较低的衬底温度下 (< 400 ℃), 这对于某些必须避免高温的淀积场合, 例如在铝层上淀积电介质薄膜, 这一点十分必要。离子轰击所带来的另一个好处是增强了淀积反应次生物质的表面扩散能力, 从而使 PECVD 具有更好的台阶覆盖, 乃至能够很好地填充小尺寸沟槽。

PECVD 主要用于电介质薄膜的淀积, 因此采用 RF 放电产生等离子体, RF 频率通常低于 1 MHz, 常见的设备结构形式分为冷壁平行板和热壁平行板两种, 如图 4.34 所示。冷壁 PECVD 通过均匀化供气和控制载片台温度使得淀积过程可以工作在扩散控制区和反应控制区, 但显然不具备批量化加工的特点。热壁 PECVD 工作在反应控制区, 具有一定的批量处理能力, 但和其他类似的热壁系统一样存在着均匀性和颗粒污染的问题。

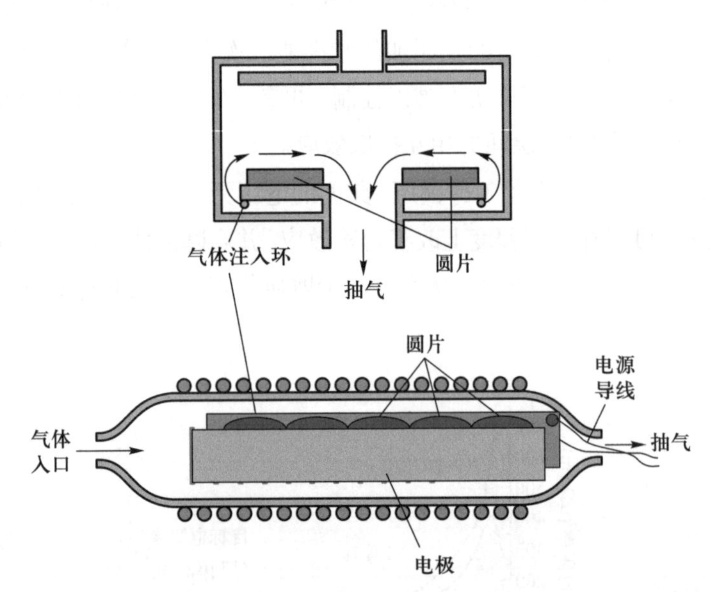

图 4.34 PECVD 反应器的两种结构形式 —— 冷壁平行板与热壁平行板

PECVD 最常采用硅烷和 N_2O 的气体组合来反应生成 SiO_2 薄膜, 薄膜中通常含有较多的氢 (1% ~ 10%), 其具体浓度主要取决于 RF 功率和气体配比, 见图 4.35。随着 N_2O 比例的增加, 淀积速率变化不大, 薄膜密度有所增大; 随着 RF 功率的增大, 淀积速率线性增大, 薄膜密度有所增大, 氢含量得到降低。

用硅烷和氨气淀积氮化硅时, 薄膜密度也与气体配比相关。由图 4.36 可知, 腔体内 Si/N 比值为大约 0.75 时, 薄膜密度最高。采用氮气替代氨气, 可以降低薄膜中氢的含量, 从而提高薄膜密度。

另外需要指出, 无论是淀积氧化层还是氮化层, 都可以在淀积后通过高温烘烤

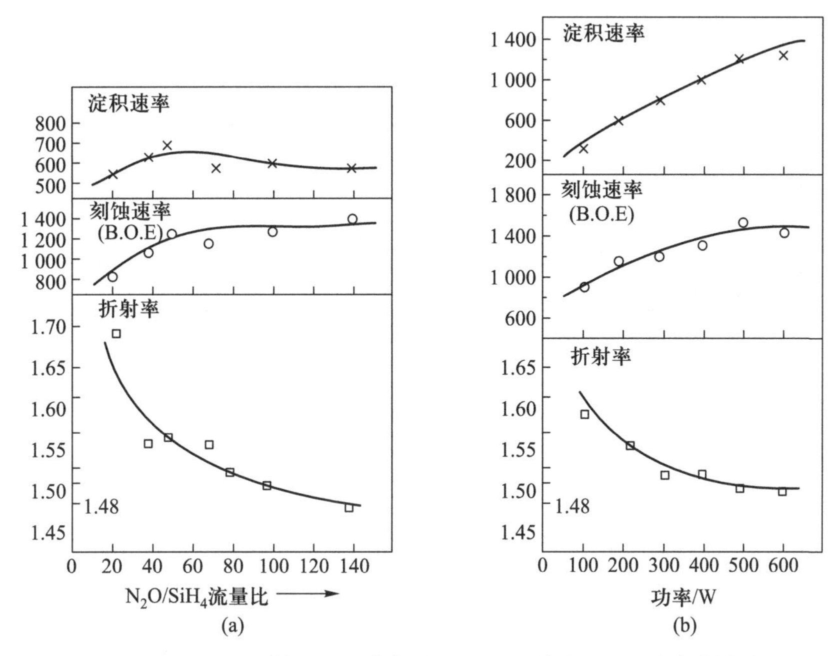

图 4.35 N_2O 比例和 RF 功率对 PECVD 淀积 SiO_2 速率的影响

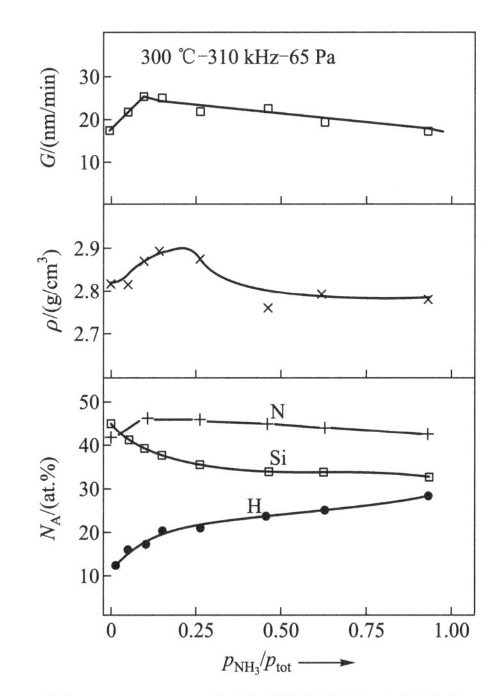

图 4.36 NH_3 比例对淀积氮化硅的影响

提高薄膜密度，并改善薄膜与衬底间的黏附。不过，许多采用 PECVD 的场合都不允许工件经历高温，这时只能通过调节淀积工艺参数来提高薄膜质量。

表 4.4 简单对比了 PECVD 和其他两种硅工艺中常用 CVD 方法的各自特点，可

以作为对前述相关内容的一个总结。

表 4.4　几种 CVD 方法的优缺点对比

方法	优点	缺点	适用场合
APCVD	设备简单, 反应温度低, 淀积效率高	台阶覆盖效应差, 颗粒污染严重	低温情况下淀积 SiO_2
LPCVD	纯净度高, 均匀性好, 台阶覆盖效应较好, 可批量生产	反应温度高, 淀积效率低	高温情况下各种薄膜的淀积
PECVD	反应温度低, 淀积效率高, 台阶覆盖效应很好	有化学和颗粒污染, 薄膜质量不如 LPCVD	低温情况下电介质薄膜的淀积

4.4.3　等离子体刻蚀

由于普通气体状态的刻蚀剂很少在实际中被采用, 等离子体刻蚀在事实上可以看作与干法刻蚀相等同。与湿法刻蚀相比, 等离子体刻蚀最重要的优点是其更容易重复, 因为等离子体可以迅速地开始和结束, 并且对晶圆表面温度变化也不那么敏感。再者, 各向异性等离子体刻蚀不像各向异性湿法刻蚀那样依赖于晶圆的晶向。此外, 等离子体刻蚀更适于较小特征尺度的结构, 并具有很少的颗粒污染, 而且几乎不产生化学废液。

一个常规的等离子体刻蚀工艺过程可以简单地分解为以下几个部分: 通入反应腔的气体必须在等离子体中分解成可以与晶圆进行化学刻蚀反应的原子或原子团; 这些原子必须扩散并吸附于晶圆表面; 被吸附原子可以进行表面扩散并和晶圆表面发生反应; 反应的生产物必须解吸附, 从而离开晶圆表面并被抽出反应腔。与湿法刻蚀一样, 干法刻蚀速度由以上步骤中最慢的一步决定。要说明的是, 上述认识只是对干法刻蚀最简化的表述, 实际的等离子体刻蚀过程往往是具有复杂机理的物理化学过程。

表 4.5 列出了一些最常用的等离子体干法刻蚀气体。可以看出, 对于刻蚀硅基材料的反应体主要是卤系化合物。F 的活性比 Cl、Br 高, 所以通常会优先得到采用, Cl、Br 则用来实现特殊的刻蚀机理。

表 4.5　最常用的等离子体干法刻蚀气体[7-9]

Si	CF_4/O_2, $SF_6/O_2/Cl_2$,NF_3, $Cl_2/H_2/C_2F_6/ClF_3$, CCl_4, Cl_2, Br_2, CF_3Cl/Br_2
SiO_2	CF_4/O_2, C_2F_6, C_3F_8, CHF_3/O_2
Si_3N_4	$CF_4/O_2/H_2$, C_2F_6, C_3F_8, CHF_3
有机物	O_2, CF_4/O_2, SF_6/O_2
Al	BCl_3, BCl_3/Cl_2, $CCl_4/Cl_2/BCl_3$, $SiCl_4/Cl_2$
Au	$C_2Cl_2F_4$, Cl_2, $CClF_3$

1. 等离子体刻蚀机理

如图 4.37 所示，等离子体刻蚀的基本刻蚀机理有 4 种：溅射刻蚀 (sputtering etching)、化学反应刻蚀 (chemical etching)、离子诱导/增强刻蚀 (ion induced/enhanced etching)、阻蚀层离子辅助刻蚀 (inhibitor-driven ion assistant etching)。这 4 种刻蚀机理可以单独也可能共同存在于一个现实的刻蚀过程中。

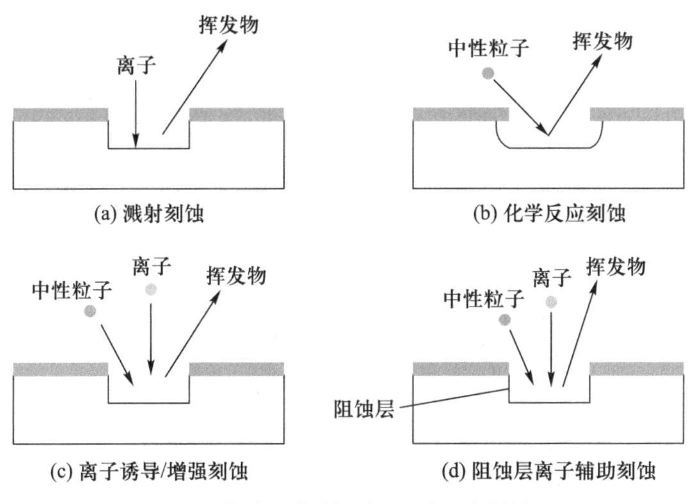

图 4.37 等离子体刻蚀的 4 种基本刻蚀机理

如同在前面溅射淀积中所揭示的，溅射刻蚀是一个纯物理过程，如图 4.37a 所示，该工艺过程中使用的是惰性气体，如氩气，而被刻蚀晶圆则处在溅射淀积中靶材的位置。单独采用这一机理的等离子体刻蚀系统称为离子铣 (ion beam milling)，通常用于难腐蚀材料，例如某些惰性金属或者陶瓷的刻蚀。由于腔内气体压力很低 (10^{-3} Torr)，离子轰击具有较好的方向性，从而刻蚀具有较好的各向异性。溅射刻蚀的主要缺点在于刻蚀选择性差，接近 1∶1。另外，即使采用高密度等离子体，没有化学腐蚀参加的溅射刻蚀速率通常也会很低 ($< 1\,000$ A/min)。

化学反应刻蚀的机理与湿法刻蚀类似，但要复杂得多，其中对硅进行刻蚀的基本思想是用硅 - 卤键代替硅 - 硅键，并产生挥发性的硅卤化物。根据能量平衡理论，化学反应朝着能量有利的一方进行，由于 Si–F 键能 (130 kcal/mol) 大于 Si–Si 键能 (42.2 kcal/mol)，并考虑到 SiF_4 是挥发的，所以 F 对硅的纯化学刻蚀是可以自然发生的，这也是为什么许多采用氟系气体的等离子体刻蚀表现出强烈的化学刻蚀特征的原因。化学反应刻蚀通常意味着高刻蚀速率、高选择性和几乎完全各向同性的刻蚀，图 4.37b 所示的是一个典型的化学反应刻蚀机理。

同样，根据反应能量平衡理论，Cl 与 Br 不能直接与硅自然反应进行刻蚀。但是，在离子轰击提供一定能量的帮助下，Cl 与 Br 对硅的刻蚀完全能够实现，如图 4.37c 所示，我们把这种刻蚀机理称为离子诱导/增强刻蚀。等离子体一方面能够使反应元素处于能量较高的激发态, 另一方面, 对晶圆表面的离子轰击产生一些不饱和键, 并暴露给反应元素, 这两者都会帮助刻蚀反应的进行, 而后者对于离子诱导刻蚀具有决定性意义。离子诱导/增强刻蚀具有较好的各向异性, 在刻蚀速率、选择性方面处于溅射刻蚀和化学反应刻蚀之间。

与离子诱导/增强刻蚀一样, 阻蚀层离子辅助刻蚀过程中既包含物理效应也包含化学反应。如图 4.37d 所示, 在刻蚀反应腔中, PECVD 在被刻蚀表面上淀积薄膜, 充当阻蚀层; 或者气体反应元素与被刻蚀表面原子发生化学反应, 生成物并非全部挥发, 不挥发的生成物因而在槽底和侧壁形成阻蚀层。离子轰击会溅射辅助刻蚀去除槽底的阻蚀层, 使刻蚀继续向下进行, 而侧壁的阻蚀层由于得不到足够的离子轰击而得以继续存在, 并保护侧壁不被刻蚀。图 4.38 所示的试样正巧有一段阻蚀层从侧壁脱离。

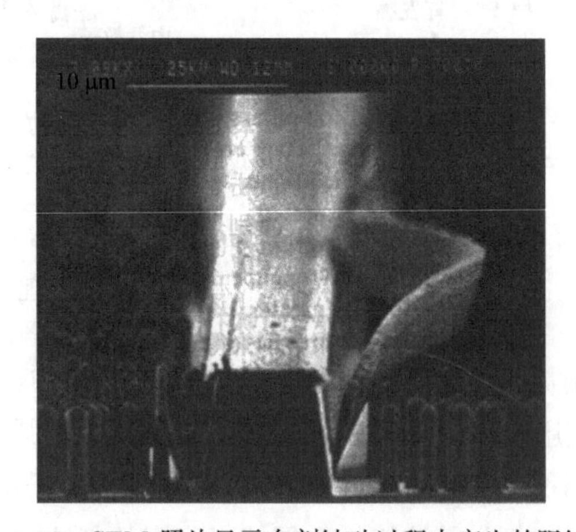

图 4.38 SEM 照片显示在刻蚀硅过程中产生的阻蚀层

了解了这 4 种等离子体刻蚀的基本机理, 我们就可以明了, MEMS 如果要通过刻蚀来完成高、深、厚的结构造型, 必须依靠第 4 种刻蚀机理 —— 阻蚀层辅助刻蚀, 因为只有这种刻蚀机理能够在理论上实现完全的各向异性刻蚀。不过, 这种刻蚀机理由于需要刻蚀和阻蚀相互妥协, 以使槽底刻蚀持续发生的同时, 侧壁阻蚀层保持存在, 因而通常难以发挥等离子体刻蚀的效率潜力。目前, 已经研发了一些针对性的等离子体深干法刻蚀的特殊工艺, 后文将予以讨论。

2. 等离子体刻蚀的工艺参量

通过调整等离子体刻蚀的各项工艺参数, 可以有意识地实现各种刻蚀机理, 并有针对性地优化刻蚀结果。

图 4.39 所示的是一个传统的采用平行板 RF 放电等离子体的刻蚀系统, 习惯上称为反应离子刻蚀 (reactive ion etching, RIE), 这个名称不够准确, 事实上, 各种刻蚀机理都有可能在这个系统中得到实现。

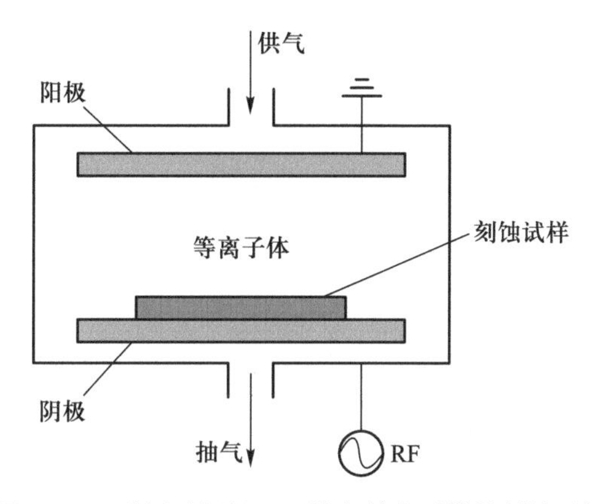

图 4.39 采用平行板 RF 放电等离子体的刻蚀系统

腔内压力、RF 功率与频率、反应气体的组成与流量、晶圆表面温度等工艺参量综合决定着起主导作用的刻蚀机理以及刻蚀速度、选择性、均匀性、各向异性等刻蚀结果指标。

1) 腔内压力

压力变化对等离子体刻蚀所起的作用比较复杂, 因为它同时影响到等离子体的各个方面, 包括气体原子密度、电子温度、鞘层电压、直流偏压、到达晶圆表面的离子流量和能量、反应元素流量等。图 4.40 表示了随腔内压力的变化, 不同的刻蚀机理主导了刻蚀过程。

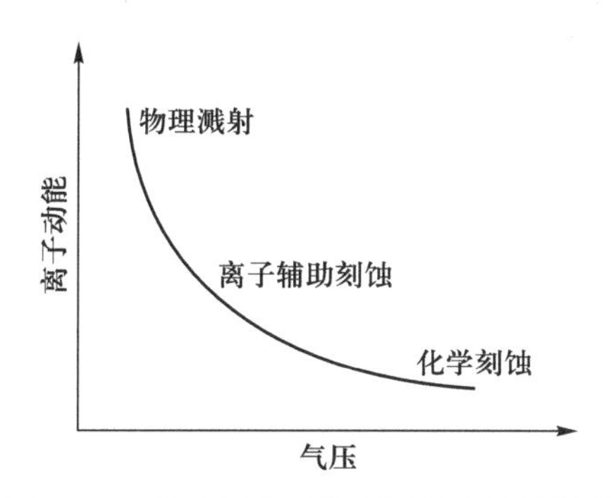

图 4.40 腔内压力对等离子体刻蚀的影响

2) RF 功率与频率

图 4.41 中的曲线表现了刻蚀速率随 RF 功率的变化趋势。RF 功率的增加会导致更高的等离子体密度, 激发态反应元素的密度相应地也会提高, 另外直流偏压增大, 离子轰击能量也增大, 所以刻蚀速率上升而刻蚀选择比可能下降。

3) 反应气体的组成与流量

反应气体的组成对刻蚀的影响显然是巨大的, 有关这个问题的简单讨论将在下节进行, 这里让我们先来关心一下气体流量 (refresh flowrate) 对刻蚀过程的影响。从

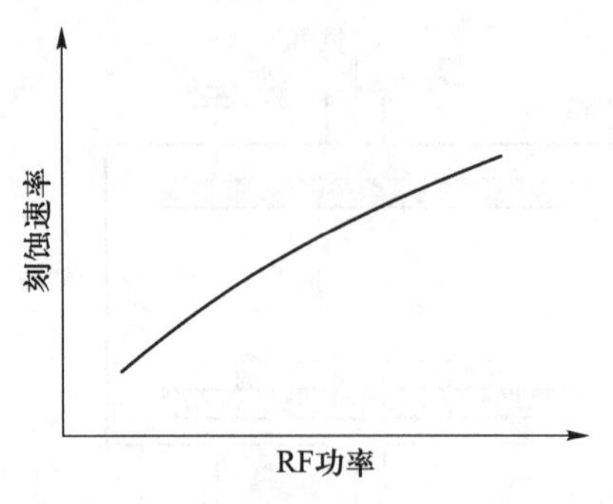

图 4.41 刻蚀速率与 RF 功率的关系

图 4.42 可以看出, 在低流量区域, 较高的气体流量有助于补充反应物质的不足, 因而刻蚀速率会随气体流量的增加而提高; 而在高流量区域, 较高的气体流量所带来的气体反应物质停留时间较短的效应产生了更为决定性的影响, 因而刻蚀速率随气体流量的增加而降低。

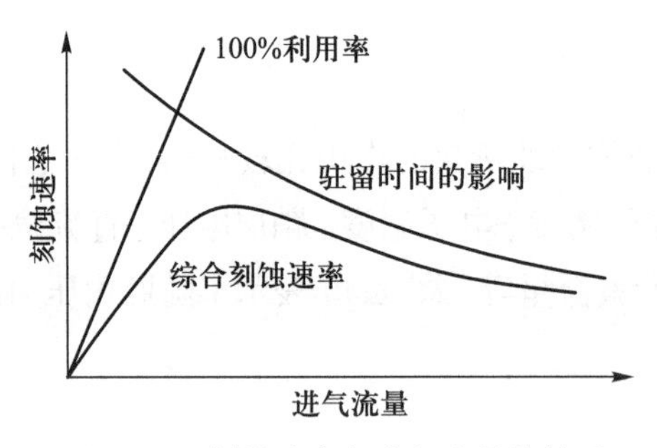

图 4.42 刻蚀速率与进气流量的关系

4) 晶圆表面温度

由于化学刻蚀反应发生在晶圆表面, 所以晶圆表面温度对于刻蚀速率、选择性、刻蚀表面形貌以及对光刻胶层的刻蚀等都有影响。在化学反应刻蚀主导的刻蚀过程中, 根据阿伦尼尔斯方程, 刻蚀速率和晶圆表面温度呈对数正比。图 4.43 表示了载片台温度对 Si 和 SiO_2 刻蚀速率的影响。

3. F-C 刻蚀模型

在高压低密度的等离子体刻蚀中, 起主导作用的刻蚀机理是化学反应刻蚀, 这时氟系气体较氯系和其他气体更为常用。以反应气体采用 CF_4 为例, CF_4 并不能直接与 Si 反应, 但在等离子体中由其分解出来的氟原子则可以与硅生成挥发性的 SiF_4, 并可缓慢地刻蚀 SiO_2, 表达式如下:

$$\begin{aligned}
&CF_4 \longrightarrow CF_x + (4-x)F \quad x \leqslant 3 \\
&2F + Si \longrightarrow SiF_2 \\
&2F + SiO_2 \longrightarrow SiF_2 + 2O \\
&2F + SiF_2 \longrightarrow SiF_4 \uparrow
\end{aligned} \tag{4.24}$$

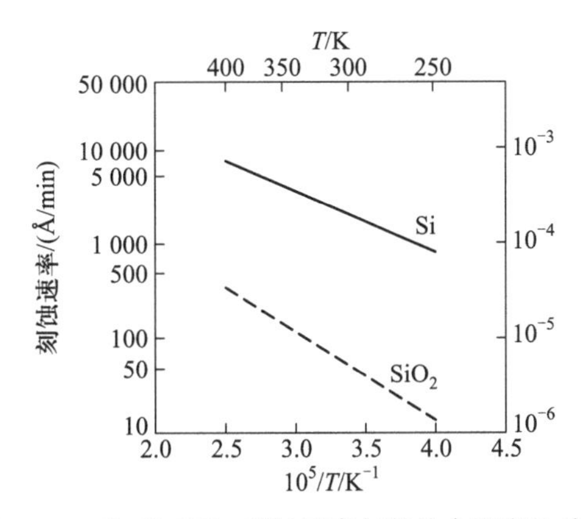

图 4.43 Si 和 SiO_2 刻蚀速率与载片台温度的关系

CF_x 含有 C 元素, 可以在硅表面淀积形成不挥发的聚合物 (polymer) $Si_xC_yF_z$, 聚合物构成的阻蚀层可以有 30 ~ 100 Å 厚, 因此在这里是依赖阻蚀层离子辅助刻蚀机理来实现刻蚀。总之, 可以这样简单地理解整个工艺过程: F 是代表刻蚀的因素, C 是代表淀积的因素, F/C 的比例决定了哪一种过程占优势, 如图 4.44 所示。可以看出, 只要 F/C 不大于 2, 加工过程总体上就会表现为淀积, 这时的系统其实就是一台 PECVD, 而不是刻蚀机。

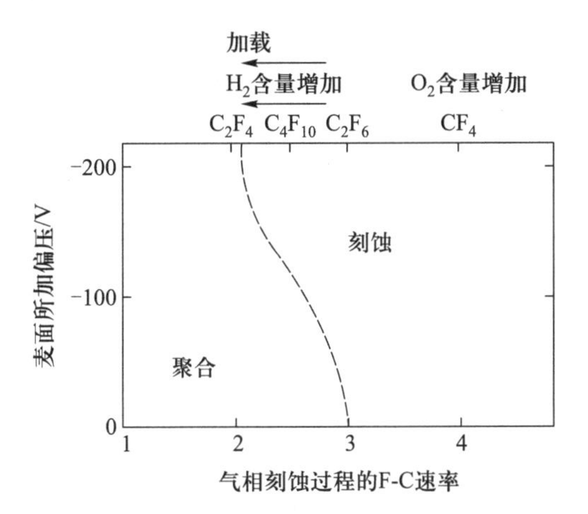

图 4.44 各工艺参数对 F–C 刻蚀模型的影响

提高 F/C 比例以抑制聚合物生长, 除了可以直接加入富氟气体, 例如 SF_6, 之外, 更有效的方法是加入一定量的 O_2, 氧原子一方面可以与碳原子生成 CO 或者 CO_2, 从而消耗掉聚合物, 另一方面, 氧可以将氟化物中的氟置换出来, 以提高氟原子在气体中的比例。图 4.45 所示为刻蚀速率随氧气加入量的变化情况, 当氧气占 13% 时, 硅的刻蚀速率达到最高点, 之后由于过多的氧气冲淡了反应气体, 刻蚀速率开始下降。

降低 F/C 比例以促进聚化合物阻蚀层, 通常是为了保证对侧壁的保护, 这时可

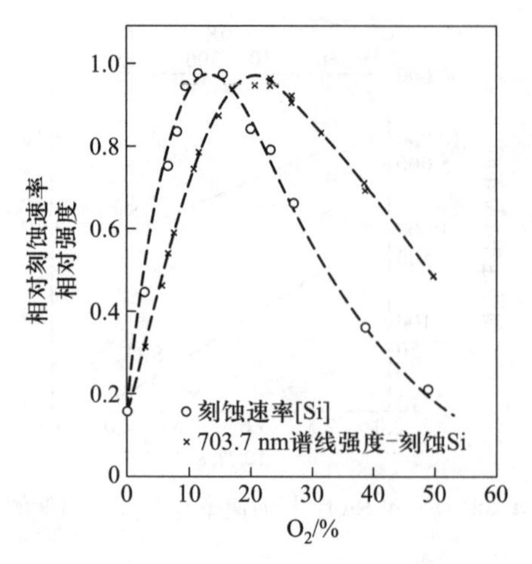

图 4.45 刻蚀速率随氧气加入量的变化情况

以加入富碳的气体, 例如 C_4F_8、C_2F_4, 形成富碳的等离子体, 从而促进聚合物的淀积。或者通入富氢的气体, 例如 H_2、CHF_3、CH_2F_2、C_2H_6 等, 通过消耗氟来达到抑制刻蚀的目的。另外, 氢反应生成的 HF 不刻蚀 Si, 但会刻蚀 SiO_2, 因此在氢的通入量达到一定值后, SiO_2 的刻蚀速率会超过 Si。

4. 高密度等离子体

即使通过工艺参数的优化, RIE 仍然难以达到与湿法刻蚀相当的刻蚀效率, 因而进一步提高等离子体密度势在必行。

普通的平行板 RF 放电等离子体不能维持在 10 mTorr 的气压以下, 但人们通过添加额外的电场或磁场向等离子体提供能量, 在显著提高等离子体密度 (由普通的 $10^9 \sim 10^{10}$ cm^{-3} 提高到 10^{11} cm^{-3} 以上) 的同时, 等离子体的气压降到了 0.1 ~ 10 mTorr, 这种等离子体称为低压高密度等离子体 (high density plasma, HDP)。

产生 HDP 的成熟技术包括电子回旋共振 (ECR)[10] 和感应耦合等离子体 (ICP)[11]。

在稳态的外磁场中, 电子受洛伦兹力的作用, 在垂直磁力线的平面中作拉莫尔 (Lamor) 回旋运动, 回旋运动角频率 $\omega_{ce} = eB/m_e$ (B 为磁场强度, e 和 m_e 分别为电子的电荷和质量)。当该频率与沿磁场传播的右旋圆极化微波频率相等时, 电子在微波电场中将被不断同步而获得能量, 直至高于电离碰撞的能量阈值, 于是将可能发生足够多的电离碰撞, 从而获得高密度等离子体。目前的 ECR 一般采用 2.45 GHz 的微波频率匹配 875 G 的磁感应强度, 能量耦合效率达到 95%, 等离子体密度可以达到 10^{11} cm^{-3} 以上。

ICP 的原理如图 4.46 所示, 围绕腔壁或腔顶安置的线圈通以频率为 2 MHz 的 RF 电流, 在腔体内产生交变磁场, 该磁场产生的感应电场对带电离子进行水平加速, 从而提高了电离概率, 高密度等离子体得以产生。

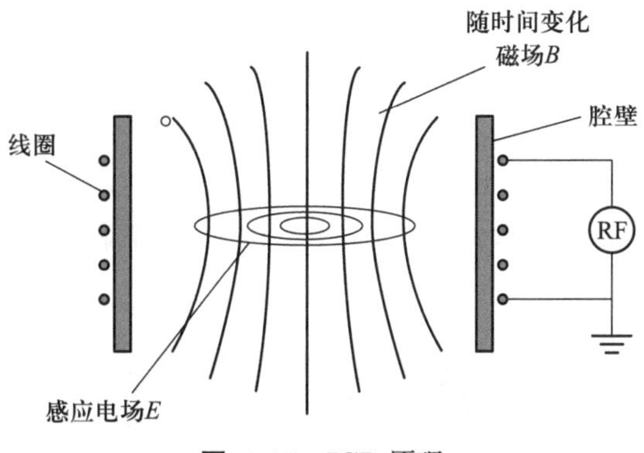

图 4.46 ICP 原理

尽管 HDP 也应用于溅射和 CVD 中, 但其最重要的应用还是干法刻蚀。较高密度的离子和化学反应基有利于得到较高的刻蚀速率, 较低的极板功率和直流偏压意味着较高的选择比和对晶圆较少的损伤, 这些显然都是刻蚀过程中所希望的, 对于 MEMS 所需的深刻蚀尤为关键, 因此高密度等离子体刻蚀被看作干法刻蚀的重大进展。

与高密度等离子体刻蚀的特点相适应, 化学反应能力较强的氟系气体常得到采用。但是, F–C 刻蚀模型中形成侧壁阻蚀层的聚合物的挥发性在低压下会得到很大提高, 因此高密度等离子体刻蚀中一般不得不采用更多的阻蚀层形成气体, 从而弱化了刻蚀效率, 并导致腔壁淀积严重, 需经常进行清洗。事实上, 如何利用高密度等离子体刻蚀的选择比高、刻蚀速度快等优点, 同时克服侧壁保护困难这一缺点, 从而在干法刻蚀中实现高深宽比 MEMS (high aspect ratio MEMS, HARM), 已成为 MEMS 工艺中的一个热点问题。

5. ASE 深硅刻蚀

显然, 要实现与各向异性湿法刻蚀相比拟的深干法刻蚀, 阻蚀层辅助刻蚀的机理是必然选择。但是运用该机理最为成熟的 F–C 刻蚀模型, 即便采用 ICP 这样的高密度等离子体设备, 事实上也难以达到希望的刻蚀效果 (对于 HARM 的一般要求: 刻蚀速率大于 1 μm/min, 刻蚀选择比大于 50, 刻蚀各向异性大于 0.98)。这是因为, 刻蚀和淀积这对反向过程同时进行, 刻蚀过程时刻要保持两者间的平衡, 以确保侧壁的持续保护与槽底的不断刻蚀。向淀积的妥协迫使刻蚀方面最具价值的两个要素 —— 高活性的 F 反应基和高密度的等离子体不能彻底释放其潜能, 刻蚀效率因此一直处于较低的水平。

Bosch 公司的专利技术, 所谓的博世工艺, 即 ASE (advanced silicon etching) 技术的出现, 从根本上改变了 F–C 模型的刻蚀表现[12]。该工艺革命性的思想在于, 在时间区段上将刻蚀和淀积分隔开, 即在 A 时段进行高速的 F 反应刻蚀, 在 B 时段进行高效的聚合物淀积, A/B 时段的交替进行既容易确保两者的平衡, 又有利于保证高密度等离子体 F 刻蚀的高效率。

ASE 技术的刻蚀速率很容易达到 1 μm/min 以上, 同时确保完全陡直的侧壁, 并且深宽比大于 10。图 4.47 所示为应用博世工艺得到的深硅槽 SEM 照片[13]。在工艺过程中, 光刻胶可以直接充当掩蔽, 它在刻蚀过程中遭受的损失在淀积过程中又得以弥补, 因此刻蚀选择比可以达到 75 以上。而 SiO_2 掩蔽层所得到的刻蚀选择比还要高几倍。

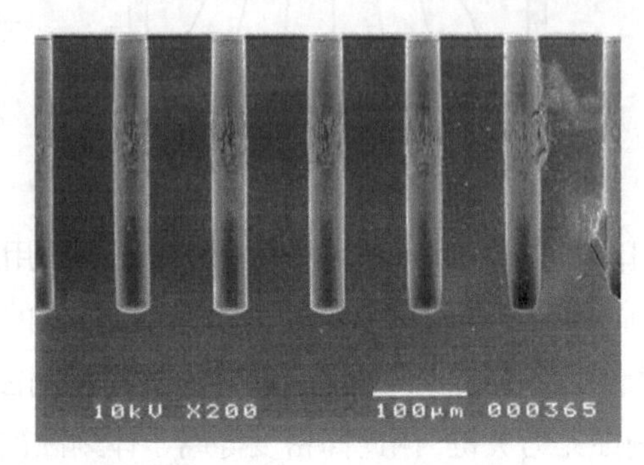

图 4.47 应用博世工艺得到的深硅槽 SEM 照片

6. 低温深硅刻蚀

ASE 是专利技术, 并且对设备的硬件以及维护要求较高。另外, 该技术还存在不可避免的侧壁锯齿状凹刻。而另一种称为低温刻蚀 (cryo-etching) 的技术既有不亚于 ASE 技术的刻蚀表现, 又完全避免了 ASE 固有的不利缺陷。它是一种开放技术, 无需付费, 一般水平的硬件即可进行, 而且侧壁光滑。

低温刻蚀 Si 的原理如图 4.48 所示。在 −70 ℃ 或者更低的硅片表面温度下, SF_6+O_2 的气体组合作用于硅表面得到 SiO_xF_y 固态阻蚀层。这一阻蚀层较有机聚合物更为稳定和可靠, 从而允许高速的 F 刻蚀在槽底进行的同时侧壁得到完全的保护。图 4.49 所示为低温刻蚀单晶硅的样品。

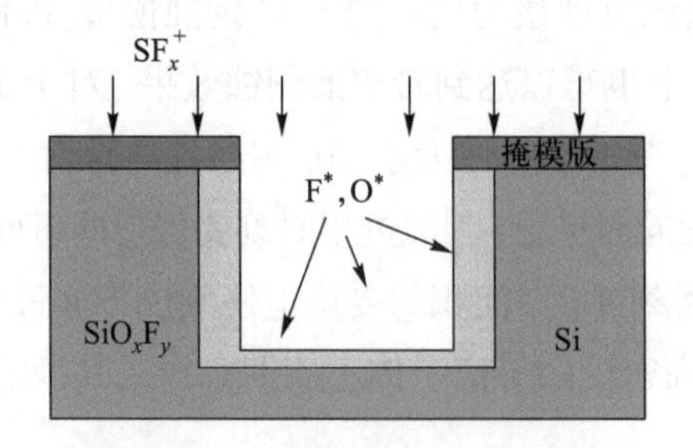

图 4.48 低温刻蚀 Si 原理

低温工艺的不足在于刻蚀过程对温度的敏感性, 由此带来的工艺稳定性需要给予特别的重视。

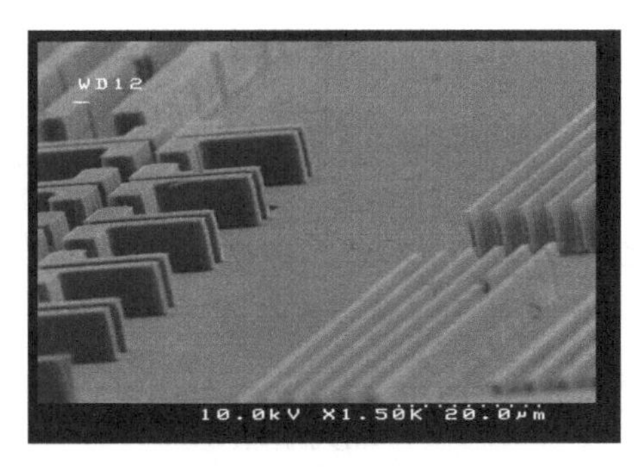

图 4.49 低温刻蚀单晶硅的样品

4.5 MEMS 硅微加工流程

前面几节分述了 MEMS 硅微加工中各种常用的单项加工技术, 包括光刻、淀积、刻蚀、热处理等。实际上, 这些单项的加工技术总是按照一定的工艺流程组合在一起以完成特定 MEMS 结构的加工。

体硅微加工 (bulk micromachining) 和表面硅微加工 (surface micromachining) 是 MEMS 硅微加工流程的两个代表性派别, 各自有着鲜明的优势和局限, 适用于不同特点的微结构加工。本节将以基本的 MEMS 器件和结构为例, 对两种典型的 MEMS 硅微加工流程加以讨论。

MEMS 的产业化迫切需要多数的 MEMS 设计者遵循一套标准化的硅微加工流程, 本节还将借助实例就多用户 MEMS 加工流程 (MUMPS) 进行简单介绍。

硅微加工流程还应考虑 MEMS 与 IC 的集成, 本节最后将对几种集成策略进行简单讨论。

4.5.1 体硅微加工流程

体硅微加工是采用深刻蚀作为去除基底材料的主要手段, 并利用键合技术, 在单晶硅基底上形成微结构的工艺流程。

由于要去除大量的硅基底材料, 各向同性和各向异性的湿法刻蚀技术以及 ASE 工艺和低温刻蚀经常会得到采用。以对 (100) 晶面的各向异性刻蚀为例, 如图 4.50 所示, V 形槽、方锥槽、方锥孔、隔膜、梯形截面的梁合壁等结构可以通过单面或双面的刻蚀来实现。各向异性的深刻蚀结合键合技术, 则可进一步得到较复杂的腔体和通道。

硅片与玻璃之间的结合通常采用阳极键合 (anodic bonding) 技术, 也称作静电键合。选用的玻璃必须与硅片热匹配, 即热胀系数 (temperature coefficients of expansion, TCE) 接近, 以消除高温过程带来的非本征应力。如图 4.51, 硅片和玻璃平整地贴合

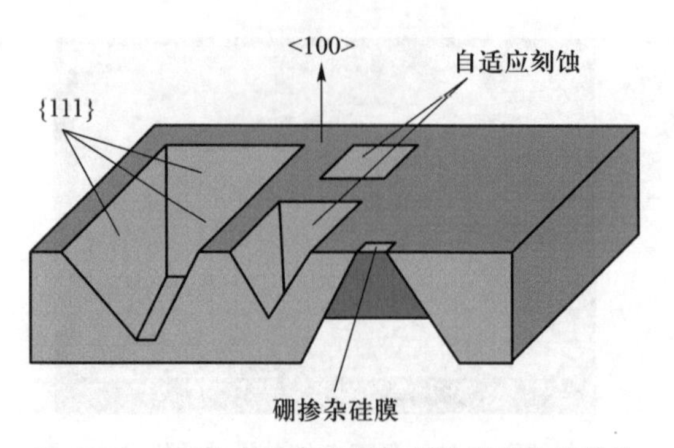

图 4.50　(100) 晶面各向异性刻蚀得到的微结构

后, 被加热至 400 ℃, 此时玻璃中的钠离子变为可移动状态, 然后直流加压数百至上千 V, 电场驱使钠离子离开接触面, 接触面附近玻璃中空置的 O 与硅片中的 Si 产生了共价键, 从而玻璃和硅片之间的紧密连接得以实现。

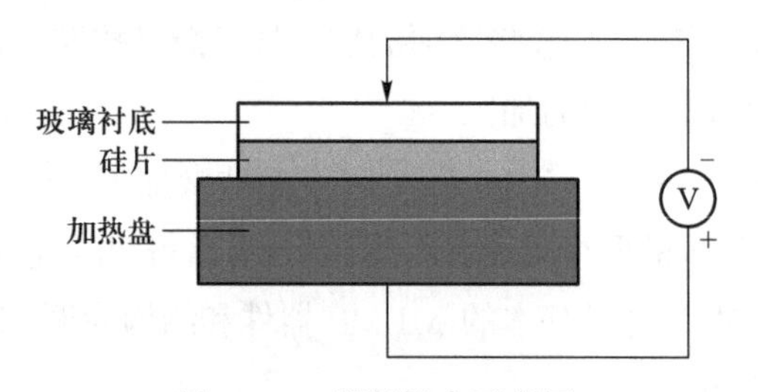

图 4.51　阳极键合示意图

硅片与硅片之间的结合采用热融键合 (fusion bonding) 技术, 光滑、平整的硅片经过 HF 亲水处理后贴合在一起, 中间形成氢键键合, 然后经过高温过程得以实现 Si – Si 键合。

作为体硅微加工流程的一个例子, 我们来考察一下压阻式硅微压力传感器的制作。图 4.52 所示为典型的压阻式硅微压力传感器结构, 图 4.53 所示的是制作该传感器的工艺流程。

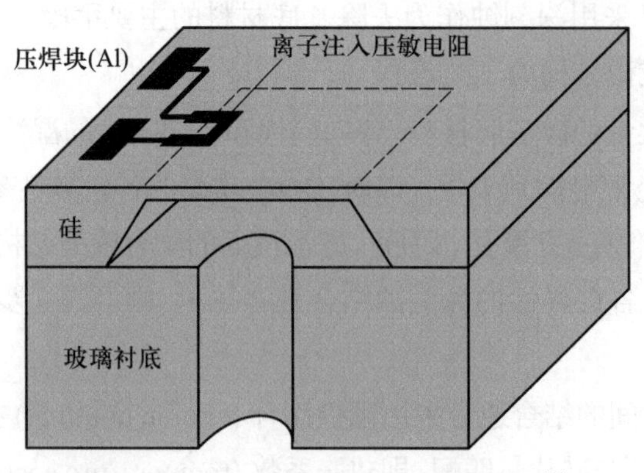

图 4.52　压阻式硅微压力传感器结构[3]

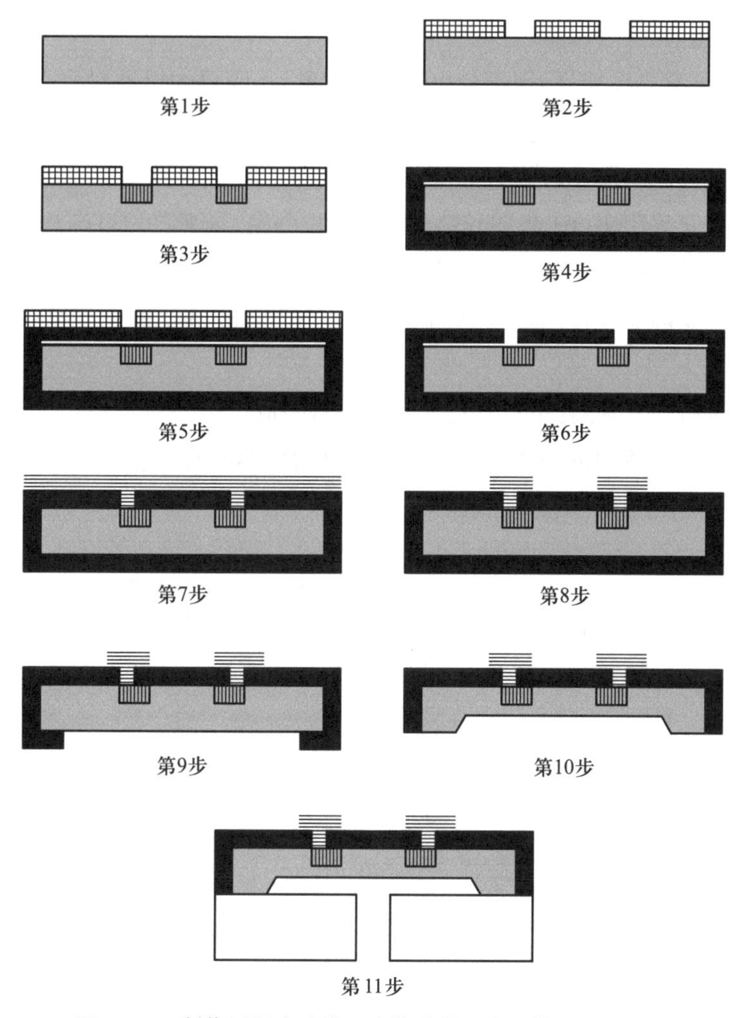

图 4.53 制作压阻式硅微压力传感器芯片的体硅工艺流程

由于电阻条位于应力最大的 ⟨110⟩ 方向, 根据之前的相关分析, p 型硅在 ⟨110⟩ 方向上较 n 型硅的压阻系数大, 因此在传感器制作过程中应对 n 型 (100) 硅基底进行硼离子注入, 以得到 p 型掺杂的压敏电阻。

流程的第 2 步是第一次光刻, 它定义了在第 3 步将要进行硼离子注入的区域。为使硼掺杂的压敏电阻沿着 ⟨110⟩ 方向, 必须精确地进行光刻对准, 使其与硅片的晶向对齐。

第 3 步的离子注入和去胶完成后, 第 4 步进行注入离子激活, 并淀积 5 000 Å的 Si_3N_4, 用以作为后续湿法刻蚀的掩蔽和保护。

第 5 步是第二次光刻, 以准备对氮化硅层的刻蚀。

第 6 步是刻蚀氮化硅并去胶。

第 7 步是在整个晶圆表面进行溅射淀积铝, 铝只在第 6 步形成的接触孔区与硅压敏电阻接触。

第 8 步是第三次光刻, 用于刻出铝连线图形, 不需要的铝被刻蚀掉。

第 9 步是在硅片背面光刻, 并刻蚀去掉特定区域的氮化硅。这是第四次光刻, 与一般 IC 中的光刻不同, 要求与硅片的另一面, 即正面的图形对准。

第 10 步是采用 KOH 各向异性刻蚀制作出隔膜, 隔膜的厚度需严格控制, 最后去除硅片背部的氮化硅层, 为静电键合作准备。

第 11 步是静电键合, 采用的玻璃基底上存在通孔阵列, 每个孔和刻蚀出的硅杯相对应。

最后, 进行切片封装, 硅微压敏芯片的制备完成。

另一个例子是采用硅热熔键合制作低压硅微传感器的工艺流程, 如图 4.54 所示, 具体过程不作详述, 请读者阅图理解。

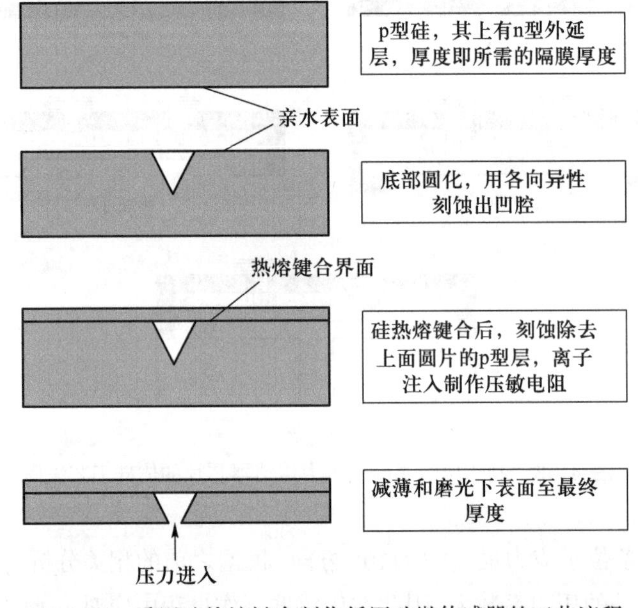

图 4.54 采用硅热熔键合制作低压硅微传感器的工艺流程

4.5.2 表面硅微加工流程

与体硅微加工不同, 表面硅微加工流程利用在硅晶圆表面上淀积的薄膜作为 MEMS 器件的结构层。由于可以实现相对运动的微结构, 并能较容易地与 IC 工艺集成, 因此表面硅微加工流程的出现极大地扩展了 MEMS 器件与结构的应用范围, 使得实现较复杂的微驱动、微传动、微执行机构成为可能。

构造微结构的薄膜有多种材料, 但最常用的是多晶硅。多晶硅的物理力学特性在前文已经列出, 完全满足通常 MEMS 构件对材料的要求。多晶硅薄膜通常由 LPCVD

技术实现, 并在随后的退火工艺中达到低应力水平。

除了薄膜淀积以外, 牺牲层技术也是表面硅微加工流程中的关键工艺。如图 4.55 所示, 牺牲层位于硅基底与结构层之间, 当牺牲层在刻蚀工艺中被去除后, 就得到了与基底分离的、可移动的微结构。

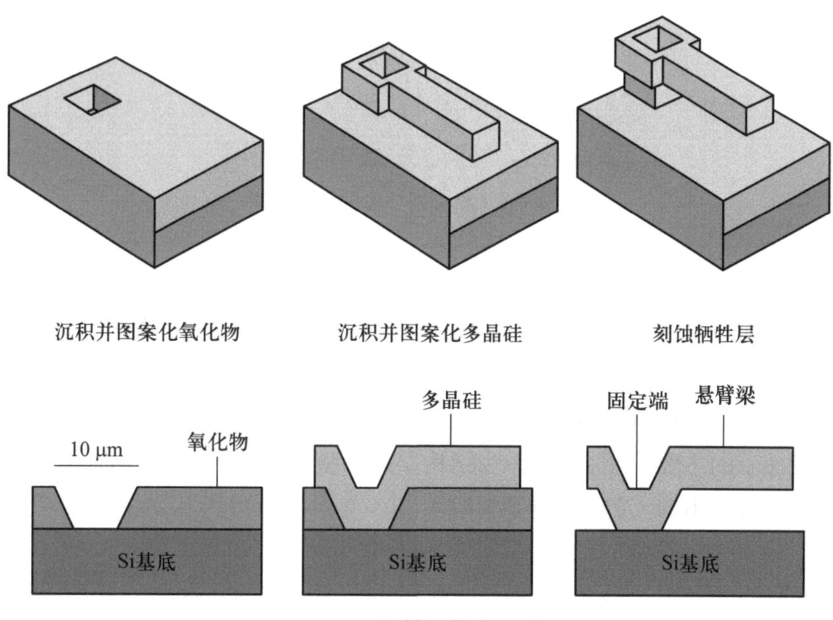

图 4.55 牺牲层技术示意图

对牺牲层的关键要求是存在某种刻蚀剂, 在去除牺牲层的同时并不刻蚀结构层。许多材料都可以用作牺牲层, 包括光刻胶和铝等, 但一般多晶硅作为结构层时, SiO_2 最常用作牺牲层。SiO_2 层可以抵抗 LPCVD 多晶硅时的 600 ℃ 高温, 另外腐蚀 SiO_2 的 HF 基本不腐蚀硅。用作牺牲层的 SiO_2 在淀积时经常会加磷淀积生成磷硅玻璃 (PSG) , 这是因为 PSG 被 HF 刻蚀的速度较不掺杂的 SiO_2 快 $8 \sim 10$ 倍。另外, 由于要考虑薄膜应力的关系, PSG 牺牲层厚度一般不大于 2 μm, 这相对于上层微结构的横向尺寸 (数百到数千 μm) 来说是很薄的, 这意味着某些结构的牺牲层腐蚀时间会很长 (达几个 h), 因此为了减少牺牲层的腐蚀时间, 在结构设计中必须提供一些通孔, 以促进牺牲层的腐蚀。

腐蚀牺牲层时, 刻蚀剂液体的表面张力可能会产生粘连 (stiction) 的问题。当刻蚀剂去除牺牲层并填充结构层与基底之间的空隙时, 空隙中液体的表面积和体积之比很大, 表面张力成为决定性的力。当刻蚀完成后, 进行清洗, 然后是烘干过程, 这时随着空隙中液体的减少, 表面张力起到拉力的作用, 可能将刚度较小的微结构, 如梁、壁、隔膜等, 拉至基底表面, 在氢键作用下形成粘连, 如图 4.56 所示。粘连是表面硅微加工流程中占第一位的限制成品率的因素。已有的解决粘连问题的方法包括:

防粘连结构设计、防粘连涂层、冷冻升华干燥 (sublimation drying)、超临界干冰干燥 (supercritical CO_2 drying) 等。

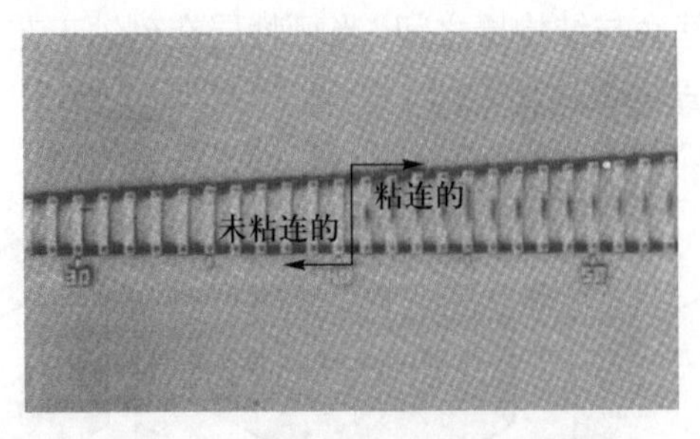

图 4.56　湿法刻蚀后的粘连现象

表面硅微加工流程将在下一小节中结合多用户 MEMS 加工流程予以举例。

采用表面硅微加工流程的 MEMS 器件和结构有很多, 其中著名的包括: ADI 公司商品化非常成功的硅微加速度传感器、加州大学伯克利分校和麻省理工学院分别研发的硅微电机、梳状硅微静电驱动器、Sandia 国家实验室的微机械传动装置等。表面硅微加工的主要不足在于, 作为结构层的薄膜厚度十分有限, 通常不超过 2 μm, 因此微构件普遍很薄, 承载能力受到限制。

4.5.3　多用户 MEMS 加工流程

随着结构层和牺牲层层数的增加, 可以制作出越来越复杂的微结构, 相应的表面硅微加工流程也越来越复杂, 图 4.57 所示为 Sandia 国家实验室采用多层表面工艺制作的微结构照片。

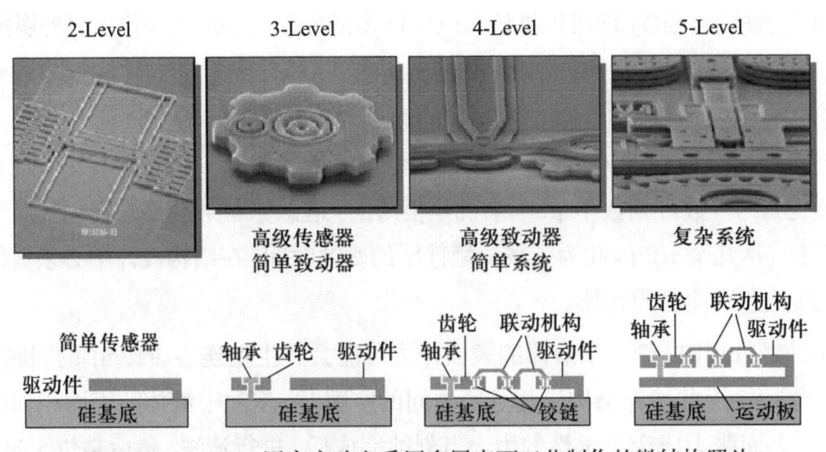

图 4.57　Sandia 国家实验室采用多层表面工艺制作的微结构照片

由于 MEMS 微结构的多样性和复杂性, 同时也因为硅微加工设备通常比较昂贵, MEMS 的实用化研究和产业化迫切需要加工流程的标准化并保持柔性, MCNC 为此研发了基于表面硅微加工的多用户 MEMS 加工流程 (Multi-User MEMS Projects, MUMPS)。与此类似, 美国 Sandia 国家实验室设计了 Sandia 极平多重 MEMS 加工工艺 (Sandia ultra-planar multi-level MEMS technology, SUMMiT)。

下面以硅微静电电机的制备为例, 参照图 4.58 介绍 MUMPS。

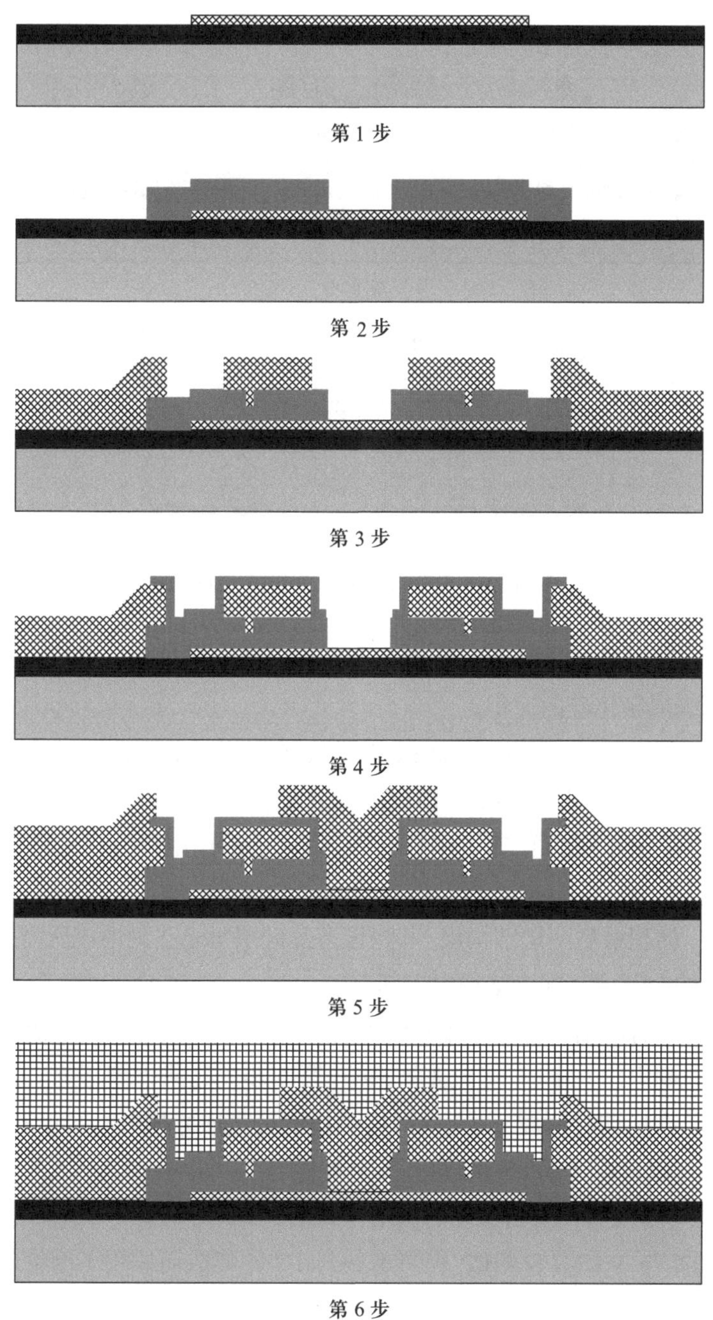

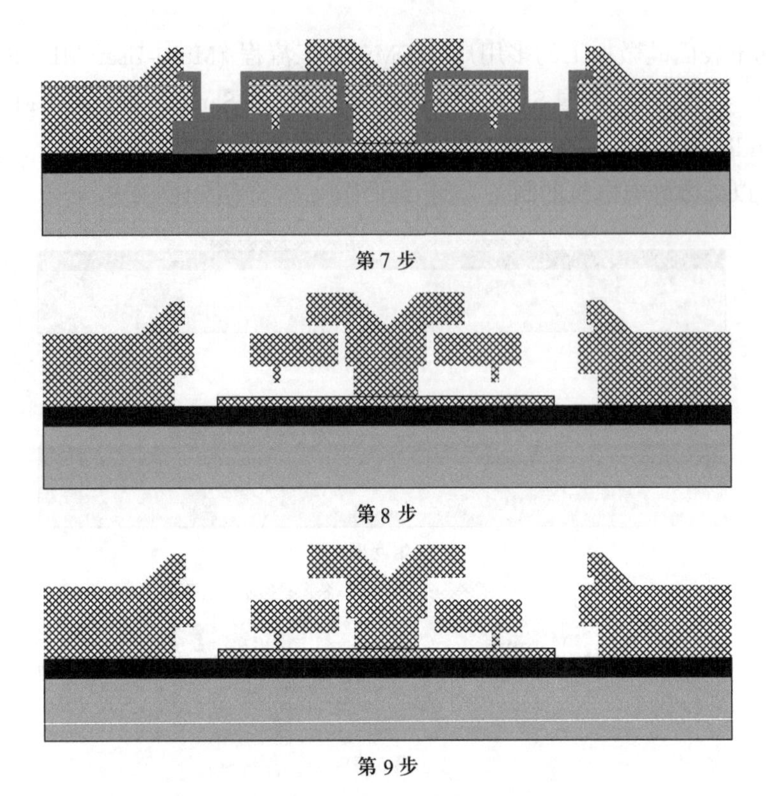

图 4.58 制作硅微静电电机的 MUMPS

第 1 步, 淀积单晶硅层 poly0, 作为底座和电路中的地线。当然, 在单晶硅淀积前需进行绝缘层氮化硅的淀积。

第 2 步, 进行 SiO_2 牺牲层的淀积与刻蚀, 该层将对电机造型起作用。

第 3 步, 进行第二层 poly1 的淀积与刻蚀, 形成所需形状。

第 4 步, 淀积并刻蚀第二层牺牲层, 该 SiO_2 层的作用是形成多晶硅结构层间的间隔。

第 5 步, 淀积最后一层结构层, 并将该多晶硅层 poly2 刻蚀成所需形状, 通常作为电路连线的金属层就在该结构层上部。

第 6 步, 所有的结构都被涂布一层光刻胶作为保护层, 然后交到用户手中。

第 7 步, 到用户手中后, 光刻胶被去掉, 第 5 步的结果得到还原。

第 8 步, 即所谓的释放五步骤, 即用 HF 溶液腐蚀去掉所有的 PSG 牺牲层, 留下已完成的可以自由运动的微结构。

第 9 步, 释放之后, 自由移动的微结构将落到底部。

SUMMiT 与 MUMPS 相似, 但考虑到与 IC 的集成而采用了槽集成技术 (将在下节介绍), 目前已发展至 5 层工艺, 可以制作最为复杂的平面运动微结构。

4.5.4 MEMS 结构与 IC 的集成策略

MEMS 硅微加工流程还必须考虑另一个问题: 与 IC 的集成。能够与 IC 集成在同一个芯片上是 MEMS 一个重要的特点和优势, 这不仅意味着更高的性能和可靠性, 对于大批量的 MEMS 器件而言还能有效地降低生产成本。但是, 集成过程中却存在许多挑战, 主要包括材料的不兼容、工艺的不兼容以及热预算 (thermal budget) 的不兼容等。

即使考虑最简单的情况: 表面硅微加工流程加工的微结构与 IC 的集成避免了材料和工艺的不兼容问题, 也还必须面对集成方式的选择以及随之而来的一系列技术问题。

1. MEMS 后置

MEMS 后置的集成方式是指在进行 MEMS 微结构加工前先完成 IC 的制作。这种集成方式被加州大学伯克利分校传感器与致动器中心 (BSAC) 首先采用, 其目的主要是实现 MEMS 微结构与 IC 模块化的加工。IC 部分可以在厂家的生产线上加工完成, 随后再在研究机构中进行硅微结构的加工。

这种集成方式对小批量制造的研发过程来说还是可行的, 但在大批量制造 MEMS 的场合会有问题, 其中主要是热预算问题。我们知道, 在微构件的表面硅微加工流程中, 为了得到平整的表面, 需要对薄膜进行高温回火处理, 以降低薄膜应力, 回火时的温度甚至会达到 1 000 ℃。可是, IC 中作为电路互连的铝层在 450 ℃ 左右就会熔化, 即使采用耐高温的钨层作为电路互连层来避免这种情况的出现, 高温退火也会带来阻值很高的晶体管源/漏区的接触电阻, 而且高温还会使源/漏区扩散过远。较低温的回火能够缓和这些问题, 但显然高性能的 IC 集成的 MEMS 器件还是难以实现。

2. MEMS 中置

MEMS 中置是指将微结构的加工插入 IC 制作流程中, 主要出发点是为了避免 MEMS 后置集成方式所带来的热预算问题。事实上, BSA 和 ADI 公司制作气囊用加速度传感器的计划推动了这种集成方式的研发, 因为这时 MEMS 的价格、性能和可靠性显然十分重要。

MEMS 中置集成方式的主要做法是, 首先进行 IC 的制作流程直至淀积金属互连层的工步前停止, 随后开始 MEMS 微构件的加工流程至完成, 其中包括退火过程, 然后再继续 IC 的制作。

在这种集成方式中, 可以采用较高温度的退火工艺, 并可使用常规的电路互连材料铝, 另外金属互连层与源/漏区的接触十分理想。

MEMS 中置集成方式仍然有其不足之处。首先, 退火过程虽然在淀积金属层之前, 但却在制作晶体管源/漏区之后, 源/漏区中的掺杂元素会由于高温而扩散, 这意味着必须采用较大尺寸的晶体管。再者, 将微构件加工流程插入 IC 制作流程中, 就不再是完全模块化的流程组合, 对其中任何一个加工流程的更改都会影响到另一个流程, 这表示在产品完善和革新的过程中需要花费很多时间进行重复性的工作。

3. MEMS 前置

显然, 将 MEMS 微结构的加工置于 IC 制作流程之前, 可以完全避免热预算问题, 并能保持加工流程的模块化, 但这样又会带来另一个问题: 晶圆表面形貌对 IC 工艺产生影响。

标准的 IC 加工设备适于加工表面平整的晶圆。微结构加工完成后, 晶圆表面的形貌通常不可能平整, 这会严重影响涂胶质量, 并造成刻蚀中出现寄生长条以及产生加工残余物等许多问题。

为克服这些问题以使 MEMS 前置集成方式实用化, 美国 Sandia 国家实验室研发了所谓的微槽加工集成 (micromachine-in-a-trench integration) 技术。其做法是先将硅晶圆需要制作 MEMS 微构件的区域刻蚀成一个槽, 然后以槽的底部作为表面硅微加工的基底完成微构件的加工, 之后淀积 SiO_2 将微构件区域掩埋, 然后硅片得到平整加工, 使整个表面平整光滑。这样, 在随后进行 IC 制作时, 硅片完全适于标准的 IC 加工设备对晶圆平整度的要求。

该方法虽然比较复杂, 但却有效地避免了前述两种集成方式的缺陷, 并允许对 MEMS 微结构件和 IC 进行独立的优化, 是目前最为先进的 MEMS 与 IC 的集成方式。

通过对几种表面硅微加工流程与 IC 制作集成方式的分析可知, 集成方式应综合 MEMS 器件的生产批量、集成密度、工艺复杂程度等因素进行选择。

4.6 LIGA 与准 LIGA 工艺

MEMS 与 IC 的一个重要差别在于: MEMS 是由立体而非平面的微结构所组成的系统。因此, 超越平面的微加工技术成为 MEMS 制造的重要环节。在许多场合, MEMS 都需要数百 μm 高度的微结构, 以增加结构的强度, 提供更大的作用力、力矩或功率等。为了批量化地制作高深宽比的准三维微结构, 德国的研究人员在 20 世纪 90 年代发明了光刻电铸法 (LIGA) 工艺。随后, LIGA 和准 LIGA 工艺作为对硅微加工的有力补充被广泛应用于多种 MEMS 器件的制备。

4.6.1 LIGA 工艺

1986 年, 德国教授 W. Ehrfeld 及其同事在 Karlsrube 核研究中心为了制作应用于 U235 反应堆的微喷嘴而提出了 LIGA (德文 lithographie, galvanformug and abformug 的缩写) 工艺, 即深度 X 射线光刻、电铸成型、塑料注模等技术的集合, 又称作 X-ray-LIGA。

1. LIGA 工艺原理与流程

LIGA 工艺的基本原理表现在其工艺流程中, 如图 4.59 所示。该流程包含三个基本过程, 即深度 X 射线光刻、电铸成型及塑料注模。

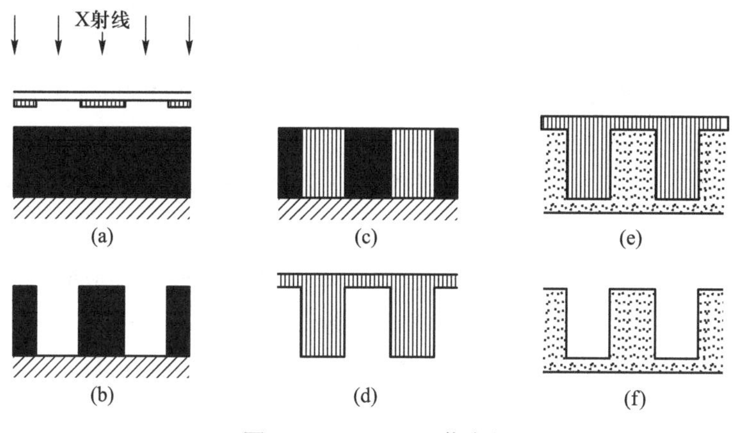

图 4.59 LIGA 工艺流程

深度 X 射线刻蚀, 如图 4.59a 和 b, 是利用同步辐射 X 射线光刻, 将掩模版图复制在几十 μm 或几百 μm 厚的光刻胶上, 刻蚀出有较大高宽比的光刻图形, 高宽比一般大于 100。

电铸成型, 如图 4.59c 和 d, 是将金属从电极上沉积在光刻胶图形的空隙里, 直至金属填满整个光刻图形空隙为止。

注塑复制, 如图 4.59e 和 f, 是将去掉基板和光刻胶的金属模壳附上带注入孔的金属板, 从注入孔向模腔注入塑料, 然后脱模得到塑料结构。

经过以上三个工艺过程后, 就制作出一个塑料模具, 可用于大量复制金属或非金属 (如陶瓷) 等材料的微结构和微器件。另外, 还可根据产品用材的需要, 将中间过程的产品作为最终产品使用。

2. X 射线掩模版的制备

X 射线掩模版必须有选择性地透过和阻挡 X 射线, 一般的紫外光掩模版显然不适合作为 X 射线掩模版来使用。最初制造 X 射线掩模版是将 Au 作为 X 射线掩蔽层淀积在聚酰亚胺薄膜上, 这种 X 光掩模版经过一段时间的使用, 会由于聚酰亚胺分子被 X 射线破坏而变脆和破裂, 其寿命较短。目前一般是在 2 μm 厚的钛基片上淀积十几 μm 厚的 Au 作为 X 射线掩蔽层。

LIGA 技术要求 X 射线掩蔽层要足够厚, 一般在 10 ~ 20 μm 之间, 而且图形边缘的垂直性能要好, 通常分两步制备。第一步, 可利用电子束光刻加电铸或将可见光光刻与干法刻蚀等工艺结合，完成一块掩蔽膜在 2 ~ 5 μm 厚的普通 X 光掩模版。第二步，利用这一中间掩模版，进行同步辐射 X 射线曝光，制备出胶厚在 20 μm 的结构，通过电铸等后续工艺就可得到图形吸收体厚度在 10 ~ 20 μm 的 LIGA 工艺用掩蔽膜。

3. 同步辐射 X 射线光刻

由于光刻的厚度要达到几百 μm，用一般的 X 射线光源需要很长的曝光时间，而同步辐射的 X 射线不但光路平行，而且光照强度是普通 X 射线光源的几十万倍，这样就可以大大缩短曝光时间。同步辐射 X 射线光谱范围为 0.4 ~ 1.6 nm，其平行性可以使材料在距光源 30 m 外曝光，光密度则在几十 mW/mm^2 的水平上。曝光过程中，同步辐射射线需经掠入角 1.5° 的扫描反射镜的反射以及 18 μm 厚的薄膜透射才能照射到掩蔽膜和光刻胶上。

目前，较为理想的 X 射线光刻胶是聚甲基丙烯酸甲酯 (PMMA) 聚合物。由于要显影的孔较深，这就需要采取各种方法来提高显影速度。另外，还必须避免光刻胶产生龟裂，对于厚度在 10 μm 以上的正性 X 光光刻胶，在曝光后的显影过程中，光刻胶常发生龟裂现象，因此在光刻胶的前烘时要对温度进行控制，升温和降温都要在一个较慢的过程中进行。这样，可以减少龟裂的发生，烘烤温度在 110 ℃ 左右，整个前烘过程常常大于 7 h。

图 4.60 所示为同步辐射 X 射线光刻 PMMA 照片，可以看出光刻得到的胶结构有着很好的侧壁垂直性能，完全能够满足 LIGA 工艺中注模工艺的要求。

图 4.60 同步辐射X射线光刻 PMMA 照片

4. 微电铸

微电铸技术是将显影后的光刻胶空隙用微电镀的方法填上各种金属，例如镍、铜、金、铁镍合金等。由于要电镀的孔较深，因而必须克服电镀液的表面张力，使其进入微孔中, 这就对电镀液的配方和电镀工艺都有特殊要求。在微电铸过程中制备出微塑注模具后, 就可以大批量地生产微器件。微塑注技术不仅可以制造由高分子材料或陶瓷组成的微器件, 而且还可以在此基础上进行第二次微电铸, 进行金属微器件的大批量生产。图 4.61 所示的是用于微流量计中的微叶轮, 由 LIGA 工艺制作。

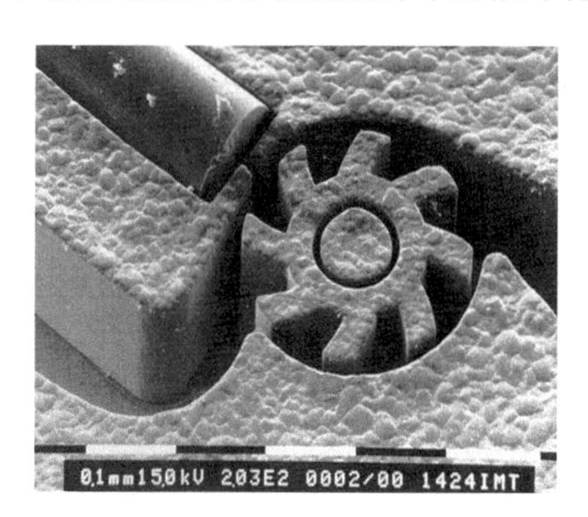

图 4.61 LIGA 工艺制作的微叶轮

5. LIGA 工艺的特点

LIGA 工艺的特点与优势主要表现在如下 4 个方面:

(1) 能制造出有较大深宽比的微结构。

应用 LIGA 工艺制造的微结构, 可获得很高的深宽比: 深宽比大于 100。这意味着, 对于宽度仅为数 μm 的图形, 其深度 (或高度) 可以接近 1 000 μm, 并且其宽度可以在整个深度上保持极高的精度。这样的结构用其他的方法, 包括 ASE 和低温刻蚀难以完成, 这样的高精度也为后面工序的塑注工艺的脱模提供了保证。

(2) 取材广泛。

利用 LIGA 工艺可以生产多种材质的微结构器件。其原材料可以是金属、塑料、高分子材料、玻璃、陶瓷或它们的组合, 金属元件通常用镍、铜、金、镍钴合金。注塑元件可以用多种有机材料。

(3) 可以制作悬浮可动结构。

LIGA 工艺在制备高深宽比结构的同时依然是一种表面工艺, 这意味着牺牲层技术也可以应用于 LIGA 过程[14]。LIGA 因此可以制作深、高、厚的结构, 同时结构之间还可以是悬浮或相对运动的。体硅微加工和表面硅微加工分别具有的技术优势为: 高深宽比和可动作在 LIGA 工艺中可以自然地同时实现。

(4) 具有进行大规模生产的潜力。

由于采用了注模复制技术, 工业部门能批量复制生产, 因此成本有望得到降低。

LIGA 工艺除了具有上述优点外, 也存在一些明显的不足和缺陷。首先, 同步辐射 X 射线光源难以获得, 加工成本高昂; 其次, LIGA 工艺与硅微工艺不兼容, 这意味着无法实现与 IC 的片内集成; 最后, 随着高深宽比等离子体刻蚀技术的发展, 硅

微工艺制作数百 μm 深的陡直结构已经成为现实, LIGA 在这一方面的优势已被很大程度地削弱。

4.6.2 准 LIGA 工艺

在 LIGA 工艺发明几年后, 德国 H. Guckel 教授等研究并提出了使用深紫外光代替 X 射线的准 LIGA 工艺。另外, 1993 年加利福尼亚科技大学 Allen 等提出用光敏聚酰亚胺作为光刻胶层, 利用常规的紫外光光刻设备和掩模版, 制作高深宽比微金属结构的准 LIGA 方法。这使得基于 LIGA 工艺的产品成本大大降低, 并使制造免组装可活动微器件成为可能。

准 LIGA 工艺中除所用光刻光源、掩模版、光刻胶层外, 其原理与 LIGA 工艺基本相同。与 LIGA 工艺不同之处在于: 准 LIGA 工艺使用紫外光源对聚酰亚胺胶层曝光, 光源来自汞灯, 所用的掩模版是简单的铬掩模版。选择聚酰亚胺作为准 LIGA 的光刻胶层材料, 是因为聚酰亚胺具有其一些独特的优点: 抗酸碱腐蚀, 能在电镀槽中经受长时间浸泡; 耐高温, 在其上还能淀积其他材料; 另外, 聚酰亚胺广泛用于集成电路工艺多重布线的平滑材料和绝缘层, 其刻蚀条件和性能已得到充分的研究。

准 LIGA 工艺过程如图 4.62 所示: 首先. 在基片上淀积电铸用的种子金属层, 再在其上涂上光敏聚酰亚胺; 然后, 用紫外光源光刻, 形成模具, 再电铸上金属, 去掉聚酰亚胺, 形成金属结构。为了实现较厚的结构, 可进行涂胶、软烘, 再涂胶、软烘, …… 的重复涂胶法。

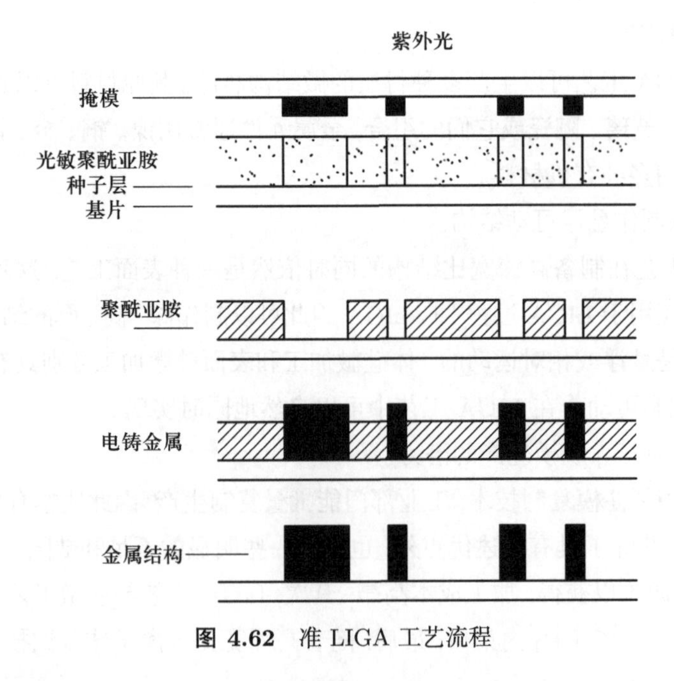

图 4.62 准 LIGA 工艺流程

利用准 LIGA 工艺可以制成镍、铜、金、银、铁、铁镍合金等金属结构, 厚度能达 150 μm。还可以利用牺牲层释放金属结构, 制成可动构件, 如微齿轮、微电机等。牺牲层可用电镀的种子层或在种子层下淀积多晶硅或其他金属层等来实现。

与 LIGA 工艺相比, 准 LIGA 工艺由于使用了普通的光源和掩模版, 因此操作得到简化, 成本大大降低, 但却牺牲了高准确度和大深宽比, 其深宽比不超过 20。

4.7 MEMS 封装技术

当前, 各种各样的 MEMS 器件亟须进行适当的封装。事实上, 对于很多 MEMS 设计而言尚不存在效果满意的封装技术。可以说, MEMS 为封装研发者和制造商带来了一系列最新的也是最具诱惑力的挑战。本节将参考相关专著[15], 介绍电子封装的基本知识, 并分析 MEMS 机械芯片的独特封装要求, 以及当前主流的 MEMS 封装工艺。

4.7.1 电子封装基础

电子封装技术在截然不同的半导体芯片与印制电路板 (PCB) 之间扮演着至关重要的桥梁角色。电子封装的基本要求参见图 4.63, 其主要的功能在于连接和保护两个方面。

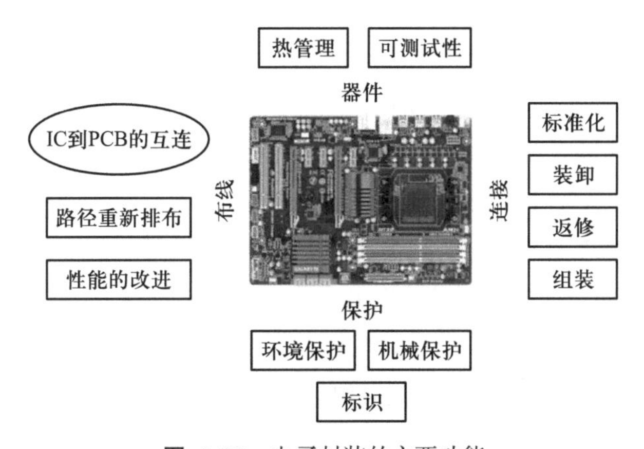

图 4.63 电子封装的主要功能

1. 电气互连

封装必须无条件地提供互连。电子封装主要是提供电互连, 但热量的传导可能也是必要的。封装要提供一级 (由芯片到封装结构) 的电互连, 同时还必须保证二级 (由封装到电路板) 电互连的实现。电子器件需要电源、接地以及信号传输通路。电源和对地连接的要求相对而言不是十分严苛, 通常在高引脚数的封装中可以不去考虑电源和对地连接的引脚问题。然而，随着作为时钟周期函数的工作频率已经提高到了 GHz 的量级，信号传输日益成为一个重要问题。

封装的类型通常由引脚数来决定。如果引脚数量多达 1 000 个以上，倒装芯片封装 (FCIP) 就成为必需的封装形式，这是因为普通的引线键合互连方法会造成两种严重后果：一是引线键合互连无法应付这种高数量互连，其传输信号变差；二是引线键合互连是按顺序逐个加工，其成本会因为大数量的引脚而上升到难以接受的水平。

2. 保护

在建立电互连的同时，保护芯片免受外部力、热、化学等有害因素的损害或干扰也是封装的基本任务。因此，封装中的保护结构、材料以及可靠性决定了封装的基本类型。早期的封装是全气密的真空密封外壳，因为较低的气体压力对于电子和光电子系统的工作尤为重要。阴极射线管 (CRT) 以及大量的各种真空整流器和放大器电子管都使用能在氧气中燃烧的电热灯丝。这些器件采用了电子流，常压气体中存在的大量气体分子会阻止这种电子流动。整个封装的设计目标就是努力维护一个良好的真空环境。然而，固体电子学的问世彻底改变了这一情形，从而使真空封装对主流电子器件不再重要。半导体芯片钝化的改进使非气密塑料得以应用，直至今日，这种材料仍然是应用最广泛的封装保护材料。然而，许多器件和系统还是需要一种更高级别的保护 —— 一种非气密的环氧材料所无法提供的保护。

3. 热管理

所有的 IC 芯片都要靠能量来驱动，其中一部分能量转化为热量是在所难免的，而芯片过热将损害其自身性能。所以，将过多的热量作为废物处理掉也是封装通常要面对的课题。热量既可以从芯片的有源面散除，也可以从其背面散除。对于倒装芯片来说，因其有源面朝下，凸点就可用作通往封装的热通道，当然也可将其下方的填料的导热性设计得更强。无论哪种情况，热量均被传递到封装结构的底部，然后可通过二级封装热导体传递到印刷电路板上。

在某些情况下，会在封装结构的底部设计专门的散热片。为了最大限度地提高传热效率，必须把封装传热结构键接到电路板的金属板上，以传递热量。通常会在封装散热片与电路板之间形成焊接点。也可以在封装中设计一个热沉，将热量从芯片的背面和 FCIP 壳体顶部散出去。

4. 器件性能与工艺性

某些封装可以确保器件的整体性能，而其他一些封装则可能降低器件的性能，但却会节约成本。通常，采用低成本的有机基板的 FCIP 可靠性较低，在经过几百，甚至几十个热循环之后，一级互连常常会损坏，这是因为芯片和封装的热膨胀系数不同而引起的连接点疲劳所致。不过加入芯片下填料可使器件的可靠性水平至少提高 10

倍。封装也可通过减少 "寄生参数" 来改进其电性能, 而采用这一方法可能需要某种特定介电常数的绝缘体或嵌入式无源器件。随着 IC 前道工艺的提升日渐困难, 改进封装往往对于器件的整体性能和成本来说是更为有利的选择。

优异的封装设计必须能够满足最简单、最便利地完成自动组装工艺的要求。如今, 表面安装技术已成为实际意义上的标准组装, 几乎所有新型的封装设计都要努力适应这一工艺。

4.7.2 MEMS 封装策略

MEMS 器件对于封装至少增加了一项常规非机械器件所不需要的特殊要求。MEMS 芯片一般含有活动部分, 或者这些器件能导致其他物质运动, 显然 MEMS 封装的设计必须能适应这些机械运动。对于微光机电系统 (MOEMS) 而言, 光或者光子传输所需的自由通路或者光波导当然也必须在封装过程中予以保证。

1. MEMS 封装的专有产品特性

一般可以把 MEMS 分为两类: 一类是具有可动部件的器件; 另一类是能使物质产生运动或能让其他器件产生机械动作的器件。第一类运动器件一般在芯片活动面上有裸露的可动部分。在最终封装前, 有些运动器件的可动部分在其内部已经被保护了, 这包括晶圆级封装或封帽的芯片。对于仅需要电输入的惯性器件来说, 封帽是目前最普遍和最成熟的方法, 但是, 为了适应那些需要外部物质的 MEMS 器件, 封帽就会变得很复杂。某些在制造后通过晶圆键合装配或分离元件装配的 MEMS 单元 (如微泵) , 可由其结构内部保护自身的可动部分。这时, 器件本身就具备了封装的特性。其他一些具有活动表面的元件可在晶圆级甚至芯片级封装过程中被封帽或其他类型的包封保护。封帽可以看作封装的一部分, 或者归为预封装步骤, 这种工艺也称为零级封装, 因为它是发生在芯片连接或一级装配之前的。

具有暴露的可动部分的器件显然需要自由空间封装设计, 但在当前的 MEMS 发展阶段, 封装方法有限。器件在液体或胶体中的包封是自由空间的一个特例, 这时 MEMS 芯片仍可工作。这一方法已用于压力传感器。这种压力传感器被疏水且富有弹性的凝胶体或弹性模量聚合物包裹后仍然可以工作。值得注意的是, 由于在腔体封装中没有因接触包封剂或模塑化合物而产生的应力, 所以那些带有帽子而又没有外部或裸露可动部分的 MEMS 器件也能够工作得很好。与封装材料 (尤其是能够收缩的热固性聚合物) 的直接接触一般会增加应力, 对器件产生影响, 使其性能降低。MEMS 芯片对应力的敏感程度要比电子芯片高几个量级。许多 MEMS 器件需要自由空间或腔体类封装, 因而这一特征可归为 MEMS 封装的标准要求。几乎所有器件, 甚至是那些已经具备封帽的器件, 在腔体封装后都会工作得更好。

2. MEMS 对封装的主要要求

1) 自由空间 (气体、真空或流体)

自由空间封装是指空气或空气腔封装。以前光电器件和早期电子系统的封装全部是自由空间和全密封真空结构的封装, 到目前仍然被认为是最好的封装技术。由于玻璃被人们所熟知且来源广泛, 易于加工, 所以世界上第一个腔体封装就是由玻璃制成的。尽管在显示器件中仍然保留着玻璃封装, 但后来的真空封装大多数由金属、陶瓷或金属与陶瓷相结合而制成。

目前, 非光腔体封装主要使用两类主流材料 —— 金属和陶瓷。金属封装可以加工成任何尺寸, 但是形状一般是方形的盒状结构。

封装制造工艺一般关心的是总成本, 而非材料成本, 除了金和钯等少数金属外, 大多数金属并不昂贵。所以, 当为了降低成本而要进行封装选择时, 要优先考虑工艺步骤。另外, 电子封装所需的金属外壳需要增加绝缘材料, 以便使电连接能安全地通过金属外壳。绝缘材料在键合和热胀方面必须与金属相容, 同时也必须能提供气密性。

陶瓷材料也常用于制造腔体封装、开口封装或裸露封装, 它们常用在采用倒装芯片或直接贴片 (DCA) 的中央处理器。一般说来, 陶瓷腔体封装比同样的金属封装制造成本低, 部分原因是其良好的绝缘性性能。与金属封装相反, 也正是由于它们的绝缘性, 反而需要为其添加导体。然而, 利用已经成熟的电路工艺在陶瓷上添加金属图形是相当容易且廉价的。由于金属导体可以添加在高密度多层结构中, 陶瓷封装技术能够在封装内部实现复杂布线和多层器件的连接。

MEMS 器件可以浸入液体中并正常工作。事实上, MEMS 泵本身就需要液体。即便不是泵, 将 MEMS 器件放在介质中也是有好处的。液体还能够提供一个较低的介电常数, 并且有助于传热。这样虽然消除了封装对气密性的要求, 但是如果液体需要被吸进或在封装内循环时, 就需要更复杂的设计, 还需要过滤或分离技术。然而, 如果液体样品是导电的, 那么就必须对电互连进行隔离, 例如喷墨头的封装就是这样做的。

2) 低沾污

对于几乎所有的封装来讲, 低沾污都是相当重要的; 而对于许多 MEMS 来说, 低沾污尤为关键。沾污问题比看上去要更复杂和更困难, 因为在器件组装过程中, 外部物质可以进入封装, 甚至形成颗粒。封装本身和组装材料也可能是沾污来源, 特别是以气体或蒸气的形式。更糟糕的是, 只要存在互相接触的磨损机构, MEMS 器件就会在使用过程中产生颗粒。

3) 减少应力

虽然灌封对于带帽的 MEMS 器件是一个可行的方法, 但从减小应力的角度考虑, 采用腔体形式的封装是有好处的, 因为这种形式可以消除顶部和四周都存在的应力。可减小应力是腔体封装一项很重要的优点, 这也是采用腔体形式封装的主要原因。

MEMS 器件必须牢固地附着于封装之上, 一般使用焊料或有机黏接剂将芯片底部黏接到封装基底。聚合物材料可以吸收温度循环期间由热膨胀的差异所导致的应力, 这一点很有价值, 甚至十分关键。由于封装常常由比硅或其他常用 MEMS 材料更高热膨胀系数的材料所组成, 热胀失配的问题十分常见。常用的芯片黏结剂是添加了银的热固性环氧树脂, 它能实现热导和电导。当需要电绝缘时, 可以使用氧化铝、氧化硅和金属氮化物等非导电填料。

4) 温度限制

某些类型的 MEMS 器件具有对温度的限制要求, 事实上它们不能承受与常规电子器件相同的温度。具有明显温度限制的器件需要特殊的封装, 这种封装不经历焊料装配所需的极端温度。二级互连可以是像 “插针与插销” 或 “插针与插座” 这样的机械式, 其中引脚阵列封装 (PGA) 或类似封装是不错的选择。

5) 封装内环境控制

非气密封装内部的气体只能在短时间内得到控制, 最终将与外部环境达成平衡。气密封装 (准气密封装) 可以通过封装内天井剂来实现对内部气体含量的控制。吸附剂是可以与封装内特定分子发生反应的化学清除剂, 吸气剂是其中的一类。颗粒吸附剂能够吸收和黏住从 MEMS 器件上脱落的微小固体, 它们是性能稳定、不释放气体的黏性聚合物。

6) 外部通道的选择

电子封装的目的之一是隔离所有可能来自外部环境的影响, 而 MEMS 并非都需要完全隔离。对于许多 MEMS 而言, 封装更多意义上是一个机械平台而非保护性的外壳。

封装内部的 MEMS 器件或系统可能需要环境中所没有的物质, 这必须由储备或者取样容器提供。喷墨打印机就是一个很好的例子, MEMS 喷墨芯片通常与一组三个或三个以上的彩色墨盒相连。人们有望见到多种 MEMS 喷墨芯片、微泵、取样器件、反应器、合成器、人体监测器和药物运送产品, 以及其他尚未开发和发布的新产品。构建能实现电源、信号和材料互连的封装也是可能的。图 4.64 示意了这样一个具有互连芯片的概念。

为了防止受到来自水和其他能引起腐蚀或污染的物质的危害, MEMS 应力传感器有时也需要保护。最简单的方法是添加一道或气密或疏水的柔性阻隔层。

7) 机械冲击的限制

尽管 MEMS 器件是由非常坚固的材料制成的, 但它对机械冲击还是比较敏感。

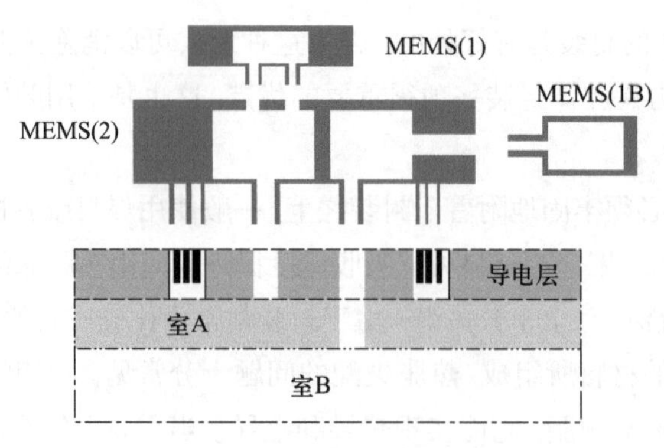

图 4.64　MEMS 内部互连

不论是否需要限制振动, 封装都可以减小向器件传递的冲击力。塑封可以提供最好的振动吸收和能量耗散, 但在封装中增加机械能量吸收结构也并非总是好的方案。测量惯性变化或分析振动要求 MEMS 器件具有良好的机械力传递性能, 另外, 安全气囊的加速度计会因为能量吸收系统而变得不敏感。

8) 粘连

粘连, 或称静摩擦, 指的是相对光滑的表面相互接触时粘连或锁定在一起。短距离引力存在于任何相互接触的表面之间, 然而由于 MEMS 尺寸较小, 器件的比表面积较大, 该问题变得尤为严重。粘连发生时, 试图将其分开所需的力可能是芯片内部所能得到的驱动力的百万倍以上。即使通过设计, MEMS 驱动器不存在初始的表面接触, 但一次机械振动就可能使部件间发生接触, 从而产生粘连。

9) 器件自身作为封装

一些 MEMS 结构可以工作在外部环境中, 不需要保护。如微喷嘴或微涡轮之类的能量器件, 尽管它们最终也会被组合进系统之中, 但它们并不需要包封。再如喷墨芯片, 除了通常由聚合物覆盖的电界面外, 芯片本身非常坚固, 不需要进行保护。

10) 封装成本

封装工艺会对最终成本产生影响。器件所需的气密性高低决定了可选用的封装材料, 而材料又限制了所能用的工艺, 因此封装的气密性级别就决定了封装成本的大致范围。机械加工的金属帽封装具有最高的成本, 除了非常专用的器件和系统外, 一般只会考虑其他工艺的金属帽封装, 因为尽管其尺寸和形状可能会受到限制, 但成本相对要低很多。陶瓷气密封装比一般金属封装的成本要低, 而塑性封装则具有更低的成本, 尤其是注模类型塑性封装还可以在不增加成本的情况下做得相对复杂。

3. 低成本准气密封装的出现

气密封装必须要通过氦检漏试验以及防止环境污染, 尤其是在长时间的潮湿环境下。这也意味着在封口之前, 污染物必须降低到可接受的水平。

1) 材料选择

根据材料的物理、化学、电学和力学特性与器件既有应用要求进行对比, 确定封装材料之前, 封装材料的选择范围看上去很广泛。例如, 简单的非密封塑封封帽的 MEMS 加速度计就可以满足性能要求, 因为 MEMS 机械部分通过封帽避免了与封装材料的直接接触。但是, 如果封装材料引起的应力对器件产生了影响, 那么就要考虑腔体形式的封装。这样可以降低应力, 而且如果器件已经封帽并且是密封的, 对密封性的要求也会降低。但如果 MEMS 器件没有封帽, 不仅需要腔体形式的封装, 而且对封装的气密性要求也就更显重要。如果是 MOEMS 器件, 对湿气渗透的要求就更为苛刻, 这时可能需要使用完全气密封装。

2) 互连设计

在封装过程中, 生产封装壳体可能是最简单的工作, 而为其添加电互连是一项更大的挑战。具体需视封装材料而定, 通常采用金属或金属复合材料实现电互连。目前, 主流的方式是采用金属引线框 (MLF) 和绝缘基板上排列的各种导体图形。可以利用钢、镍、铁镍钴合金、铁镍合金、铜合金以及其他专门合金, 通过冲压或刻蚀加工成 MLF。衬底包括用于面阵 (如 BGA) 的刚性有机电路板, 用于倒装芯片和多层芯片模块的具有金属陶瓷的陶瓷基板, 以及用于载带自动焊、芯片级封装和新型堆叠封装的柔性电路材料。导体结构面临的挑战来自随电子器件 I/O 数逐年增长而产生的高密度封装需求, 但由于目前 MEMS 器件互连要求相对较低, 所以在 MEMS 封装领域这并非问题的重点。MEMS 封装中对导体更为苛刻的要求是材料的兼容性。特别是需要高密度封装时, 金属和封装材料必须互相兼容。

4.7.3 MEMS 封装工艺与材料

在没有十分特殊的要求下, MEMS 的封装应尽可能采用成熟的封装结构和工艺, 避免非标准方法和非标准设备带来的高成本。工艺改进是另一方面, 为了实现不同的技术要求, 在现有设备和工艺条件下, 改变工序或增加工艺步骤是正常的。这样, 即使大批量的 MEMS 封装采用了新的设计理念和新的材料, 仍然可以利用现有的工艺方法和封装生产线。

为了追求更低的成本和更大的市场, 许多 MEMS 器件都选用常规封装, 但是为了防止密封材料与机械活动部分直接接触, 首先要通过封帽对芯片进行保护。封帽保护过的 MEMS 芯片能像通常的电子芯片那样, 采用标准的环氧模塑料进行后模塑封。但是, 即使封上了帽子, 一些器件还是在带腔体的封装中工作得更好。这个事实促进了低成本塑料腔体封装和更简单的盖板密封工艺的发展。

1. 释放的步骤

在 MEMS 制造的硅微加工中, 最后一道晶圆级步骤是 “释放”, 即将所有可以活动的结构打开。释放的典型操作是刻蚀牺牲层，其工艺可以是湿法刻蚀，也可以是干法刻蚀。牺牲层一旦被去除，由永久材料制备的结构层部分就可以按照设计意图自由活动了。释放后的器件可能会因振动而损坏，因污染而失灵。因此，释放后的晶圆应在不离开原地的情况下立即进行下一步封装，例如封帽。

对于多数 MEMS 器件来说，刻蚀释放可能是最关键的工艺步骤，因为牺牲层必须在精确控制下去除。材料的去除量可能很小，例如几百 Å 到几 μm 之间。

2. 划片

电子器件的晶圆是采用金刚石刀划片来分割的，几十年来这个工艺几乎没有发生变化。而 MEMS 存在一个特殊的问题，即相对于光滑的电子晶圆而言，MEMS 产品可能是具有精密的裸露部分和许多开孔的三维结构，因而更容易捕捉微细颗粒。因此，在分割过程中，MEMS 活动表面必须得到有效保护，以免受污染。

封帽是最常用的晶圆级密封 MEMS 表面的方法，但也有些 MEMS 器件可能需要通路而不能进行封帽。这时，可采用一个临时性的保护措施，以保障划片能够被一个完全干净的分割工艺所替代。

临时带法是将晶圆正面粘贴到具有特殊结构的分割带上。这种 MEMS 工艺包括将晶圆中含有 MEMS 活动元件的正面粘贴到一个薄塑料膜上。由于膜上有辅助孔，所以晶圆上的 MEMS 机械区不与薄膜接触。图 4.65 示意了这种分割保护工艺。

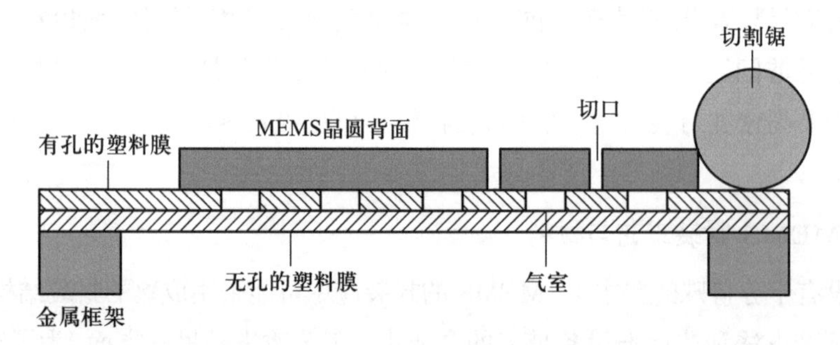

图 4.65 分割工艺中 MEMS 晶圆的保护

3. 封帽

目前，制造惯性器件的大型 MEMS 公司都采用封帽工艺。最常用的封帽工艺是通过刻蚀硅晶圆来制造帽阵列。这样可以保证良好的热胀匹配。刻蚀出帽阵列区，并对其进行预切，划片到切口后就可将单个的帽子分割开。

许多方法都可将帽阵列焊到 MEMS 晶圆上，但是采用玻璃粉制成膏的方法最为流行，因为它在合适的温度 (小于 500 ℃) 有很好的密封效果。图 4.66 示意了这种封帽工艺。

4. 芯片安装

对于大多数电子器件和 MEMS 器件来说，芯片安装的典型做法是采用聚合物黏

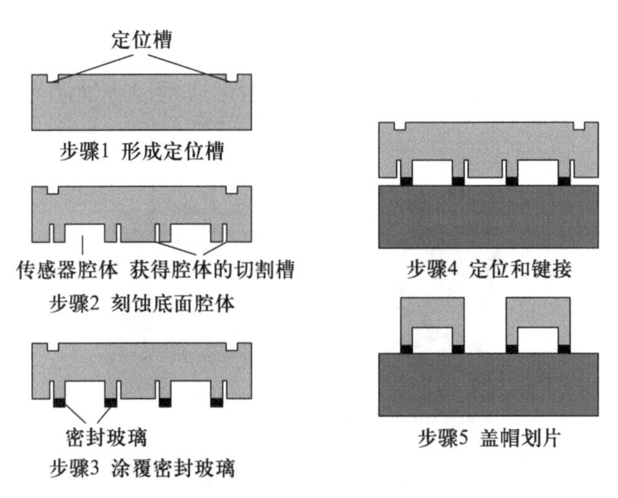

图 4.66 ADI 的封帽工艺

接剂。MEMS 器件对应力更敏感, 所以应优选低应力黏接剂, 例如采用硅树脂基聚合物芯片黏接剂。事实上, 一个加速度计可以将应力转换为加速度, 即使附加应力超出了范围, 器件也不会太敏感, 但运动和信号特性已不再与原来期望的响应相匹配。

5. 引线键合

MEMS 器件的引线键合相当标准, 无需作特别的更改。除了腔体封装因为封装墙的限制, 操作需要小心以外, 其采用的设备与现在常用的标准键合机没有本质区别。芯片键合机可以在生产线上高速运转而没有任何边界墙干扰。当采用非密封的腔体封装时, 可能还需要把芯片键合区包封起来, 以防腐蚀。

6. 倒装片

倒装芯片或直接贴片 (DCA) 为 MEMS 提供了一些便利条件。DCA 焊点可提供一个内在的隔离距离, 或在芯片活动面和基板之间提供一个高度。DCA 由 4 部分组成: 器件、凸点、焊接材料、下填料。当凸点是焊料时, 凸点和焊接材料可以成为一体。不是所有应用场合都需要下填料, 但是当芯片和基板之间存在热机械失配、需要隔绝污染物、需要增加机械强度时, 几乎总是需要下填料。

下填料通常是在组装好的器件下面进行流动以填满整个间隙, 这种情况对于 MEMS 来说是不希望出现的。如果芯片没有用封帽或其他方法保护起来, 那么就需要杜绝下填料和芯片活动面区域的接触, 通常的做法包括: 下填料具有高黏性从而阻止自身的流动; 采用抗润湿剂限制流动面等。

7. 载带自动焊

载带自动焊 (TAB) 采用了一种挠性介质型的带式载体, 它实际上就是一种特殊形式的挠性电路。这种介质通常是聚酰亚胺、液晶聚合物 (LCP) 或者某种聚酯。对于 TAB 来说, 至关重要的特征就是采用无支撑的悬臂梁或金属引线来制作芯片一级互连。这部分称为内引线键合区，键合工艺因此也称为内引线键合 (ILB)。ILB 区域需要一个称为“窗口”的开孔，它是在介质内形成用以容纳芯片的区域，如图 4.67 所示。

图 4.67 TAB 的 ILB

参考文献

[1] Campbell S A. The science and engineering of microelectronic fabrication 2nd ed. Publishing House of Electronics Industry, 2003.

[2] Madou M. Fundamentals of microfabrication. Boca Raton: CRC Press, 1997.

[3] Kovacs G. Micromachined transducers sourcebook. Boston: WCB McGraw-Hill, 1998.

[4] Kendall D L, Fleddermann C B, Malloy K J. Critical technologies for the micromachining of silicon//Semiconductors and Semimetals. New York: Academic Press, 1992.

[5] Massoud H Z, Plummer J D, Irene E A. Thermal oxidation of silicon in dry oxygen: Growth rate enhancement in the thin regime. Jorurnal of the Electrochemical Society, 1985, 132(11): 2693.

[6] Schreutelkamp R J, Custer J S, Liefting J R, Lu W X, Saris F W, Pre-amorphization damage in ion-implanted silicon. Materials Science Reports, 1991, 6(7-8): 275-366.

[7] Cotler T J, Elta M E. Plasma-etch technology. IEEE Circuits & Devices Magazine, 2002, 6(4): 38-43.

[8] Smolinsky G, Flamm D L. The plasma oxidation of CF_4 in a tubular-alumina, fast-flow reactor. Journal of Applied Physics, 1979, 50(7): 4982-4987.

[9] Millard M M, Kay E. Difluocarbene emission spectra from fluorocarbon plasmas and its relationship to fluorocarbon polymer formation. Journal of the Electrochemical Society, 1981, 129(1): 343-344.

[10] Suzuki K, Okudaira S, Sakudo N, Kanomata I. Microwave plasma etching Jpn. J. Appl. Phys., 1977, 16: 1979.

[11] Yamashita M. Fundamental characteristics of built-in high-frequency coil-type sputtering apparatus. Journal of Vacuum Science & Technology A Vacuum Surfaces & Films, 1989, 7(2): 151-158.

[12] Larmer F, Schilp P. Method of anisotropically etching silicon: German Patent DE 4,241,045. 1994.

[13] Picraux S T, McWhorter P J. The broad sweep of integrated microsystems. IEEE Spectrum, 1998, 35(12): 24.

[14] Guckel H. High-aspect ratio micromachining via deep x-ray lithography. Proceedings of the IEEE, 1998, 86(8): 1586.

[15] Gilleo K. MEMS/MOEMS packaging: Concepts, designs, materials, and processes. McGraw-Hill, 2005.

第 5 章　MEMS 设计

迄今为止, 针对常规机械和 IC 芯片的模拟、仿真直至评测都有了非常完备的工具软件, 这对于成功、可靠和高效地进行相关产品设计起到了决定性的作用。但对 MEMS 而言, 广泛的商业化还在路途之中, 其设计辅助技术目前还处在发展阶段, 许多时候, MEMS 的设计工作还依赖于少数专家所具有的经验。并非 MEMS 不需要计算机辅助设计 (CAD) , 相反, 由于 MEMS 具有应用广泛、功能多样、加工复杂、分析困难、设计周期长等特点, 特别需要 CAD 软件进行有效的建模、仿真与测评[1]。

在设计方面, MEMS 与常规机械产品相比有一个明显的差异: MEMS 的结构设计需要集成相关加工工艺设计。这是因为 MEMS 器件的加工工艺, 例如第 4 章所讨论的硅微加工, 在材料和结构上对设计有多方面的约束。另外, 工艺也常常对材料的性能产生关键性的影响, 所以必须在设计阶段即考虑工艺流程, 甚至要基于确定的工艺库数据开展设计。

MEMS 与 IC 的设计有相通之处, 例如设计结果都是掩模版图, 但也存在巨大差异。虽然都是以硅微加工作为主要制造工艺, 但 IC 是通过器件的电学性质 (开关、延迟、放大等) 来实现预期的逻辑功能, 而 MEMS 则是要实现具备机械、物理或化学功能的微米尺度结构、器件和系统。对 MEMS 的功能分析是多种物理过程 (热、电、力、光、磁、生化等) 的复合分析, 这显然是 IC 设计所不涉及的领域。

5.1　设计方法

MEMS 的设计任务根据其性质可以分为综合与分析两个步骤, 如图 5.1 所示。

综合是指在确定任务之后, 通过功能抽象化, 拟定功能结构, 寻求适当的作用原理及其组合等, 最终得出求解方案的过程。综合过程又分为构型综合和掩模综合, 由功能确定 MEMS 结构的过程为构型综合, 由 MEMS 结构生成掩模拓扑结构的过程

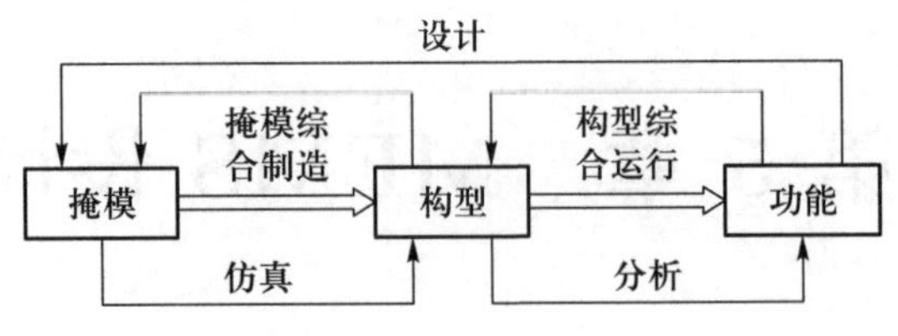

图 5.1 MEMS 的设计任务

称为掩模综合。

分析过程是综合过程的逆过程, 是借助现代分析手段, 对已有的系统或方案进行分析和仿真, 从而对系统或者方案进行功能论证。

根据是否利用计算机进行辅助设计, MEMS 的设计方法可以分为非辅助设计方法和辅助设计方法。

5.1.1 非辅助设计方法

非辅助设计方法是指不采用专业的设计工具, 设计者根据实际经验直接进行 MEMS 设计、加工和测试的一种方法[2]。主要过程是: 设计者先设计出掩模版图, 加工出掩模版, 然后据此加工出 MEMS 结构, 再进行功能和性能测试, 若不满足要求, 则重复此过程至满意为止, 如图 5.2 所示。

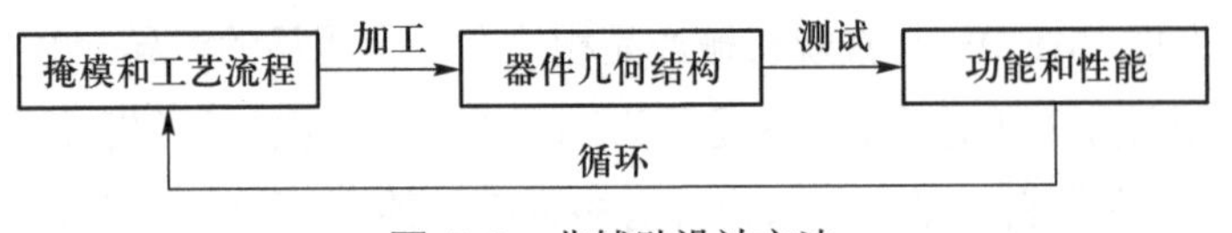

图 5.2 非辅助设计方法

该方法遵循的是一种 "样机 – 测试 – 重设计" 的设计思路, 特点是不需要价格昂贵的专业软件来进行设计仿真分析, 但设计周期长, 费用高。

5.1.2 辅助设计方法

辅助设计方法是指利用专业设计工具辅助进行 MEMS 设计。根据系统级设计、器件级设计和工艺级设计在设计过程中的不同顺序, 可将辅助设计方法分为: 自底向上设计法 ("bottom-up" 设计方法)、自顶向下设计法 ("top-down" 设计方法) 和自底向上、自顶向下相结合的设计法[3]。

1. 自底向上 (bottom-up) 的方法

自底向上的设计也称为正向设计, 是指在设计掩模版图与工艺流程的基础上, 利用计算机仿真技术得到器件的三维几何模型, 然后进行功能和性能验证, 如果不满足要求则重复此过程, 直到获得满意的设计结果, 其原理图如图 5.3 所示。

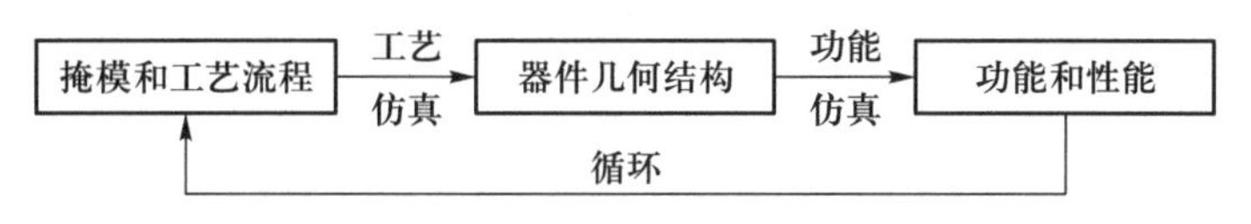

图 5.3 自底向上的设计方法

多数早期的 MEMS 辅助设计工具是基于该设计模式进行开发的, CoventorWare 的前身 MEMCAD 就是典型的代表, 其系统框架如图 5.4 所示。

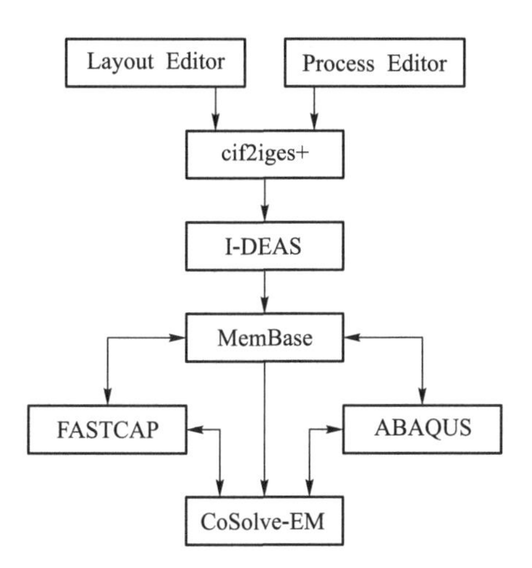

图 5.4 MEMCAD 2.0 版的系统框架

这种设计方法的优点是: 利用了计算机辅助技术, 设计效率较传统的设计方法有所提高; 其仿真设计费用较少, 可以将组合在一起的元件或者功能模块看成一个黑箱, 进行 “阶跃响应特性” 测试, 或进行分析计算.

其缺点是: 对所组成的系统既不能进行功能性优化, 也不能进行经济性优化。而且该方法的直接设计对象是抽象的二维掩模版图和经验性极强的工艺流程, 而非直接针对 MEMS 器件的几何结构进行设计, 不符合人们 “所见即所得” 的设计习惯, 直观性差, 因而对设计人员的工艺经验要求较高。

2. 自顶向下 (top-down) 的方法

自顶向下的设计也称为逆向设计、反向设计, 是一种在设计顺序上有别于自底向上设计的设计方法。在当前的 MEMS 设计中越来越强调 “top-down” 设计方法[4], 因为它更加注重从宏观层次和自动化角度去解决应用需求。

系统总设计者先将整个系统划分成一些子系统, 如模拟部分、数字部分和 MEMS 器件部分等, 并指定这些子系统所应实现的功能。这一步是通过模拟和混合信号硬件描述语言如 VHDL–AMS (analog and mixed-signal) 或其他的专有 HDL 语言 (需支持模拟与混合信号) 编写子系统的行为模型来实现的。系统设计者用这些行为模型进行系统级模拟, 以验证整个系统划分的合理性。如果达到要求, 就把这些模型 (即子系统的设计目标) 交给不同领域的专门设计者去实现。每一个领域的专门设计者进行各自的设计和模拟分析, 以达到设定的目标, 并用 HDL 语言给出子系统的宏模型, 供系统级模拟。这个过程是交互式的, 如图 5.5 所示。

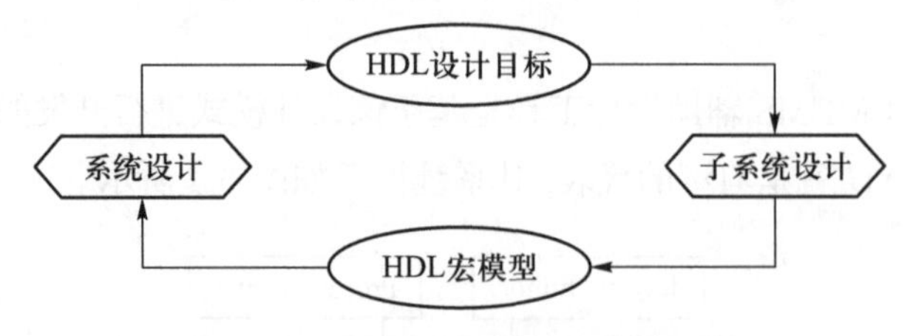

图 5.5 系统设计时HDL语言的应用

根据综合技术在使用阶段上的差异, 可将自顶向下设计分为两种类型: 基于版图的 “top-down” 设计方法和基于实体的 “top-down” 设计方法。两者的主要区别在于: 前者从系统级设计结果自动生成二维版图时采用综合技术, 而后者从系统级设计到器件结构、器件结构到二维版图的两个阶段都采用了综合技术。

1) 基于版图的 “top-down” 设计方法

该方法从 MEMS 器件的系统功能要求出发, 快速进行 MEMS 系统级设计、分析和仿真, 然后从系统级设计的结果直接提取出二维版图, 再结合编辑的工艺流程可以模拟出器件的三维实体模型, 如果模型需要修正, 则通过修改二维版图或工艺流程进行。基于版图的 “top-down” 设计方法和设计流程分别如图 5.6 和图 5.7 所示。

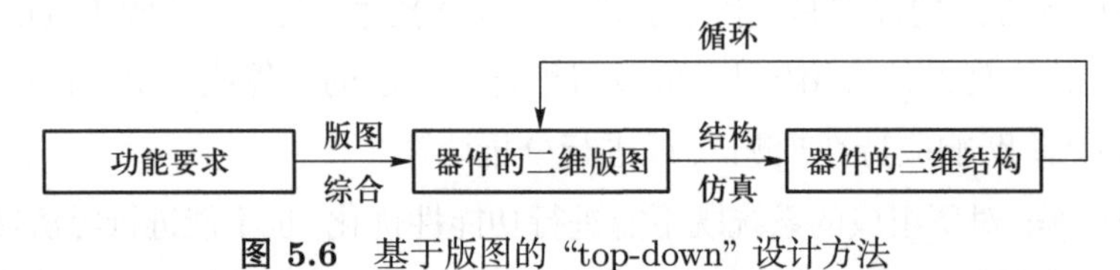

图 5.6 基于版图的 “top-down” 设计方法

基于版图的 “top-down” 设计方法是在 “bottom-up” 设计方法的基础上改进而成的, 将 “bottom-up” 设计中的二维版图设计阶段省掉, 取而代之的是从系统级描述的结果自动生成二维版图, 这种改进增加了对系统的整体把握和操纵能力[5-7], 而且二维版图的获得实现了自动化。

目前, 不少商业软件都采用了这种 “top-down” 设计模式, 如 CoventorWare 软件, 它在 ARCHITECT (系统级设计模块) 到 DESIGNER (工艺级模块) 的设计阶段使用了综合技术, 实现了二维版图的自动生成。

2) 基于实体的 “top-down” 设计方法

基于实体的 “top-down” 设计方法如图 5.8 所示。

从图 5.8 可以看出, 在整个设计过程中的两个重要阶段使用了综合技术, 即实现了器件结构综合与版图综合。器件结构综合是确定器件结构的物理参数与性能; 版

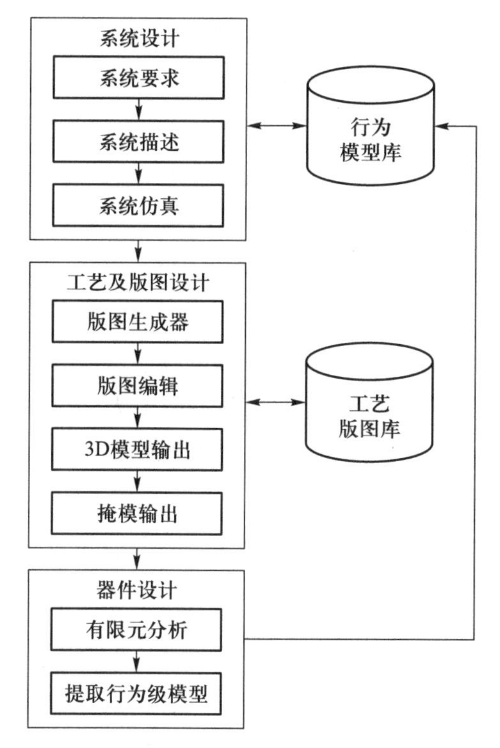

图 5.7 基于版图的 “top-down” 设计流程

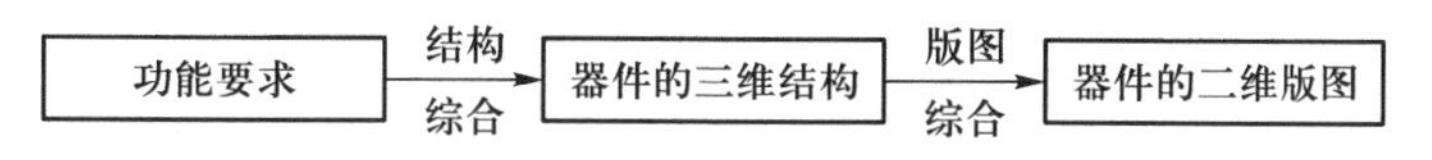

图 5.8 基于实体的 “top-down” 设计方法

图综合是对器件结构进行二维版图生成。

基于实体的 “top-down” 设计方法是 MEMS 设计的最理想的模式, 非常符合设计者从功能到结构、从整体到局部的设计思维习惯, 而且最大程度地实现了设计自动化, 能有效提高设计效率和成功率。但遗憾的是, 目前还没有满足该设计方法的实用化商业软件。

5.2 设计过程

5.2.1 设计依据

MEMS 设计主要根据以下几个方面: ① 设计约束; ② 材料选择; ③ 制造工艺选择; ④ 信号变换和转换; ⑤ 机电设计; ⑥ 产品封装。

在考虑这些问题后, 设计者就可以在形状、尺寸、材料、加工方法和封装方法等方面进行产品的初始构型设计[8]。然后是考虑制造工艺和机电系统的更深入的设计, 以确定初始构型的可行性。原型的设计验证通常可以用计算机仿真的方法来实现, 以确认结构的完整性, 更重要的是考虑产品必须具有的功能。

其中设计约束包括以下典型因素:

(1) 客户需求。包括不在性能规定中的特殊需要。可能是微器件用于特殊环境时必须包括的一些特殊性能。例如, 小孩玩具中的传感器或致动器与为实验室或办公室的成年人所准备的同样产品相比, 需要不同的安全性处理。

(2) 进入市场时间 (TIM)。因为每个高技术产品都有 "时间窗口", 随着技术的发展, 这些窗口越来越窄。特定产品的市场窗口的收缩也是市场激烈竞争所致。MEMS 产品必须在关键时刻进入市场, 以占领市场, 获得最大的收益。进入市场的时间限定了设计者设计产品和推出产品的时间。采用微系统计算辅助设计程序包是降低进入市场时间、提高设计效率的可行办法。

(3) 环境条件。例如, 耐高温微压力传感器的设计就涉及三个关键的环境条件: 热、力学和化学。高温下工作的器件需要特别考虑热应力和应变、材料变性、信号转换的衰退。与监测汽车轮胎压力的微压力传感器相比, 监测内燃机气缸压力的微压力传感器显然需要更复杂的设计分析和更严格的材料选择。力学环境涉及支撑 MEMS 的力学稳定性。在一个振动支撑上, 可能会发生连接松动或者电路导线断裂。最后, 化学工作介质可能会分解 MEMS 结构或封装材料。流体介质中的化学和潮湿成分会导致相接触的元件发生不希望出现的氧化和腐蚀, 潮湿还是光电网络系统中微开关黏结的主要原因, 如果没有正确的设计, 微流体中微型泵和微型阀的微管道可能会发生阻塞。

(4) 物理尺寸和质量限制。这些约束通常包括在产品性能指标中。它们会影响产品的整体外形, 并限制一些关键参数。

(5) 寿命。了解 MEMS 是一次性使用还是重复使用非常重要。如果是后者, 那么就要考虑产品的预期寿命, 考虑元件的屈服和断裂失效的可能性。

(6) 制造设备。这与产品制造方法的选择有关。为同时满足生产周期和生产成本, 制造设备的可用性是一个关键因素。

(7) 成本。这个因素决定了整个产品的设计。在产品设计初期, 设计者应该进行产品的成本分析。成本分析将转换成对一些参数的设计约束, 例如材料的选择和制造方法的选择。举例来说, 采用较少数量的掩模版图通常会有效地降低加工成本。

5.2.2 工艺设计

设计工程师一旦确定了适当的工艺流程, 无论是体硅流程、表面硅流程, 或是 LIGA 工艺, 就要开始选择一系列具体的微加工技术[9-11]。硅微加工可简单地分为三类: 光刻、薄膜淀积、刻蚀造型, 而 LIGA 工艺除了光刻之外, 可分为两个阶段: 电铸和注塑。

1. 光刻

在当前工艺发展水平下, 光刻是各项微加工技术, 如刻蚀、薄膜淀积、LIGA 微模具, 中制作掩蔽层的必要工序。

以图 5.9 中所示微压力传感器硅芯片为例进行说明。在图中介质的压力来自硅芯片的背面或空腔一侧。硅芯片的正面有表面分散的 4 个压敏电阻, 这些电阻的位置和方向如图 5.10 所示。

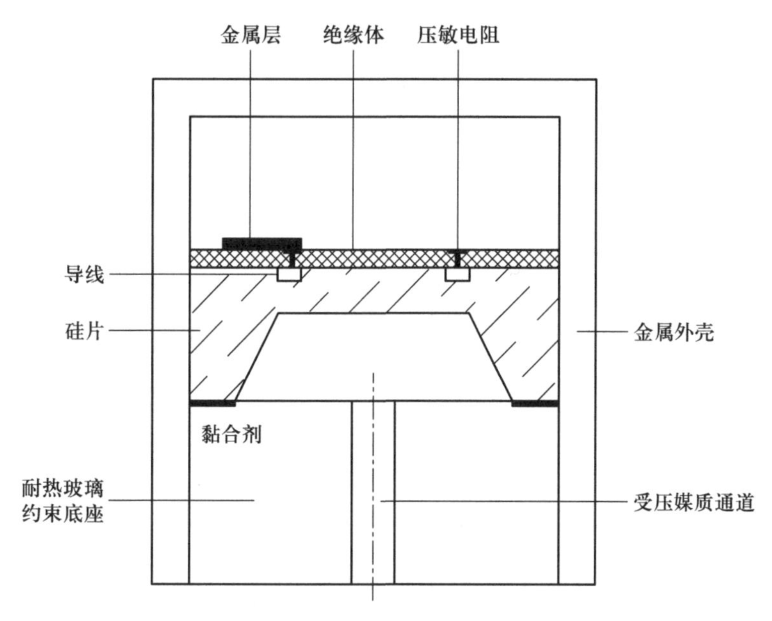

图 5.9 微压力传感器截面

可以看到, 硅芯片需要两个掩蔽层: 一个用于腐蚀腔室, 另一个用于分散压敏电阻以及淀积 4 个电阻之间的导线。然而, 在硅芯片内加工腔室需要进行深刻蚀, 所以氮化硅更适合做掩模材料。

2. 薄膜淀积

设计工程师可以使用表 5.1 为 MEMS 的薄膜生成选择特定的工艺。

3. 刻蚀造型

硅基微器件的复杂结构可以通过在基底上淀积各种薄膜或通过从基底上去除部分材料获得。

刻蚀是从基底上去除材料的一种有效工艺。表 5.2 和表 5.3 可以用来估计刻蚀的速率。

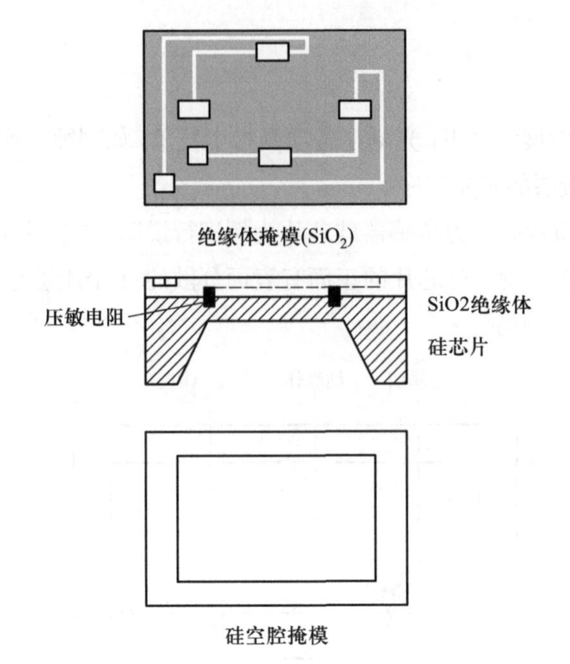

图 5.10 微压力传感器芯片掩模图形

表 5.1 MEMS 薄膜生成工艺汇总

工艺	主要应用	装配或嵌入	高温或低温
离子注入	掺杂 p–n 结或其他杂质	嵌入	低温
扩散	掺杂 p–n 结或其他杂质	嵌入	高温
氧化	使用氧气或气流制作二氧化硅层	嵌入	高温
沉积	物理沉积金属、化学沉积 (APCVD、LPCVD、PECVD) 二氧化硅、氮化硅和多晶硅	装配	中等或高温
溅射	金属薄膜	装配	高温
外延沉积	基底材料薄膜	装配	高温
电镀	在 LIGA 和 SLIGA 工艺中的聚合物光刻胶材料上生成金属膜	装配	低温

表 5.2 硅和硅氧化物典型的刻蚀速率

材料	腐蚀剂	腐蚀速率
硅在 ⟨100⟩ 晶向	KOH	0.25 ~ 1.4 μm/min
硅在 ⟨100⟩ 晶向	EDP	0.75 μm/min
二氧化硅	KOH	40 ~ 80 nm/h
二氧化硅	EDP	12 nm/h
氧化硅	KOH	5 nm/h
氧化硅	EDP	6 nm/h

表 5.3　腐蚀剂对两种硅基底的选择比

基底	腐蚀剂	选择比
二氧化硅	KOH	10^3
	TMAH	$10^3 \sim 10^4$
	EDP	$10^3 \sim 10^4$
氮化硅	KOH	10^4
	TMAH	$10^3 \sim 10^4$
	EDP	10^4

5.2.3　力学设计

力学设计的主要目的是确定 MEMS 器件在正常操作以及过载情况下受到特定载荷时的结构完整性和可靠性。过载情况可能会在误操作、系统故障等情况下发生。为常规尺度的机器和结构所开发的设计方法, 必须根据尺寸效应以及机械设计原理进行必要的调整。

1. 热力学负载

MEMS 传感器或致动器受到的大部分负载是与宏观结构一样的, 可以归纳如下:

(1) 集中力。如图 5.11 所示微型阀中的致动器薄膜和流体通道之间的接触力。

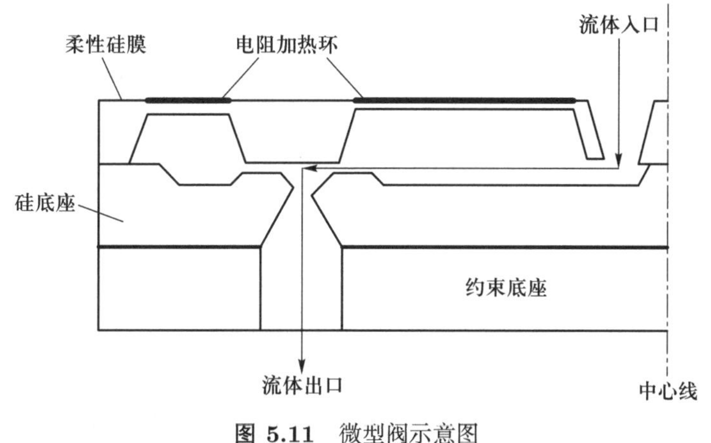

图 5.11　微型阀示意图

(2) 分布力。如图 5.12 所示微压力传感器中被测流体作用在薄膜上的压力。

(3) 动态或惯性力。如图 5.13 所示微加速度计的受力。

(4) 多层结构中由于热膨胀系数不匹配造成的热应力 (图 5.14)。

(5) MEMS 器件中移动部件之间的摩擦力。如微电机的轴承、直线电动机或微型泵。

下面是 MEMS 结构中独有的力:

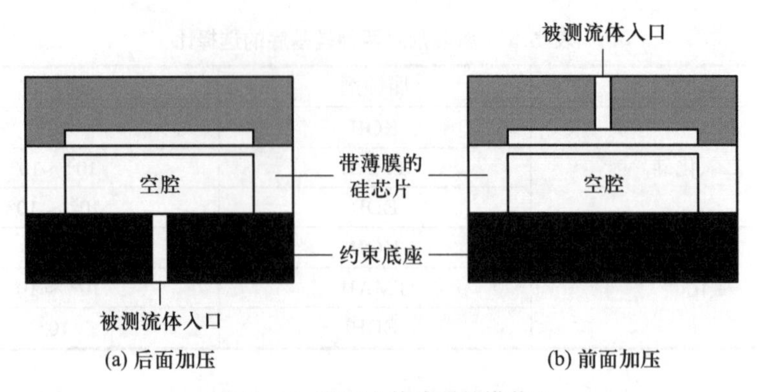

图 5.12 微压力传感器的横截面

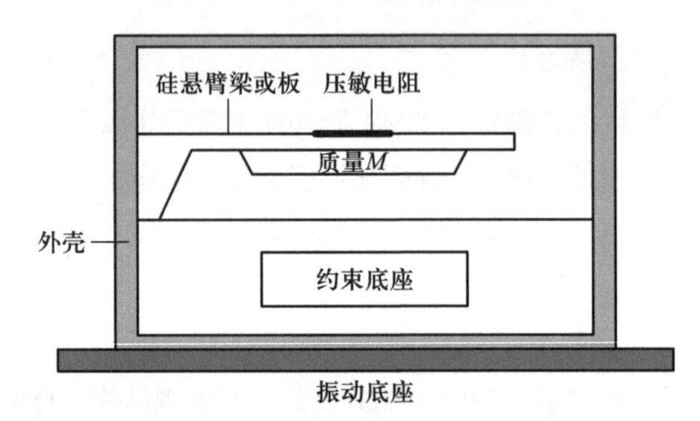

图 5.13 微加速度计结构示意图

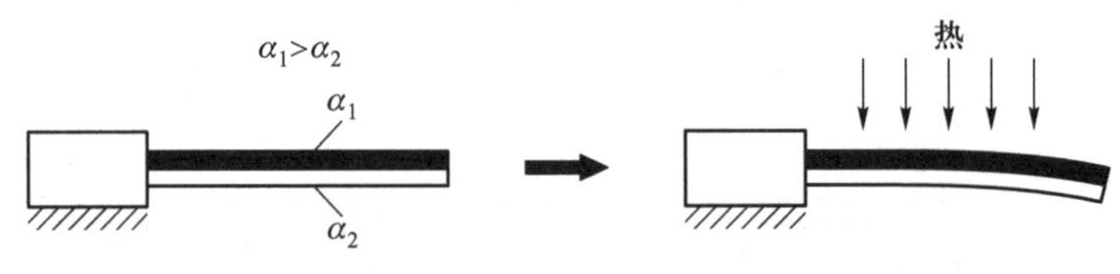

图 5.14 双层材料的热驱动

(1) 致动器的静电力。

(2) 压电导致的表面力。在压电晶体上施加电压产生机械变形时就会产生这种力, 用于驱动致动器, 如图 5.15 所示。

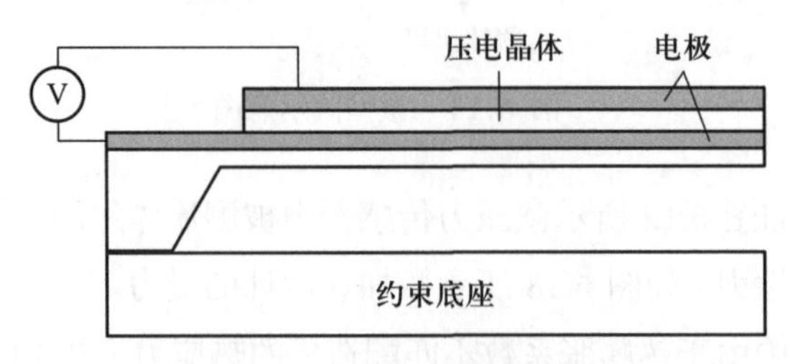

图 5.15 压电晶体致动器

(3) 非常接近的两表面间的范德华力。范德瓦耳斯力是一种静电力, 但是在分子水平上。这种力无法精确估计, 因为原子碰撞也会产生这种力。

2. 热力学分析

应力分析是设计中的一个重要部分。对 MEMS 而言, 在加工过程中有高温, 也会在高温环境中工作, 所以热应力分析应该在其他力学分析之前进行。

然而, MEMS 中可能存在工艺导致的固有应力, 例如加工导致的残余应力和应变。这些固有的残余应力必须被计算, 并在随后的应力分析中给予重视。其他淀积在厚基底上的薄膜可能存在的固有应力包括:

(1) 基底的杂质掺杂时, 晶格错位和原子尺寸改变会导致固有应力;

(2) 为致密化薄膜, 采用溅射原子和工作气体产生离子轰击, 导致原子敲击;

(3) 工作气体逸出导致薄膜中产生微空隙;

(4) 气体捕获;

(5) 聚合物固化时的收缩;

(6) 淀积和扩散中及完成后, 原子间距改变导致晶界改变。

使用有限元分析方法对 MEMS 结构进行热力学应力分析时, 重要的是必须选择适当的有限元方程。很多本构定律以及本构方程都是从宏观连续物体中得到的, 在亚微米尺度的结构 (如尺寸小于 1 μm 的结构) 上应用时需要修改。例如, 微观尺度下的热传导方程就与宏观尺度固态分析时用的热传导方程有非常大的差别。亚微米尺度下材料的性质变得与尺寸相关, 这使许多商用有限元软件不能用于 MEMS 和微系统部件的分析。

3. 动力学分析

动力学分析针对有运动的微结构。进行分析的主要原因是为了找出器件的惯性力和在一些振动模式下运动结构的固有频率。

在应力分析时, 必须考虑部件由于加速或减速产生的惯性力。一般来说, 利用模态分析得到的固有频率可用来避免谐振的发生, 然而在某些 MEMS 设计中, 梁或板的谐波被用来增强传感器的输出信号。

通常, 过度的振动是结构破坏的主要原因, 因为材料会发生疲劳。有限元仿真被广泛用于微系统的动力学分析。

4. 界面破坏分析

MEMS 器件经常包括一些外来物质, 很多也是由各种各样的材料薄膜构成的。这些外来物质可能是扩散或离子注入时产生的, 而薄膜是通过各种淀积技术在基底表面淀积形成的。

不同材料做成的多层结构会带来严重的力学问题。除了由于热膨胀系数不匹配导致的过大热应力和应变外, 多层结构还容易发生界面破坏。在微结构力学设计中, 界面分层是主要考虑因素。

通过计算涉及界面破坏的开放和剪切模式的耦合应力强度因子来分析两个不同

材料界面的机械强度。一个主要问题是不能提供相应的断裂韧度值, 而该值是确定计算应力强度因子是否低于安全极限的依据, 因为安全极限是由断裂韧度决定的。

5.3 计算机辅助设计

面向生产用仿真 MEMS 器件的 CAD 工具最初开始于 20 世纪 80 年代晚期 90 年代早期美国麻省理工学院 (MIT) 开发的 MEMCAD 程序包。这一努力将几个已有的 MEMS 商业 CAD 程序包和一些与微结构设计相关的特征结合起来。从那时起, 很多程序员都在努力开发专门用于微系统和 MEMS 设计的商用 CAD 程序包。IntelliSense 公司在 1995 年发布了第一个专门用于 MEMS 的名为 IntelliCAD (目前名为 IntelliSuite) 的商用 CAD 工具[12-15]。1996 年, Microcrosm Technologies 公司从 MIT 获得了许可证, 将其产品以 MEMCAD 的名称出售。

本节主要介绍三种常用的计算机辅助设计软件, 而这三种软件分别解决 MEMS 传感器设计过程中的三个重要问题: ① 采用 ANSYS 软件进行传感器结构设计, 通过施加载荷和约束, 调整并确定器件的三维结构参数, 满足实际的应用要求; ② 采用 LEDIT 软件进行工艺版图设计, 将确定的传感器三维结构通过二维加工版图来复现, 同时制订所需的加工工艺流程和加工参数; ③ 采用 CONVENTWARE 软件对工艺参数进行仿真, 以便对制造工艺进行验证和参数调整。

5.3.1 基于 ANSYS 的结构仿真

ANSYS 是由美国 ANSYS 公司开发的、功能强大的有限元工程设计分析及优化软件包, 是迄今为止唯一通过 ISO9001 质量认证的分析设计类软件。该软件是美国工程师协会 (ASME)、美国核安全局 (NQA) 以及近 20 种专业技术协会认证的标准软件[16-17]。

与当前流行的其他有限元软件相比, ANSYS 有明显的优势。ANSYS 具有能够实现多场及多场耦合分析的功能, 是唯一能够实现前后处理、分析求解及多场分析统一数据库的大型有限元软件, 与其他有限元软件相比, ANSYS 的非线性分析功能更加强大, 网格划分更加方便, 并具有更加快速的求解器。同时, ANSYS 是最早采用并行计算技术的有限元软件, 它支持微机、工作站、大型机直至巨型机等所有硬件平台, 可与大多数的 CAD 软件集成, 并有交换数据的接口, ANSYS 模拟分析问题的最小尺寸可在微米量级, 同时国际上也公认其适用于 MEMS 器件的模拟分析, 这是其他有限元分析软件所无法比拟的。

ANSYS 是融合结构、热、流体、电磁、声学于一体的大型通用有限元分析软件, 可广泛用于核工业、机械制造、电子、土木工程、国防军工、日用家电等一般工业及科学研究领域。ANSYS 也是国际上公认的适用于 MEMS 模拟分析的软件工具: 其主要分析功能包括以下几个方面。

(1) 结构分析。包括线性、非线性结构静力分析, 结构动力分析 (包括模态和瞬态) , 断裂力学分析, 复合材料分析, 疲劳及寿命估算分析, 超弹性材料分析等。

(2) 热分析。包括稳态温度场分析、瞬态温度场分析、相变分析、辐射分析等。

(3) 高度非线性结构动力分析。包括接触分析、金属成型分析、整车碰撞分析、焊接模型分析、多动力学分析等。

(4) 流体动力学分析。包括层流分析、湍流分析、管流分析、牛顿流与非牛顿流分析、内流与外流分析等。

(5) 电磁场分析。包括电路分析、静磁场分析、变磁场分析、高频电磁场分析等。

(6) 声学分析。包括水下结构的动力分析、声波分析、声波在固体介质中的传播分析、声波在容器内的流体介质中传播分析等。

(7) 多场耦合分析。包括电场 – 结构分析、热 – 应力分析、磁 – 热分析、流体 – 结构分析、流体流动 – 热分析、电 – 磁 – 热 – 流体 – 应力分析等。

(8) 其他。如设计灵敏度及优化分析、子模型及子结构分析等。

对于微传感器设计, 将用到以下几个主要模块来进行传感器结构设计、加载载荷、性能分析等:

(1) 前处理模块。实体建模, 网络划分, 加载。前处理模块提供了一个强大的实体建模及网格划分工具, 用户可以方便地构造有限元模型。

(2) 分析计算模块。分析计算模块包括结构分析 (可进行线性分析、非线性分析和高度非线性分析)、流体动力学分析、电磁场分析、声场分析、压电分析以及多物理场的耦合分析, 可模拟多种物理介质的相互作用, 具有灵敏度分析及优化分析的能力。

(3) 后处理模块。通用后处理模块包括: 显示计算结果 (等直线、梯度、矢量、透明、动画效果等), 输出计算结果 (图表、曲线); 时间历程响应检查在一个时间或子步历程中的结果。

通过 ANSYS 对所要设计的微传感器进行分析的三个主要分析步骤包括:

(1) 创建有限元模型, 包括创建或读入几何模型、定义材料属性、划分单元;

(2) 施加载荷进行求解, 包括施加载荷及载荷选项、求解;

(3) 查看结果, 包括查看分析结果、检验结果 (分析是否正确)。

下面以设计实例进行阐述。

要求设计满足 1 MPa 量程的 MEMS 压力传感器, 芯片总体尺寸不超过 1 mm, 采用材料为 (100) 晶面硅片, 硅片厚度为 400 μm。

根据以上要求, 这里采用方膜结构, 当方膜片受到表面压力时会在膜片周边中心位置产生最大应力，而压敏电阻将被布置在应力最大处，但是需要注意，存在几个压力膜片设计的约束条件：① 膜片所产生的最大应力或应变应小于 65 MPa 或 500 με；② 膜片应作周边固支；③ 膜片挠度变化要小于膜片厚度。

在确定以上条件后，可以初步推算传感器压力膜片尺寸，根据周边固支膜片的力学方程

$$\sigma_{\max} = \frac{0.308pa^2}{h^2} \tag{5.1}$$

可以推算

$$\frac{a^2}{h^2} \leqslant \frac{65 \times 10^6}{0.308 \times 1 \times 10^6} = 211$$

即

$$\frac{a}{h} \leqslant 14.5.$$

这意味着，要设计出满足以上要求的压力膜片结构尺寸，其膜宽与膜厚之比应 $\leqslant 14.5$。假设膜片厚度为 50 μm，那么膜片宽度 a 应 $\leqslant 725$ μm；另外，还需要确认该尺寸是否符合膜片设计约束条件③。根据挠度公式

$$\omega_{\max} = -\frac{0.013\,8pa^4}{Eh^3} \tag{5.2}$$

将所设计的尺寸代入，其中 E 为膜片材料的弹性模量，这里选用的是硅，则 $E = 1.6 \times 10^{11}$ Pa，此时挠度 $\omega = 0.19$ μm，远小于膜片厚度，满足约束条件 ③。

以上均是根据典型膜片结构的力学公式推算出的，但实际上，压力传感器芯片结构并不是简单的一个独立膜片，它本身还有因 MEMS 工艺加工过程而带来的支撑结构，因此需要用 ANSYS 软件对其总体结构进行力学仿真分析。

首先利用 ANSYS 软件建立实体模型，由于该结构有两个对称面，关于水平对称轴线和垂直对称轴线都是对称的，因此在 ANSYS 的前处理模块中只建立了压力传感器芯片的 1/4 三维模型，节省了计算时间。其结构图如图 5.16 所示，选择的膜片边长为 540 μm，膜厚为 30 μm。

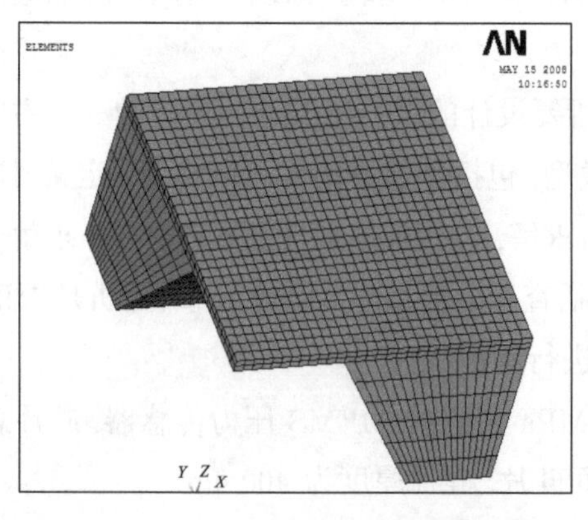

图 5.16　压力传感器芯片 1/4 硅杯结构图

然后, 对 1/4 硅杯结构的压力传感芯片进行静态分析。为满足压力传感器量程、精度以及灵敏度的要求, 需要进一步分析电阻条布置区域的应变值, 最大应力出现在膜片边沿的中心处, 且沿 X 方向的应力等于 Y 方向的应力, 因此对不同膜片大小的压敏电阻条布置区域 (即硅片上表面的膜片边缘) 沿 X 方向处的应变进行了仿真分析, 边缘中心处应变最大, 数据以曲线的形式给出, 如图 5.17 所示, 此时的应变值为 480 με, 应力值为 62.4 MPa。

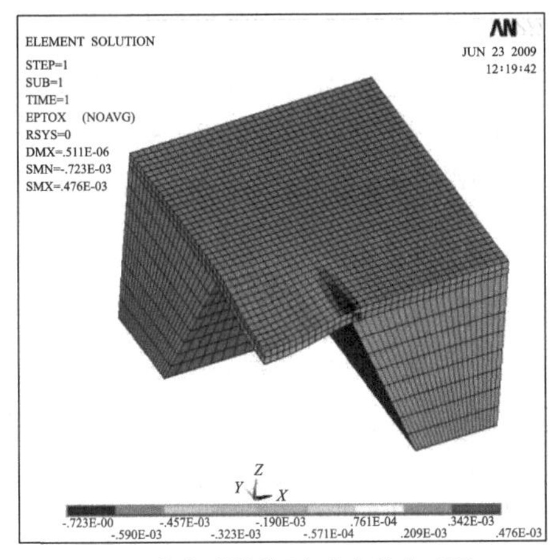

(a) 压力传感器的X向应变分布云图

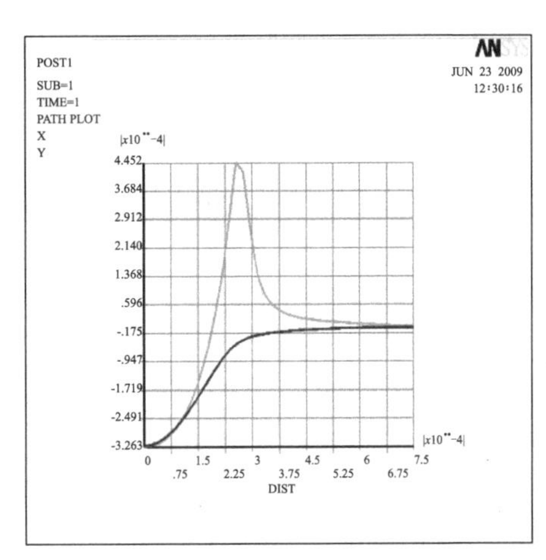

(b) 沿X轴线的X向和Y向的应变分布曲线

图 5.17 压力传感器的应变分布

从图 5.17 可以看出, 仿真结果与理论公式相同, 在压力传感器芯片的硅膜边缘处发生了应力集中, 且在硅膜四边的中心处产生了最大的 X 向和 Y 向的应变差。沿 X 轴线的 X 向和 Y 向的应变之差约等于沿 Y 轴线的 Y 向和 X 向的应变之差, 相邻两边应力差的最大值大小相等且符号相反, 因此只需将 4 个桥臂电阻沿相同方向排布在膜片四边边缘的中心处即可获得最大的应力输出。

5.3.2 基于 Tanner 的掩模版图设计

ANSYS 仿真分析确定了传感器芯片的基本结构后, 接下来要进行掩模版图设计, 这里介绍常用的 L–Edit 设计软件[18-19]。

Tanner 软件是由 Tanner Research 公司开发的基于 Windows 平台的用于集成电路设计的工具软件。该软件功能十分强大, 易学易用, 包括 S–Edit、T–Spice、W–Edit、L–Edit 与 LVS, 从电路设计、分析模拟到电路布局一应俱全。其中的 L–Edit 版图编辑器在国内应用广泛, 具有很高的知名度。

L–Edit Pro 是 TannerEDA 软件公司出品的一个 IC 设计和验证的高性能软件系统模块, 具有高效率、交互式等特点, 其强大而完善的功能为: 从 IC 设计到输出, 以及最后的加工服务, 完全可以媲美百万美元级的 IC 设计软件。L–Edit Pro 包含 IC

设计编辑器 (Layout Editor) 、自动布线系统 (Standard Cell Place & Route)、设计布局与电路 Netlist 的比较器 (LVS) 、COMS Library、Marco Library, 这些模块组成了一个完整的 IC 设计与验证解决方案。L–Edit Pro 丰富而完善的功能为 IC 设计者和生产商提供了快速、易用、精确的设计便利。

下面以设计实例进行阐述。

ANSYS 仿真分析确定了压力传感器芯片的结构尺寸, 接下来需要确定如何通过 L–Edit 来指导加工的具体工艺。如果只是单纯实现传感器的机械结构, 那么工艺步骤和版图就非常简单, 只要在硅片上刻蚀一个腔体, 形成膜片即可。然而, 这远没有达到一个传感器的实际功能, 即要有电信号输出。对于一个压阻式传感器来说, 在形成的膜片上还需制作压敏电阻以及金属引线, 因此在版图设计中应考虑上述两点。下面将针对微型压力传感器芯片给出版图设计的说明。

在进行 L–Edit 设计工艺之前需要了解一些基本的加工技术, 其中光刻是一种将掩模版的图形转移到衬底表面的图形复制技术。光刻得到的图形一般作为后续工艺的掩蔽层, 以实现接下来的选择性刻蚀、注入、淀积等工艺步骤, 从而完成传感器芯片的制作。光刻是微传感器制造工艺中最关键的工艺之一, 掩模版则反映了微传感器的设计结果。

1. 微压力传感器版图设计参数

为保证结构加工的成品率, 压力传感器芯片的弹性压力硅膜的厚度设计为 30 μm, 电阻的最小间距为 10 μm, 金属引线对引线孔的覆盖最小为 2 μm, 引线孔尺寸最小为 10 μm × 10 μm, 焊盘面积大于 100 μm × 100 μm; 在 “引线孔” 和 “背版” 上制有划片标记, 其中 “背版” 的划片标记宽度为 5 μm, 划片标记是间断的, “引线孔” 的划片标记宽度为 150 μm; 键合面宽度为 318 μm, 大于压力传感器设计原则所要求的 300 μm, 从而保证其稳定支撑。在压力传感器芯片的每层版图上都有相应的十字对版标记, 以便于版图之间的精确对准。

2. 微压力传感器的版图

根据上述布线要求, 利用 Tanner L–Edit 11.0 软件设计了 C 形硅杯压力传感器芯片的版图。压力传感器采用 SOI 硅片, 整个工艺流程利用 4 块掩模版, 分别为 P–敏感电阻版 (M1)、背腔版 (M2)、引线孔版 (M3)、金属引线版 (M4)。压力传感器版图的整体结构如图 5.18 所示。版图设计完成后, 就可交付用于制作光刻版。

3. 力敏电阻的版图设计

P–敏感电阻版 (M1) 是负版, 实现压力传感器芯片中的 4 个浮雕式敏感电阻, 并使其呈半开环状态, 如图 5.19 所示。陪测电阻布置在压力传感器芯片的右侧非应力敏感区, 用以精确测量通过离子注入加工而成的掺杂电阻的阻值。要求陪测电阻的形状与敏感电阻相同, 制作工艺也完全相同, 且每组陪测电阻两端焊盘到电阻的距离

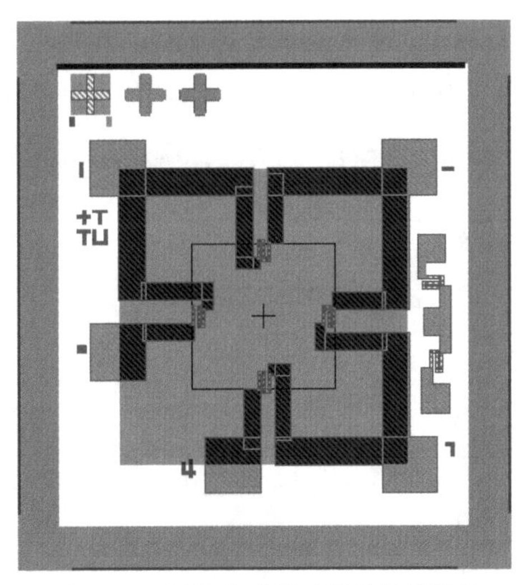

图 5.18　压力传感器版图的整体结构

相等, 从而保证陪测电阻与敏感区电阻的阻值相同。在加工过程中或加工完成后, 可直接对陪测结构进行测量, 监控其电阻阻值的变化, 以达到设计要求。陪测结构的设计既易于检测敏感区电阻的阻值, 又不会对有效结构产生影响。由于压力传感器芯片制作时使用 SOI 硅片, 其器件层的厚度为 1.6 μm, 在器件层中通过离子注入、刻蚀形成浮雕式敏感电阻, 因此电阻层会使其芯片表面出现 1.6 μm 高度的台阶, 在金属引线连接各电阻时可能会因为此台阶结构而造成电阻接触区的金属引线出现物理断裂。为此, 在制作敏感电阻时, 设计者增加了金属引线覆盖的区域, 将电阻层和金属引线并行布置, 让金属引线在电阻层的表面上形成, 从而避免台阶现象, 提高金属引线的可靠性。

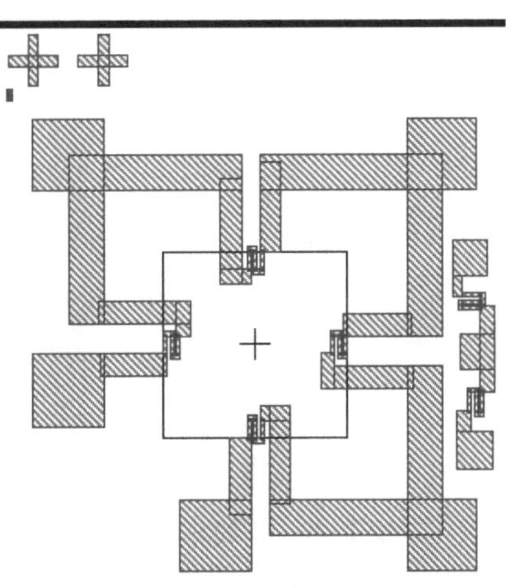

图 5.19　P–敏感电阻版 (M1)

1) 背腔的版图设计

背腔版 (M2) 用来实现压力传感器芯片的压力敏感膜。开槽尺寸为 1 064 μm ×

1 064 μm, 采用各向异性腐蚀, 腐蚀深度为 370 μm, 由于腐蚀角为 54.74°, 所以最终形成的压力敏感膜的尺寸为 540 μm × 540 μm, 如图 5.20 所示。

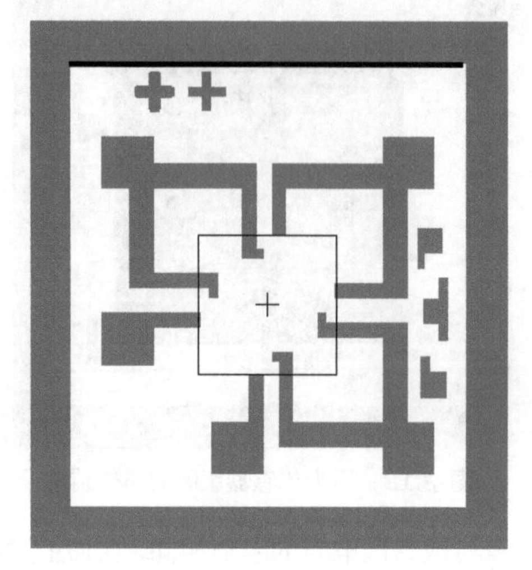

图 5.20 背腔版 (M2)

2) 引线孔的版图设计

引线孔版 (M3) 是压力传感器芯片中对敏感电阻与金属引线相接触区域的接触孔的定义, 如图 5.21 所示。为了使内引线与力敏电阻之间形成良好的欧姆接触, 引线孔的宽度应该小于覆盖该区域的力敏电阻的端部宽度。在此, 电阻对引线孔的覆盖为 5 μm。

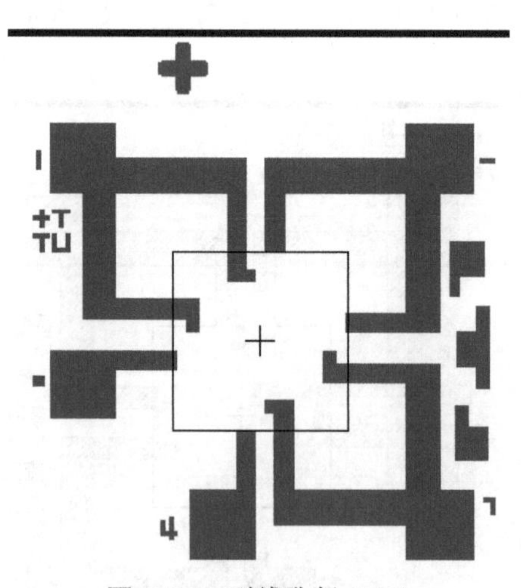

图 5.21 引线孔版 (M3)

3) 金属引线的版图设计

金属引线版 (M4) 用来完成器件间各部分电信号的互联, 以形成完整的电路, 如图 5.22 所示。

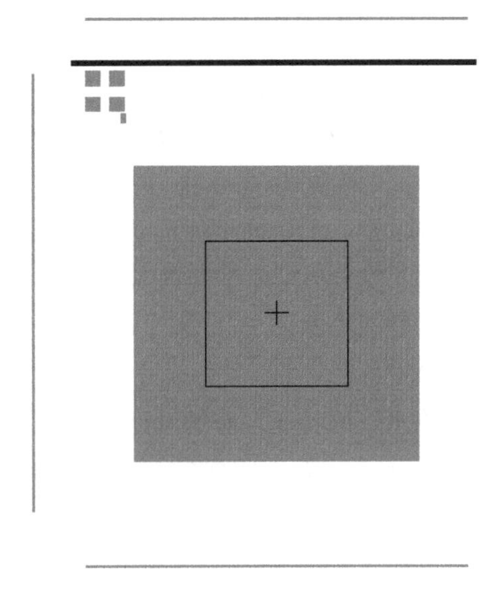

图 5.22 金属引线版 (M4)

在电阻层覆盖金属孔线的区域, 电阻对金属引线的覆盖为 2 μm, 金属引线对引线孔的覆盖为 3 μm, 从而既形成良好的连接, 又避免了台阶现象。焊盘处的金属引线焊盘的大小为 196 μm × 196 μm, 大于设计要求的 100μm × 100 μm。

5.3.3 基于 ConventorWare 的工艺仿真

1. 软件的总体描述

ConventorWare 是在著名的 MEMCAD 软件上发展起来的, 是目前业界公认的功能最强、规模最大的 MEMS 专用软件。该软件拥有几十个专业模块, 其功能包括 MEMS 系统/器件级的设计与仿真和工艺仿真。该软件主要用于四大领域: 传感器/致动器、射频微机电系统、微流控技术、光学微机电系统[20]。

Conventor Ware 是一种具有系统级、器件级功能的 MEMS 专用软件, 其功能覆盖设计、工艺、器件级有限元及边界元分析仿真、微流体分析、多物理场耦合分析、MEMS 系统级仿真等领域。ConventorWare 因其强大的软件模块功能、丰富的材料及工艺数据库、易于使用的软件操作以及与各著名 EDA 软件的完美数据接口等特点, 给工程设计人员带来了极大的方便。

2. 软件的模块组成及其主要用途

ConventorWare 的模块包括: Architect、Designer、Analyzer、Integrator。

(1) Architect 模块提供了 机电 (PEM)、光学 (OPTICAL)、流体 (FLUIDIC) 库元件, 可快速扫描出 MEMS 器件的结构, 并结合周围的电路进行系统级的机、电、光、液、热、磁等能量域的分析, 构建最优的结构、尺寸、材料等设计参数, 从而生成器件的版图和工艺文件。

(2) Designer 模块可进行版图设计、生成器件三维模型、划分网格单元。

(3) Analyzer 模块可采用 有限元法 (FEM)、边界元法 (BEM)、光速传播法 (BPM)、有限差分法 (FDM)、体积函数法 (VOF) 等分析方法进行结构分析、电磁场分析、压电分析、热分析、微流体分析、光学分析以及多物理场的全耦合分析等。

(4) Integrator 模块可从三维分析结果中提取 MEMS 器件的宏模型, 反馈给 Architect 模块进行系统或器件性能的验证, 完成整个设计。

3. CoventorWare 的基本内容

CoventorWare 可单独使用, 以补充现有的设计流程, 也可共同使用, 以提供一个完整 MEMS 设计流程的 4 个主要组成部分, 如图 5.23 所示, 其中包括 Architect、Designer、Analyzer 和 Integrator 模块。该工具套件的完整性和模块间高度的一体化程度提高了整体效率和易用性, 使用户摆脱了在多个独立工具设计间手工传递数据的负担。

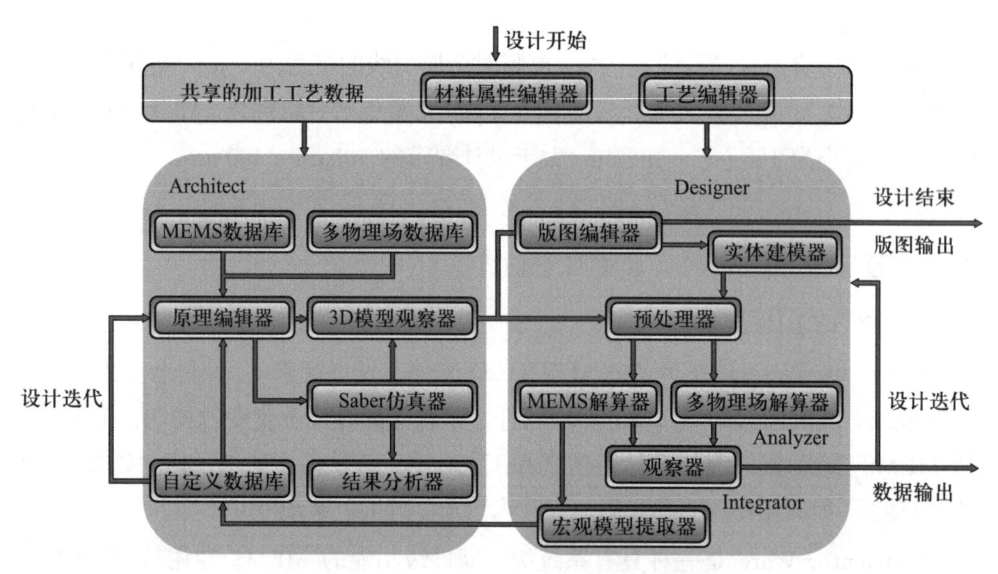

图 5.23 CoventorWare 的工作流程图

4. CoventorWare 分析的基本步骤

CoventorWare 分析的基本步骤包括: ① 定义材料属性; ② 生成工艺流程; ③ 生成二维版图; ④ 通过二维版图生成三维模型; ⑤ 划分网格生成有限元模型; ⑥ 设定边界条件、加载; ⑦ 求解; ⑧ 提取、查看结果。

以下用实例介绍该软件的整个仿真过程: 悬臂梁和硅基底间电容的计算和悬臂梁的受力分析。

1) 工艺过程

(1) 在硅基底上淀积一层氮化物 (绝缘层);

(2) 再在其上淀积一层硼磷硅玻璃 (BPSG) 作为牺牲层 (用于淀积铝);

(3) 刻蚀出支座 (anchor) 将要淀积的位置;

(4) 淀积铝层;

(5) 留下支座和悬臂梁部分;

(6) 释放 BPSG 牺牲层。

2) 具体设计过程

(1) 启动 CoventorWare 2003, 在用户设置中设定目录 (Directory), 包括 Work Directory、Scratch Directory、Shared Directory。只需设定工作目录, 其他两个目录是默认的, 系统会自动将其设定到相应的工作路径下, CoventorWare 所有运行生成的文件都会写在该目录下 (该目录必须是已经存在的目录, 在启动时是无法新建目录的) 。许可文件的位置, 包括 Coventor license、CFD license、Saber license, 在安装时就已设定, 默认即可。

(2) 单击 OK 后, 系统进入工程对话窗口 (Project Dialog Window), 新建工程名称为 BeamDesign 的文件夹, 单击 Open 进入功能管理器 (Function Manage) 界面。

(3) 进入 Designer 模块, 在 Materials 中定义材料属性, 选择 Aluminum (film), 根据题设修改其参数; 再选择 Silicon, 方法相同。单击 Close, 就可编辑工艺过程。

(4) 进入工艺编辑器 (Process Editor), 新建一个工艺文件 beam.proc, 根据上述工艺过程在工艺编辑器中设计整个流程, 如图 5.24 所示。设计完成后, 单击 Close, 就可进行版图设计。

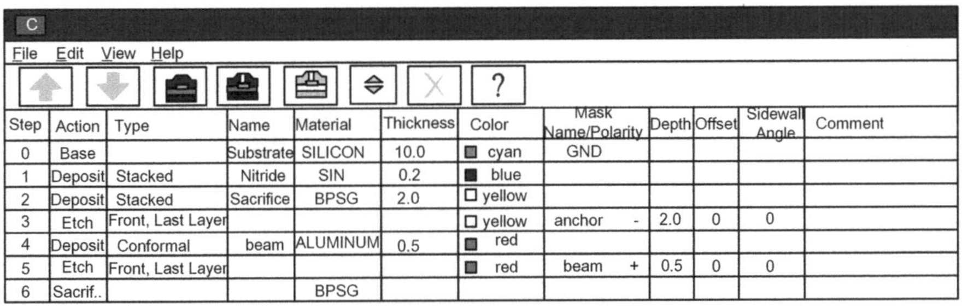

C

File Edit View Help

Step	Action	Type	Name	Material	Thickness	Color	Mask Name/Polarity	Depth	Offset	Sidewall Angle	Comment
0	Base		Substrate	SILICON	10.0	cyan	GND				
1	Deposit	Stacked	Nitride	SIN	0.2	blue					
2	Deposit	Stacked	Sacrifice	BPSG	2.0	yellow					
3	Etch	Front, Last Layer				yellow	anchor -	2.0	0	0	
4	Deposit	Conformal	beam	ALUMINUM	0.5	red					
5	Etch	Front, Last Layer				red	beam +	0.5	0	0	
6	Sacrif..			BPSG							

图 5.24 工艺过程

(5) 进入版图编辑器 (Layout Editor), 新建 beam.cat 文件, 根据预先设计的形状设计整个模型的二维版图, 如图 5.25 所示。设计完成后, 单击 Close 即可。

(6) 在 Model/Mesh 下拉栏里选择上步设计的二维版图文件 beam.cat, 单击 Build a New 3D Model。通过工艺文件 beam.proc 设定的厚度以及模型在二维版图文件 beam.cat 中的形状, 就可生成三维实体模型, 如图 5.26 所示。

(7) 然后选取悬臂梁和基底, 划分网格单元。因为要使用有限元求解器, 必须将选择的实体模型划分网格, 使其生成若干单元体, 这与 ANSYS 的处理过程相同。

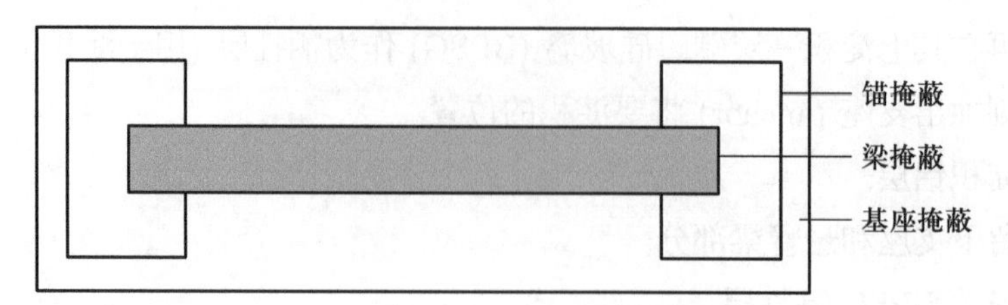

图 5.25 二维工艺版图

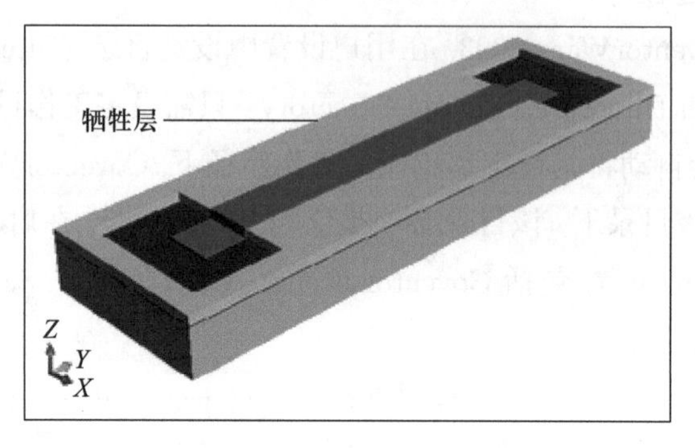

图 5.26 三维实体模型

(8) 再次回到功能管理器 (Function Manage) 界面, 进入 Analyzer 模块, 选择 MemElectro 求解器, 点击 Analysis 运行后, 就可以选择提取所需的电容和电量值以及电量密度的彩云图; 类似地, 要求解悬臂梁的应力和变形, 选择 MemMesh 求解器, 同样可以提取悬臂梁的变形和应力值及彩云图。

(9) 提取、查看结果。所求得的电容和电量值如图 5.27 所示; 所求得的应力和变形值如图 5.28 所示。

Capacitance (pF)

Capacitance (pF)	ground	beam
ground	1.484634E-02	-1.484634E-02
beam	-1.484634E-02	1.484634E-02

Close

图 5.27 电容和电量值

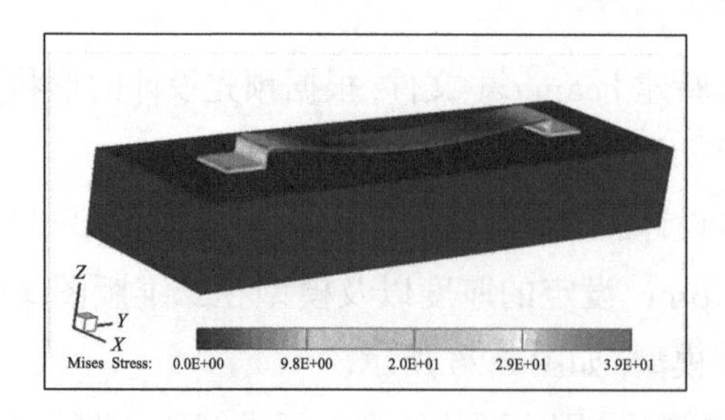

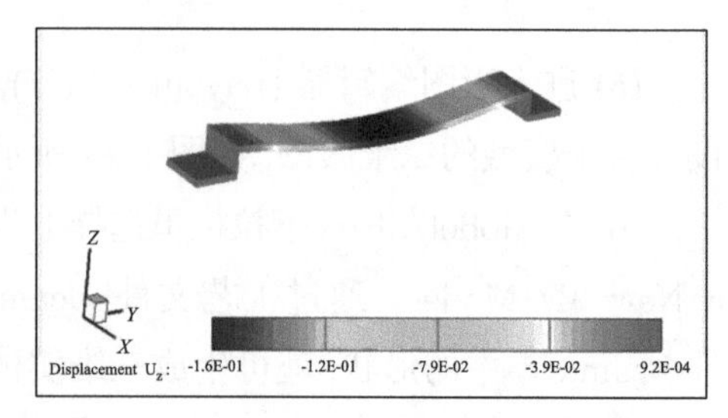

图 5.28 悬臂梁变形和应力图

5.4 MEMS 设计中的工程力学

许多微压力传感器的工作原理是将受压力作用而变形的薄硅片中的应变转化成所需的电输出信号[21]。在大多数情况下, 这些膜片 (圆形、正方形或者矩形) 可以作为在均布压力作用下承受横向弯曲的薄板来处理。

以微压力传感器为例, 压阻式压力传感器的设计主要包括三个方面: ① 敏感元件设计, 这部分首先是进行力敏电阻全桥在弹性元件上的合理布局与光刻版图设计, 然后是实现既定电桥性能和既定弹性元件形状与尺寸的工艺设计; ② 装配结构设计, 根据测压类型不同、使用介质不同等, 完成密封、隔离、压力接口等功能, 其设计重点与难点在于实现敏感元件的无应力封装; ③ 补偿电路及接口电路设计。

由于差动惠斯通全桥具有较高的灵敏度、较好的温度补偿性能和较高的输出线性度, 因此绝大多数压阻式压力传感器采用了等臂的、等电阻变化率的差动惠斯通全桥作为敏感检测电路。实现电阻等变化率的关键是, 在选定弹性元件上的合理位置布局压敏电阻条。

通常, 周边固支的膜片作为弹性元件比需要附加隔离传压膜的梁式弹性元件更适合于压阻式压力传感器。由于设计的灵活性, 何种压力传感器选用何种弹性膜片很难一概而论。一般的设计原则是, 微型探针式、导管端式传感器, 以及高频、高压传感器多选用圆平膜片设计; 微型导管侧壁式传感器则多选用矩形平膜设计; 低量程的差压传感器多选用 E 形膜片或双岛膜片设计, 前者对双端对称性有利, 后者则在同等精度下有较高的输出灵敏度; 微量程的差压传感器多选用 EI 形膜片或各种应力集中的复合梁膜结构设计; 机械研磨法制造的传感器选用圆平膜、E 形膜或 EI 形膜, 而微机械加工法制造的低成本传感器都选用矩形或方形平膜。

本节讲述在 MEMS 设计过程中可能涉及的微结构弹性特性和结构特性。

5.4.1 传感器的典型力学特性

弹性元件也称为弹性敏感元件, 主要用于感受被测量, 并将其转换为元件自身相应的位移或应变达到弹性力平衡, 最后通过变换元件将物理量变化转换为相应的电信号输出。这类弹性敏感元件结构种类繁多, 主要有平膜片、波纹片、弹性梁等, 其结构特性直接影响传感器的输出性能。而弹性元件的特性包括弹性特性、蠕变、弹性滞后等。

1. 弹性特性

弹性元件的输入输出关系为一多阶方程, 可由下式表示:

$$y = a_0 + a_1x + a_2x^2 + a_3x^3 + a_4x^4 + a_5x^5 + \cdots \tag{5.3}$$

式中, x 为输入量; y 为输出量; a_0、a_1、a_2 等为与弹性元件有关的常数。

若研究弹性元件的压力 – 位移特性, 则上式可改写为

$$p = a_0 + a_1\omega_0 + a_2\omega_0^2 + a_3\omega_0^3 + \cdots \tag{5.4}$$

式中, p 代表输入压力; ω_0 代表弹性敏感元件中心位移。式 (5.4) 中包括线性项和多次项, 说明弹性敏感元件的压力与位移的特性关系通常不是线性的。

2. 蠕变

在长期受载情况下, 金属弹性敏感元件将产生长期稳定性误差, 称为蠕变。为了减小这种误差, 作为弹性敏感元件的金属材料必须经过稳定性处理。

而由石英、蓝宝石和硅制成的弹性敏感元件几乎不存在弹性滞后误差和蠕变, 因此目前很多传感器在弹性敏感元件材料选择上, 尤其用于特殊环境, 如高压、高过载, 多采用这几种材料, 可以保证传感器的精度。

对于测量用的弹性元件是不允许产生塑性变形的, 元件抗微塑变形的能力用材料的弹性极限来表示。弹性元件工作应力比弹性极限越小, 则材料出现微塑变形越小, 弹性元件的精确性也越高, 因此传感器弹性敏感元件的安全系数可用下式表示:

$$n = \frac{\sigma_p}{\sigma_{\max}} \tag{5.5}$$

式中, σ_p 为弹性极限; $\sigma_{\max}$ 为最大工作应力。

器件所需要的安全系数, 应根据所要求的弹性元件的可靠性、工作条件和寿命等因素决定。一般安全系数应在 $2 \sim 5$ 范围内变化。

3. 弹性滞后

作为传感器的弹性体, 弹性元件在实际应用中会经常受到正反行程的加载与卸载操作, 位移曲线是不重合的, 而是构成一个弹性滞后环, 如图 5.29 所示。由图可知, 当载荷增加或减少到同一数值时, 位移量之间存在一差值, 称为弹性滞后。在不同的载荷下, 对应的滞后也不相同, 一般用相对滞后的百分数表示, 即

$$\sigma_n = \frac{\Delta\omega_{\max}}{\omega_{\max}} \times 100\% \tag{5.6}$$

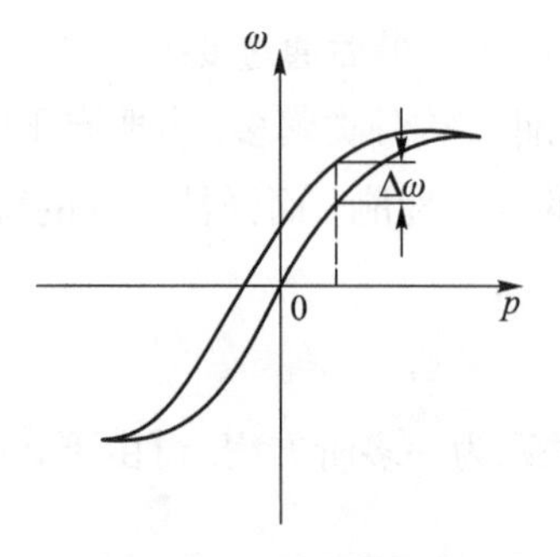

图 5.29 弹性滞后环

5.4.2　传感器的典型力学结构

1. 梁结构

压阻式加速度计作为最早开发的微加速度计，经历了长期的发展和完善，已经形成了许多经典结构[22]。图 5.30a 和 b 所示为悬臂梁结构，质量块作上下自由摆动，所以该类结构灵敏度很高，但固有频率低，频率响应范围窄，而且横向灵敏度较大。图 5.30c、d、e 所示为固支梁结构，质量块的运动受到固支梁的约束，所以该类结构灵敏度较低，但固有频率较高，频率响应范围更宽，而且横向灵敏度较小。图 5.30f 所示为双岛五梁结构，其灵敏度、固有频率和横向效应介于悬臂梁结构和固支梁结构之间，但该类结构制造工艺比较复杂，体积较大。

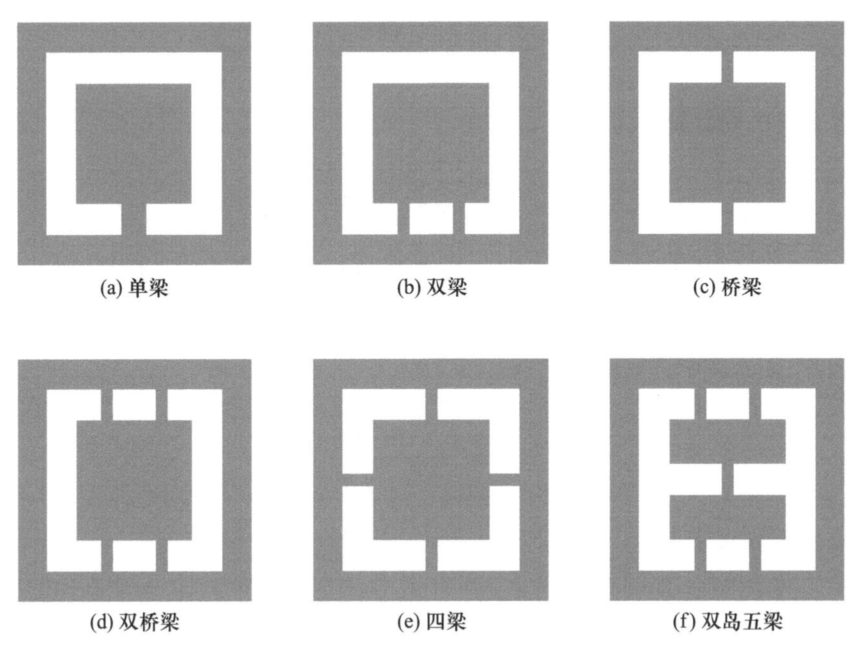

图 5.30　压阻式加速度计的典型结构

接下来将以几种典型的 MEMS 加速度计结构进行介绍。

1) 单端固支梁

悬臂梁作为一种常用弹性元件结构，主要用于加速度计、振动传感器等。其结构基本形式为一端固定，另一端为自由端，自由端可连接质量块作为感应加速度的敏感元件，压敏电阻布置在梁的固定端，如图 5.31 所示。

设梁的宽度为 b，厚度为 h，长度为 l。当在悬臂梁的自由端施加作用力 F 时，则在其固定端产生的最大应力可由下式获得：

$$\sigma_{\max} = \frac{6Fl}{bh^2} \tag{5.7}$$

一般在传感器弹性体结构设计中，考虑到弹性元件需工作在许用应力范围内，那

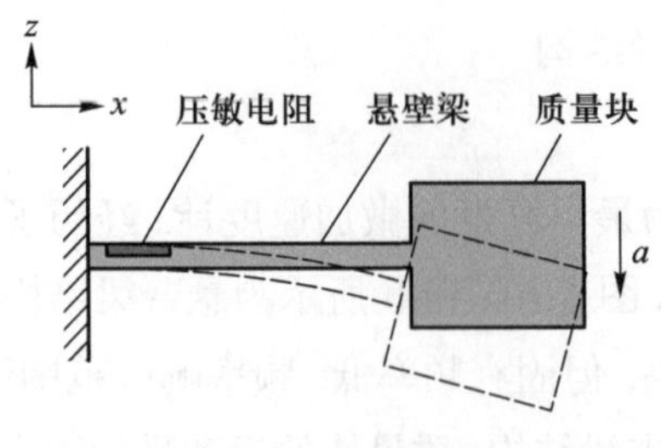

图 5.31 悬臂梁结构

么悬臂梁弹性体的最大应力应小于许用应力。

悬臂梁在固定端产生最大应力, 而在自由端产生最大挠度变化, 其最大挠度为

$$\omega_{\max} = \frac{4Fl^3}{Ebh^3} \tag{5.8}$$

悬臂梁的固有频率为

$$f_0 = \frac{1.875^2}{2\pi l^2}\sqrt{\frac{EJ}{A\rho}} \tag{5.9}$$

式中, $J = \dfrac{bh^2}{12}$ 为截面惯性矩 (cm^4); ρ 为密度 ($\mathrm{kg/cm}^3$); E 为弹性模量 (Pa); A 为截面面积 (cm^2)。

因此, 固有频率公式可简化为

$$f_0 = \frac{0.162h}{l^2}\sqrt{\frac{E}{\rho}} \tag{5.10}$$

2) 双端固支梁

梁的两端固定, 如图 5.32 所示。当力 F 作用在梁的跨中时, 跨中断面的应力为

$$\sigma = \frac{3Fl}{4bh^2} \tag{5.11}$$

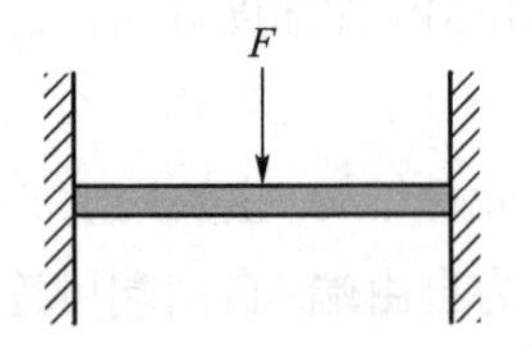

图 5.32 双端固支梁结构

跨中应变为

$$\varepsilon = \frac{3Fl}{4bh^2E} \tag{5.12}$$

跨中最大挠度为

$$\omega = \frac{Fl^3}{192EJ} \tag{5.13}$$

固有频率为

$$f_0 = \frac{22.37}{2\pi l^2}\sqrt{\frac{EJ}{A\rho}} \tag{5.14}$$

在设计传感器弹性元件时, 一般考虑以下几个原则:

(1) 形状简单的梁, 在单向应力 (零至最大的循环) 下工作, 为了保证 10^7 次以上的寿命, 许用应力应取弹性极限的 2/3 以下。

(2) 形状比较复杂的弹性元件, 如膜盒、波纹管等, 一般工作在变应力状态, 为了减小滞后, 许用应力至多只能取弹性极限的 1/3; 对于长期受载和测量用弹簧, 也应取较低的许用应力, 一般为弹性极限的 1/5。

(3) 承受静载荷的弹性元件, 许用应力可允许接近弹性。

2. 周边固支圆膜

在受到均布压强作用时, 圆平膜上的各点的径向应力 σ_r 与切向应力 σ_t 可用以下两式表示

$$\sigma_t = \frac{3P}{8h^2}[(1+\mu)a^2 - (1+3\mu)r^2] \quad (\mathrm{N/m^2}) \tag{5.15}$$

$$\sigma_r = \frac{3P}{8h^2}[(1+\mu)a^2 - (3+\mu)r^2] \quad (\mathrm{N/m^2}) \tag{5.16}$$

式中, a、r、h 分别代表膜片的有效半径、计算点处半径及厚度; u 为材料的泊松比; P 为施加的压力。

根据以上两作出曲线, 就可得到圆平膜片上应力分布, 如图 5.33 所示。

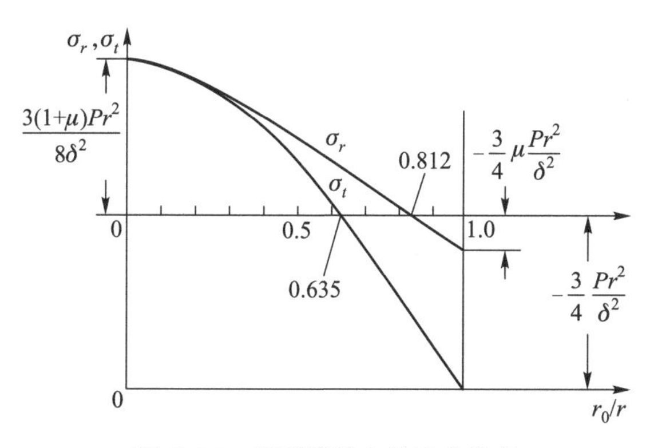

图 5.33 圆平膜片上的应力分布

由图可见, 径向应力和切向应力在圆膜中央皆取得正最大值, 在圆膜边缘皆取得负最大值。径向应力在半径的 0.635 处过零点, 切向应力在半径的 0.812 处过零点。

压阻式压力传感器在设计过程中为使输出线性度较好, 可限制硅膜片上最大应变不超过 400 ~ 500 με。分析可知, 圆平膜片上最大应变是膜片边缘处的径向应变 $\varepsilon_{r\max}$。

$$\varepsilon_{r\max} = -\frac{3P(1-u^2)}{4E}\left(\frac{r}{h}\right)^2 \tag{5.17}$$

求解上式可以确定一定量程传感器的径厚比。

3. 周边固支矩形膜/方膜

1) 方形平膜片设计

在制造压阻式力敏传感器的微机械加工技术中，一般采用各向异性腐蚀技术来形成弹性膜片[23]。在 (100) 面硅片的各向异性腐蚀中，形成的是以互相垂直的 $\langle 110\rangle$ 和 $\langle 011\rangle$ 晶向为两直角边的正方形和矩形平膜片。从前面已给出的 Si (100) 面内压阻系数的特点看，这种设计非常简单，电阻顺着上述两组 $\langle 011\rangle$ 晶向排列。然而，方形膜片上的压力 - 挠度关系、应力分布状态比较复杂，不像圆形平膜那样有现成可采用的公式，得不到解析解，而只能给出工程可用的近似解。

在周边固支的边界条件下，由弹性力学的平板理论，在膜片边缘中心位置，σ_x、σ_y 取得最大值

$$\sigma_{x\max} = 0.307\frac{Pa^2}{4h^2} \tag{5.18}$$

式中，P 为压力；a 为膜片宽度；h 为膜片厚度。

与圆平膜的 $\sigma_{r\max} = 0.75\dfrac{Pr^2}{h^2}$ 相比，在圆膜片直径 $2r$ 与正方形边长 a 相等的情况下，正方形膜片有较高的灵敏度。而在圆膜直径与正方形膜片的对角线相等的情况下，圆膜的最大应力则比正方膜的约大 26%，说明微型传感器设计宜用圆膜。

正方形膜片上的 4 条重要的等应力曲线示于图 5.34 中，其纵坐标用 Pa^2/h^2 归一化，横坐标用 $2x/a$ 归一化，坐标原点对应于方膜中心，曲线表示的是量纲一应力分布。

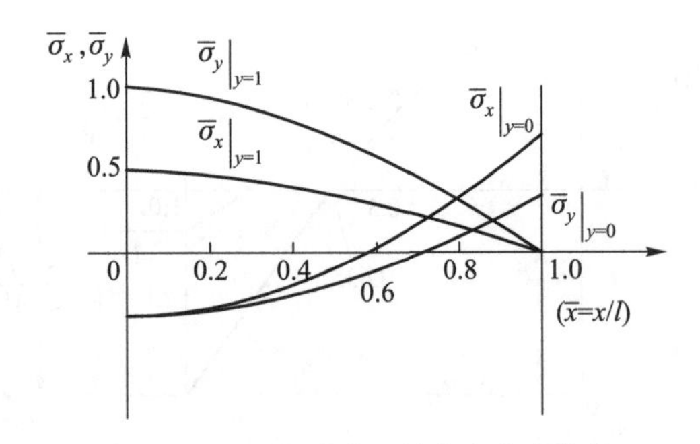

图 5.34 正方形膜上的应力分布曲线

由图 5.35 不难看出，正方形平膜上的应力分布有如下几个特点：

① $\bar{\sigma}_x$、$\bar{\sigma}_y$ 是 $\bar{x}$、$\bar{y}$ 的二元函数，是在定义式 $-1 \leqslant \bar{x} \leqslant 1$、$-1 \leqslant \bar{y} \leqslant 1$ 上的一个曲面。在膜片的边长中点处，应力取得最大值，约为 $1.2278Pa^2/h^2$，而在 4 个角点处为零。

② 膜片中心附近和边缘附近的应力 $\bar{\sigma}_x$、$\bar{\sigma}_y$ 的符号相反，中心处若受拉伸应力，则边缘为压缩应力。$\bar{\sigma}_x$ 在 $\bar{x} = 0.65$ 处过零点，$\bar{\sigma}_y$ 在 $\bar{x} \approx 0.72$ 处过零点，这是 $\bar{y} = 0$

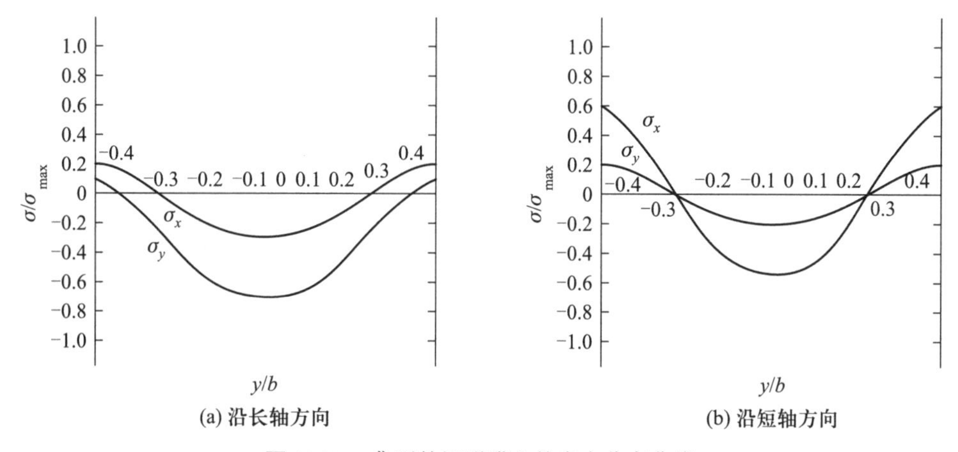

图 5.35 典型的矩形膜上的应力分布曲线

的应力曲线, 随着 $\overline{y} \to \pm 1$, 应力曲线的过零点也逐渐趋于 1。

③ 在膜片中心处, $\overline{\sigma}_x$ 和 $\overline{\sigma}_y$ 大小相等, 约为 $0.56Pa^2/h^2$; 而在膜片边缘边长中点处, $\overline{\sigma}_x$ 和 $\overline{\sigma}_y$ 相差 u 倍。

④ 在膜片中心附近, $\overline{\sigma}_x$ 和 $\overline{\sigma}_y$ 变化较为平缓, 在边缘处, 则变化十分剧烈。在各边长的中点附近, $\overline{\sigma}_x$ 和 $\overline{\sigma}_y$ 在垂直于边长的方向变化较剧烈, 而在沿着平行于边长的方向则变化相当平缓。

2) 矩形膜结构设计

在对压阻式压力传感器的微型化没有严格要求时, 工程设计中也常采用矩形方膜的设计。对于任意长宽比形状的矩形方膜上的应力分布, 图 5.35 给出了一个典型的矩形膜上的应力分布图, 这是用计算机进行数据处理后得到的。图 5.35a 所示为沿长轴方向, 图 5.35b 所示为沿短轴方向。矩形膜的长为 $2b$, 宽为 $2a$。在不同 K 值下, $\overline{\sigma}_x$ 和 $\overline{\sigma}_y$ 沿短轴方向在中心处和边缘处存在 4 个极值。

从图 5.35 可以看出, 沿短轴方向的应力 $\overline{\sigma}_x$ 和 $\overline{\sigma}_y$ 在中心变化缓慢, 两应力差值较大。两应力在长边中点附近变化较剧烈, 差值较大。边缘与中心应力符号相反, 这有利于传感器设计。而在长轴方向, 应力 $\overline{\sigma}_x$ 和 $\overline{\sigma}_y$ 在边缘很小, 但在中央很大, 而且差值也大, 且变化很缓。随着长宽比的增大, 矩形平膜沿短轴方向, 中心和边缘的 $\overline{\sigma}_x - \overline{\sigma}_y$ 都在增大, 边缘两应力差值大, 但随长宽比值增大的幅度要比中心处小。这说明, 选择较大的长宽比, 有利于获得优良的差动全桥设计。桥臂电阻在矩形膜片上的布置要考虑其分布位置对传感器灵敏度的影响, 如图 5.36 所示。

有关文献给出的较精确的经验公式可以用于计算矩形膜片的挠度和平均应力

$$\omega = \frac{P}{24D} \frac{(a^2 - x^2)^2 (b^2 - y^2)^2}{a^4 + b^4} \tag{5.19}$$

$$\sigma_x = -\frac{P}{h^2(a^4+b^4)}[(b^2-y^2)^2(3x^2-a^2)+u(a^2-x^2)^2(3y^2-b^2)] \tag{5.20}$$

$$\sigma_y = -\frac{P}{h^2(a^4+b^4)}[(a^2-x^2)^2(3y^2-b^2)+u(b^2-y^2)^2(3x^2-a^2)] \tag{5.21}$$

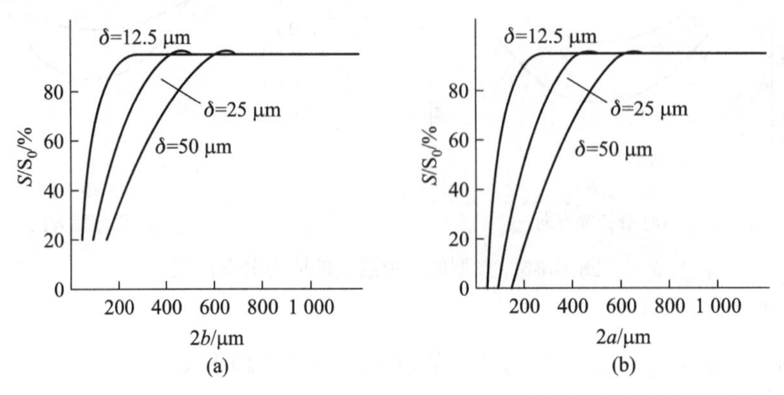

图 5.36 矩形膜上电阻位置偏离中心时相对灵敏度与硅膜尺寸的关系

4. 岛膜结构

1) E 形膜片设计

平膜片用于低量程传感器时, 由于极薄硅片的中心处挠度过大, 中性面明显弯曲拉长, 从而偏离了小挠度的假设, 会因所谓的 “气球效应” 产生较大的非线性误差。在制作有双向对称性要求的低量程差压传感器时, 平膜片正负应力的不对称性还要附加误差。因而, 对于量程在数 kPa 到数十 kPa, 要求线性度好, 或有双向对称性差压要求的传感器设计中, 常选用 E 形膜片的设计。如图 5.37 所示, E 形膜片即是周边固支的带硬心的变厚平膜片。圆平膜与方平膜均可带硬心, 由于设计类似, 下面的讨论均以圆形 E 形膜为例。

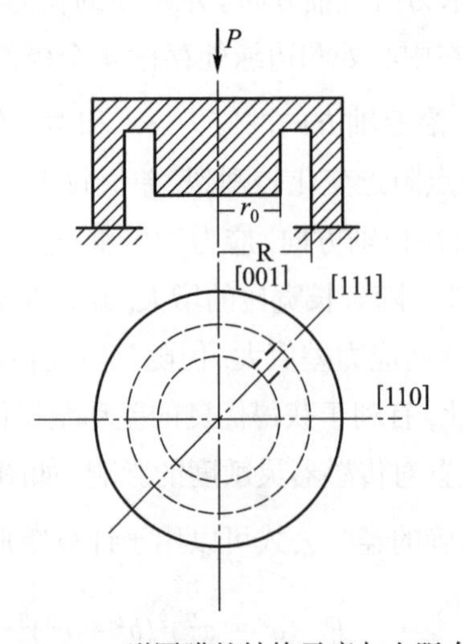

图 5.37 E 形圆膜的结构示意与电阻布局

对于 E 形圆膜，当其圆膜外径为 R，内径为 r_0，即硬心外径为 r_0 时，其膜片部分表面的径向和切向应力为

$$\sigma_r = \pm\frac{3P}{8h^2}\left[-(1+u)(R^2+r_0^2)+(3+u)r^2-(1-u)\frac{R^2r_0^2}{r^2}\right] \tag{5.22}$$

$$\sigma_t = \pm\frac{3P}{8h^2}\left[-(1+u)(R^2+r_0^2)+(1+3u)r^2+(1-u)\frac{R^2r_0^2}{r^2}\right] \tag{5.23}$$

通过式 (5.22)、式 (5.23) 可以得出，E 形膜片应力分布有如下几个特点：

(1) 在 $r=r_0, r=R$ 处，$\overline{\sigma}_r$ 和 $\overline{\sigma}_t$ 取得最大值，其值大小相等，符号相反。

(2) 应力 $\overline{\sigma}_r$ 和 $\overline{\sigma}_t$ 均近似对称，$\overline{\sigma}_r$ 的对称性较好。

(3) 与圆平膜片相比，应力在边缘处的分布变得平缓。E 形膜片的挠度表达式为

$$\omega = \frac{3PR^4(1-u^2)}{16Eh^3}\left(1+\frac{4r_0^2}{R^2}\ln\frac{r}{R}-\frac{2r_0^2r^2+2R^2r^2-2R^2r_0^2-r^4}{R^4}\right) \tag{5.24}$$

$r=r_0$ 为最大挠度处，$c=r_0/R$，代入为

$$\omega_{E\max} = \frac{3PR^4(1-u^2)}{16Eh^3}(1+4c^2\ln c-c^4) \tag{5.25}$$

半径为 R 的圆平膜片的中心最大挠度为

$$\omega_{\max} = \frac{3PR^4(1-u^2)}{16Eh^3} \tag{5.26}$$

比较以上两式，说明 E 形膜片的最大挠度降低，当 $c=0.5$ 时，仅约为圆平膜挠度的 1/4，显然这对线性是很有利的。

仔细分析不难看出，E 形岛膜结构改善非线性是以牺牲部分灵敏度为代价的。对于低量程传感器，灵敏度恰恰又很重要。分析对比不难看出，当 E 形结构的 $c=0.5$ 时，若其环状薄膜外径 R 与圆平膜外径 R 相同时，灵敏度下降约 25%，但只要将环状薄膜外径 R 增加 15%，则可以抵消这一灵敏度的下降。考虑到 E 形结构的挠度远小于 C 形平膜，因此稍微增加一些膜片尺寸，即可达到在较低的量程范围内灵敏度与线性度的统一。在工程实际设计中，E 形膜结构芯片设计适用于 5 ~ 100 kPa 量程的压阻式差压传感器。

2) 带双岛结构膜片设计

E 形膜片实际上是平膜片中心有一块硬心，类似一个小岛的异形结构膜片，另一种结构在平膜片上带有两块硬心，图 5.38 给出了这种称为双岛结构硅膜及其上应力分布的示意图。

与前同理，采用有限元法可解得其位移与应力分布。一般采用计算的数据曲线协助实际工程设计。对于 $a=800$ μm，膜厚为 30 μm，压力量程为 40 kPa 的一个双岛结构膜片设计，图 5.39 给出了小岛纵向宽度 W_3 对中心膜区和边缘膜区应力的影响，中心膜区和边缘膜区的宽度均为 120 μm。

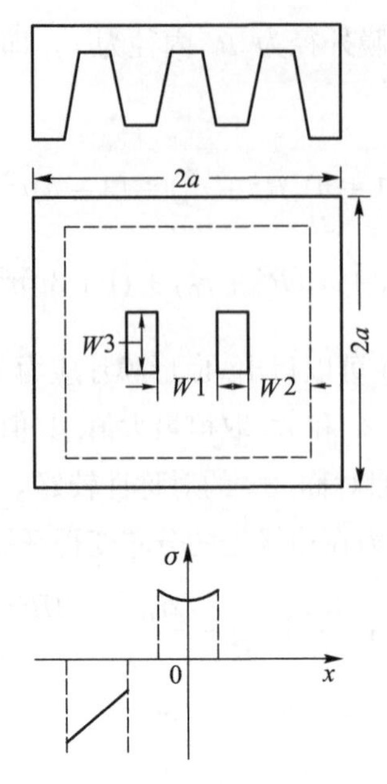

图 5.38 双岛结构硅膜及其上应力分布示意图

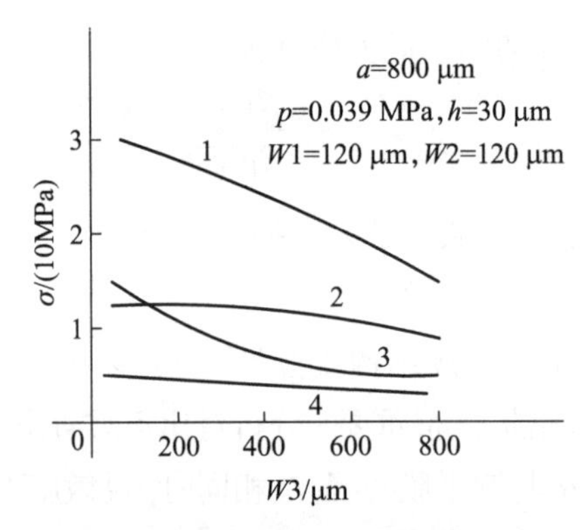

图 5.39 小岛纵向宽度 W_3 对中心膜区和边缘膜区应力的影响

1—中心 W_3; 2—边缘 σ_x; 3—中心 σ_x; 4—边缘 σ_y

对于一个相同尺寸与膜厚的平膜片, 在同样压力下计算得到膜片边缘 $x = 0.9$ 处的纵向应力 $\sigma_x = 21.3$ MPa。由图 5.39 可知, 当 $W_3 < 400$ μm 时, 中心处应力明显高于方平膜边缘处应力, 体现了其应力集中效应。还可看出, W_3 的增大使中心和边缘应力都下降, 中心应力下降快些, 因而可通过改变 W_3 来调节中心与边缘的应力比值。

图 5.40 给出了当 $W_2 = 80$ μm, $W_3 = 400$ μm 时, 中心膜区宽度 W_1 对中心膜区应力和边缘膜区应力的影响。可以看出, W_1 的增大使中心应力下降, 而使边缘应力上升。在中心区宽度为 170 μm 处, 即 $W_1/W_2 = 2.13$ 时, 中心应力与边缘应力相等。

图 5.41 给出了当 $W_1 = 120$ μm, $W_3 = 400$ μm 时, 边缘膜区宽度 W_2 对中心膜

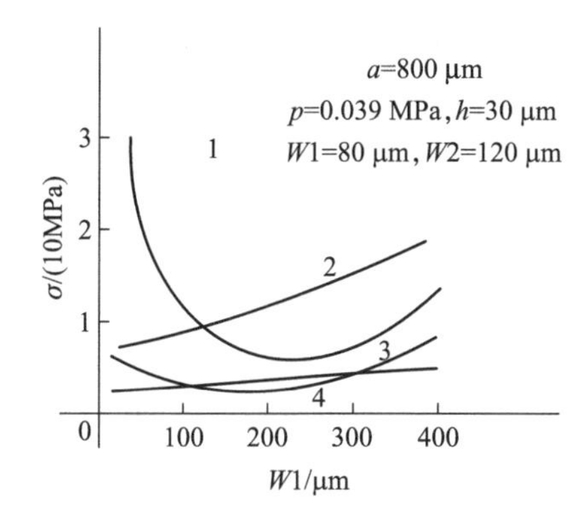

图 5.40 中心膜区宽度 W_1 对中心膜区和边缘膜区应力的影响

1—中心 W_1; 2—边缘 σ_x; 3—中心 σ_x; 4—边缘 σ_y

区应力和边缘膜区应力的影响。可以看出, 随着 W_2 的增加, 中心应力逐渐上升, 之后趋于平坦, 再后又逐渐缓慢下降, 而边缘应力随 W_2 的增大急剧下降。

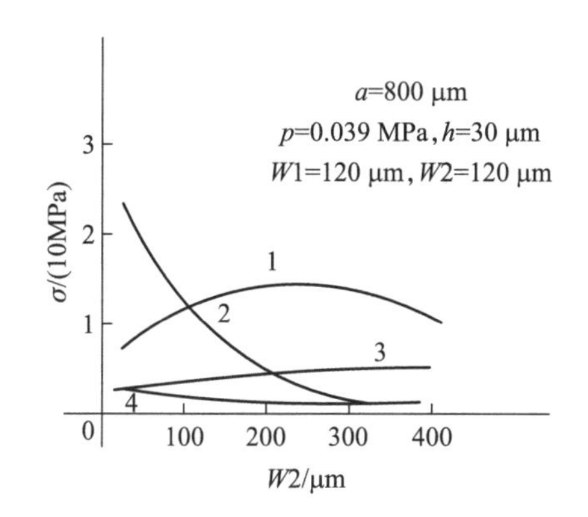

图 5.41 边缘膜区宽度 W_2 对中心膜区和边缘膜区应力的影响

1—中心 W_2; 2—边缘 σ_x; 3—中心 σ_x; 4—边缘 σ_y

双岛结构设计的特点不仅在于应力集中, 还在于采用了所谓横向应变电阻的配对设计。在此前的设计方案中, 组成惠斯顿电桥两对臂的或是受正负径向应力的纵向 P 形力敏电阻, 或是受径向应力与横向应力差的纵向力敏电阻与横向力敏电阻配对。就单个的力敏电阻而言, 在受到的应力较低时, 无论横向 P 形力敏电阻还是纵向 P 形力敏电阻, 其电阻变化率与应变之间的关系是线性的, 虽然纵向力敏电阻更好一些。当应力增加时, 电阻变化率出现了对初始斜率的偏离, 即非线性增大。

5. 梁膜结构

对于传统机械结构的压阻式压力传感器性能, 如灵敏度和非线性, 受机械结构的影响很大, 往往为了获得较高的灵敏度, 即最大应力输出, 设计师尽量将平膜片设计得很薄, 然而这种获得更高的应力输出的方法会导致传感器非线性输出较大[24]。为了解决这种结构缺陷, 目前压阻式传感器在结构上的设计优化起到非常重要的作用,因此梁膜结构作为解决该问题的一种新方法被提出。在研究梁膜结构的力学特性之前, 首先要明确影响压力传感器非线性特性的因素。

为了解决非线性问题, E 形结构和双岛结构设计都是利用较大的单块和双块硬心, 将应力集中在异形膜上狭窄的薄膜区域。而近年来得到发展的, 适于更低量程微压传感器设计的是各种梁膜结构。它是利用厚度有差异的梁和膜, 把应力集中到梁上, 得到比周边固支膜灵敏度高的力学结构。加上应力集中效应, 已获得量程 0.3 ~ 2 kPa, 非线性优于 1% 的一体化硅集成压阻微差压传感器。

梁膜结构的出现是在 20 世纪 80 年代初期, 日立公司将其 E 形机械硅杯形传感器改进为 EI 形, 它是将 E 形结构的环状薄膜区正面除保留 4 条梁外, 其余皆腐蚀至薄膜厚度为原来的一半左右。4 条悬臂梁的自由端与中心的硬心相连接, 力敏电阻就设计在 4 条梁的应力最大的根部。近年来, 多采用硅微机械加工来形成这类结构。它们的共同特点是利用了所谓 "平面" 型应力集中原理, 克服了 EI 形结构尺寸较大和加速度效应较大的问题。换言之, 它利用了硅膜的刚度系数是与其膜厚的立方成正比的原理, 只要梁区比膜区厚一倍, 便已有足够的应力集中效应, 不必用比硅膜厚十余倍的硬岛来实现应力集中。这种结构的主要特点是, 利用从正面腐蚀形成的梁与从背面腐蚀形成的膜相叠加的结构。悬臂梁一般为矩形或三角形, 也可采用哑铃形梁。图 5.42 给出了复旦大学设计的哑铃形梁膜结构设计。它把横向应变对巧妙地结合应用, 进一步提高了微压下的输出灵敏度。其电阻分布在梁上的狭窄区, 电阻分布设计类似于双岛结构, 不同的是利用厚度及质量均小得多的宽梁区代替双岛, 使工艺制造难度相对降低, 也减小了加速度效应。

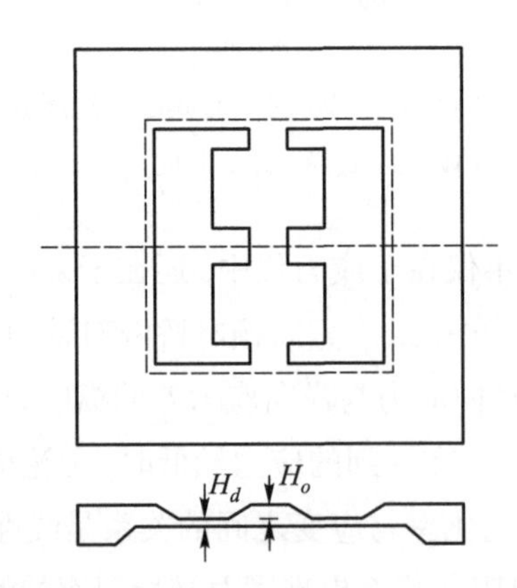

图 5.42 哑铃形梁膜结构设计及电阻布局

图 5.43 给出了德国柏林大学研制的矩形悬梁梁膜结构设计。它的改进之处是在矩形悬臂梁的 "自由" 端与中心宽梁硬块相连接处 "断开" 一点, 即加进一小段柔性的膜。这可使梁上的应力分布更接近一个自由的悬臂梁。其电阻分布设计是典型的硅悬臂梁设计, 详细分析可见压阻式加速度传感器设计部分。分布在四条悬臂梁上

的两个纵向电阻和两个横向电阻都在梁根部靠近固支点的地方。把半桥或全桥电阻分布在同一条梁上有利于减小工艺误差带来的电桥不平衡度和灵敏度误差，但由于梁尺寸的限制，平均应力将下降，分布在四条梁上则有利于最大限度地利用高应力区提高灵敏度。

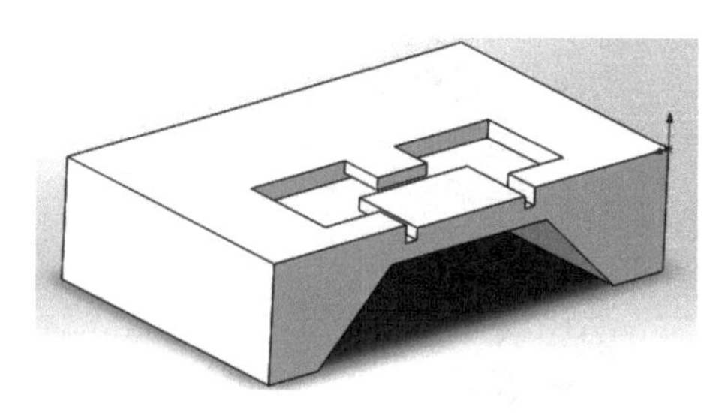

图 5.43 改进型矩形悬梁梁膜结构设计

梁膜结构的压力传感器类型还有由 4 个弹性梁和一个刚性中心膜构成的梁膜结构，如图 5.44 所示[25]。该结构具有平面应力集中效应，与一般的结构相比，这种膜片在受到微压时即产生较大的应力集中，使传感器在测量微压时有较高的灵敏度。其特别的结构能解决一般结构膜片在很薄时由膜应力和弯曲应力产生的严重的非线性。

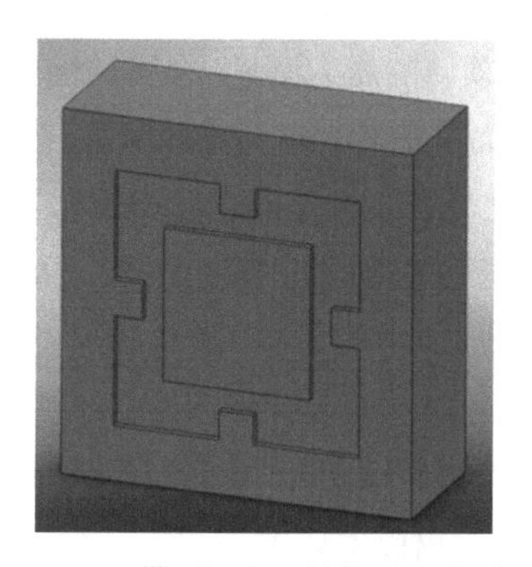

图 5.44 带刚性中心结构压力传感器

图 5.45 所示为西安交通大学研制的田字形梁膜结构压力传感器[26]。两个相互垂直的双端固支硅梁附于敏感应力薄膜之上，用来检测垂直于梁及膜片表面的压力载荷；敏感膜片表面被两个双端固支梁均匀分割为 4 个部分，十字交叉梁增加薄膜片中心厚度，以提高传感器刚度，而梁的末端与薄膜边缘中部相接，可提高应力集中效果。由该十字梁膜结构可知，多个压敏电阻可以分别分布在悬臂梁两端的应力集中区域，将各电阻连接就可以构成检测膜片垂直方向表面压力的惠斯通电桥。当微压传感器受到外界压力时，薄膜及交叉梁会把压力转化为机械应力，使悬臂梁及膜片发生形变，产生应力变化，导致压敏电阻的阻值发生变化，最后由惠斯通电桥输出

相应电压的变化。该田字形梁膜结构压力传感器具有较高的灵敏度及线性度，并且相对于传统的平膜及岛膜结构压力传感器，该类型传感器在获得相同灵敏度输出的情况下具有尺寸小的特点。

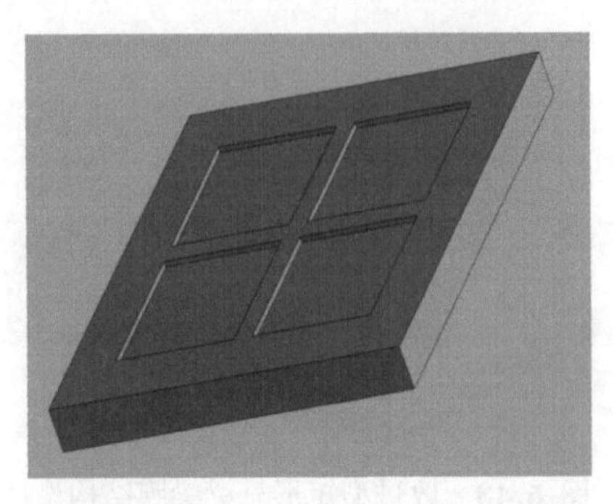

图 5.45 田字型梁膜结构压力传感器

以上梁膜结构压力传感器结构各异，都是利用梁膜应力集中的特点，在提高灵敏度输出的基础上，使传感器在线性输出及灵敏度输出上达到一种平衡，并使传感器在具有较高的灵敏度输出情况下同时获得较低的挠度输出。

6. 波纹片

波纹片结构作为隔离膜片广泛应用于耐高温压力传感器设计中。针对石油化工、炉窑、发动机、火药爆破等领域的压力测量，在腐蚀性介质中，隔离膜片被用于隔离传感器芯片和测量介质，从而避免芯片被污染和腐蚀，影响传感器的动静态性能甚至毁坏传感器。隔离膜片的设计和制作是实现压力传感器充油隔离封装的关键因素。隔离膜片应具有抗腐蚀、厚度小、弹性好等特点[27]。要使隔离膜片无损耗地传递压力，则必须尽量消除自身变形应力的影响，隔离膜片可以通过波纹间的结构形变和自调整来减小自身变形的应力，从而改善传感器的线性度和响应灵敏度。

隔离膜片是压力传感器的弹性元件，在设计隔离膜片以前，首先应选择好弹性元件材料。对弹性元件材料提出以下要求:

(1) 强度高，弹性极限高;

(2) 具有高的冲击韧性和疲劳极限;

(3) 弹性模量温度系数小而稳定;

(4) 热膨胀系数小;

(5) 具有良好的机械加工和热处理性能;

(6) 具有高的抗氧化、抗腐蚀性能;

(7) 弹性滞后小。

若要弹性元件材料同时满足上述所有要求，客观上是困难的，因此只能根据传感器的使用条件综合考虑。隔离膜片常用的材料为不锈钢 316L。不锈钢 316L 的弹性

模量约为 200×10^9 Pa, 弹性模量温度系数非常小, 可忽略, 所以其弹性模量在 200 ℃ 以下是恒定值。不锈钢 316L 的线膨胀系数为 16.0×10^{-6} K^{-1}, 相对于其他金属来说不算大。此外, 316L 良好的延展性可以保证隔离膜片加工得很薄。综合考虑, 选择不锈钢 316L 作为隔离膜片材料是合适的。常用的隔离膜片的形状如图 5.46 所示。波纹形状对膜片的压力 – 位移特性有影响, 在相同压力作用下, 正弦曲线形隔离膜片具有最大的挠度; 锯齿形隔离膜片具有最小的挠度, 但线性较好; 梯形波纹的特性位于两者之间。锯齿形波纹虽然容易加工, 但是当波纹较深时, 在波纹的峰谷位置容易产生应力集中, 导致膜片产生裂纹; 正弦曲线形膜片灵敏度好, 且不容易产生应力集中。

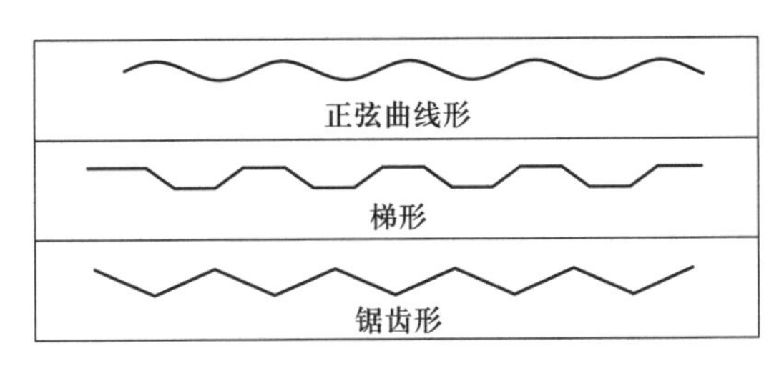

图 5.46 隔离膜片的波形图

隔离膜片实际承受的压力是工作压力与硅油承受压力的差值, 即膜片自变形压力损耗, 实际上由于封装强度和膜片弹性极限的限制, 作用在隔离膜片上单方向的力是非常小的, 那么以工作压力为量程来设计隔离膜片, 就会产生设计误差。在压力传感器设计中, 精确地确定出在工作压力下隔离膜片所承受的压力, 对隔离膜片的设计是十分重要的。

由于传递高温压力的介质硅油的不可压缩性, 我们可以得出推论: 当工作压力 PG 作用在隔离膜片上, 传递给传感器芯片的压力 P_1 引起芯片的变形体积为 V_1, 隔离模型的变形体积为 V_2, 则有

$$\begin{aligned} V_1 &= V_2 \\ P &= PG - P_1 \end{aligned} \tag{5.27}$$

式中, P 为隔离膜片所承受的真实压力。

隔离膜片 (图 5.47) 的主要参数包括外形因子 q、工作半径 a、膜厚 h、波纹深度 H、波距 s、波纹数 n。

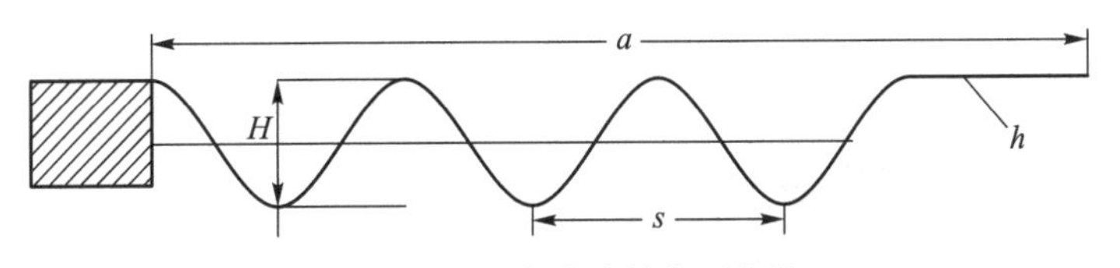

图 5.47 隔离膜片的主要参数

外形因子 q 决定隔离膜片的变形, q 越大则膜片的刚度越大, 线性区越长。通

常 q 值在 $5\sim20$ 之间; 膜片的工作半径 a 对膜片的中心位移的影响显著, 确定该参数时除考虑中心位移等因素外, 还应兼顾传感器的使用场合以及尺寸要求; 隔离膜片的厚度 h 对其中心位移的影响非常明显, 在实际设计中, 常改变膜片的厚度以达到预期的量程; 波纹深度 H 对隔离膜片的特性影响很大, 加大波纹深度, 一方面可增大初始变形刚度, 另一方面可使特性接近线性。实际设计中通过调节波纹深度来改变其特性, 但当波纹较深时, 由于峰谷处应力集中, 容易产生裂纹。

在实例设计过程中, 根据尺寸要求, 取隔离膜片的工作半径 $a=9.2$ mm; 外形因子 $q=15$; 隔离膜片的最大应力 $\sigma_{\max}=\sigma/n$ (n 为膜片的安全系数, 取 $n=5$;σ 是膜片材料的屈服极限), 即 $\sigma_{\max}=239/5$ MPa=47.8 MPa; 根据前面的计算分析, 隔离膜片真实承受的压力相对于传感器工作压力是非常小的, 同时考虑隔离膜片在承受高静压时的强度可靠性和加工可操作性, 拟取 $P=0.3$ kPa, 确定膜片的厚度 $h=0.03$ mm, 膜片的深度 $H=0.3$ mm; 隔离膜片设计中, 通常选取波距 $s=4\sim5H$, 取 $s=1.6$ mm; s/a 的值决定要设计的波纹数 n, 确定波纹数 $n=5$。根据本设计制备的隔离膜片的实物图如图 5.48 所示[28]。

图 5.48 隔离膜片的实物图

7. 其他典型结构

目前三轴体硅压阻式加速度传感器有很多结构, 包括双桥梁、四梁、双岛五梁、六梁、四边梁等结构, 如图 5.49 所示。其中, 各加速度传感器结构都是利用硅质量块敏感外界加速度的变化, 而各传感器结构中的悬臂梁可以是等截面梁、等强度梁, 或是应力集中非等截面梁。在悬臂梁的应力集中部位制作压敏电阻, 可提高传感器的灵敏度。图 5.49 中的加速度传感器结构有其各自的特点, 如表 5.4 所示。

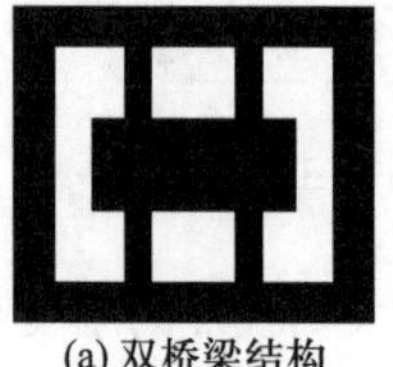

(a) 双桥梁结构

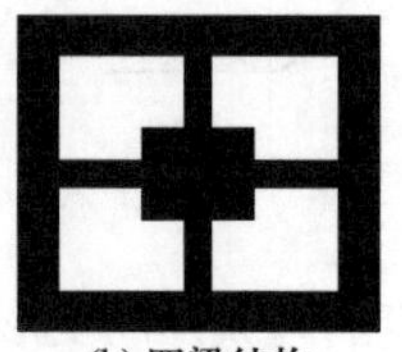

(b) 四梁结构

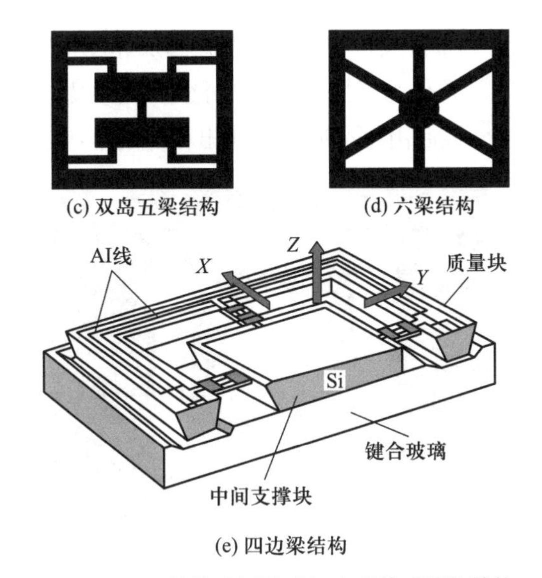

(e) 四边梁结构

图 5.49 三轴体硅压阻式加速度传感器的结构

表 5.4 三轴加速度传感器的结构性能比较

结构	灵敏度	频率响应范围	残余应力影响	各轴交叉干扰	各轴输出一致性	工艺
双桥梁结构	中等	中等	大	大	差	简单
四梁结构	中等	中等	大	小	较好	简单
双岛五梁结构	高	小	小	大	差	复杂
六梁结构	低	大	大	小	好	复杂
四边梁结构	高	小	小	小	较好	复杂

1) 四梁三轴加速度传感器的结构

综合表 5.4 所示的结构性能特点、实际工作的要求和加工单位的现有工艺限制，选择四梁结构作为本文中的三轴加速度传感器的结构加以介绍。四梁结构通过四个相互垂直的悬臂梁支撑敏感质量块，结构中心对称，相互垂直的悬臂梁提供了良好的各方向应力解耦的结构条件，能够较好地消除非对称结构引起的交叉干扰。同时 X、Y 方向的结构对称导致两个方向的输出基本对称，减小了输出信号处理的难度。另外，相对于双岛五梁结构、六梁结构，四悬臂梁垂直结构减少了加工工艺的复杂度，相对于四边梁结构，四梁结构则大大减小了传感器芯片的引线键合、封装、测试的难度，将有利于提高器件的加工成品率。

三轴加速度传感器的结构如图 5.50 所示[29-30]，4 个相互垂直的单端固支硅悬臂梁支撑着中间的可动敏感质量悬块，用来检测三个方向的加速度；底部的 Pyrex 玻璃基底提供加速度传感器的高过载限位保护。由三轴加速度传感器的四梁结构可知，多个压敏电阻分别分布在 4 个悬臂梁两端的应力集中区域，将各电阻连接，可以分别构成检测三个垂直方向加速度的惠斯通电桥。当加速度传感器受到外界加速度作用时, 质量块会把加速度转化为惯性力, 使悬臂梁发生形变, 产生应力变化, 导致压敏电阻的阻值发生变化, 最后由惠斯通电桥输出相应的电压变化。

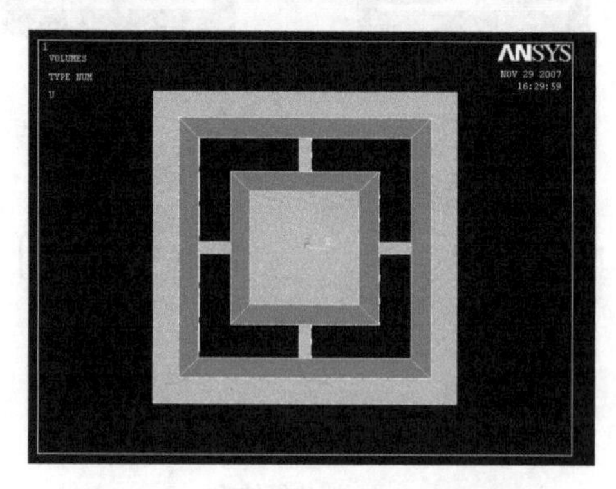

图 5.50 三轴加速度传感器的结构

三轴加速度传感器的结构参数包括: 整个三轴加速度传感器的外形尺寸 $A \times B$; 支撑硅基的键合面宽度 W; 悬臂梁的长、宽、高 (4 个支撑悬臂梁的尺寸完全相同) 分别表示为 l_{b}、b_{b}、h_{b}; 质量块的上、下表面的边长 (上、下表面都是正方形) 分别表示为 l_{um}、l_{dm}; 而质量块的厚度 h_{m} 主要由硅片的厚度 H 决定; 质量块和支撑硅基的倾斜面通过硅片背面各向异性腐蚀而成, 倾斜角为 $\theta = 54.74°$。传感器结构设计的目的是: 根据设计约束和设计目标的要求对传感器结构参数进行优选, 以确定最合适的结构设计参数。同时, 也要根据实际的工艺条件对某些最优设计参数进行调整 (取整或标准化), 以符合实际加工的工艺难度要求。

三轴加速度传感器的结构设计参数必须使器件满足如下原则:

(1) 线性原则。为保证传感器具有良好的线性输出, 悬臂梁端部所受的应变量通常不能超过 500 με。

(2) 灵敏度原则。选择设计参数时, 必须综合考虑结构灵敏度和频率响应的要求。设计要求三轴加速度传感器的一阶固有频率应大于 10 kHz。在能够满足频率响应特性要求的情况下, 加速度传感器以最大结构灵敏度为优化目标。

(3) 抗过载能力原则。设计要求器件能够抵抗 5 000g 的加速度过载, 因此必须合理地设计质量块的行程距离, 以保证在硅悬臂梁的弯曲强度范围内, 质量块与玻璃基底能够接触。当非常高的加速度过载作用时, 质量块与玻璃基底接触使悬臂梁成为两端固支梁, 受均布载荷的作用, 可大大提高悬臂梁的抗过载能力。

对三轴加速度传感器的设计来说, 还必须考虑传感器 X、Y 方向的结构灵敏度、频率响应等特性与悬臂梁长度的关系。由于器件在 X 和 Y 方向的结构对称, 只需考虑 X 方向的结构特性。三轴加速度传感器受到 X 方向的加速度时, 由于敏感质量块的质心偏离悬臂梁的中心平面, 惯性力 $F = ma_x$ 产生的弯矩将在两个 X 方向的悬臂梁上产生应力变化, 并使两个同向悬臂梁发生扭转。传感器 X 向的结构灵敏度与质量块厚度、悬臂梁厚度、悬臂梁长度都有关, 由于质量块厚度、悬臂梁厚度由工艺已经确定, 通过改变悬臂梁长度可以获得最大 X 向结构灵敏度。

2) 梁膜单岛结构

结构采用 MEMS 体硅压阻工艺加工而成, 在硅基体的背面腐蚀出凸台 (质量块), 正面刻蚀出 4 根单梁, 形成梁膜单岛结构 (图 5.51)。硅衬底与玻璃键合, 内腔被真空密封, 从而制成绝对压力传感器。该传感器采用相互垂直的 4 根单梁和薄膜来支撑中间的质量悬块。键合的玻璃基底和活动的质量悬块之间必须留出一定的活动空间, 保证传感器的正常工作, 同时能提供传感器的高过载限位保护。传感器正面的梁膜暴露在被测气压中, 该气压通过梁膜传递到梁的根部形成应力集中, 产生较大的应力, 而其上的压敏电阻条的阻值会因此发生较大的变化, 通过电桥失衡将阻值的改变转化为电压的输出, 完成微压 – 电信号的转变。同时, 借助岛结构的大刚度, 使得应变膜的线性度较平膜结构有明显改善; 相对于岛膜结构, 其膜上的梁可以将应力二次集中, 从而可获得较高的灵敏度。由此可见, 梁膜单岛结构可以很好地解决灵敏度与线性度、灵敏度与抗过载之间的矛盾。

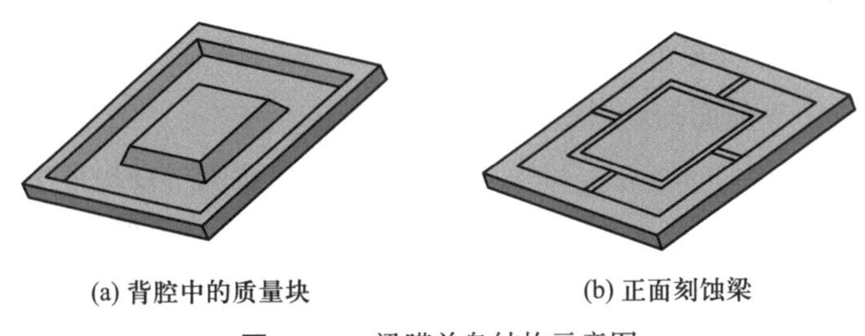

(a) 背腔中的质量块　　(b) 正面刻蚀梁

图 5.51　梁膜单岛结构示意图

3) 剪切型四端应变计及膜的设计

大多数压阻式压力传感器采用 4 个扩散硅应变电阻构成的差动惠斯通全桥模式, 它要求分布在弹性元件不同部位的这 4 个扩散电阻有很高的一致性, 工艺要求高。在寻求大批量生产, 易于降低制造成本时, 20 世纪 80 年代初推出一种利用剪切压阻系数的单电阻四端应变计, 在我国也称为横向电压型或横向压阻效应型传感器。由于其几何形状颇似英文字母 X, 因此俗称为 X 形传感器。它类似霍尔元件, 在受到应力时, 在电流流过的横向产生相应的电压输出。图 5.52 所示为 X 形传感器的四端敏感元件。电流在电源电极 1 流向电流电极 2, 当受到应力时, 在横向的输出电极 3 和 4 之间产生一个相应的电压输出。

这种 X 形传感器利用的是剪切压阻效应。

对于 (100) 晶面, X 形 p 型电阻布置在 $\langle 011\rangle$ 晶向上时, π_{66} 取得极大值, 为 π_{44}。剪应力 σ_6 则与膜片大小、形状、电阻位置及方位有关。国内外产品中常见的 X 型

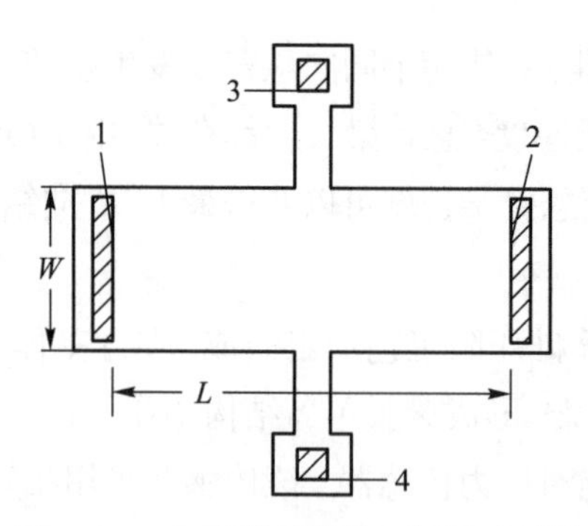

图 5.52　X 形传感器的四端敏感元件

传感器设计有下列几种:

(1) 采用 (100) 晶面的圆平膜片作为弹性元件, X 形电阻布置在紧靠圆周的边缘, 在 ⟨011⟩ 晶向上, 但电阻的 x 向与 ⟨011⟩ 晶轴成 45° 角。

这是将 X 形电阻看作硅膜边缘上的一个点电阻时的结果, 实际器件将因 X 形电阻的相对大小、工艺套准精度等, 使有效的平均剪应力下降, 一般实用设计可达理论值的一半左右。

(2) 采用 (100) 晶面的正方形平膜作为弹性元件。X 形电阻布置在平膜直角边边长中点处的膜边缘, 与膜边成 45° 角。

(3) 采用 (100) 晶面的矩形膜作为弹性元件。

X 形电阻在 ⟨011⟩ 晶向上, 与膜边成 45° 角。位置既可在矩形平膜边缘长边中点处, 亦可在矩形平膜中心。由于矩形平膜中心应力差变化平缓, 因此对元件尺寸的套刻精度要求较低。当长宽比较小时, 中心应力差值可接近边缘应力差值的一半。因此, 在膜片尺寸较小时, 采用矩形膜中心布置设计的 X 形传感器是一种合理的设计。

5.5　压力传感器硅芯片设计实例

下面将通过一个关于压力传感器硅芯片设计的案例来演示微器件的机械设计。硅芯片是微压力传感器的关键部件, 正确的机械设计是保证这些传感器具有恰当性能的必要环节。

5.5.1　一般描述

这种应用中的典型方形硅芯片的横截面如图 5.53 所示, 芯片由方形硅基底组成, 其中的腔是从基底的一面腐蚀下去形成的。芯片上减薄的部分是薄膜, 当介质在芯片背面 (下面) 施加压力时, 薄膜发生挠曲变形。与挠曲相关的是薄膜中的弯曲应力和切应力。

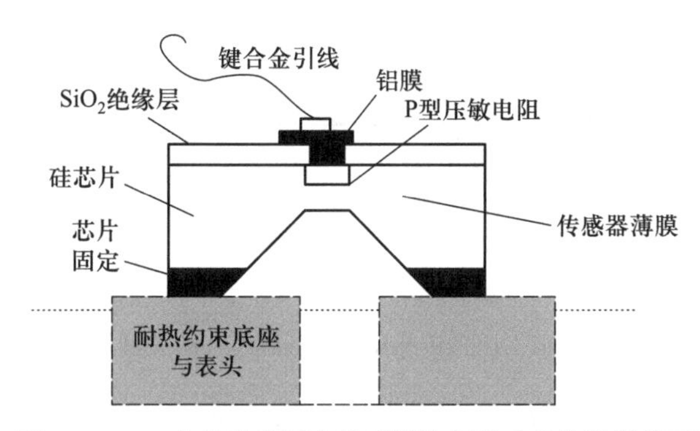

图 5.53 一个典型微压力传感器的方形硅芯片的横截面

压敏电阻被植入薄膜中, 用来检测产生的应力。芯片通过焊锡或者环氧树脂黏接等方法, 被安置在约束底座上, 如果它是金属的话, 则直接放在管座上。

在着手实际的芯片设计分析前, 需要充分了解应用需求, 主要包括如下方面:

(1) 应用。

不同的应用意味着不同的用户群。相对于实验室里高精度仪器上使用的传感器, 汽车上和机床上应用的传感器需要适应更恶劣的环境。

(2) 工作介质。

通常, 芯片的压力一侧与加压介质接触。如果介质对芯片材料是惰性和无害的, 这些接触就可以忍受。不幸的是, 很多应用环境的介质是不友好的, 甚至是有毒的, 例如汽车尾气、腐蚀液体、高温等。在这些情况下, 必须对芯片进行保护设计, 例如充硅油, 表面钝化, 芯片的机械设计必须提供这样的保护, 或者在封装时解决该问题。

(3) 约束底座。

传感器芯片加工完成后为了方便使用会被安装在一个底座或管座上。振动的底座会导致芯片固接发生疲劳失效。芯片与底座连接后其整体结构的动态响应特性会发生变化, 通常芯片的固有频率应该比工作中的激励频率高很多。汽车上应用的压力传感器的最低固有频率应该在 $100 \sim 2\ 000$ Hz 之间。

(4) 其他考虑。

应该考虑到一些意外情况, 例如误操作时传感器意外跌落导致的机械冲击。甚至, 热冲击也应该在设计中加以考虑。

5.5.2 芯片的几何结构和尺寸设计

大部分压力传感器的芯片是正方形的。矩形和圆形芯片在早期有所应用, 但现在已经非常少见了。

芯片的尺寸不仅影响传感器的成本, 而且影响其灵敏度、线性度等性能。图 5.54 给出了一个正方形硅芯片的关键尺寸。

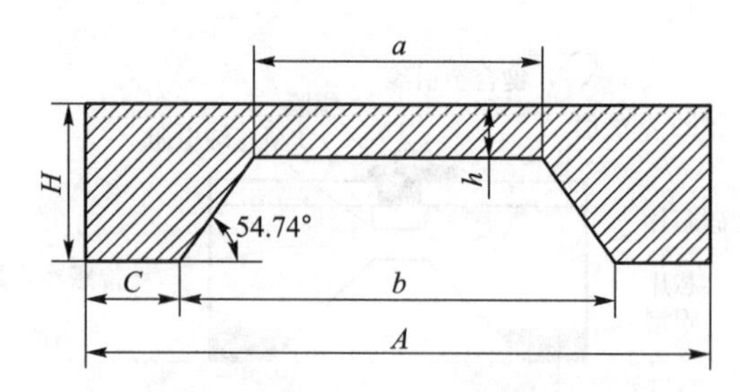

图 5.54 压力传感器正方形硅芯片的关键尺寸

在图 5.54 中, 芯片的整体尺寸是 $A \times A \times H$。芯片的厚度 H 受硅片的标准厚度限制, 例如直径 100 mm 的硅片的厚度是 500 μm, 其他尺寸的硅片厚度还有 400 μm, SOI 片为 525 μm。芯片的高度需要适当地确定, 因为它需要隔离约束底座对芯片产生的机械影响。薄膜的尺寸是 $a \times a \times h$, 其中长度 a 是由尺寸 b 和腐蚀角 54.74° 决定的。如果对基底的 (100) 面进行湿法腐蚀, 这个角度对传感器结构的影响就必须考虑, 因为在加工时, 腐蚀深度和宽度需要根据膜片尺寸及角度来计算确定。另一方面, 尺寸 b 受芯片周边尺寸 c 的影响。该尺寸必须足够大, 这样不但可以保证芯片固定的应力保持在塑性屈服强度以下, 而且提高了芯片与玻璃基底之间的键合面积。很明显, 芯片的所有尺寸都是相互关联的。

影响芯片尺寸的另一个因素是信号变换器的尺寸。通常用在压力传感器上的变换器有两类: 压敏电阻和电容。这两种情况都要求芯片表面为变换器提供足够的空间。足够的空间可以提高压敏电阻和电容的大小, 但是芯片结构的尺寸限制了布置转换电路的空间, 因此要获得小尺寸的芯片与布置足够大的电阻、电容之间的矛盾关系需要慎重考虑。

当然, 决定芯片成本的一个重要因素就是芯片的整体尺寸。芯片的尺寸要尽可能小, 以降低材料成本, 缩小占用的空间。

5.5.3 芯片的强度设计

通常, 我们可以通过如下方程来估计薄膜的最大弯曲应力和变形:

$$\sigma_{\max} = C_1 P \left(\frac{a}{h}\right)^2 \tag{5.28}$$

$$\omega_{\max} = C_2 P \frac{a^4}{h^3} = C_2 P a \left(\frac{a}{h}\right)^3 \tag{5.29}$$

式中, C_1 和 C_2 为常数因子; P 为施加的压力。

从传感器性能的角度看, 最好能在薄膜中产生足够的 $\sigma_{\max}$, 使压敏电阻产生较大的变化, 即最大化传感器输出有效的信号。这也就意味着薄膜应设计得很薄, 即式 (5.28) 中的 h 要小。不过, 小的 h 会导致最大变形 $\omega_{\max}$ 的增加要快得多, 如式 (5.29)。薄膜的最大变形会导致施加的压力和弯曲应变之间呈非线性关系, 因此产生如图 5.55 所示的输出信号。显然, 这一非线性关系是任何传感器设计中应避免出现的。因此, 在薄膜设计中面临困难的选择: 一方面需要足够大的弯曲应力; 另一方面需要薄膜变形越小越好。

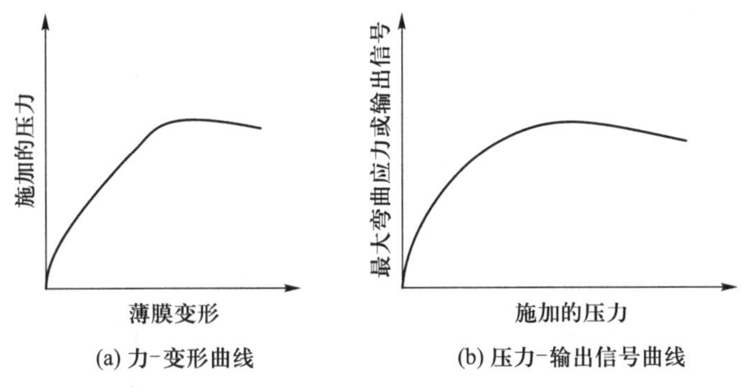

图 5.55 压力传感器的输出信号线性度

这种矛盾的情况的一个解决方法是在薄膜上增加凸台, 即岛结构。这些凸台可以防止薄膜过度变形, 但是允许薄膜位置的最大应力远离加强块位置。带正方形加强凸台的硅芯片薄膜如图 5.56 所示。

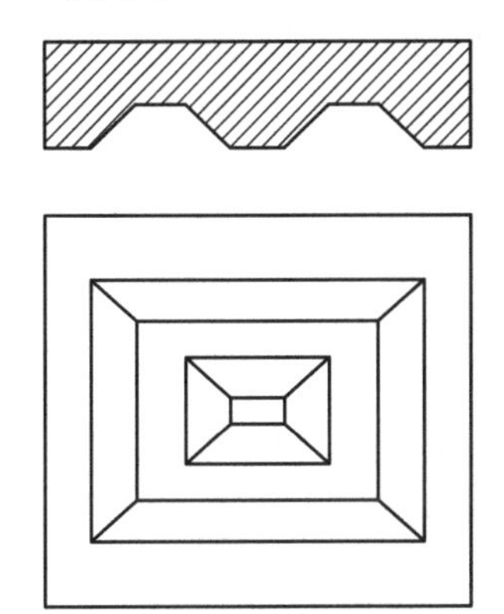

图 5.56 带正方形加强凸台的硅芯片薄膜

5.5.4 工作压力设计

根据应用, 设计的微压力传感器可以工作在非常低的压力到非常高的压力范围内[31-32]。在汽车工业中, 汽油发动机气缸中工作的微压力传感器的典型工作压力是 10 MPa, 而在柴油发动机气缸中的工作压力是 100 MPa, 在制动液和液压支撑中则为 20 kPa。

平坦的薄膜最适合工作于中等压力范围的压力传感器, 如 35 kPa ~ 3.5 MPa 之间。压敏变阻器的输出和施加的压力之间存在线性关系, 然而这种情况在施加压力超出某一范围时可能产生变化。

(1) 低工作压力 ($P < 30$ kPa) 的情况。检测低的施加压力需要薄的薄膜, 这通常意味着小的薄膜尺寸, 从而导致低的弯曲应力及由此产生的低输出信号。因此, 为了产生有效的输出信号, 必须扩大薄膜尺寸。又大又薄的薄膜会导致输出信号的非线性。这个问题的一个解决方法是使用岛膜结构。据报道, 这样的安排在测量低压力的传感器中得到了应用, 其测量范围 7 kPa, 满量程输出 100 mV, 线性度优于 0.1%。此外, 目前还有用梁膜结构来获得较好线性度及较高灵敏度的输出。

(2) 高工作压力 ($P > 30$ kPa) 的情况。针对高工作压力的情况, 传感器的薄膜一般被设计得较厚, 因此薄膜上 a/h 的值较低, 过低的比值使传感器的膜结构力学特性不能采用薄板理论进行分析, 这种低比值结构能将薄膜中的主要应力由弯曲应力转换为切应力, 导致压阻信号与对应的施加压力呈非线性关系, 该问题的解决方案之一是将压阻元件仔细定位在切应力很小的地方。使用局部加强凸台可以控制弯曲应力和切应力在薄膜中的分布。

(3) 过压设计。为了安全操作, 经常将微压力传感器设计成能够承载超过设计工作压力 $10 \sim 30$ 倍的过压。这种高压力显然会导致薄膜过度变形, 从而引起传感器输出非线性, 甚至有可能导致压力传感器薄膜应力过大而破裂。为了避免这一情况的发生, 在芯片中必须有一个变形限制器或者限动器来防止在过压情况下发生过度变形, 例如前文介绍的岛膜结构。

5.5.5 工作温度设计

温度会影响材料的强度以及在微结构中产生热应力。在设计中需要考虑的另一个因素是作为硅芯片一部分的压阻元件的热效应[33]。以硅压阻式传感器为例, 温度对硅的微纳结构产生热应力, 结构发生微小变形, 使对应力敏感的压敏电阻产生相应的变化, 带来温度引起的信号漂移。同时, 由于硅压敏电阻本身对温度比较敏感, 温度过高可能会引起电阻 PN 结失效。因此, 温度会对信号转换造成严重的影响, 这一事实不应忽略。

参考文献

[1] 徐泰然. MEMS 和微系统: 设计与制造. 王晓浩等, 译. 北京: 机械工业出版社, 2004.

[2] 滕云, 苑伟政, 常洪龙. 面向三维实体建模的 MEMS 设计方法. 传感技术学报, 2011, 24(3): 350-353.

[3] 常洪龙. 基于 “Top-Down” 的 MEMS 集成设计方法及关键技术研究. 西安: 西北工业大学, 2002.

[4] Fedder G K. Top-down design of MEMS. 2000: 27-29.

[5] 张勤超, 赵新泽, 曹正. Bottom-up 与 top-down 设计方法比较及其交互使用. 机械制造与自动化, 2009, 38(6): 90-92.

[6] 陈伟平, 揣荣岩, 田丽, 等. MEMS 及微系统的计算机模拟与辅助设计//中国微米纳米技术学术年会, 2005.

[7] 韩丽娜. MEMS 器件的稳健设计研究. 北京: 北方工业大学, 2016.

[8] 黄庆安. 硅微机械加工技术. 北京: 科学出版社, 1996.

[9] 王阳元, 武国英. 硅基 MEMS 加工技术及其标准工艺研究. 电子学报, 2002, 30(11): 1577-1584.

[10] 张大成. 硅 MEMS 关键工艺技术、标准工艺和工艺流程设计方法研究. 北京: 北京大学, 2004.

[11] Elwenspoek M, Wiegerink R. 硅微机械传感器. 北京: 中国宇航出版社, 2003.

[12] Kubby J A. 微机电系统设计 (MEMS) 和原型设计指南. 李会丹, 袁晓伟, 王景中, 译. 北京: 国防工业出版社, 2014.

[13] 胡伟, 胡国清, 魏昕, 等. 微机电系统 CAD 研究及发展现状. 压电与声光, 2010, 32(4): 682-686.

[14] 康建初, 尹宝林, 高鹏. 支持 MEMS 的 CAD/CAE 系统结构研究. 北京航空航天大学学报, 1998(4): 475-478.

[15] Senturia S D, Harris R M, Johnson B P, et al. A computer-aided design system for microelectromechanical systems (MEMCAD). Journal of Microelectromechanical Systems, 1992, 1(1): 3-13.

[16] 刘力, 李明万, 贾粮棉. 基于 ANSYS 的有限元分析在工程中的应用. 湖北理工学院学报, 2007, 23(5): 31-34.

[17] Moaveni S. 有限元分析: ANSYS 理论与应用. 欧阳宇, 王崧, 译. 北京: 电子工业出版社, 2003.

[18] 陈宝钦. 电子束光刻技术与图形数据处理技术. 微纳电子技术, 2011, 48(6): 345-352.

[19] 尹常永, 刘钢, 刘宝君, 等. L-Edit V 8.30 应用剖析. 沈阳工程学院学报 (自然科学版), 2004, 6(2): 3-5.

[20] 郝永平, 刘凤丽, 刘世明. MEMS 设计模拟与仿真系统应用: Coventor Ware. 北京: 国防工业出版社, 2007.

[21] 张莹, 杨梅, 于炜, 等. 负压检测传感器研制. 传感器世界, 2010, 16(5): 14-17.

[22] 刘岩, 孙禄, 田边, 等. 一种孔缝双桥式加速度传感器芯片及其制备方法: 中国, 102298074 A. 2011-12-28.

[23] 郭宏. 低量程高精度压力传感器芯片设计与工艺. 微电子学与计算机, 2008, 25(11):206-208.

[24] 鲍敏杭, 王言, 于连忠. 微机械梁 – 膜结构的压力传感器. 传感技术学报, 1990(2): 5-11.

[25] 杨梅, 于炜, 张莹, 等. 梁 – 膜结构微压传感器研制. 实验流体力学, 2010, 24(2): 74-76.

[26] Tian B, Zhao Y, Jiang Z. The novel structural design for pressure sensors. Sensor Review, 2010, 30(4): 305-313.

[27] 付兴铭, 谭六喜, 姚媛, 等. 压力传感器封装中波纹膜片的结构优化. 传感器与微系统, 2007, 26(7): 80-81.

[28] 刘元浩, 赵立波, 赵玉龙, 等. 基于压力传感器封装的波纹膜片的结构研究. 传感器世界, 2008, 14(12): 12-15.

[29] 王伟忠, 赵玉龙, 林启敬. MEMS 三维微力探针传感器设计及性能测试. 纳米技术与精密工程, 2011, 9(3): 199-202.

[30] 徐敬波, 赵玉龙, 蒋庄德, 等. 一种集成三轴加速度、压力、温度的硅微传感器. 仪器仪表学报, 200, 28(8): 1393-1398.

[31] 陈雨. 微型压力传感器芯片的力学性能分析与研究. 镇江: 江苏大学, 2008.

[32] 蒋庄德, 田边, 赵玉龙, 等. 特种微机电系统压力传感器. 机械工程学报, 2013, 49(6): 187-197.

[33] 郑玮玮, 刘学观, 赵光霞. 压力传感器芯片设计及温度分析. 仪表技术与传感器, 2011(8): 11-13.

第 6 章　MEMS 测量

微机电系统 (MEMS) 领域的研究与产业化, 既有赖于设计与制造技术的进步, 也离不开测量技术的进步。工程实践中经常将 MEMS 的测量技术分为共性测量和特性测量两大类。MEMS 共性测量技术主要包括微小几何尺寸及三维形貌的测量、微纳米尺度运动的测量与重构、材料力学参数和可靠性测量等。MEMS 特性测量技术则通常根据 MEMS 器件类别, 如力学 MEMS、光学 MEMS、射频 MEMS 和生物 MEMS 等, 采用特定的测量方法和设备。

MEMS 共性测量可进一步划分为静态测量技术与动态测量技术。目前, MEMS 的测量手段主要是借助光学显微镜、台阶轮廓仪、扫描电子显微镜、原子力显微镜等设备, 其测量内容多属于静态测量范围。针对 MEMS 的动态测量技术在近期的研究中也取得了多方面的进展。

本章讨论的测量技术主要集中于 MEMS 共性测量中的几何结构与形貌的静态测量。这些测量技术与设备在 MEMS 的科研与工程活动中得到广泛应用。有关 MEMS 材料特性的力学和电学测量, 请读者阅读第 3 章中的相关章节。

6.1　光学显微测量

光学显微视觉测量是基于光学显微镜与图像处理技术的一种显微结构测量方法, 并在 MEMS 的静动态测量中得到广泛应用。其测量原理是利用光学显微镜对平面微结构的放大功能, 结合成像系统与图像数字处理的方法获得二维平面微结构的几何尺寸和运动参数。图 6.1a 所示为光学显微视觉系统的结构示意图, 其基本组成包括工作台、显微镜、CCD 摄像机、计算机图像采集系统与测量控制系统、评定软件等。图 6.1b 所示为测量系统的实物照片。

静态光学显微视觉系统的照明方式分为投射式和背射式。投射式主要针对被测

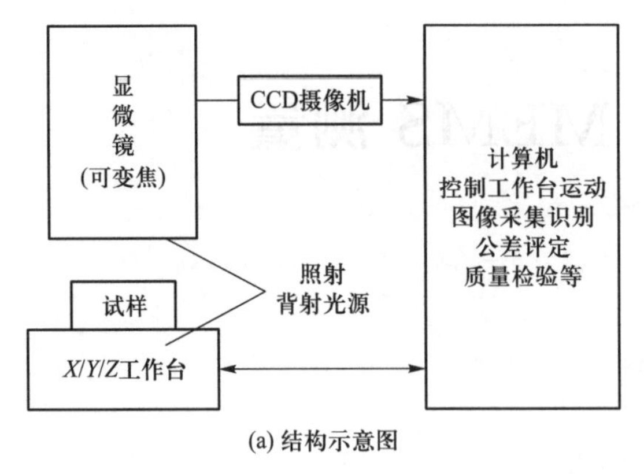

(a) 结构示意图

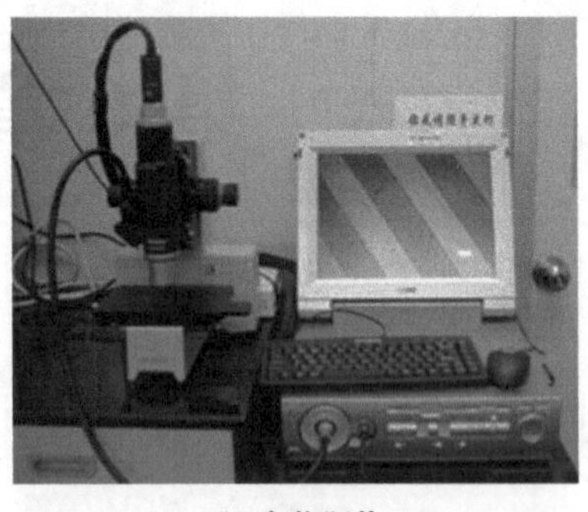
(b) 实物照片

图 6.1 光学显微视觉系统

试样表面, 背射式主要针对试样底面, 如图 6.2a 所示。采用投射式照明时, 被测表面被目镜周围的光源照亮, 周围为黑色, 在这种条件下, 被测表面的散光和复杂形状会引起表面的 “阴影” 效应, 产生虚轮廓, 从而影响测量精度。背射式照明的光源从试样下面射出, 试样底面部分光线被遮挡, 形成黑色, 而没有被试样遮挡部分为白色, 于是黑白图像的边缘即是试样的边缘, 如图 6.2b 所示。

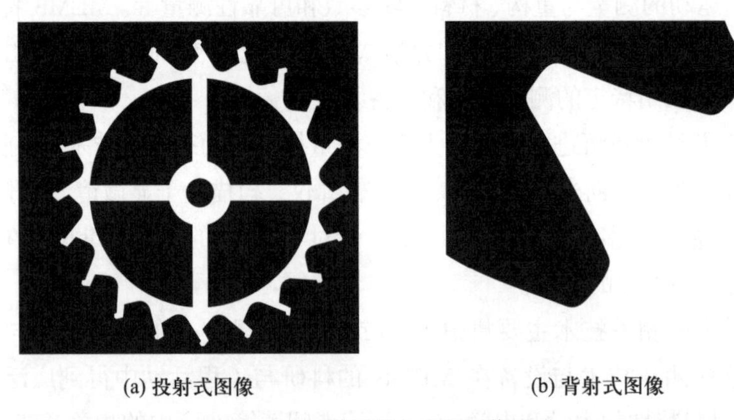
(a) 投射式图像　　(b) 背射式图像

图 6.2 不同照明方式的图像形式

计算机图像处理和模式识别技术的迅速发展与日趋成熟, 使得现代光学显微镜视觉自动测量技术成功应用于质量检测过程。其核心过程是图像处理与计算, 即通过合适的算法进行边缘提取, 并把提取后的形状进行特征表征, 最终得到表面几何尺寸。通过硬件的合理配置与算法相结合, 能够实现被测轮廓的精确测量。

6.2 光学干涉测量

干涉测量以光波干涉效应作为基础测量原理, 具有非接触、高灵敏度和高准确度的优点。1960 年, 梅曼 (Maiman) 研制成功世界上第一台红宝石固体激光器。随后, 伴随着光电、信号处理以及计算机技术的飞速发展, 光学干涉测量的范围、分辨率和准确度都有了极大的提高, 在 MEMS 以至纳机电系统 (NEMS) 领域的应用也日益广泛。

6.2.1 位移干涉测量

激光作为一种高亮度的定向能束, 与普通光源相比, 具有单色性好、相干性强、方向性好、亮度高等优点。激光干涉仪能够通过激光干涉信号与测量镜位移之间的对应关系来测量微小位移[1-2]。

1. 激光干涉测量原理

被测物体反射或折射的一束光波与参考镜表面反射的另一束光波叠加, 产生干涉条纹, 其明暗程度与两束光的相位差有关。通过移动被测物体, 或移动参考镜, 可以产生变化的明暗条纹, 于是通过算法分析就可以获得相位差。产生干涉的条件: 固定相位差、相同频率、相同振动方向; 干涉结果为明暗相间的干涉条纹。

当空间中存在两列相干光时, 设其中一列的光强为 I_1, 另一列的光强为 I_2, 则两者叠加后的光强 I 满足如下公式:

$$I = I_1 + I_2 + 2\sqrt{I_1 I_2}\cos\delta \tag{6.1}$$

式中, δ 为两光波在空间某点相遇时的相位差。相位差 δ 与光程差的关系为

$$\delta = \frac{2\pi}{\lambda}\Delta L \tag{6.2}$$

式中, ΔL 为两光波在空间某点处的光程差。从式 (6.2) 可知, 当 $\Delta L = m\lambda$ 时 (m 为整数), 叠加后光强最大, 形成亮纹; 当 $\Delta L = (m + 1/2)\lambda$ 时, 叠加后光强最小, 形成暗纹。明暗条纹的交替出现即形成稳定的干涉条纹。

2. 迈克耳孙干涉仪

迈克耳孙干涉仪是一种典型的单频双光束干涉仪, 它能很好地解释光波的干涉特性, 是目前很多干涉仪的发展基础。迈克耳孙干涉仪的结构如图 6.3 所示。

3. 激光外差干涉仪

单频激光干涉仪的光强经光电转换后输出的电信号是直流信号, 信号处理及细分都比较困难, 为此人们发展了光外差干涉技术。光外差干涉是指两个相干光束的光波频率之间有一个小的频率差, 引起干涉场中干涉条纹的不断扫描, 经光电探测器将干涉场中的光信号转化为电信号, 再由电路和计算机检测出干涉场的相位差。这样就克服了单频干涉仪的漂移问题, 且细分容易, 提高了抗干扰性能。

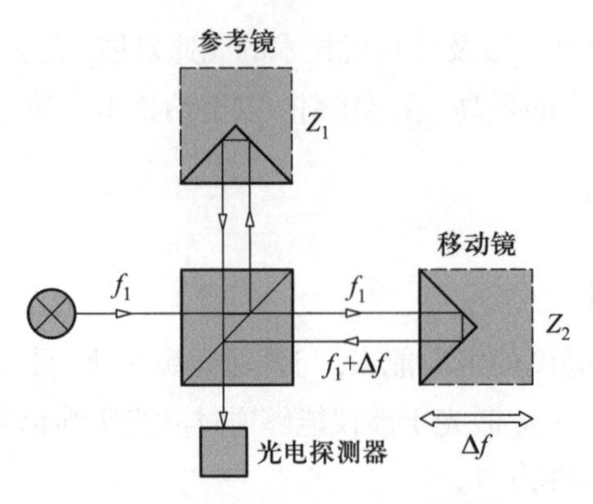

图 6.3　迈克耳孙干涉仪的结构

4. 外差干涉的原理

设测量光路和参考光路的光波频率分别为 ω 和 $\omega+\Delta\omega$, 则干涉场的瞬时光强为

$$\begin{aligned}I(x,y,t) &= \{E_r\cos(\omega+\Delta\omega)t+E_t[\omega t+\varphi(x,y)]\}^2\\&= \frac{1}{2}E_r^2[1+\cos 2(\omega+\Delta\omega)t]+\frac{1}{2}E_t^2\{1+\cos 2[\omega t+\varphi(x,y)]\}+\\&\quad E_rE_t\cos[(2\omega+\Delta\omega)t+\varphi(x,y)]+E_rE_t\cos[\Delta\omega t-\varphi(x,y)]\end{aligned} \tag{6.3}$$

由于光电探测器的频率响应范围远远低于光频 ω, 不能跟随光频变化, 所以上式中含有 2ω 的交变项对探测器的输出响应无贡献。因此, 探测器的输出为

$$I(x,y,t)\propto\frac{E_r^2}{2}+\frac{E_t^2}{2}+E_rE_t\cos[\Delta\omega t-\varphi(x,y)] \tag{6.4}$$

上式表明, 干涉场中某点光强以低频 $\Delta\omega$ 随时间呈余弦变化。典型的外差激光干涉仪的结构如图 6.4 所示, 有两个光电探测器, 一个放在基准点 (x_0,y_0) 处作为基准探测器, 其输出基准信号为 $i(x_0,y_0,t)$; 另一个放在场内某探测点 (x_i,y_i) 处作为扫描探测器, 其输出信号为 $i(x_i,y_i,t)$。将两个信号相比, 测出信号的过零时间差 Δt, 便可知道两者的光学相位差

$$\varphi(x_i,y_i)-\varphi(x_0,y_0)=\Delta\omega\Delta t=\frac{2\pi\Delta t}{1/\Delta v} \tag{6.5}$$

进而控制系统通过扫描探测器对整个干涉场进行扫描, 就可以测出干涉场各点的相位差。激光外差干涉仪常用的双频激光光源主要有纵向塞曼和横向塞曼 He–Ne 激光器、双纵模激光器以及各种原理的移频双频光源。其测量误差来源主要有环境引起的误差、死径误差、余弦误差、Abbe 误差、激光稳定性误差等。

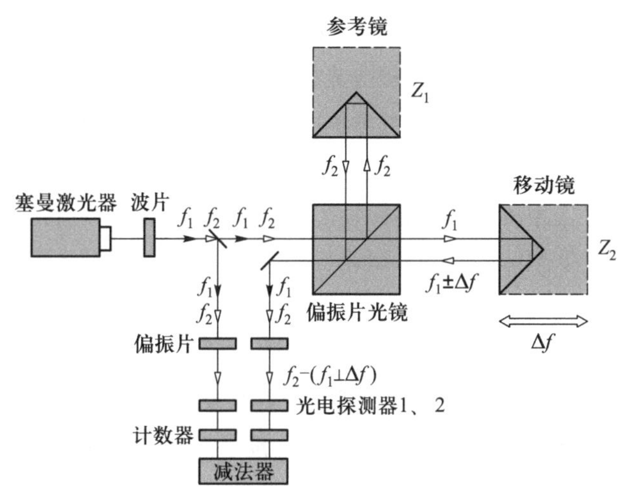

图 6.4 外差激光干涉仪的结构

6.2.2 相移干涉测量

相移干涉测量 (phase shifting interferometry, PSI), 使用单色光, 通过计量相干光干涉产生的干涉条纹的变形程度和方向来获取被测件表面轮廓的三维信息。其特点是精度高, 测量速度快, 垂直方向分辨率可以达到亚纳米级, 但是如果被测表面不连续, 有垂直梯度变化较大的结构如台阶、洞、岛时, 得不到有效的干涉图, 这就限制了它的测量范围。一般垂直方向测量范围限制在 $K/4$ (K 是所用的单色激光波长), 约 150 nm。为了能够实现更高的横向分辨率, 达到对微结构几何尺寸测量的目标, 把干涉技术与显微镜结合形成显微干涉测量。显微干涉法根据分光方式的不同还可分为 Michelson、Mirau 和 Linnik 三种类型, 图 6.5 所示为三种类型干涉显微轮廓仪的结构示意图。

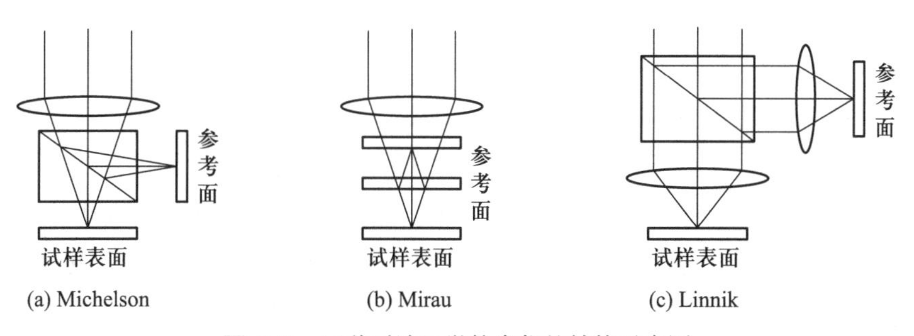

图 6.5 三种干涉显微轮廓仪的结构示意图

Michelson 干涉显微轮廓仪系统前端光路的光束经过物镜后被分束镜分成两束: 一束被参考面反射; 另一束被测面反射。两束光再次经过分束镜后会合并发生干涉。Michelson 干涉显微物镜的放大率一般只有 1.5×、2.5× 和 5×。

Mirau 干涉显微轮廓仪光学系统前端光路的光束经过物镜后透过参考板, 然后由分光板上的半反半透膜分成两束: 一束透过分光板投射到被测面上, 反射后经分光板和参考板回到显微镜; 另一束被分光板反射到参考板上表面中心区域, 反射后回到分光板并再次被反射, 然后透过参考板回到显微镜。两束光在物镜视场中会合并发生干涉。由于在物镜和被测表面之间需放置参考板和分光板, 因此 Mirau 干涉显微轮廓仪只能使用工作距离较长的显微物镜, 致使显微物镜的数值孔径受到限制, 横向测量分辨率较低。在 Mirau 干涉显微轮廓仪中, 显微物镜的放大率一般为 10×、20× 或 40×。

Linnik 干涉显微轮廓仪干涉显微光学系统前端光路出射的平行光经过分束棱镜后分成两路: 一路经过物镜聚集在参考面上并被反射回显微物镜还原成平行光; 另一路经过另一个显微物镜聚集在被测表面上, 反射后经过显微物镜还原成平行光。两束光经过分束棱镜后会重新合并发生干涉。在 Linnik 干涉显微光路中, 采用了两个完全相同的显微物镜, 参考光路与测量光路要求一致, 由于在物镜和被测表面之间没有其他光学元件, 因而 Linnik 干涉显微轮廓仪可使用工作距离较短的显微物镜, 其数值孔径可高达 0.95。Linnik 干涉显微物镜的放大率一般高达 100×, 甚至 200×。

显微干涉测量方法不是采用传统的依据条纹形状和间距的干涉条纹判读法来测量表面形貌, 而是采用诸如外差干涉、锁相干涉以及相移干涉这些实时位相自动测量技术来快速精密地测量表面形貌。该方法一次测出的是一个面上的表面形貌, 而不像传统干涉显微镜那样, 一次测出的只是一个横切面上的表面形貌。与传统干涉测量方法相比, 显微干涉测量具有表面信息直观、测量精度高、全场三维测量的优点。特别是相移干涉技术在干涉显微镜中的应用, 使显微干涉测量的精度与速度大幅提高, 其横向分辨率达到 nm 级, 而纵向分辨率达到亚微米级。

6.2.3 白光干涉测量

1. 双/多波长干涉测量法

为了扩展单色光相移干涉方法的使用范围, 研究人员提出了双波长干涉以及多波长干涉的方法。双波长测量法是由 J. C. Wyant 首先提出的, 用于测量变形非球面。双波长测量可以克服单波长测量的缺陷, 它采用两个较短波长的测量结果间接有效地达到长波测量的效果。其基本思想是: 首先利用波长为 λ_1 的光束 (可通过更换照明系统中的滤光片实现) 进行测量, 然后换成波长为 λ_2 的光束再测一次, 利用两次测量得到的 φ_1 和 φ_2 便可计算出被测表面的高度信息, 其计算公式为

$$h=\begin{cases}\dfrac{\lambda_{\mathrm{eq}}}{2}\dfrac{\varphi_2-\varphi_1}{2}+\dfrac{\lambda_{\mathrm{eq}}}{2} & \text{如果 } \varphi_2-\varphi_1\in(-2\pi,-\pi] \\ \dfrac{\lambda_{\mathrm{eq}}}{2}\dfrac{\varphi_2-\varphi_1}{2} & \text{如果 } \varphi_2-\varphi_1\in(-\pi,+\pi] \\ \dfrac{\lambda_{\mathrm{eq}}}{2}\dfrac{\varphi_2-\varphi_1}{2}-\dfrac{\lambda_{eq}}{2} & \text{如果 } \varphi_2-\varphi_1\in(+\pi+2\pi]\end{cases} \tag{6.6}$$

式中, λ_{eq} 为等效波长, 且 $\lambda_{eq} = \lambda_1\lambda_2/|\lambda_1 - \lambda_2|$。

双波长测量方法虽然扩大了深度测量范围, 但其本身不能提高测量精度。可以通过双波长检测结果校正单波长测量结果来减小误差, 这样既扩大了深度测量范围, 又保持了单波长测量精度。多波长干涉方法是对双波长方法的扩展, 但是在扩展测量范围的同时, 也增加了系统的硬件成本, 扩大了系统误差来源, 因此白光扫描干涉作为一种提高测量范围的方法日益受到重视。

2. 白光干涉测量基本原理

垂直扫描干涉测量 (vertical scanning interferometry, VSI) 也称为白光干涉法, 使用白光作为光源, 其基本原理如图 6.6a 所示。这种方法并不需要对干涉条纹的具体形状进行分析, 它依据的是白光干涉原理。

白光干涉条纹基本上要在等光程差位置才能够观察到, 而且条纹数目少。干涉条纹在零光程差附近对比度最大, 通过观察白光干涉零级条纹就可确定零光程差位置, 通过微调参考镜的位置, 对被测件进行垂直方向的扫描, 记录下每一点零光程差的位置, 即可获得被测件表面的三维信息。这种测量方法适合于对垂直梯度较大的不连续表面进行测量, 测量精度可以达到 nm 级, 测量时间相对 PSI 较长, 垂直方向测量范围可以达到几个 mm。图 6.6b 所示为白光干涉法测量的 MEMS 器件照片。垂直扫描白光干涉测量技术的纵向测量范围实际上受限于垂直扫描装置的工作范围, 因此可以测量粗糙的表面, 甚至可以测量不连续的三维表面形貌。垂直扫描白光干涉测量技术的垂直测量分辨率取决于垂直扫描装置的运动分辨率和干涉包络峰的识别精度, 但水平方向的分辨率受限于探测器 CCD 像素的单元面积, 一般有几个 μm。

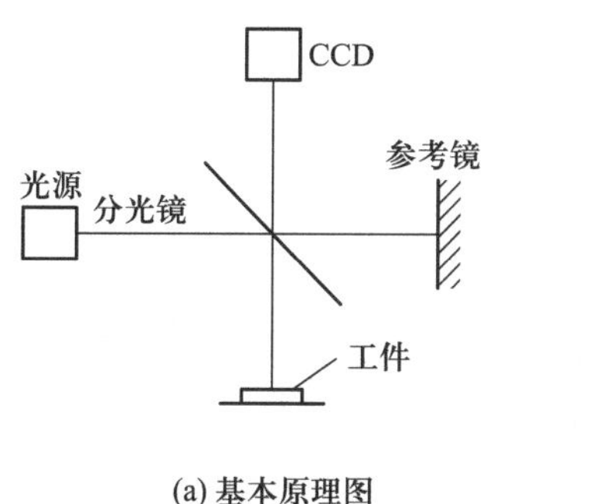

(a) 基本原理图

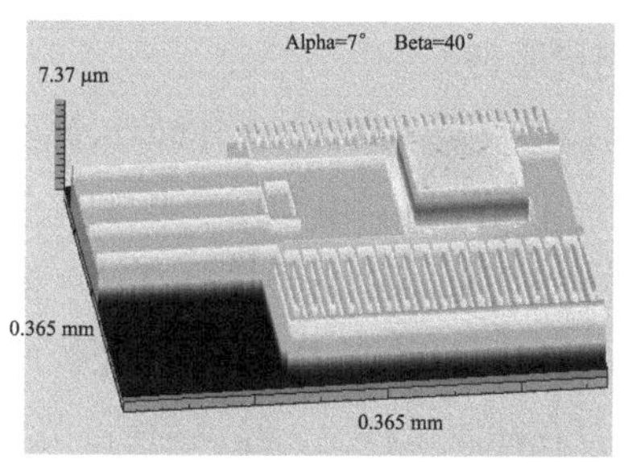

(b) MEMS器件照片

图 6.6　白光干涉仪原理与器件照片

6.3 其他光学测量技术

6.3.1 椭圆偏振测量法

1808 年, L. 马吕斯探测到反射光线的偏振特性; 1889 年, P. K. L. 德鲁德建立了椭圆偏振测量的基本方程式, 奠定了椭圆偏振测量技术的发展基础。椭圆偏振测量是一种无损的测量方法, 并且对于表面的微小变化有极高的灵敏度, 例如可以探测出清洁表面上只有单分子层厚度的吸附或污染。特别是, 近年来, 这一技术与微型计算机相结合, 达到了测量步骤简化及计算更为迅速的效果, 使这一古老的方法获得了新生。图 6.7 所示为与微机系统相连接的椭圆偏振仪的照片。

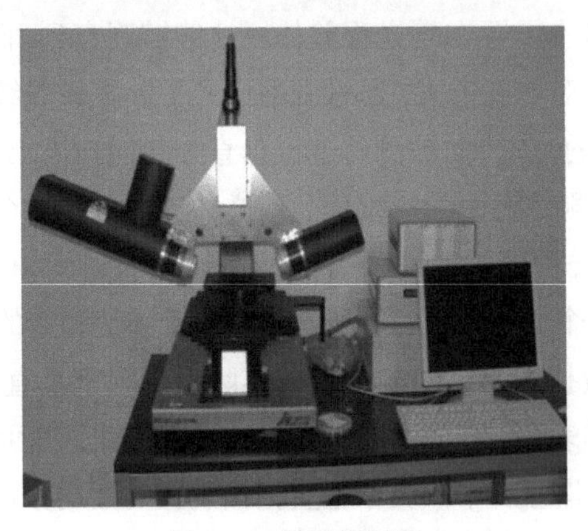

图 6.7 椭圆偏振仪

1. 测量原理

椭圆偏振仪是一种用于测量偏振光经被测量的表面或薄膜反射后偏振状态产生变化的光学仪器, 可对电介质、半导体、有机物等多种薄膜材料的厚度、光学常数、表面粗糙度、界面层等参数进行高精度测量。

椭圆偏振测量的基本思路是: 光源所放射出的光线经过偏光镜极化为线性偏振光之后, 打在薄膜试样上。经反射后, 光线穿过第二片通常称为分析镜的偏光镜, 进入检偏器。入射光与反射光路径在同一平面上 (称为入射平面), 入射光被偏振为与此平面平行及垂直的光, 则分别称为 “p” 或 “s” 偏振光。根据偏振光在反射前后的偏振状态变化, 包括振幅和相位的变化, 便可以确定样品表面的许多光学特性。椭圆偏振仪的原理图如图 6.8 所示。

2. 数据采集与分析

标准椭圆偏振测量 4 个史托克参数中的两个, 通常以 Ψ 及 Δ 来表示。入射至试样的光之偏极化状态可分解成 “s” 及 “p” 两项 (“s” 成分为光之电场振荡垂直入射平面, “p” 则平行)。“s” 及 “p” 成分之振幅 (强度) 在反射及对其初始值作正规化

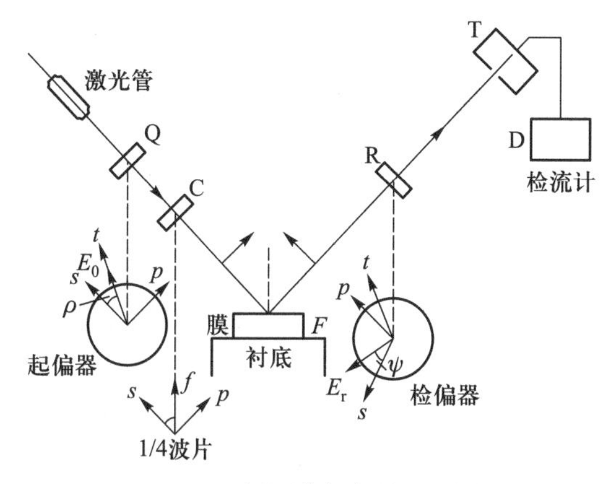

图 6.8 椭圆偏振仪的原理图

之后, 分别标示为 r_s 和 r_p。r_s 与 r_p 之比例由下述基本方程来描述:

$$\rho = \frac{r_p}{r_s} = \tan(\varPsi)\mathrm{e}^{\mathrm{i}\varDelta} \tag{6.7}$$

式中, $\tan\varPsi$ 为反射后之振幅比; $\varDelta$ 为相位移 (相差)。由于椭圆偏振系测量两项之比值 (或差异) 而非其绝对数值, 因此所得的数据是相当正确且可再现的, 其对散射及扰动等因素较不敏感, 且不需要标准试样或参考试样。

椭圆偏振为间接测量技术, 也就是说, 一般测得的 $\varPsi$ 及 $\varDelta$ 并不能直接转换试样的光学常数, 通常需要建构模型来进行分析。只有对于无限厚 (约 cm 等级)、等向性且均匀的膜, 才可能直接转换, 得到 $\varPsi$ 与 $\varDelta$ 的数值。在其他情形下, 则必须建构其层状模型, 并考虑各层的光学常数 (如折射率或介电常数) 及厚度, 且依正确的层次顺序建立。再借由多次最小方差法最适化, 变动未知的光学常数及厚度参数, 代入式 (6.7) 计算求得其对应 $\varPsi$ 及 $\varDelta$ 的数值。所得最接近实验数据的 $\varPsi$ 与 $\varDelta$ 的数值可视为测量的最优化结果。

3. 椭圆偏振测量技术特点

相较于标准的反射强度测量方法, 椭圆偏振测量有许多优点:

(1) 测量的对象广泛, 可以测量透明膜、无膜固体样品、多层膜、吸收膜, 以及众多性能不同、厚度不同、吸收程度不同的薄膜, 甚至是强吸收的薄膜。

(2) 被测量的薄膜尺寸可以很小, 只要 1 mm 即可测量, 甚至小于光斑的直径。

(3) 方式灵活。既可以测量反射膜, 也可以测量透射膜。

(4) 在各种粒子束分析测试技术中, 椭圆偏振光光束引起的表面损伤以及导致的表面结构改变是最小的。

(5) 在椭偏光谱中, 被测对象的结构信息 (电子的、几何的) 蕴含在反射 (或透射) 出来的偏振光束中, 是通过光束本身与物质相互作用前后产生的偏振状态 (振幅、相位) 的改变反映出来的。

(6) 测量精度高。椭偏光谱的工作原理虽然建立在经典电磁波理论上, 但实际上它有原子层级的灵敏度。对薄膜的测量准确度可以达到 1 nm。

6.3.2 三角测量法

三角测量法的基本原理是通过一段已知长度的基本距离来测量到一个被测点的角度, 并由此确定它的距离。在三角法的测量装置或传感器内, 照明光路的光轴与观察光路主轴成像透镜主平面上的交点之间的距离被设置为定值。

图 6.9 所示为三角测量法原理示意图, 其中 LD 为光源, L_1、L_2 为聚焦透镜, O 点为聚焦透镜的焦点, 光源经过聚焦后, 通过点光源对被测物体表面照明, 在被测物体上投射一个光斑, 光斑经过散射后, 被一个特定角度的成像透镜成像到 CCD 芯片表面, 此时光斑在相机上成像的位置与被测物体表面距离与相机之间具有特定的几何关系, 见下式:

$$r = \frac{\mathrm{d}\Delta}{\mathrm{d}\delta} = \frac{d_0 d_i \sin\varphi \sin\theta}{[d_0 \sin\theta \pm \delta \sin(\varphi + \theta)]^2} \tag{6.8}$$

式中, Δ 为被测物体表面到光源焦点的距离; δ 为相应的 CCD 成像距离。

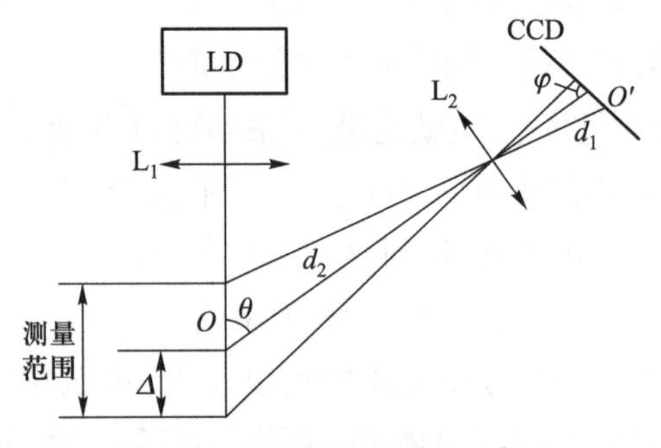

图 6.9 三角测量法原理示意图

其他参数如 d_0、d_i、θ、φ 在测量装置一定情况下均为常量, 因此通过上式, 可以建立 Δ 与 δ 之间的映射关系。在实际测量时, 先对标准块进行测量, 然后通过 CCD 图像采集和计算处理获得 δ 值, 进而得到被测表面的高度信息, 结合三维扫描就可以得到被测物体的三维形貌。

上述结构为基本的单点直射式三角测量原理, 三角法测量经过多年的发展, 在测量装置结构、性能上有了很大的发展。例如, 单点三角法在测量装置布局上还可以采用对称斜射式。虽然, 测量装置与图像处理方法有所不同, 但其基本思想与单点三角测量法是一样的。

在三角测量法中, 主要元件选择包括光源与探测器等, 光源一般采用半导体激光器和发光二极管, 二者易于调节, 效率高, 价格低。有时, 在功率要求大且为可见光的场合也采用 He–Ne 激光器。探测器常采用 PSD 位置敏感探测器、CCD 传感器及差动式二极管, 其中 CCD 传感器应用最多。对于多点三角法, 可以采用线阵 CCD, 而光刀式线扫描则需要面阵 CCD 传感器。三角法测量中, 对被测表面有一定要求, 即表面要有一定的粗糙度, 从而能够实现对入射光的散射, 这样才能被传感器接收。目前, 通过三角法能够实现纵向 nm 级的分辨率、横向亚微米级的测量。由三角测量法原理实现的扫描测量系统能够进行 MEMS 微结构的测量。

图 6.10 所示为西安交通大学精密工程所研制的基于三角测量法的微型轮廓仪及其测量的微结构照片。测量范围为 20 mm × 20 mm × 0.4 mm, 纵向分辨率为 0.32 μm, 横向分辨率为 0.5 μm。

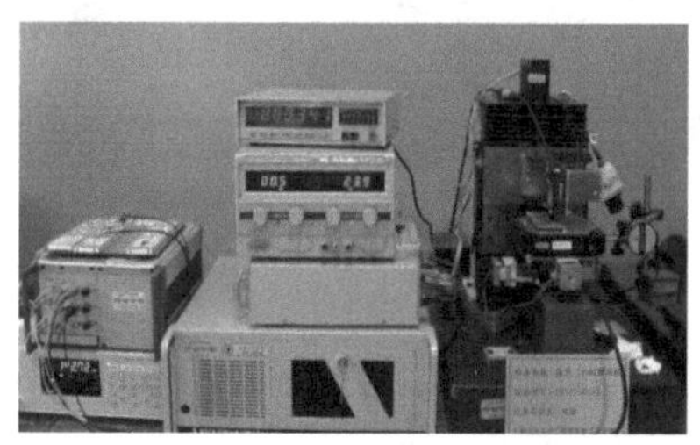

(a) 基于三角测量法的微型轮廓仪

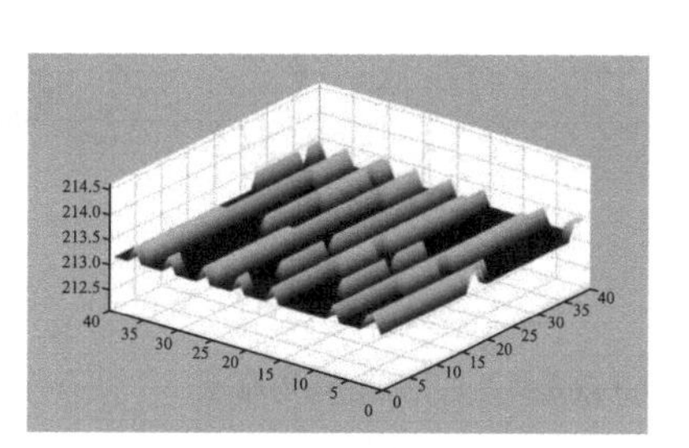

(b) 微轮廓仪测量的微结构照片

图 6.10 微型轮廓仪及其测量的微结构照片

6.3.3 激光扫描显微镜法

激光扫描显微镜法也常用于 MEMS 微结构三维形貌的测量, 通常有两种扫描方式: 一种是自聚焦扫描方式; 另一种是共聚焦扫描方式。

1. 激光自聚焦扫描法

对于自聚焦激光扫描显微镜, 由激光器产生的激光经聚焦后形成激光束, 经半透半反射镜的光束再经物镜聚焦到试样表面上, 试样的反射光反射到棱镜, 经过差分光电器和放大器后再到控制器与计算机。如果计算机检测的图像是散焦的, 则会使控制器垂直移动物镜进行聚焦, 同时将聚焦量记录下来。每个像点的调焦量代表着其对应物点的高度信息, 因此水平方向扫描整个试样表面即可获得试样表面的三维信息。这种扫描方式的明显缺点是扫描速度慢, 并且调焦过程会对仪器的稳定性有所影响, 由此导致激光自聚焦扫描法在 MEMS 结构几何尺寸与微观形貌观测中应用得较少。

2. 激光共聚焦扫描法

激光共聚焦扫描显微镜原理如图 6.11a 所示。光源通过照明小孔, 经分光镜后到达物镜, 并在物镜焦平面形成衍射收敛的点, 在与这个点共轭位置放置针孔, 其后放置探测器。如果针孔足够小, 则只有当物体被测点在焦点上时, 其反射光才能够通过针孔被探测器收集; 如果被测点不在焦点上, 则不会被探测器探测。这样, 通过逐点扫描试样, 改变焦深, 不断得到试样各点的扫描图像。共聚焦光学系统中, 焦点以外的物点的反射光被共聚焦针孔屏蔽掉。在观察试样时, 如同用焦面对试样进行切片而形成图像, 这种效果也称为光学层析。如果使试样与光学系统沿光轴方向相对移动扫描, 并将每个扫描位置上的光学切片图像保存在计算机中, 最终可获得试样上全部物点的图像。

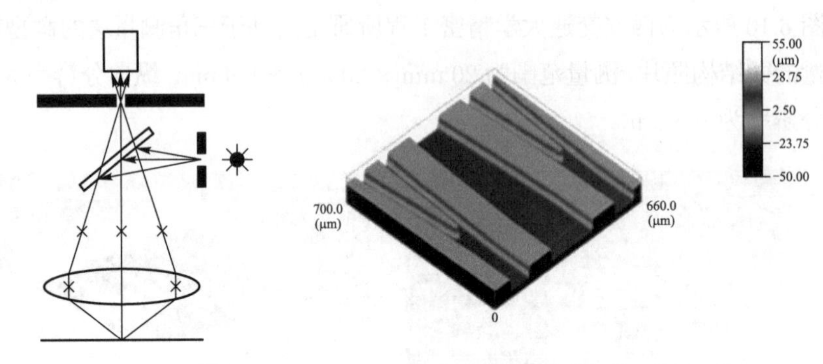

(a) 激光共聚焦扫描显微镜原理　　(b) MEMS结构激光共聚焦扫描显微镜照片

图 6.11　共聚焦显微镜原理与 MEMS 结构激光共聚扫描照片

激光共聚焦显微镜不仅可以获得试样表面的三维信息进行微结构尺寸的测量, 还可以进行表面粗糙度的测定、断层图像的测量等。图 6.11b 所示为激光共聚焦显微法测量 MEMS 结构的例子, 该图片清楚地反映了微结构表面的结构特征, 同时还可通过软件分析得到微结构的几何尺寸。

6.4　原子力显微镜

MEMS 器件的尺度范围为亚微米到毫米, 对于尺寸小、分辨率要求高、z 向变化不大的微结构, 可以采用原子力显微镜 (atomic force microscope, AFM) 进行微结构尺寸测试与微观形貌观测。AFM 测试的特点是分辨率极高, 量程较小, 不同模式下对试样的要求也有所不同。

6.4.1　测量原理

1982 年, IBM 公司苏黎世实验室的两位科学家 Gerd Binning 和 Heinrich Rochrer 发明了扫描隧道显微镜 (scanning tunneling microscope, STM)。STM 是第一种能够在原子尺度真实反映材料表面信息的仪器, 被科学界公认为 20 世纪 80 年代世界十大科技成就之一。

AFM 是从 STM 发展而来的仪器, 是扫描探针显微镜 (scanning probe microscope, SPM) 的一种。SPM 的两个关键部件是探针 (probe) 和扫描管 (scanner), 当

探针和试样接近到一定程度时, 如果有一个足够灵敏且随探针 – 试样距离单调变化的物理量 $P = P(z)$, 那么该物理量可以用于反馈系统 (feedback system, FS), 通过扫描管的移动来控制探针 – 试样间的距离, 从而描绘材料的表面性质。

为了克服 STM 只能对导电试样的表面进行表征的不足, 人们又发明了原 AFM[3]。AFM 不仅可以用于研究导体和半导体材料, 还可以对绝缘体进行研究。AFM 采用的探针针尖高度一般不超过 5 μm, 而尖端的直径通常小于 10 nm。针尖一般位于一根长度为 100 ~ 500 μm 的悬臂梁的自由端。针尖与试样表面之间的作用力, 如图 6.12 所示, 会使悬臂梁发生弯曲或扭曲。当针尖在试样上方进行扫描运动 (或试样在针尖下方进行扫描运动) 时, 系统内的探测器将测量悬臂梁发生的形变。通过检测到的悬臂梁形变数据, 计算机可以生成表面形貌图, 其原理如图 6.13 所示。

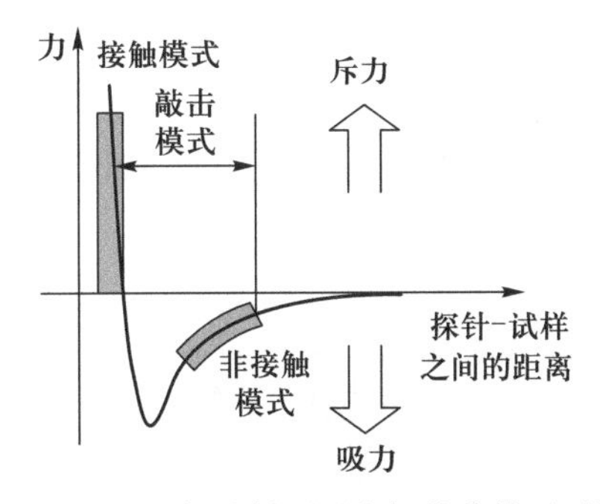

图 6.12 探针与试样原子之间的范德瓦耳斯力

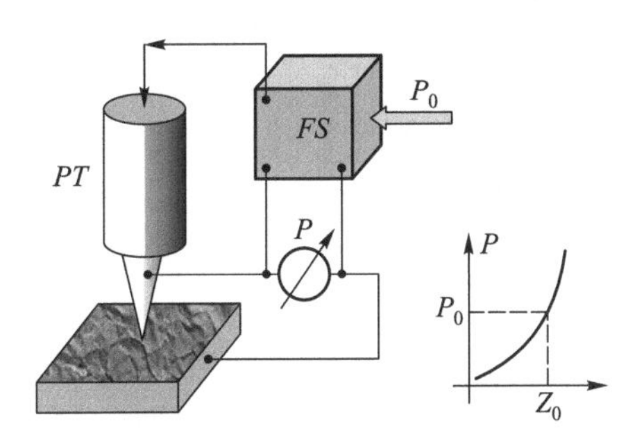

图 6.13 AFM 工作原理

6.4.2 MEMS中的AFM测量

与后文将要谈到的扫描电子显微镜 (scanning electron microscope, SEM) 相比, AFM 具有一系列的优点。电子显微镜只能提供二维图像, AFM 却可以提供真正的三维表面图。同时, AFM 不需要对试样作任何特殊处理, 如镀铜或碳, 这种处理对试样可能会造成不可逆转的伤害。另外, 电子显微镜需要在高真空条件下运行, AFM

在常压下甚至在液体环境下都可以良好的工作。这样可以用来研究生物大分子, 甚至活的生物组织, 试样也不用承受电子束的轰击。还有一点, AFM 的横向与纵向分辨率均比 SEM 高。

具体到 MEMS 领域, AFM 有如下几个方面的典型应用:

(1) 表面形貌的观测。通过检测探针与试样间的作用力可表征试样表面的三维形貌, 这是 AFM 最基本的功能。AFM 在水平方向具有 0.1 ~ 0.2 nm 的高分辨率, 在垂直方向的分辨率约为 0.01 nm。尽管 AFM 和 SEM 的横向分辨率是相似的, 但两种仪器最基本的区别在于处理试样深度变化时有不同的表征。

(2) 表面的高低起伏状态能够准确地以数值的形式获取。以 AFM 对表面整体图像进行分析, 可得到试样表面的粗糙度、颗粒度、平均梯度、孔结构和孔径分布等参数, 也可对试样的形貌进行丰富的三维模拟显示, 使图像更适合于人的直观视觉。例如, 在 MEMS 加工过程中通常需要测量高深比结构, 像沟槽和孔洞, 以确定刻蚀的深度和宽度。

(3) 评价纳米材料的电学、力学和磁力等性质。如图 6.14 所示, 不同类型的 AFM 能够有效地表征各种纳米材料。

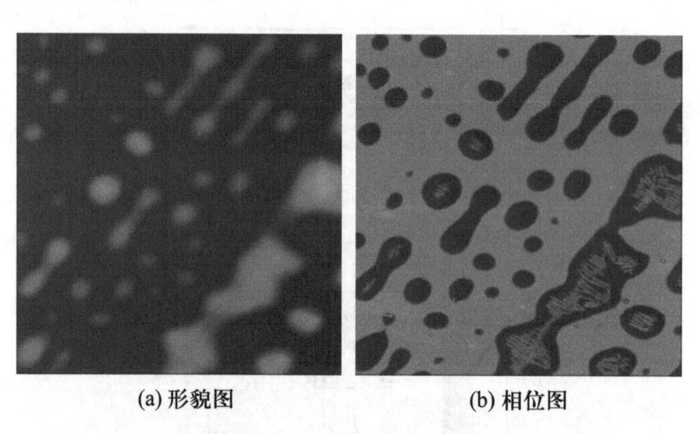

(a) 形貌图　　(b) 相位图

图 6.14　AFM 形貌图与相位图

与 SEM 等相比, AFM 的缺点在于成像范围太小, 速度慢, 受探头影响较大。图 6.15 所示为阳极氧化制备的纳米结构的 AFM 照片, 通过照片可以看到纳米结构的细微特征。AFM 能够测试的微纳结构的横向尺度与扫描器的量程密切相关, 扫描器量程越大则可以观测的微结构的横向尺寸越大。

使用 AFM 对微结构进行测试的主要障碍是量程问题, 以及台阶测试时探针曲率半径对测试结果精度的影响。对于较大的微结构, 或深度较大的微结构, 都有可能超出 AFM 测试的量程范围, 从而不能进行测试。另外, 采用接触模式测试时, 由于试样与探针接触力的存在, 较软材料的试样会被划伤。

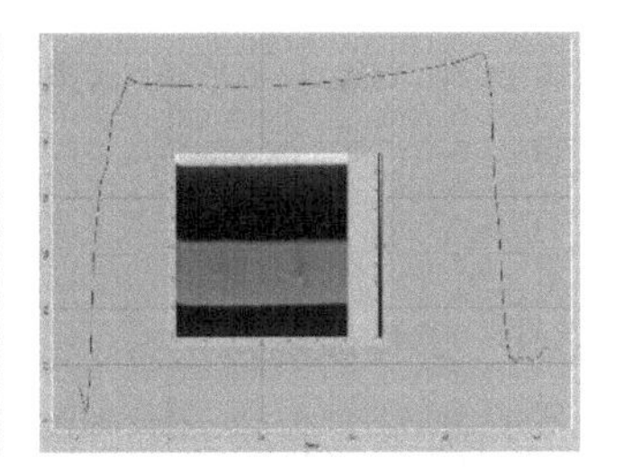

(a) AFM纳米结构图片　　(b) AFM测试槽结构形貌　　(c) 微槽结构提取的轮廓线

图 6.15　阳极氧化制备的纳米结构的 AFM 照片

6.5　扫描电子显微镜

SEM 简称扫描电镜[4-5], 是利用聚焦电子束在试样上扫描时激发的某些物理信号来调制一个同步扫描的显像管在相应位置的亮度而成像的一种显微镜 (图 6.16)。

图 6.16　日立 Su8010 扫描电子显微镜

SEM 是介于透射电子显微镜和光学显微镜之间的一种微观形貌观察仪器, 可直接利用试样表面材料的物质性能进行微观成像。其优点是: ① 高分辨率。现代先进的场发射扫描电镜的分辨率已经达到 1 nm, 钨灯丝电镜也可达到 3 ~ 6 nm。电子束波是一种物质波, 其波长可以表示为 $\lambda = 12.26/V^{0.5}$, 其中 λ 为波长, 单位为 nm, V 为加速电压, 单位为 V。SEM 有较高的放大倍数 (人眼分辨率/仪器分辨率), 在 20 ~ 200 K 之间连续可调。② 有很大的景深, 视野大, 成像富有立体感, 可直接观察各种试样凹凸不平表面的细微结构。③ 试样制备简单。目前的扫描电镜都配有 X 射线能谱仪装置, 这样可以同时进行显微组织形貌的观察和微区成分分析, 因此成为物理材料、生物材料形貌及材料组分的主要测量手段, 是微细结构、微纳结构尺寸测量的重要方法。

SEM 进行微结构几何量测量时, 是在获取被测结构的 SEM 清晰图像基础上, 采用一些软件对图像进行处理, 得到微结构的几何尺寸的。结合 SEM 工作台的多自由度操作, SEM 不仅可以测量试样微结构表面的几何尺寸, 还可以得到厚度方向的信息。

6.5.1 工作原理

扫描电镜的原理示意图如图 6.17 所示。由电子枪所发射出来的电子束 (一般为 50 μm), 在加速电压的作用下 (2 ~ 30 kV), 经过三个电磁透镜 (或两个电磁透镜), 汇聚成一个细小到 5 nm 的电子探针。在末级透镜上部扫描线圈的作用下, 使电子探针在试样表面作光栅状扫描 (光栅线条数目取决于行扫描和帧扫描速度)。

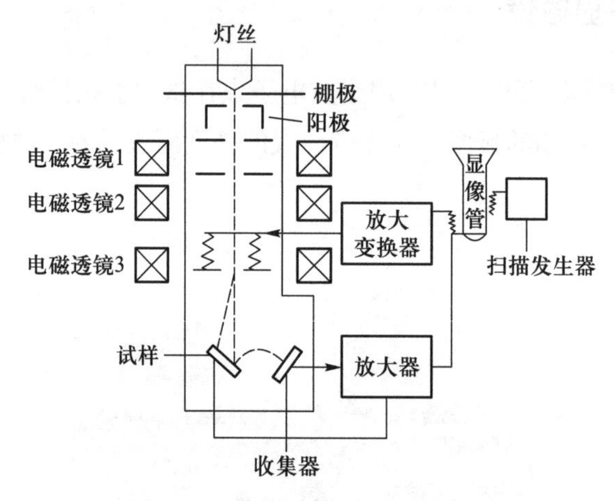

图 6.17 扫描电镜的原理示意图

由于高能电子与物质的相互作用, 结果在试样上产生各种信息, 如二次电子、背散射电子、俄歇电子、X 射线、阴极发光、吸收电子和透射电子等, 如图 6.18 所示[6]。因为从试样中所得到的各种信息的强度和分布同试样表面形貌、成分、晶体取向以及表面状态的一些物理性质 (如电性质、磁性质等) 等因素有关, 因此通过接收和处理这些信息, 就可以获得表征试样形貌的扫描电子像, 或进行晶体学分析或成分分析。在上述各种类型图像中, 以二次电子像、背散射电子像和吸收电子像用途最广。

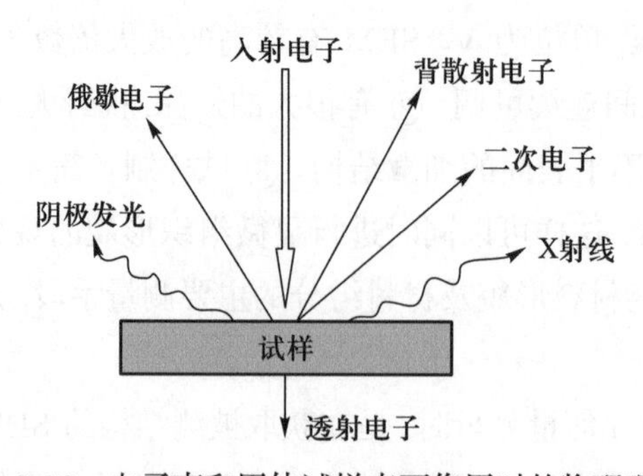

图 6.18 电子束和固体试样表面作用时的物理现象

对于微结构观测, 则主要应用二次电子像。

二次电子是指被入射电子轰击出来的核外电子。由于原子核和外层价电子间的结合能很小, 当原子的核外电子从入射电子获得了大于相应的结合能的能量后, 可脱离原子成为自由电子。如果这种散射过程发生在比较接近试样表层处, 那些能量大于材料逸出功的自由电子可从试样表面逸出, 变成真空中的自由电子, 即二次电子。二次电子来自表面 5 ~ 10 nm 的区域, 能量为 0 ~ 50 eV。它对试样表面状态非常敏感, 能有效地显示试样表面的微观形貌。由于二次电子发自试样表层, 入射电子还没有被多次反射, 因此产生二次电子的面积与入射电子的照射面积没有多大区别。二次电子的分辨率较高, 一般可达到 5 ~ 10 nm。扫描电镜的分辨率一般就是指二次电子分辨率。

6.5.2 测量特点

扫描电镜的主要性能指标包括放大倍数、分辨率、场深等。放大倍数可通过下式计算:

$$M = \frac{L}{l} = \frac{L}{2D\gamma} \tag{6.9}$$

式中, M 为放大倍数; L 为显示屏尺寸; l 为电子束在试样上的扫描距离, 等于 $2D\gamma$, 其中 D 是扫描电镜的工作距离; γ 为镜筒中电子束的扫描角。

分辨率是扫描电镜的主要性能指标, 影响扫描电镜分辨率的主要因素有入射电子束斑的大小和成像信号 (二次电子、背散射电子等)。

扫描电镜的场深是指电子束在试样上扫描时, 可获得清晰图像的深度范围。当一束微细的电子束照射在表面粗糙的试样上时, 由于电子束有一定发散度, 除了焦平面处, 电子束将展宽, 场深与放大倍数及孔径光阑有关。

图 6.19 所示为扫描电镜放大倍率示意图, 由图可知, 电子束在试样的表面进行二维扫描时, 显示单元的屏幕上会出现相应的图像, 改变电子束的扫描宽度, 图像的放大倍数会发生改变。由于显示器屏幕的大小是固定的, 减小扫描宽度, 会提高放大

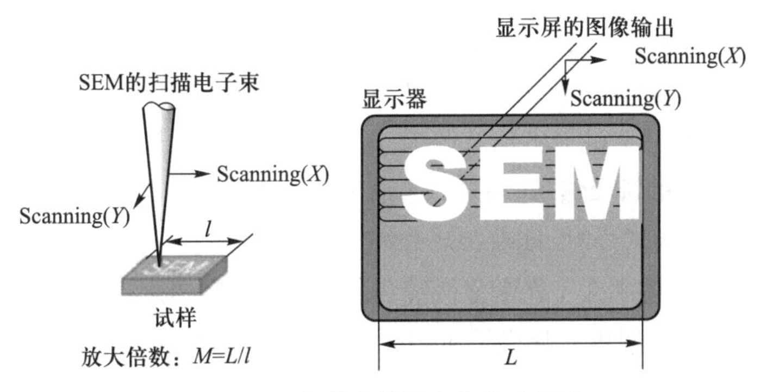

图 6.19 扫描电镜放大倍率示意图

倍数; 增大扫描宽度, 会缩小放大倍数。例如, 若显示器屏幕尺寸为 10 cm, 扫描电子显微镜的扫描宽度为 1 mm, 则放大倍数就是 100; 如果扫描宽度为 10 μm, 则为放大倍数为 10 000。显示画面的大小变化了, 放大倍数也发生变化, 由于历史的原因, 一般以 12 cm × 10 cm 的屏幕作为标准来显示放大倍数。在这种情况下, 需要以屏幕上显示的标度为标准, 计算放大倍数, 测量物体的大小。

同其他方式的显微镜相比较, 扫描电镜具有如下特点:

(1) 能直接观察大尺寸试样的原始表面。

能够直接观察的试样尺寸可大到直径为 100 mm, 高 50 mm, 或更大尺寸的试样。对试样的形状没有任何限制, 粗糙表面也能观察, 这免除了制备试样的麻烦, 而且能真实地观察到试样本身的物质成分所导致的图像衬度。

(2) 试样在样品室中可动的自由度非常大。

其他方式显微镜的工作距离通常只有 $2 \sim 3$ mm, 故实际上只允许试样在二维空间内运动。但在扫描电镜中则不同, 由于工作距离大 (可大于 15 mm), 焦深大 (比透射电子显微镜大 10 倍), 样品室的空间也大, 因此允许试样在三维空间内有 6 自由度运动 (即三维空间平移和三维空间旋转), 可动范围大, 这对观察不规则形状试样的各个区域细节无比方便。

(3) 观察试样的视场大。

在扫描电镜中, 能同时观察试样的视场范围 F 由下式确定:

$$F = \frac{L}{M} \tag{6.10}$$

式中, M 为观察时的放大倍数; L 为显示屏尺寸。

因此, 如果采用 30 cm (约 12 in) 的显像管, 放大倍数为 10 时, 其视场范围可达 30 mm。若采用更大尺寸的显示屏, 则不难获得更大的视场范围。

(4) 焦深大, 图像富有立体感。

扫描电镜的焦深比透射电子显微镜大 10 倍, 比光学显微镜大几百倍。由于图像景深大, 故所得扫描电子像富有立体感, 并很容易获得一对同样清晰聚焦的立体照片, 从而便于立体观察和立体分析。

(5) 放大倍数的可变范围很宽, 且不用经常对焦。

扫描电镜的放大倍数范围很宽 (从 5 到 20 万倍连续可调), 基本包括了从金相显微镜到电子显微镜的放大倍数范围, 且一次聚焦好后即可从低倍到高倍连续观察 (图 6.20), 不用重新聚焦, 这对进行事故分析特别方便。

(6) 在观察厚块试样时, 能获得高分辨率和真实形貌。

扫描电镜的分辨率介于光学显微镜和透射电子显微镜之间。对厚块试样进行观察比较时发现, 在透射电子显微镜中需采用复型方法, 而复型的分辨率通常只能达到 10 nm, 且观察的并不是试样本身。

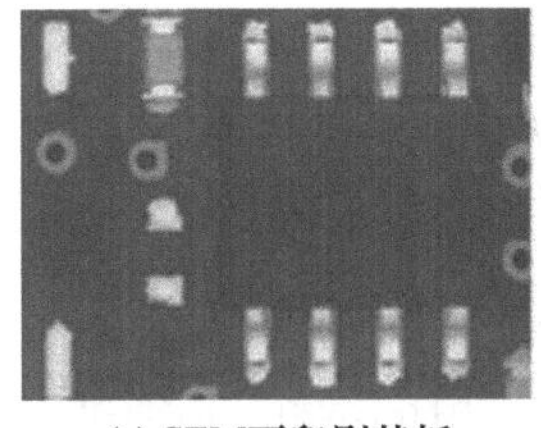
(a) SEM下印刷基板

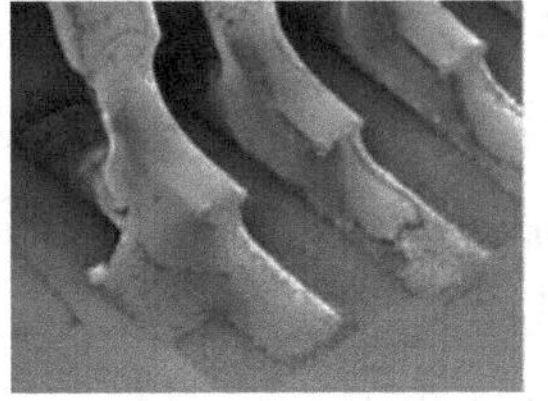
(b) SEM下印刷基板(放大)

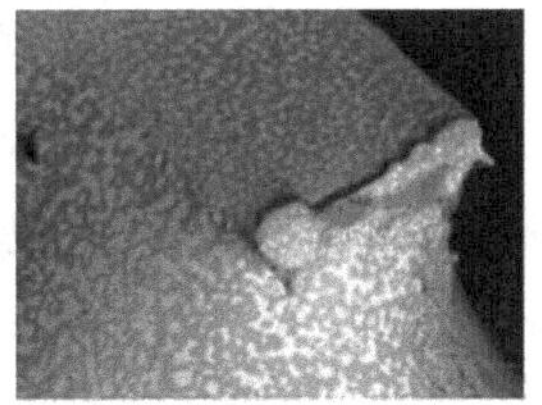
(c) SEM下印刷基板(继续放大)

图 6.20 SEM 对印刷基板连续观察的图像

(7) 因电子照射而发生试样的损伤和污染程度很小。

同其他方式的电子显微镜相比较, 因为观察时所用的电子探针的电流小 (一般约为 $10^{-10} \sim 10^{-12}$ A), 电子探针的束斑尺寸就小 (通常是 5 nm 到几十 nm), 电子探针的能量也比较小 (加速电压可以小到 2 kV), 而且不是固定一点照射试样, 而是以光栅状扫描方式照射试样, 因此由于电子照射而发生试样损伤和污染的程度很小。

(8) 能进行动态观察。

在扫描电镜中, 成像的信息主要是电子信息。根据近代的电子工业技术水平, 即使高速变化的电子信息, 也能毫不困难地及时接收、处理和储存, 故可进行一些动态过程的观察。如果在样品室内安装有加热、冷却、弯曲、拉伸和离子刻蚀等附件, 则可以通过连接电视装置, 观察相变、断裂等动态的变化过程。扫描电镜放大倍数的可变范围很宽, 且不用经常对焦, 因此能很容易地对同一试件进行连续观察, 且可以不断地改变放大倍数。

(9) 可以从试样的表面形貌获得多方面资料。

在扫描电镜中, 可以利用入射电子和试样相互作用所产生的各种信息来成像, 而且可以通过信号处理方法获得多种图像的特殊显示方法, 因而可以从试样的表面形貌获得多方面资料。扫描电子图像不是同时记录的, 而是分解为近百万个像元逐次记录和构成的, 因此扫描电镜除了能够观察表面形貌外, 还能进行成分和元素的分析。

6.5.3 SEM 对试样的要求及其在 MEMS 中的应用

1. SEM 对试样的要求

用于扫描电镜观测的试样可分为两类: 一是导电性良好的试样, 一般可以保持原始形状, 不经或稍经清洗, 就可以放到电镜中观察; 二是不导电的试样, 或在真空中有失水、放水、缩水变形现象的试样, 需要经过适当处理才能进行观察。在 SEM 制备试样过程中应该注意以下几个问题:

(1) 试样必须是干净的固体 (块状、粉状或沉积物) , 在真空中能保持稳定。

含有水分的试样应先进行脱水处理, 并要采取措施防止试样因脱水而变形。对木材、催化剂等容易吸气的多孔试样应在预抽气室适当预抽。有些试样因表面生锈或被尘埃污染而影响观察，必须进行适当清洗后再观察。

(2) 试样应有良好的导电性，或至少试样表面有良好的导电性。

导电性不好或不导电的试样，如高分子材料、陶瓷、生物试样等，在入射电子照射下，表面易积累电荷，严重影响图像质量。因此，对不导电的试样，必须进行真空镀膜，在试样表面蒸镀一层厚约 10 nm 的金属膜或碳膜，以避免荷电现象。采用真空镀膜技术，除了能防止不导电试样产生荷电外，还可增加试样表面的二次电子发射率，提高图像衬度，同时可减少入射电子对试样的辐射损伤。

(3) 试样尺寸不能过大，必须能放置到试样台上。

对金属断口及质量事故中的一些试样，可保持原始形状放到扫描电镜中观察，但过大的试样必须分割，分割试样时需注意，不要损伤观察表面。

(4) 用波长色散 X 射线光谱仪进行元素分析时，分析试样应事先进行研磨抛光。

试样应事先进行研磨抛光是为了避免试样表面的凹凸部分影响 X 射线检测。采用 X 射线能谱仪进行元素分析时，则允许试样表面有一定的起伏。

(5) 生物试样制备。

用扫描电镜观察前，生物试样，一般都要进行脱水干燥、固定、染色、真空镀膜等处理。

2. SEM 在 MEMS 中的应用

1) 微结构几何尺寸测量及表面微观形貌观测

扫描电镜突出的景深效果，使其成为微结构三维形貌的观察和分析有力的工具，并且在形貌观察的同时，还可以进行微结构微区域组成成分的分析。在 MEMS 器件与结构中，SEM 主要应用于微结构三维形貌观测、微结构几何尺寸测量及表面微观形貌观测等。

SEM 可以获得高分辨率、景深大的清晰试样图像，这样就可以获得 MEMS 器件的三维结构形貌照片。图 6.21a 所示为微镜 SEM 三维结构，可以清晰地看到镜面的结构及尺度范围；图 6.21b 所示为应用于微传感器的叉指式微电极结构。由上述照片可以看到，SEM 能够清楚地进行微器件结构与形貌的观测。

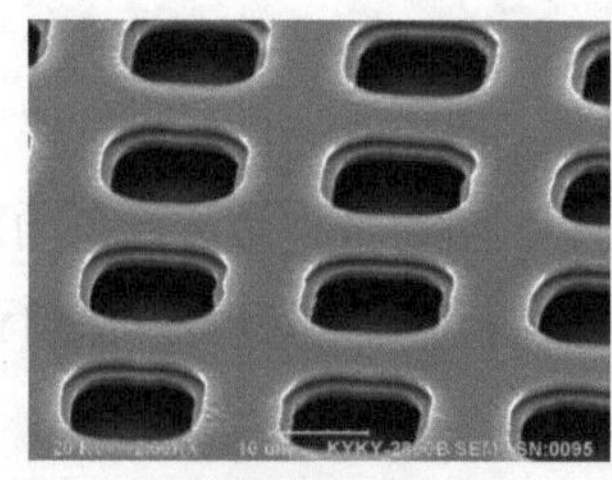

(a) 微镜SEM三维结构

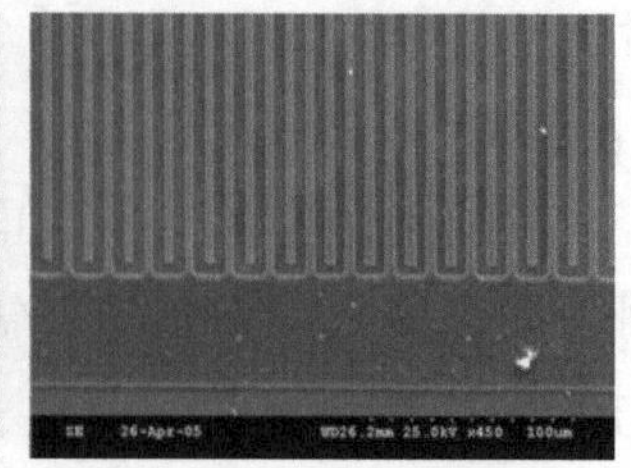

(b) 叉指式微电极结构

图 6.21 SEM 观测 MEMS 器件

如果需要通过 SEM 进行微器件微结构几何尺寸测量, 则需要通过 SEM 的工作台调节使被测试样的被测面与入射电子束垂直, 这时形成被测平面的清晰 SEM 照片, 然后再采用图像分析的方法得到被测微结构的几何尺寸。图 6.22a 所示为平面微槽的照片, 微槽最小宽度仅 70 nm, 通过 SEM 照片结合 SEM 标尺, 可以测量出微槽的宽度。SEM 还可以测量被测 MEMS 器件中的薄膜厚度, 如图 6.22b 所示, 在硅基体上沉积薄膜, 把硅片裁开, 抛光, 调整工作台, 让厚度方向与入射电子垂直, 这样就可以得到薄膜的厚度。

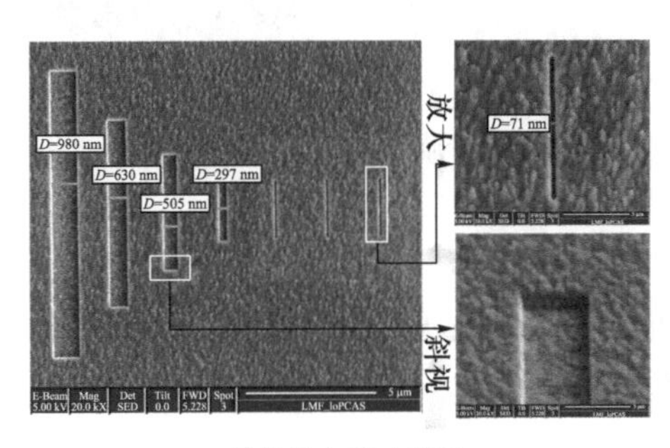

(a) 微槽横向尺寸测量

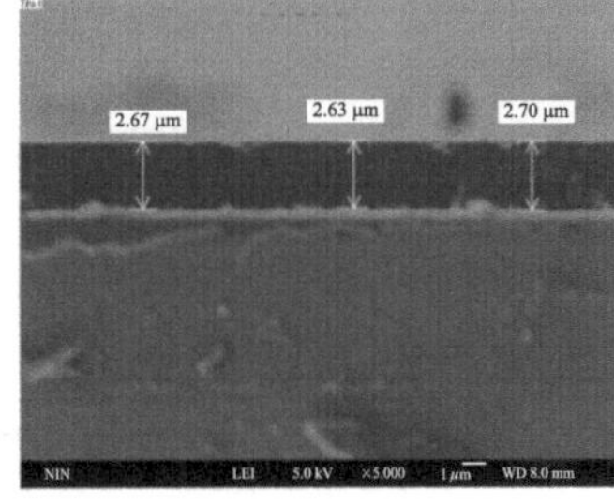

(b) 薄膜厚度结构测量

图 6.22 SEM 进行微结构几何尺寸测量

上述是简单的尺寸测量的例子, 如果被测形状复杂, 则根据 SEM 照片, 通过图像处理与边缘提取, 获取试样复杂的形状轮廓, 进而得到几何形状误差。例如, 微型摆线齿轮模具由精密 WEDM 加工而成, 其形状误差通过如下 SEM 测量方法获得: 首先通过 SEM 得到如图 6.23 所示的 SEM 照片; 然后采用与光学显微视觉测量相同的图像处理方法, 就能够得到摆线齿轮的轮廓线; 最后通过误差评定方法得到微型摆线齿轮的齿形误差。

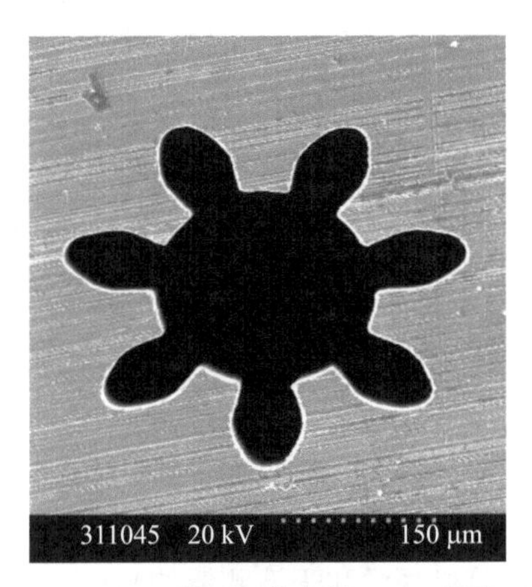

图 6.23 微型摆线齿轮 SEM 照片

另外, SEM 还可以进行微器件表面微观结构的观测, 其分辨率可达到 nm 级。

图 6.24 所示为沉积了功能材料的薄膜表面形貌, 可以看到, 薄膜由不同大小的颗粒组成, 通过一些表征方法, 可得到薄膜中颗粒的平均粒径为 300 nm、650 nm、1 200 nm。

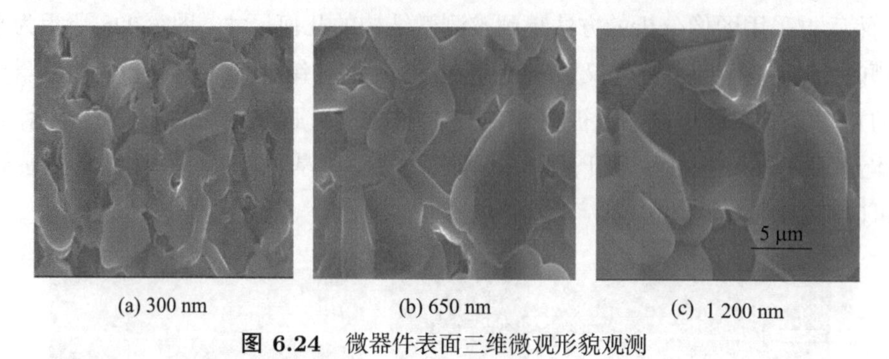

(a) 300 nm (b) 650 nm (c) 1 200 nm

图 6.24 微器件表面三维微观形貌观测

由以上分析可以看出, SEM 可以进行微构件几何尺寸测量与表面微观形貌的观测。需要指出的是, 虽然 SEM 可以进行表面形貌观测, 但由于其图像纵向的尺寸难以精确给出, 因此不能作为形貌的精确测量, 通常也不能作为试样表面粗糙度的测量工具。

2) 产品缺陷与薄膜失效分析

扫描电镜结合各种附件, 可以对 MEMS 中的结构材料如薄膜等进行断裂失效分析、产品缺陷原因分析、镀层结构和厚度分析、涂料层次与厚度分析等。图 6.25 给出了 MEMS 气体传感器敏感薄膜材料的背散射图像和二次电子图像对比。

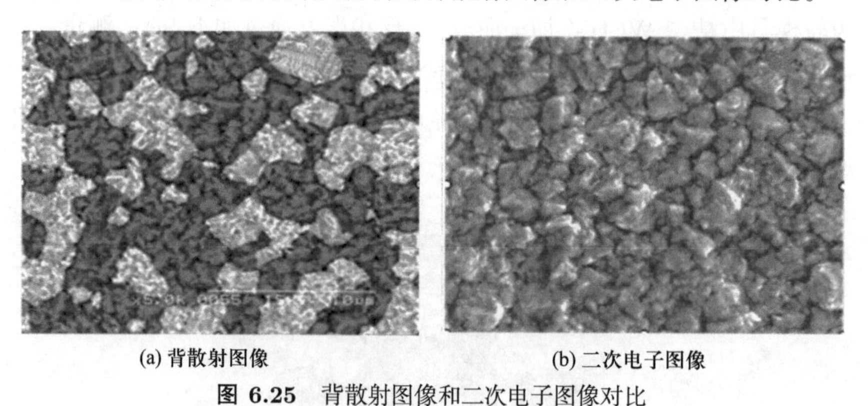

(a) 背散射图像 (b) 二次电子图像

图 6.25 背散射图像和二次电子图像对比

6.6 MEMS动态测量

6.6.1 基于频闪成像、计算机视觉和干涉测量的MEMS动态测量

目前, 频闪成像、计算机视觉和干涉测量相结合的方法在 MEMS 动态测量中得到了广泛的研究和应用。基于 MEMS 器件动作频率较快的特点, 该方法采用频闪成

像的技术, 用 CCD 摄像机捕捉 MEMS 器件每一个运动瞬间的准静态位置, 然后采用计算机视觉中基于图像序列的运动估计算法测量平面微运动, 再采用显微干涉或电子散斑干涉技术测量 MEMS 器件的离面微运动[7]。这种方法的限制主要是只能实现周期微运动或可重复瞬态微运动的测量[8]。各单位研究之间的区别主要在于光学系统配置以及数据处理算法上的不同, 其中比较有代表性的研究工作主要有以下几项:

(1) MIT 的 D. M. Freeman 教授领导的研究小组是国际上最早开展 MEMS 动态测量技术研究的单位之一, 他们建立的 ICMV (干涉计算机微视觉) 系统[9-10] 如图 6.26 所示。该系统采用增强脉冲发光二极管 (LED) 作为光源, 测试时, 微型器件通过周期性外力驱动, 同时 LED 也在相同的频率下驱动, 用来保证期间只在特定相位处被照明, 使运动器件看起来像被 "冷冻" 一样。他们对图 6.27 所示的 MEMS 加速度计进行了动态测量实验, 其中左图的 3D 明场图像通过一系列间隔为 2 μm 的明场图像层叠获得 3D 明场图像; 右侧 3D 干涉图像通过一系列相对于参考镜不同轴向的干涉图像层叠获得。对于 MEMS 器件的平面微运动, 采用频闪成像方法实现亚像素级的高精度测量, 运动幅度的分辨率最高可达 2.5 nm。前期采用频闪成像和光学离焦切片的测量方法, 运动幅度的测量范围为 100 um, 分辨率最高可达 5 nm。这种测量技术的优点是可以实现平面微运动与离面微运动的三维耦合测量, 但是由于采用计算机视觉技术跟踪离面微运动, 因此测量分辨率受到限制[9]。后期基于频闪成像和相移干涉技术的离面微运动的测量, 运动幅度的测量范围为 20 μm, 分辨率为 0.5 nm。

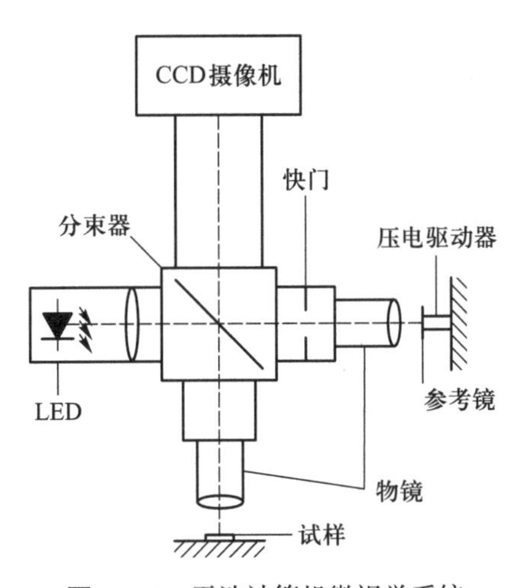

图 6.26 干涉计算机微视觉系统

(2) 美国加州理工学院 JPL 实验室的 R. C. Gutierrez 等也是国际上较早开展 MEMS 动态测量技术研究的, 他们的思路比较简单: 在一台 Wyko 公司的商业化

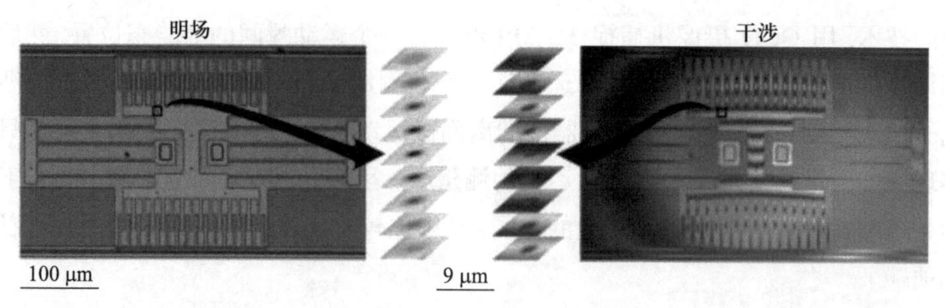

图 6.27　MEMS 插指式加速度计的明场和干涉图像

仪器 RST Plus Optical Profiler 的基础上增加脉冲式频闪光源和同步控制系统[11], 从而实现离面微运动的测量, 如图 6.28 所示[11]。美国 Wkyo 公司在这一思路的启发下, 在其 NT1100 光学表面轮廓仪的基础上增加频闪模块以及软件算法, 形成 MEMS 动态测量设备 DMEMS1100。他们采用频闪成像和白光垂直扫描干涉技术获得 MEMS 器件的 3D 动态形貌, 然后利用特征结构的图像匹配技术根据 3D 动态形貌直接实现 MEMS 器件平面微运动与离面微运动的测量。目前, Wyko 公司研发中心提供的数据表明: 20 倍物镜下平面运动幅度的分辨率为 25 nm, 离面运动幅度的分辨率当采用相移干涉测量 (PSI) 模式时为 0.3 nm, 当采用垂直扫描干涉测量 (VSI) 模式时为 2 nm。采用白光垂直扫描干涉技术的主要优点是, 运动幅度的测量范围比较大, 可以到毫米量级, 对待测表面没有台阶高度的限制要求等。

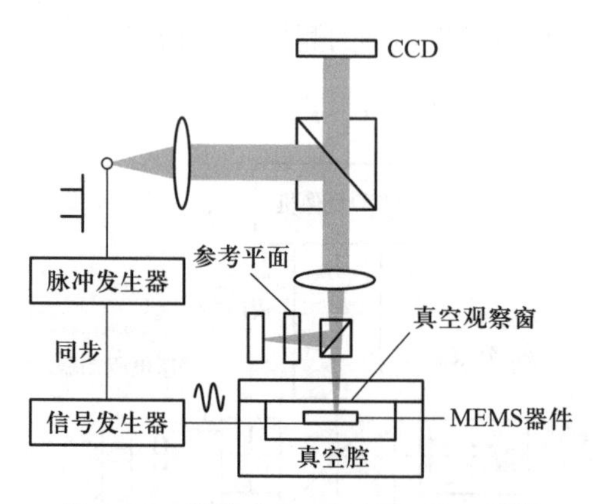

图 6.28　脉冲式 Optical Profiler 系统

(3) 美国加州大学伯克利分校传感器与致动器中心 (BSAC) 的 Christian Rembe 等建立的测量 MEMS 动态属性的频闪显微干涉系统 (SMIS)[12] 如图 6.29 所示[12]。该系统采用频闪成像以及基于最小二乘法的图像相关技术实现平面微运动的测量, 运动幅度的分辨率在 20 倍物镜下为 3.6 nm, 采用频闪成像以及相移干涉技术实现离面微运动的测量, 运动幅度的测量范围为 20 um, 分辨率为 0.7 nm, 同时将平面微运动的测量数据与离面微运动的测量数据有机结合起来, 通过图像传递实现了三维微运动的耦合测量。

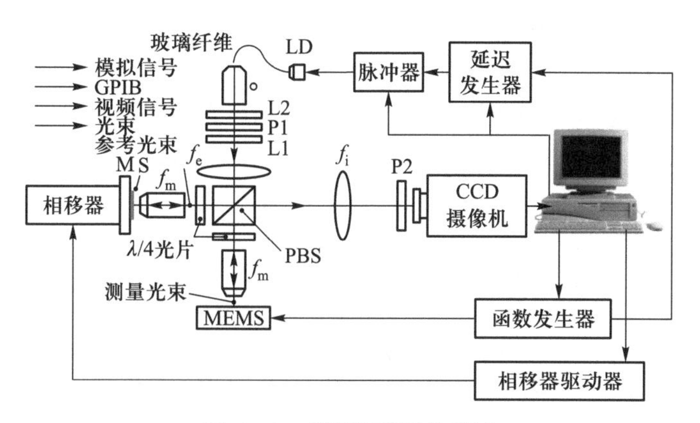

图 6.29 频闪显微干涉系统

(4) 法国 University Paris XI 的 S. Petitgrand 等建立的 MEMS 器件 3D 离面振动模态测量系统如图 6.30 所示[13]。他们采用两种技术来实现离面振动模态的分析。一方面采用频闪干涉技术实现全视场的振动模态测量, 但是和其他研究单位不同的是, 对于干涉纹图的处理, 没有采用相移干涉技术, 而是采用了 FFT 技术来提取相位信息, 因此计算每一个准静态运动位置时系统只需要一帧干涉图像, 降低了系统对外界干扰的敏感性, 提高了测量精度。另一方面, 系统采用光电倍增管 (PM)、双锁相检测技术和双光束干涉技术实现单点振动的谱分析。该系统离面振动幅度的测量分辨率为 3 ~ 5 nm。同时, 也开展了频闪白光垂直扫描干涉技术的研究, 并将仪器产业化。

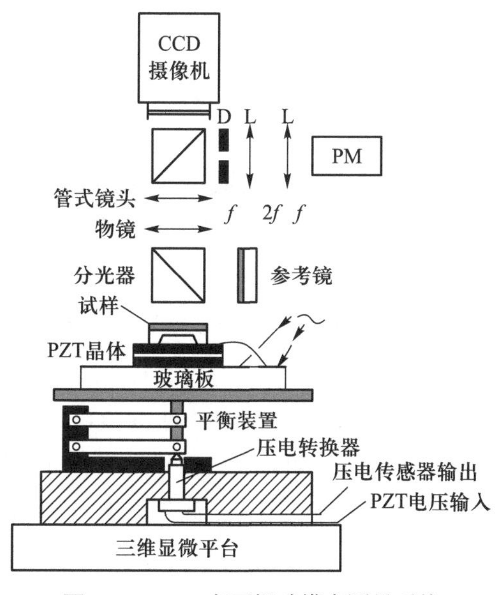

图 6.30 3D 离面振动模态测量系统

(5) 德国 Chemnitz University of Technology 的 S. Kurth 等建立的 MEMS 动态测量系统[14] 如图 6.31 所示[14], 和前面不同的是, 他们没有采用显微干涉技术, 而是采用了电子散斑干涉技术, 通过检测 MEMS 器件的微运动引起的散斑图像的变化来实现 MEMS 动态参数的测量与分析。该系统利用声光调制器实现频闪照明, 采用电子散斑干涉技术通过三种不同的照明方向实现 MEMS 器件平面微运动与离面微运动的测量, 通过相移干涉技术实现相位信息的提取。

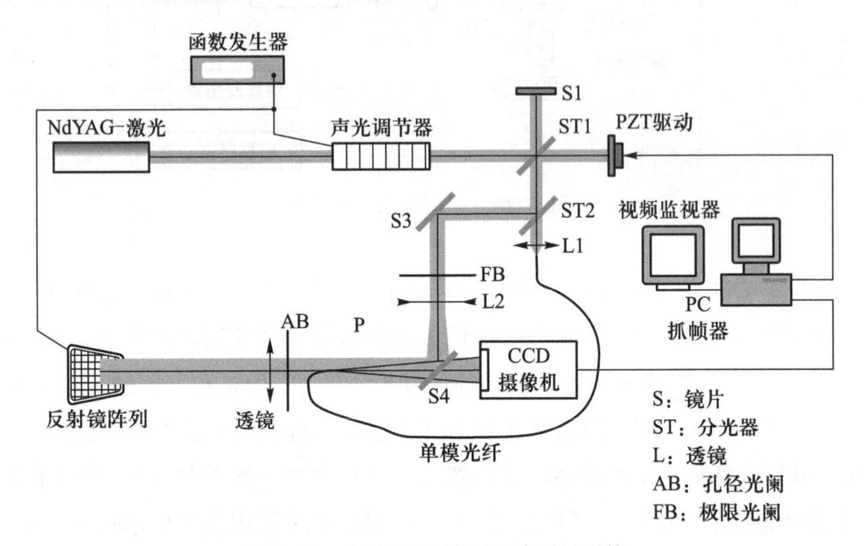

图 6.31 频闪电子散斑干涉测量系统

6.6.2 基于激光多普勒测振的 MEMS 动态测量

相对频闪成像、计算机视觉和干涉测量的全视场分析, 激光多普勒测振是一种单点振动测量技术, 但是可以获得速度和加速度等更多的动态参数, 可以实现瞬态运动测量。将激光多普勒测振技术引入 MEMS 动态测量, 需要解决两个方面的问题: 一是缩小激光束的光斑直径; 二是通过扫描技术实现全视场的振动测量。尽管可以通过扫描技术获得全视场的振动信息, 却牺牲了激光多普勒测振的实时性以及扫描点之间的相位信息。

德国 Polytec 公司系统地开展了将激光多普勒测振技术应用于 MEMS 动态测量的研究工作[15], 该系统示意图如图 6.32 所示[15]。他们用光纤将激光束直接耦合进显微镜系统, 在 100 倍物镜下, 激光光斑的大小为 0.5 μm, 通过 PZT 控制反射镜实现激光束在全视场内的扫描测量, 可达到 200×200 个扫描点, 最后通过数据拟合形成 MEMS 器件整个表面的离面振动模态, 测量频率可到 30 MHz, 运动幅度的分辨率可低于 10 pm。目前, 该公司还正在致力于基于激光多普勒测振技术的差分测量功能的研究, 即将两束激光束同时耦合进显微镜系统, 一束手工固定, 一束自动扫描, 以实现相对差分的离面振动测量。当然, 通过适当的光学系统配置, 激光多普勒测振技术也可用于 MEMS 器件平面微运动的测量。

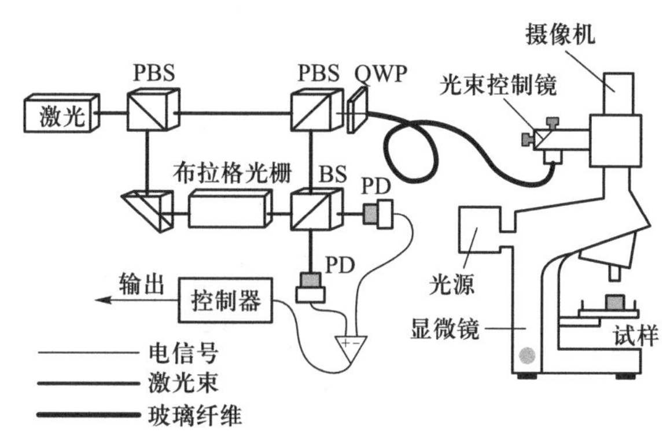

图 6.32 扫描激光多普勒测振系统

由于激光多普勒测振技术本身的研究相对比较成熟, 因此目前的研究工作主要集中在应用激光多普勒测振技术实现 MEMS 器件动态特性的分析方面, 如英国 University of Newcastle 的 J. S. Burdess 等利用 Polytec 公司的单点激光多普勒测振仪开展了 MEMS 微悬臂梁和微桥振动模态的测量和分析。

6.6.3 基于其他原理和方法的MEMS动态测量

尽管频闪成像、计算机视觉和干涉测量技术以及激光多普勒测振技术作为两种主要的通用 MEMS 动态测量技术, 得到了广泛的研究和应用, 但是针对特殊的应用领域以及特殊的测量需求, 一些研究单位还开展了基于其他原理和方法的 MEMS 动态测量技术的研究, 其中比较有代表性的主要有以下 4 种。

1. 基于高速摄影成像的 MEMS 动态测量技术

德国 University of Ulm 的 C. Rembe 等系统地开展了基于高速摄影成像技术的 MEMS 动态测量研究[16-17], 他们建立的测量系统如图 6.33 所示[16-17], 系统中所用的显微镜为 Axioplan2, 高速摄像机为 Imacon 468, 曝光时间为 10 ns, 每秒钟可实时采集 1 亿帧 MEMS 器件的动态图像。该系统主要测量采用频闪成像技术无法实现的非周期性和 (或) 非可重复性的平面微运动。利用该系统, C. Rembe 等开展了微涡轮转动过程的实时测量, 研究了该器件的动力学特性。

2. 基于反馈注入干涉的 MEMS 动态测量技术

意大利 University of Pavia 的 S.Donati 等系统地开展了基于反馈注入干涉的 MEMS 动态测量技术的研究[18], 他们测量微陀螺动态特性的实验装置如图 6.34 所示[13]。

从 MEMS 器件表面反馈回来的激光束再次注入激光器, 形成反馈注入干涉, 使

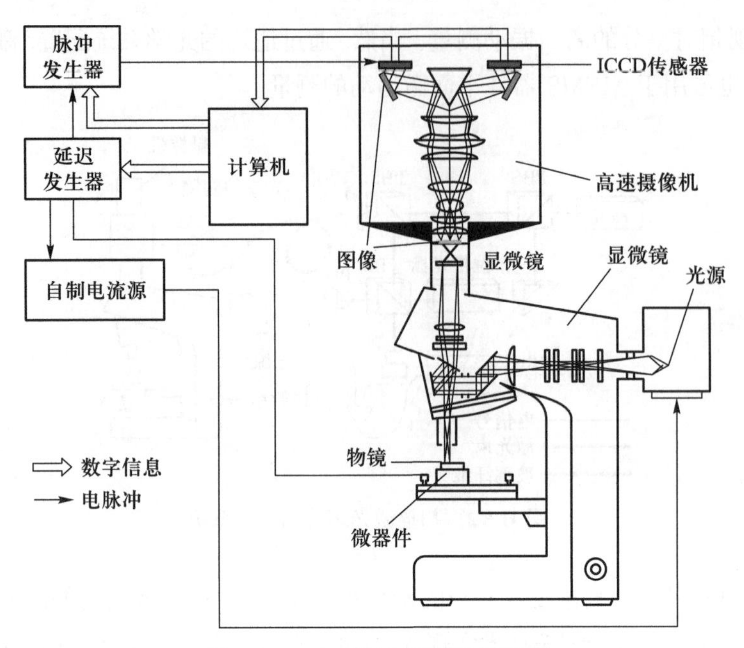

图 6.33 实时高速摄影成像系统

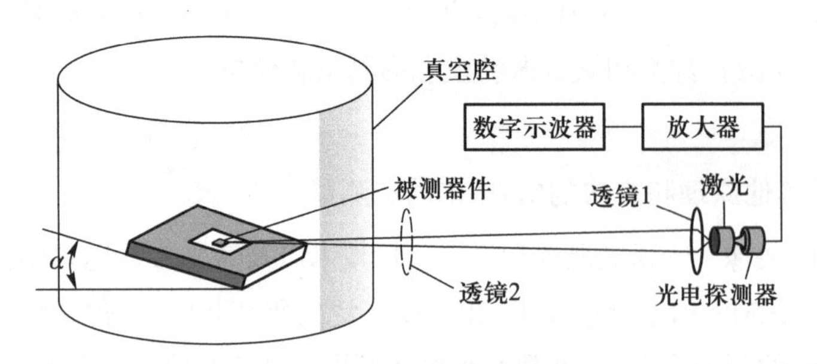

图 6.34 注入反馈干涉动态测量系统

得激光器功率的幅度和频率得到调制, 通过位于激光器背面微镜处的光电二极管即可检测出 MEMS 器件的振动幅度、谐振频率、Q 值和迟滞效应等动态参数, 整个实验系统非常简单。

3. 基于模糊图像的 MEMS 动态测量技术

美国空军研究实验室 (AFRL) 的 D. J. Burns 等采用模糊图像技术实现了 MEMS 器件平面微运动纳米分辨率的高精密测量[19], 他们建立的实验系统如图 6.35 所示[19], 该系统采用连续光照明, 采集器件静止状态时的一帧图像和运动状态时的一帧图像, 通过这两帧图像实现平面运动幅度的测量, 进而还可以得到器件的谐振频率特性和 Q 值等参数。这种测量方法的主要优点是, 对器件的上限运动频率没有限制, 测量系统比较简单, 容易实现自动化。

4. 基于 X 射线高速成像的 MEMS 动态测量技术

美国 David Sarnoff Research Center 的 T. S. Leu 等采用 X 射线高速成像技术

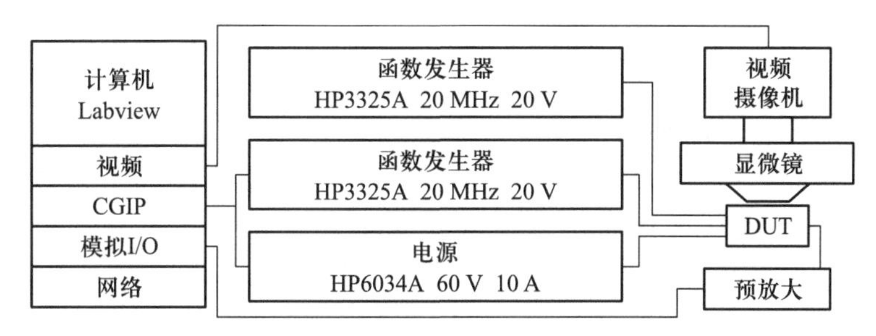

图 6.35 模糊图像动态测量系统

研究了不同尺寸和形状的微管道中的流体流动状况, 对采集到的图像利用流动恢复算法进行处理后, 获得了流速场特性, 同时还将频闪技术引入 X 射线高速成像中, 测量了微电磁光开关的动态特性, 基于以上技术和系统还研究了 HP 喷墨打印头内部的结构和微运动情况。

除此之外, 测量 MEMS 器件平面微运动的技术还有基于衍射的测量方法和基于莫尔条纹的测量方法等; 测量 MEMS 器件离面微运动的技术还有基于激光偏移的测量方法和基于时间平均的显微干涉测量方法等。

参考文献

[1] 胡小唐, 傅星, 刘庆纲, 等. 微纳检测技术. 天津: 天津大学出版社, 2009: 8-16.

[2] 王伯雄, 陈非凡, 董瑛. 微纳米测量技术. 北京: 清华大学出版社, 2006: 121-129.

[3] 刘岁林, 田云飞, 陈红, 等, 原子力显微镜原理及应用技术. 现代仪器, 2006, 6: 9-11.

[4] 郭素枝. 扫描电镜技术及其应用. 厦门: 厦门大学出版社, 2006: 20-45.

[5] 张大同. 扫描电镜与能谱仪分析技术. 广州: 华南理工大学出版社, 2009: 21-25.

[6] 徐祖耀, 黄本立, 鄢国强. 材料表征与检测技术手册. 北京: 化学工业出版社, 2009: 987-992.

[7] 栗大超, 冯亚林, 傅星, 等. MEMS 动态测试技术. 微纳电子技术, 2005, 4: 188-194.

[8] 王涛, 王晓东, 王立鼎, 刘冲. MEMS 中微结构动态测试技术进展. 中国机械工程, 2005, 16: 83-88.

[9] Hemmert W, Mermelstein M S, Freeman D M. Nanometer resolution of three-dimensional motions using video interference microscopy//IEEE International MEMS, 1999, Orlando, USA.

[10] Davis C Q, Freeman D M. Using a light microscope to measure motions with nanometer accuracy. Optical Engineering, 1998, 37:1299-1304.

[11] Gutierrez R C, Shcheglov K V, Tang T K. Pulsed source interferometry for characterization of resonant micromachined structure//Digest of Solid Sensor & Actuator Workshop, 1998, Hilton Head: 324-327.

[12] Rembe C, Muller R S. Measurement system for full threedimensional motion characterization of MEMS. Journal of Microelectromechanical System, 2002, 11(5): 479-488.

[13] Petitgrand S, Yahiaoui R, Danaie K, et al. 3D measurement of micromechanical devices vibration mode shapes with a stroboscopic interferometric microscope. Optics and Lasers in Engineering, 2001, 36: 77-101.

[14] Kurth S. Interference microscopic techniques for dynamic testing of MEMS. Annual Research Report 2002. Germany: Chemnitz University of Technology, 2002.

[15] Specification of MSV300. Germany: Polytec Gmbh, 2003.

[16] Rembe C, Tibken B, Hofer E P. Analysis of the dynamics in microactuators using high-speed cine photomicrography. Journal of Microelectromechanical System, 2002, 10(1): 322-328.

[17] Rembe C, aus der Wiesche S, Beuten M, et al. Investigations of nonreproducible phenomena in thermal ink jets with real high-speed cine photomicrography. J. Imaging Sci. Technol. 1999, 43 (4): 325-331.

[18] Donati S, Norgia M, Lodi V A, et al. Measurement of MEMS mechanical parameters by injection interferometry//Proceedings of International Conference on Optical, MEMS, 2000. Sheraton Kauai: 89-90.

[19] Burns D J, Helbig H F. A system for automatic electrical and optical characterization of microelectromechanical devices. Journal of Microelectromechanical System, 1999, 8(4): 473-482.

第 7 章 MEMS 应用

MEMS 作为一种具有巨大市场潜力的微系统技术, 在过去的几十年里展现出越来越清晰的面貌。根据千差万别的功能需求, 国内外的研发机构设计和制造出许多微系统和器件, 其中一些取得了巨大的市场成功。本章将通过介绍 MEMS 传感器、执行器以及微系统的一些应用实例, 从一个侧面展示目前这门学科的主要技术成就, 同时也联系前面各章内容, 进一步加深读者对 MEMS 设计、工艺、材料等方面的认识。

7.1 MEMS 传感器

微传感器是微系统感知外部世界信息的部分, 也可作为一个相对独立的 MEMS 器件应用于众多的集成系统中。在目前的技术阶段, 微传感器是市场化最为成功的 MEMS 器件。本节将介绍一些典型的 MEMS 传感器的敏感原理、设计方案和制备工艺。

7.1.1 压阻式耐高温压力传感器

压阻式压力传感器的基本原理是利用硅的压阻效应将被测压力的变化转换成敏感元件电阻值的变化, 然后通过转换电路将电阻值的变化转换成电压输出[1]。压阻式压力传感器是近 30 年来发展非常迅速的一种新型物性传感器。它具有灵敏度高、响应速度快、可靠性好、精度高、功耗低、易于微型化与集成化等一系列突出优点[2]。

耐高温压力传感器是针对石油化工、航空航天、军工等领域, 为满足高温 (120 ℃ 以上)、高频、瞬时高温 (⩾ 2 000 ℃) 冲击条件下的压力测量需求而研发的特种传感器[3]。

1. 耐高温压阻力敏芯片的工作原理

传统的扩散硅压力传感器力敏芯片的惠斯通测量电桥的 4 个电阻是利用硅平面离子注入工艺或扩散工艺把掺杂元素从 SiO_2 掩模窗口注入和扩散到硅片内，如图 7.1 所示。通常采用在 n 型硅基底中掺入高浓度的硼杂质形成 p 型测量电阻，由于电子和空穴的扩散运动，p 型电阻与 n 型硅基底间形成起隔离作用的 p–n 结。当工作温度升高到 120 ℃ 以上时，由于硅的杂质能级向本征能级靠拢，p–n 结处产生很大的漏电流，致使力敏芯片工作失效。

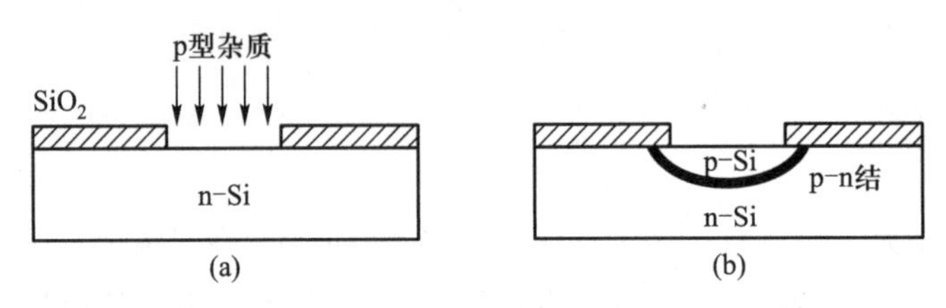

图 7.1　扩散硅电阻隔离结构

采用 SOI 材料 (详见第 3 章) 研制的耐高温压阻力敏芯片通过 SiO_2 绝缘层将力敏芯片的检测电路层与硅基底隔离开，避免了高温下检测电路与基底之间产生漏电流，从而提高了力敏芯片的耐高温性能。

2. 力敏芯片的制作工艺

基于 SOI 技术的系列耐高温固态压阻力敏芯片需要经过如图 7.2 所示的加工工艺来制备[4]。

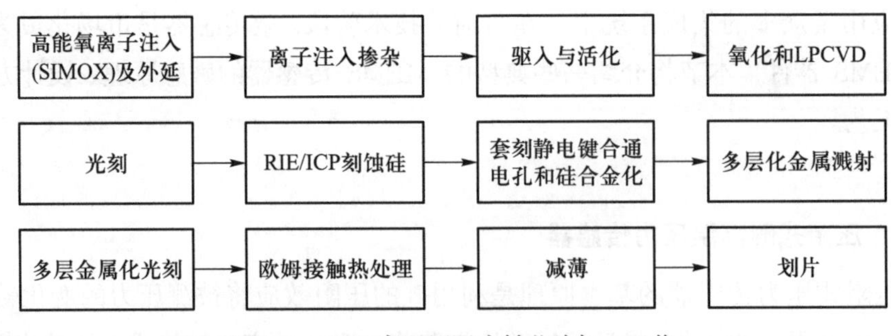

图 7.2　SOI 高温压阻力敏芯片加工工艺

西安交通大学研制的耐高温固态压阻力敏芯片结构示意图如图 7.3 所示[5]，其 SEM 照片见图 7.4，工作温度高达 350 ℃，解决了传统体硅芯片在工作温度 ⩾ 120 ℃ 时因 p–n 结漏电流增大而失效的问题，突破了传感器在高温下 (120 ~ 350 ℃) 的压力测量瓶颈，具有耐高温、可靠性高等特点。

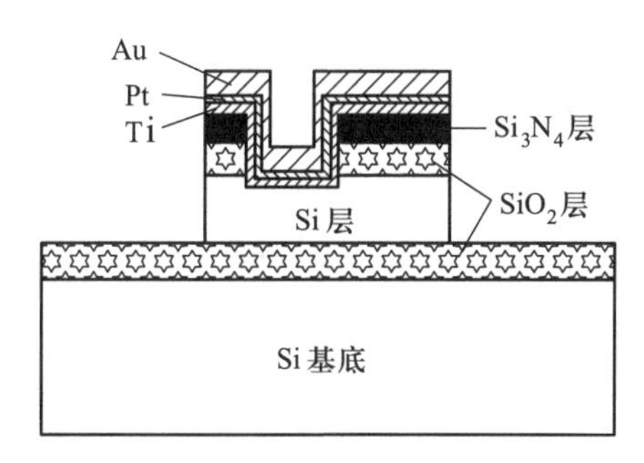

图 7.3 耐高温固态压阻力敏芯片结构示意图

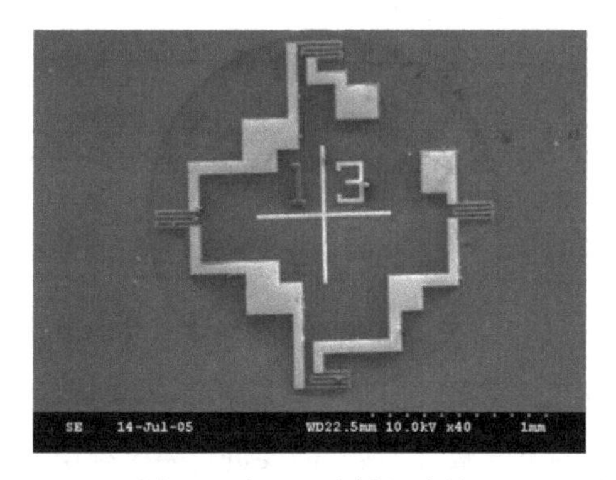

图 7.4 耐高温固态压阻力敏芯片的 SEM 照片

7.1.2 MEMS 微加速度传感器

硅微加速度传感器是一种重要的力学量传感器, 是最早得到研究的微机械惯性传感器之一[6]。微机械加速度计是一种在硅片上用微加工工艺制备的加速度传感器, 其敏感单元由悬臂梁和检测质量块组成。敏感单元将加速度信号转换成应变量, 再通过检测单元转换为电信号, 最后根据一定的对应关系得到加速度的量值。它广泛应用于工业自动控制、汽车和其他车辆、振动和地震测试、科学测量、军事和空间系统等方面[7]。

硅微加速度传感器有很多种分类方法。按惯性检测质量的运动方式, 可分为微型线加速度传感器和微型摆式加速度传感器; 按有无反馈信号, 可分为微型开环加速度传感器和微型闭环加速度传感器; 按换能效应, 可分为微型电容式加速度传感器、微型压阻式加速度传感器、微型压电式加速度传感器和微型隧道电流型加速度传感器[8]; 按加工方式, 可分为表面硅微加工加速度传感器、体硅微加工加速度传感器和 LIGA 工艺加速度传感器; 按结构形式, 可分为梳齿式微机械加速度传感器、"跷跷板" 摆式微机械加速度传感器和 "三明治" 摆式微机械加速度传感器[9]; 按材料, 可分为硅微机械加速度传感器、石英微机械加速度传感器和金属微机械加速度传感器等; 按敏感轴的数量, 可分为单轴微机械加速度传感器、双轴微机械加速度传感器和三轴微机械加速度传感器。

1. 压阻式微加速度传感器

压阻式加速度传感器是最早开发的硅微加速度传感器。在 μm 尺度, 可以认为其基本原理仍遵从牛顿第二定律。图 7.5 所示为典型的压阻式加速度计微结构示意图, 其工作原理是: 由于惯性力的作用, 支撑横梁将在加速度场中发生形变, 形变量和加速度大小的值成比例关系。横梁和质量块都为硅材料, 基于压阻效应的扩散电阻就布置在横梁的固定端, 因为该端产生的应变量最大。这样, 应变引起的扩散电阻阻值变化量达到最大, 从而提高了传感器的灵敏度。

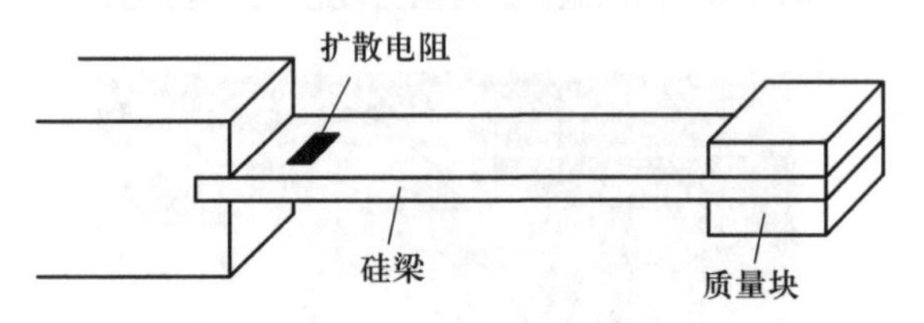

图 7.5 压阻式加速度计微结构示意图

压阻式硅加速度计的频率响应高, 固有频率可达 15 kHz 以上, 并具有结构简单、制作方便、接口电路简单等优点, 适合测量系统的动态特性。其主要缺点包括: 温度漂移比较大, 具有很大的温度敏感系数, 需要进行温度补偿, 加工制作的程序比较复杂, 封装技术困难等。

西安交通大学研制了多种结构的压阻式加速度传感器, 如图 7.6 所示的双端固支梁结构压阻式加速度计, 量程为 100 ∼ 200 g, 具有较高灵敏度及良好的动态特性[10]。图 7.7 所示为梁膜结构压阻式加速度计, 该结构是在单悬臂梁加速度计的基础上的结构优化, 考虑到单悬臂梁结构的加速度计固有频率较低, 无法在中高频的动态环境下进行工作, 通过悬臂梁与膜结构的结合来改善加速度计的动态特性。该高频传感器可用于对超高速运行主轴进行状态监测[11]。

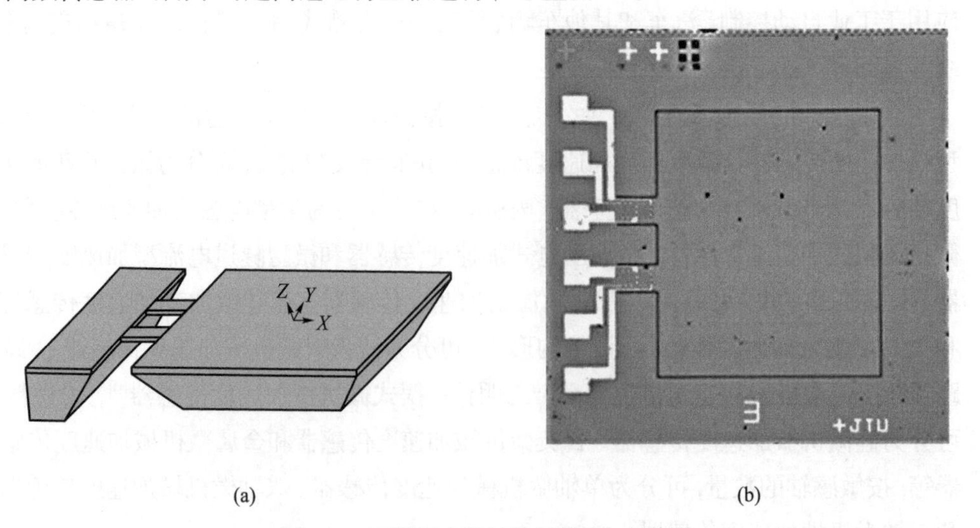

图 7.6 双端固支梁结构压阻式加速度计

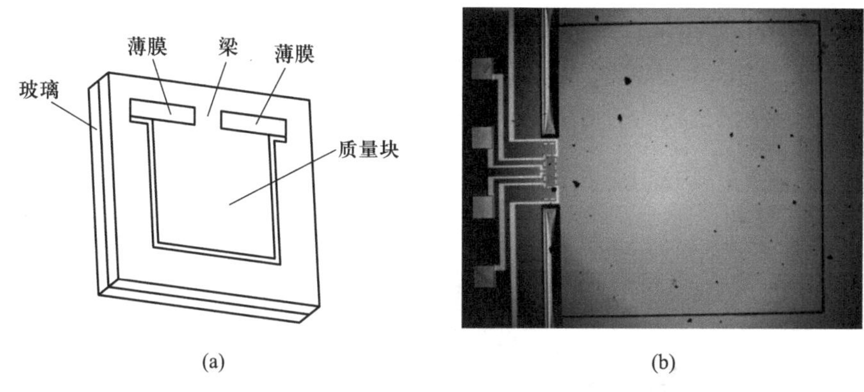

图 7.7 梁膜结构压阻式加速度计

2. 电容式微加速度传感器

电容式微加速度传感器在灵敏度、分辨率、精度、线性、动态范围和稳定性等方面都优于压阻式加速度传感器, 已被商业化应用于汽车等领域。

电容式加速度计利用电容值随极板间距或面积变化的特性进行加速度检测, 即加速度产生的惯性力使检测电容的极板间距或面积改变, 导致其电容值发生变化。质量块为检测电容的一个极板, 另有一个固定电极, 这样即实现了电容式加速度传感器的微结构。根据平板电容关系式, 有

$$C = \varepsilon \frac{A}{d} \tag{7.1}$$

式中, ε、A、d 分别为电极间的介电常数、有效面积和极板间距。加速度载荷引起的极板间距 d 的变化必然会使电容 C 发生相应的变化。只要测得电容的变化量, 就能求出加速度。电容式加速度计结构示意图如图 7.8 所示。

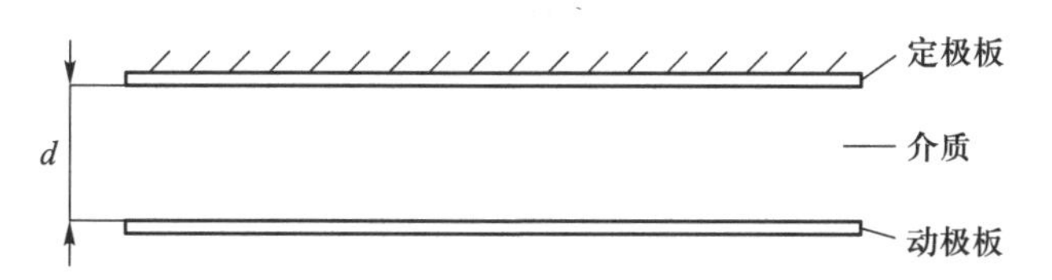

图 7.8 电容式加速度计结构示意图

极小的寄生电容就会严重影响电容式微加速度计的线性电路, 因此电容式微传感器的信号处理电路需要能够处理极其微弱的信号。

3. 谐振式微加速度传感器

由振动学知识可知, 当器件连接的外壳振动频率接近器件的固有频率时, 共振就会发生。将振动测量器件在共振频率处峰值灵敏度的优势利用到微传感器设计中, 就产生了谐振式微加速度传感器。

在静电梳的驱动下, 谐振梁发生谐振。当有加速度输入时, 在质量块上产生了惯

性力, 这个惯性力按照机械力学中的杠杆原理, 把质量块上的惯性力进行放大。放大了的惯性力作用在谐振梁的轴向上, 使谐振梁的频率发生变化。敏感电极检测频率的改变量, 从而测出输入的加速度。谐振式加速度计结构示意图如图 7.9 所示[12]。

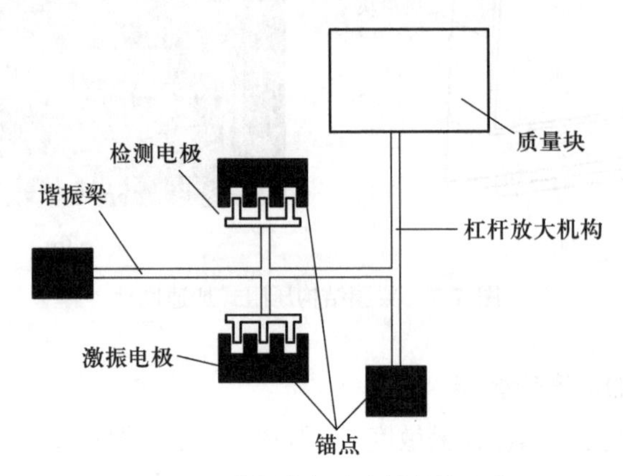

图 7.9 谐振式加速度计结构示意

谐振式加速度计分辨率高, 精度高, 便于数据传输、处理和储存, 但是稳定性较差, 时漂、温漂较大。

4. 隧道式微加速度传感器

隧道式电流型加速度计是将微机械加工的硅结构与基于电子隧穿效应的高灵敏度测量技术结合在一起形成的。其基本原理是利用在窄真空势垒中的电子隧穿效应。在距离接近的原子线度针尖与电极之间加一电压, 就会穿过两个电极之间的势垒, 流向另一电极, 形成隧道电流。隧道电流对针尖与电极之间的距离变化非常敏感, 距离每减小 0.1 nm, 隧道电流就会增加一个数量级, 由此可制备出灵敏度非常高的微机械加速度计。隧道式电流型加速度计结构如图 7.10 所示, 当敏感质量感受输入加速度时, 引起隧尖和隧道电极之间的距离变化, 通过测量隧道电流, 即可得到输入加速度的大小[13]。

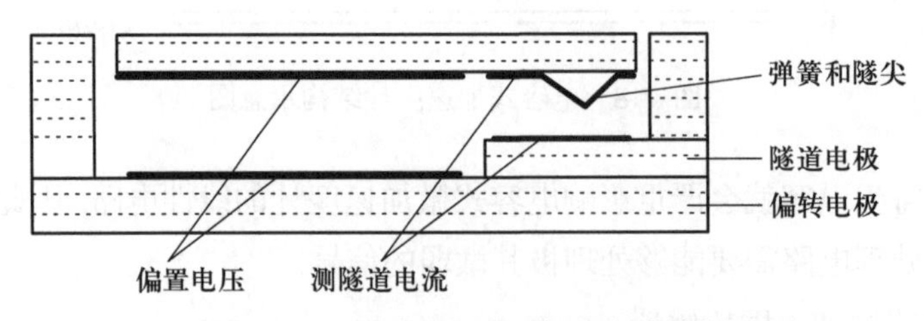

图 7.10 隧道式电流型加速度计结构

利用隧道效应制备的加速度传感器, 可以得到极高的分辨率 (10^{-9} g); 而且由于是电流检测, 抗干扰能力很强, 温度效应小; 由于质量块的机械活动范围小, 因而其线性度高, 可靠性好, 是高灵敏度、高可靠性加速度传感器的一个典型代表。另一方面, 由于其较高的精密性和较大的加工难度, 成品率难以保障。

7.1.3 MEMS 微陀螺

陀螺是用来测量角速度的微传感器, 是惯性测量系统的重要组成部分。MEMS 陀螺仪利用旋转物体的科氏加速度产生的力矩, 引起敏感元件弯曲, 得到物体旋转角速度。传统的机械陀螺仪需要一个不停转动的旋转部件, 使其转轴指向不随承载其支架旋转而变化的方向。而 MEMS 陀螺采用硅微工艺, 依靠集成在硅基芯片上的敏感元件高频振动获取角速度, 从而避免使用旋转部件, 具有体积小、质量轻、功耗低、成本低、可靠性好、测量带宽大、易于数字化和智能化等优点。陀螺广泛应用于军民两个市场, 如航空航天的惯导、军用弹药引信、汽车安全及智能控制、工业振动仪器及测量, 以及新兴的移动可穿戴设备、智能设备等。MEMS 陀螺的分类如图 7.11 所示[14]。

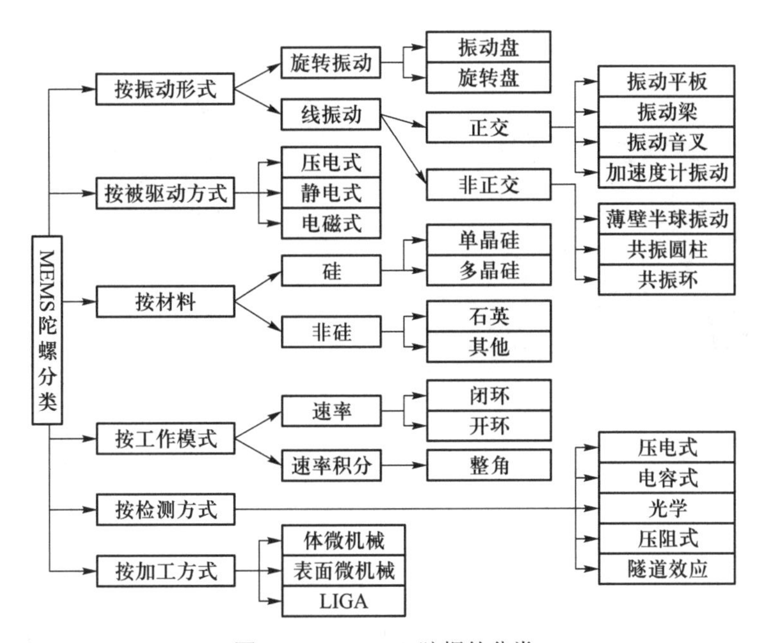

图 7.11 MEMS 陀螺的分类

1. 电容式 MEMS 陀螺仪

电容式 MEMS 陀螺仪通过检测电容变化测量角速度。它通常有两个方向的可移动电容板, 径向的电容板在振荡电压的作用下作径向运动, 横向的电容板用于测量横向科里奥利运动带来的电容变化。因为科里奥利力 (科氏力) 正比于角速度, 所以由电容的变化可以计算出角速度。

电容式 MEMS 陀螺表头结构与振动模型原理如图 7.12 所示, 这是一个正交的二自由度谐振器。在 X 方向给质量块施加驱动力 (压电、静电、电磁驱动), 使其维持恒幅振动, 如果谐振器存在 Z 方向的旋转运动, 则 Y 轴会产生一个科氏力, 测量科氏力引起的电容板电容变化, 即可得到 Z 轴旋转运动角速度。

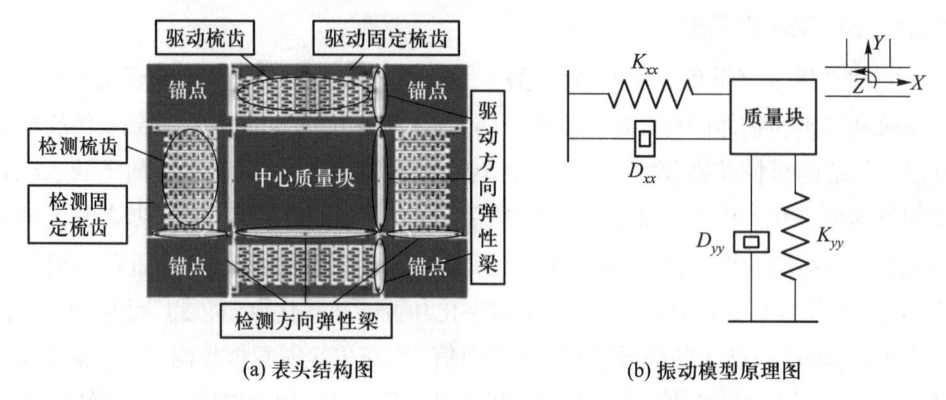

(a) 表头结构图 (b) 振动模型原理图

图 7.12 电容式 MEMS 陀螺表头结构与振动模型原理

电容式 MEMS 陀螺封装实物图及微结构 SEM 照片如图 7.13 所示。

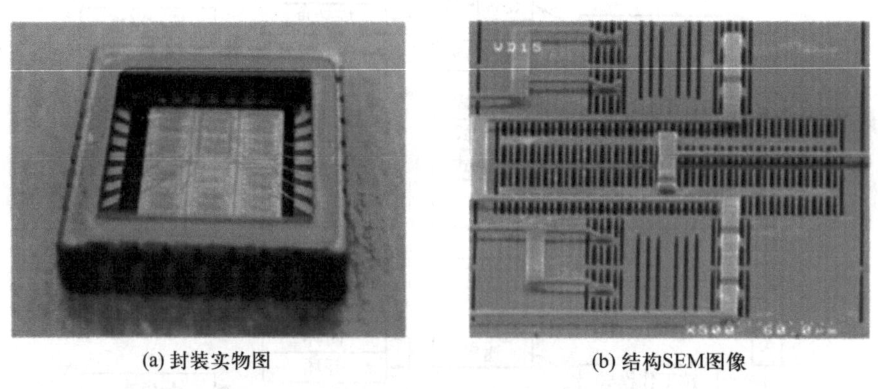

(a) 封装实物图 (b) 结构SEM图像

图 7.13 电容式 MEMS 陀螺封装实物图及微结构 SEM 图像

2. 压阻式 MEMS 陀螺仪

压阻式 MEMS 陀螺利用压阻效应检测科氏力, 如图 7.14 所示。压阻式 MEMS 陀螺接口电路比较简单, 相对电容式检测微机械陀螺具有更高的抗电磁干扰特性。它常采用音叉式结构, 音叉的两个齿在科氏力的驱动下振动。这两个齿的振动振幅相同, 方向相反。输出的信号经过解调, 可以得到一个与输入角速度成正比的直流信号。其结构简单, 成本低廉, 因此可满足汽车及消费电子领域等对廉价、低精度陀螺的需求, 但仍有缺点: 一是灵敏度比较低, 二是压阻固有的温度效应比较明显。

MEMS 陀螺工艺流程中的关键工艺是正面的深干法刻蚀 (DRIE)。在正面同时刻蚀出微梁、主悬臂梁、质量块周围的深槽等关键图形。DRIE 工艺中不同宽度线条的刻蚀速率不同, 这就是 Lag 效应。如果使用 SOI 硅片, 可以利用夹层中的 SiO_2 作为自终止层, 使不同线宽的线条最终得到相同的深度; 如采用普通硅片, 可由正反面

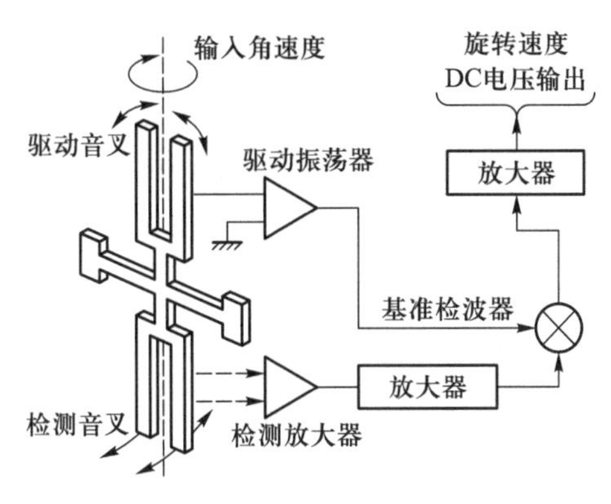

图 7.14 压阻式音叉结构陀螺原理图

刻蚀两步来进行。

3. 介观压光式 MEMS 陀螺仪

压光式 MEMS 陀螺利用介观压光效应检测科氏力, 即当光子晶体受轴向应力作用时, 其透射率随之发生变化, 因此通过检测透射光强可解算出输入角速度的大小。光子晶体替代普通硅压阻材料将从本质上大幅提高 MEMS 陀螺的灵敏度。

2015 年, 中北大学设计了一种基于静电梳齿驱动介观压光效应检测的 MEMS 陀螺[15]。该 MEMS 陀螺频率匹配良好, 较好地实现了工作模态的自解耦, 能够保证微弱科氏力的高灵敏检测。介观压光式 MEMS 陀螺结构设计图及版图如图 7.15 所示。

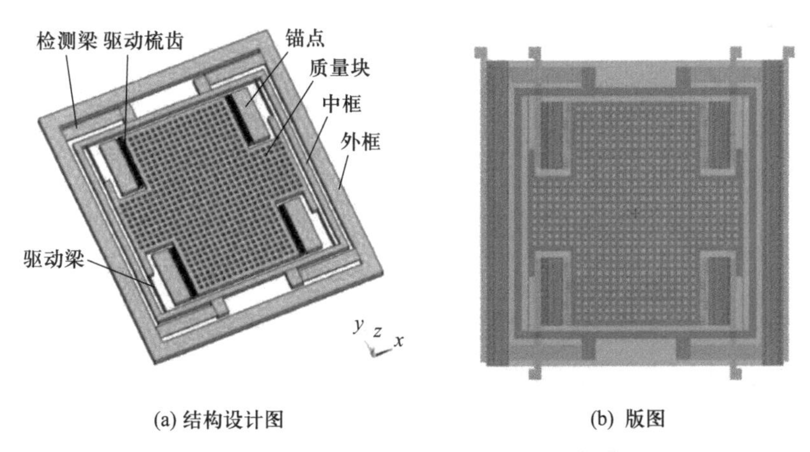

(a) 结构设计图　　(b) 版图

图 7.15 介观压光式 MEMS 陀螺结构设计图及版图

7.1.4 微麦克风

麦克风是将声能转换为电能的传感器, 广泛用于语音通信、助听器、水下声音识别、噪声和振动控制等领域。自从 1983 年 Royer 等利用 MEMS 技术制造了第一个硅麦克风以来, 越来越多的研究活动开始集中于 MEMS 麦克风。

相较于传统驻极体电容式麦克风,MEMS 麦克风的优点是多方面的。首先, 当环境温度为 −40 ~ 120 ℃ 时, 硅或介电层振动膜的力学性能和电气性能相当稳定, 而且不易受温度和湿度的影响, MEMS 麦克风比驻极体电容式麦克风具有更高的可靠性。其次, MEMS 麦克风比驻极体电容式麦克风具有更小的尺寸, 更易于组成阵列式结构, 可以更好地应用于便携式电子设备, 例如手机、助听器等。

MEMS 麦克风目前主要利用电容效应和压电效应进行工作, 其原理都是利用声音变化产生的压力梯度使振动膜受声压干扰而产生形变。通过振动膜形变所引起的电容变化或者压电效应, 将声压信号转化为电压值的输出变化, 再经过放大电路进行放大输出。

1. 电容式麦克风

1) 电容式麦克风的典型结构

电容式麦克风的工作原理: 通过声音变化产生的声压变化使振动膜发生形变, 从而引起两极板间的电容变化, 然后将电容变化的电信号通过电路转换为电压变化。电容式麦克风的基本结构与普通的电容式麦克风类似, 也可以用类似的等效电路来分析。一个振动膜和一个刚性的带有声孔的厚背极板之间隔有一个气隙, 由此构成一个平行板电容器。其中, 振动膜是麦克风的敏感元件, 也是麦克风最关键的元件, 振动膜的力学性能直接影响麦克风的灵敏度[16]。目前, 已经有很多研究人员将振动膜作为研究对象, 希望以此来提高麦克风的灵敏度, 例如与平面振动膜相比, 在尺寸相同的情况下, 波形振动膜具有更高的灵敏度[17-18]。另外, 在一些研究中也有利用低压力的多晶硅隔膜[19]、圆弹簧、柔性铰链隔膜作为振动膜[20], 来提高麦克风的灵敏度。电容式麦克风的典型结构如图 7.16 所示。

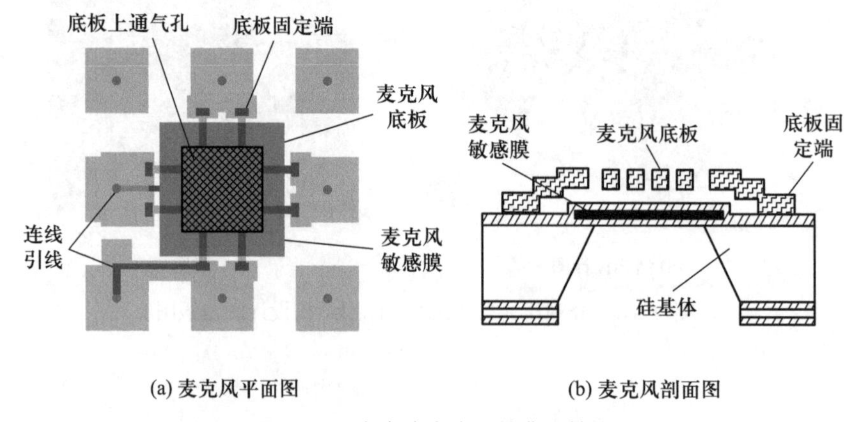

(a) 麦克风平面图　　(b) 麦克风剖面图

图 7.16　电容式麦克风的典型结构

2) 电容式麦克风的典型工艺

电容式麦克风的制作工艺中, 从结构上来说, 最重要的是振动膜、空气间隙和声学孔。其中, 振动膜作为麦克风的敏感结构, 需要具有良好的灵敏度; 空气间隙作为两电容极板之间的间隙, 根据振动膜的结构具有合理的尺寸; 声学孔则是声压进入的主要通道。文献 [16] 中给出的制造工艺 (图 7.17) 如下:

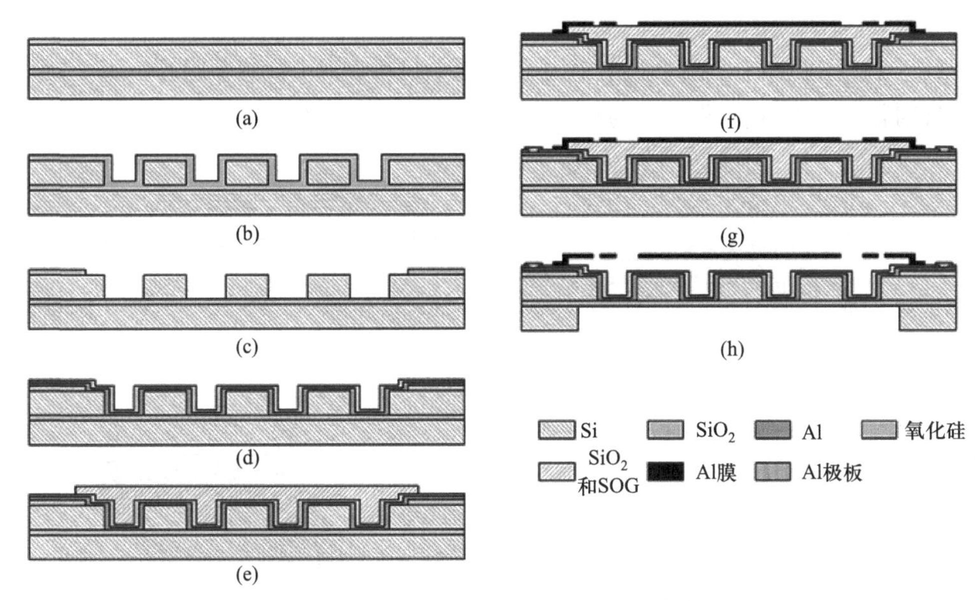

图 7.17 电容式麦克风的典型工艺[12]

(a) 正面抛光 SOI 片;

(b) 利用深反应离子刻蚀声学孔;

(c) 去除声学孔上的 SiO_2;

(d) 在声学孔上依次溅射铝层, 利用化学气相沉积氮化硅层;

(e) 利用化学气相沉积 SiO_2 和旋转涂布玻璃 (SOG) 层作为牺牲层, 以形成两极板之间的电容间距;

(f) 在牺牲层上溅射铝膜, 并利用等离子刻蚀刻蚀出铰链图案;

(g) 利用等离子刻蚀刻蚀出焊盘位置, 并利用铝作为焊盘材料;

(h) 去除牺牲层。

2. 压电式麦克风

1) 压电式麦克风的典型结构

压电式麦克风即利用压电效应作为传感器工作原理, 通过声音变化产生的声压变化使振动膜产生形变, 从而引起压电材料的压电效应, 然后对电压信号进行检测[21]。

压电式麦克风与电容式麦克风相比, 具有如下特点: ① 结构比较简单, 不需要用牺牲层技术制备气隙和带有声孔的厚背板; ② 不需要偏置电压, 因此外部电路就不需要 AC–DC 变换器, 而只需要一个跟随放大器, 这将使外电路大为简化; ③ 其内阻较低, 这有望降低跟随放大器的等效输入噪声。虽然硅微压电传声器比硅微电容传声器提出得更早, 但是之后发展较缓慢, 主要原因是其灵敏度较低。

典型的 MEMS 压电式麦克风结构主要由振动膜、上下电极焊盘、压电材料、硅基座等组成, 如图 7.18 所示[22]。压电材料的选择在压电式麦克风的设计中是十分重要的, 可以显著影响设备的性能。由于不同压电材料表现出截然不同的性能, 因此需要针对特定要求, 选择最适合的材料。最常见的压电材料如 ZnO、PZT 和 AlN。

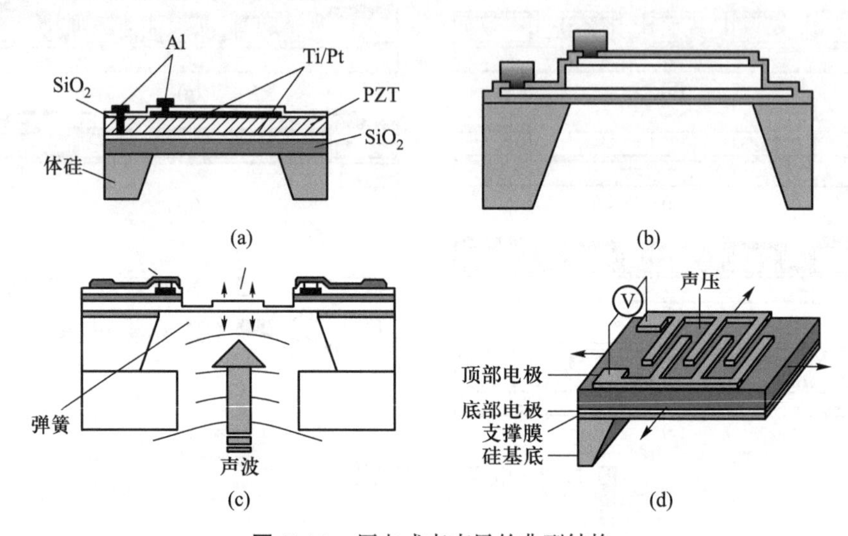

图 7.18 压电式麦克风的典型结构

2) 压电式麦克风的典型工艺

文献 [23] 给出的制造工艺 (图 7.19) 如下:

(a) 双面抛光硅片;

(b) 在硅片两面分别生长沉积热氧化层和厚低应力氮化硅层;

(c) 利用 KOH 水溶液从背后去除热氧化层和厚低应力氮化硅层;

(d) 利用 KOH 水溶液从背后在硅片刻蚀 350 μm 的凹槽;

(e) 在氮化硅层上沉积低温氧化 (LTO) 层;

(f) 在 LTO 层上溅射 Pt/Ti 层作为下电极;

(g) 利用改进的溶胶 – 凝胶的方法在 $PbTiO_3$ 种子层上形成 PZT 薄膜;

(h) 在 PZT 上溅射 Pt 电极层;

(i) 在整个结构上等离子体增强化学气相沉积 SiO_2 作为绝缘层, 然后利用反应离子刻蚀形成焊盘图案;

(j) 沉积铝形成焊盘;

(k) 去除背面的 LTO 层。

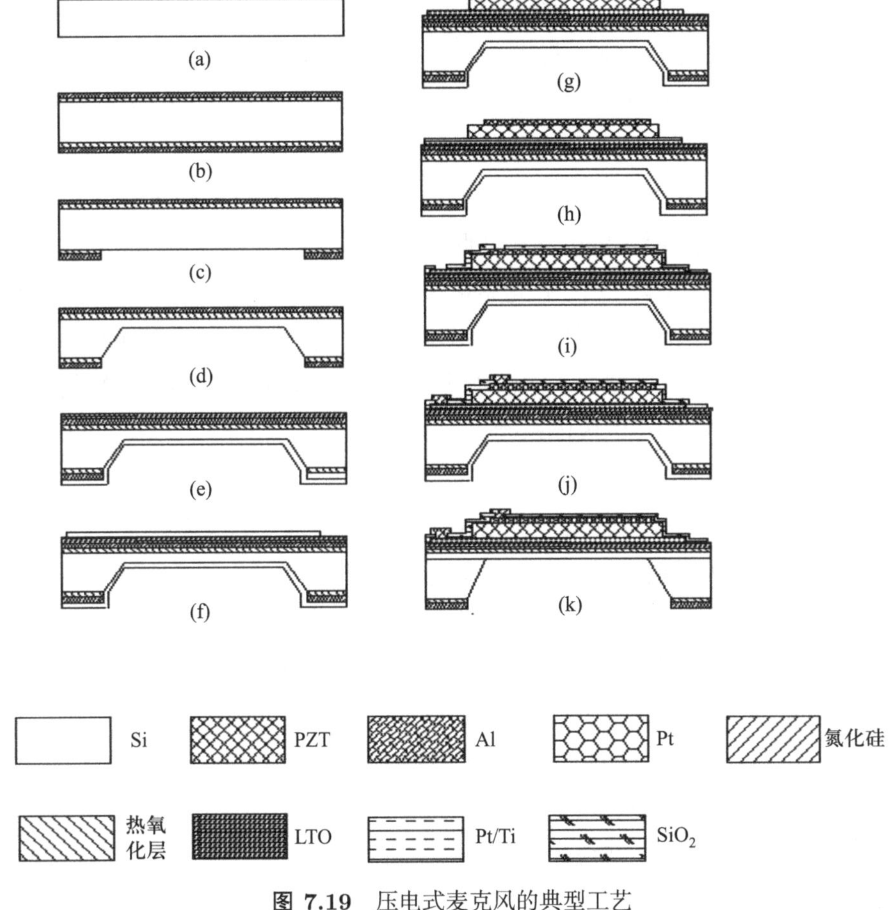

图 7.19 压电式麦克风的典型工艺

7.1.5 微电极

当今对生物体的研究常以细胞作为实验对象, 为此分析工作者必须寻求高灵敏度、高选择性的微型、快速测试工具。其中, 最有成效的技术之一就是微电极或微电极阵列 (MEA)。

7.1.5.1 微电极的特性

微电极是指一维尺寸为 μm 级的电极。当电极的一维尺寸降至 μm 级时, 就会表现出许多优良的电化学特性, 例如稳态电流密度极高、响应时间极短、极化电流小、欧姆压降小、传质速度高、信噪比大等。这些优点使得微电极适用于高阻抗电解质和流动体系的研究[24]。

从几何尺寸、动态特性、电性能、化学过程及应用效果等角度来看, 微电极具有如下显著特征:

(1) 极小的电极半径。在对生物活体测试研究过程中, 可以将其插入单个细胞而不使细胞受损坏, 并且不破坏细胞体内原有的平衡。微电极可成为研究神经系统传导机理、生物体循环和器官功能跟踪检测的得力工具。

(2) 易于达到稳定的电流。微电极表面呈球形扩散, 具有很强的边缘效应, 电极表面建立稳态的扩散平衡所需时间很短。因此, 用微电极可以研究快速的电荷转移或化学反应, 也可以进行对短寿命物质的监测[25]。

(3) 很小的双电层充电电流。由于微电极面积极小, 而电极的双电层电容又正比于电极面积, 因而微电极上的电容非常低, 这大大提高了响应速度和信噪比。

(4) 很小的 IR 电流降。由于微电极的表面积很小, 相应电流的绝对值也很小, 因此电解池的内部电流降常小至可以忽略不计。这样, 在电阻较高的溶液中, 如在某些有机溶剂和未加支持电解质的水溶液中测量时, 就可用简单的双电极体系代替为消除池内电流降而设计的三电极体系[26]。

7.1.5.2 微电极阵列

微电极阵列 (microelectrode array, MEA) 是指由多个电极集束在一起所组成的单一外观电极。MEA 能极大地提高响应电流, 并保持单微电极的全部优点, 即尺寸小, 响应时间短, 电流密度大, 电位扫描速率高, 因而有更优越的电化学特性、更高的稳态电流密度和更短的响应时间。而且, 微电极的尺寸越小, 上述特点就越明显[27]。

由于 MEA 具有优异的电化学特性, 以 MEA 为基础电极的各类化学传感器发展相当迅速, 目前正朝着微型化、集成化和智能化的方向发展。

7.1.5.3 微电极生物传感器

微电极生物传感器广泛应用于电化学生物测量, 包括医学检测、细胞检测等方面, 如葡萄糖检测[28]。

微电极生物传感器的关键技术包括: 微电极设计与制备、微电极表面修饰、生物敏感膜制备 (酶 / 抗体固定化技术研究) 及信号检测技术。要想制备有高灵敏度、宽线性检测范围的微电极生物传感器, 必须同时从上述 4 个方面着手[29]。

下面以微电极葡萄糖传感器和微电极阵列细胞传感器为例介绍微电极传感器的典型结构、原理以及工艺路线。

1. 微电极葡萄糖传感器

葡萄糖传感器是生物传感器中历史最悠久的一种, 也是到目前为止发展最为成熟的生物传感器。

1) 基本原理

微电极葡萄糖传感器中使用的葡萄糖氧化酶主要是 GOX, 它是 Wilson 和 Turner 于 1992 年在一篇综述中提到的用于葡萄糖氧化的 "理想的酶", 与其他的酶相比, 拥有相对高的选择性、敏感性和稳定性。这种酶的核心是黄素腺嘌呤二核苷酸 (FAD), 它氧化葡萄糖后, 变化为 $FADH_2$。

葡萄糖氧化酶电化学传感器的典型结构是酶修饰过的电极, 其原理在于葡萄糖被电极氧化之后产生电流，并且电流的大小与葡萄糖的浓度成正比。下面将给出 G. Piechotta[30] 等设计的一种 MEMS 葡萄糖氧化酶电化学传感器的典型结构和工艺路线。

2) 典型结构与工艺路线

该传感器是一种带有扩散限制的硅气孔薄膜的硅型腔传感器，由一个或者两个被 12 μm 厚的多孔膜覆盖的硅型腔组成。膜层上被刻蚀出直径为 5 ～ 10 mm 的小孔。铂工作电极被沉积在多孔薄膜的底面以及型腔壁面上。葡萄糖氧化酶通过琼脂凝胶基体固定在型腔的内部，并且同戊二醛进行交联。完整的传感器是放置在聚合物流动单元中的，且此单元中集成了参考电极和计数器电极。具体形式如图 7.20 所示。

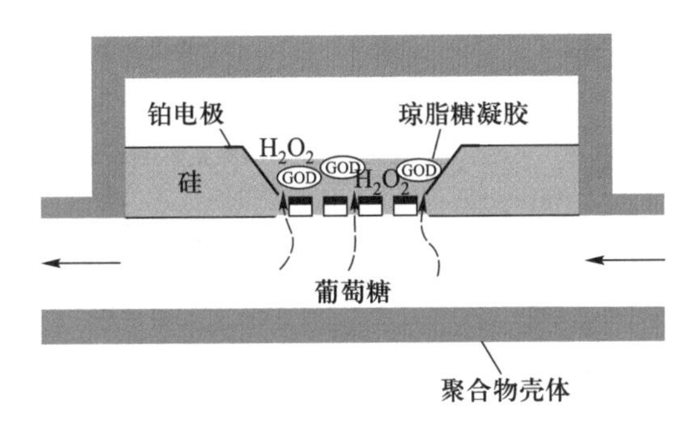

图 7.20 葡萄糖氧化酶电化学传感器的典型结构

该芯片是在双面支撑磨光硅绝缘晶片的基础上制成的，该晶片的参数为 675/0.3/12 μm Si/SiO_2/Si，工艺流程如图 7.21。

2. 微电极阵列细胞传感器

微电极阵列传感器通常是在玻璃或硅基底上，用微电子加工技术将 Au、Ir 或 Pt 等金属沉积其上，形成电极和引线，再用钝化层保护引线，在电极上暴露与细胞接触区域，传输并记录细胞动作电位频率、幅度、波形以及细胞网络间信号传播速度等参数。由于其具有制作简单、生物相容性佳、可与传统显微镜观察并行使用等优点，目前在细胞传感器领域得到广泛关注。

1) 基本原理

当金属浸没在电解质溶液中时，在固相 (微电极) – 液相 (电解质溶液) 界面，即所谓双电层，反应会很快达到电化学平衡。当电极电位改变时，双电层电容充电或放电，如图 7.22 所示。这个电化学系统可以用 Randles 等效电路表示[31-32]

$$I_t = C_M \frac{\mathrm{d}(V_M - V_I)}{\mathrm{d}t} + \Sigma_i I_M^i = C_J \frac{\mathrm{d}V_t}{\mathrm{d}t} + \frac{V_J}{R_S} \tag{7.2}$$

式中，I_t 为总电流；C_M 为膜电容；V_M 为膜电压；V_J 为耦合层电压；I_M 为胞外各种

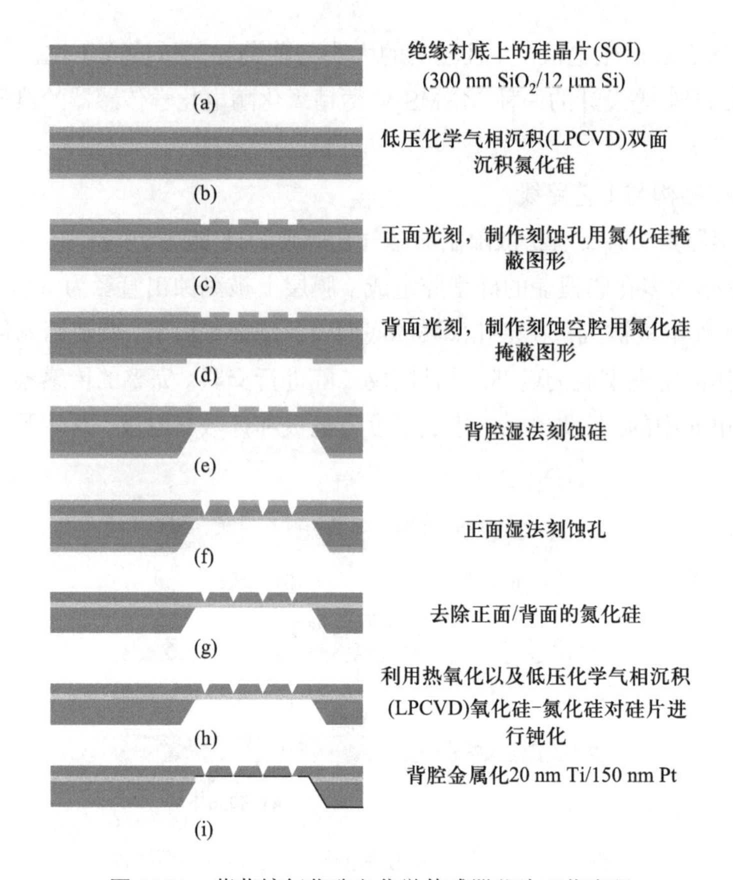

图 7.21 葡萄糖氧化酶电化学传感器芯片工艺流程

离子和; C_J 为耦合层电容; R_S 为细胞 – 电极间封接电阻。被细胞覆盖部分的电极电流从侧面通过电阻间隙区域流过。当 R_S 较大时, 说明细胞和器件间的漏电流比较小, 利于工作电极采集细胞的电生理信号[33]。

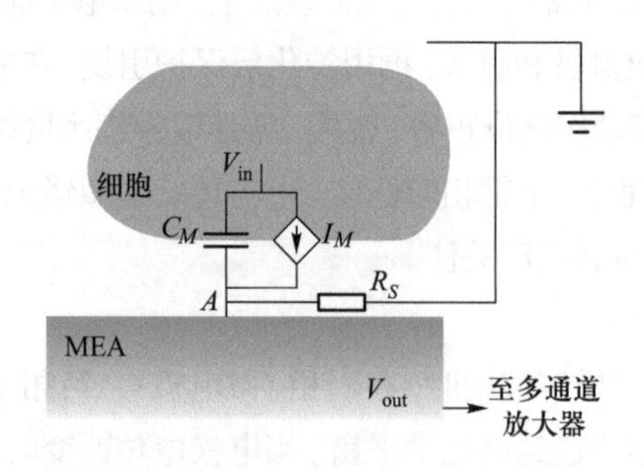

图 7.22 细胞电极简单耦合示意图

设 V_I 为 A 点电压, 当 R_S 较小时, 在 A 点电压会有较大部分通过 R_S 成为漏电流流入地下而损失。可见, 在细胞外电位恒定的情况下, 耦合层漏电流越小, 即 V_I/R 越小, 检出信号就越能体现实际的胞外电位, 使检出信号最佳[34]。

2) 典型结构与工艺路线

不同应用中的 MEA 的制备略有不同, 但是基本都包括将 Au、Ir 或 Pt 等金属沉积在玻璃或硅基底上, 以形成电极和引线, 然后采用钝化层保护引线, 再在电极上暴露与细胞接触区域这几个大致的步骤。以下以徐莹等设计的一款 MEMS 微电极阵列细胞传感器为例进行具体的工艺流程说明。

MEA 制作流程及封装: 4 in 硅片 (厚度为 450 μm) 经标准清洗后进行初次氧化, 厚度为 1 μm, 以形成一层薄绝缘层; 然后, 在硅片表面溅射一层 Cr 薄膜, 厚度为 100 nm, 作为黏附 Au 的中间层, 再磁控溅射 Au 薄膜, 厚度为 500 nm, 作为电极层; 用 AZ 光刻胶 S1912 光刻出电极图形后, 采用湿法刻蚀将暴露出的金属层刻蚀, 电极最小线宽为 30 μm, 如图 7.23a 所示; 刻蚀完成后, 采用等离子体增强化学气相沉积 (PECVD) 在硅片上淀积 $SiO_2/Si_3N_4/SiO_2$ 绝缘层各 500 nm, 用光刻胶保护后, 再用等离子体刻蚀出电极孔 (最小直径 20 μm) 和芯片上的焊点。图 7.23a 所示的剖面图简单说明了制作过程, 图 7.23b 所示为器件图。

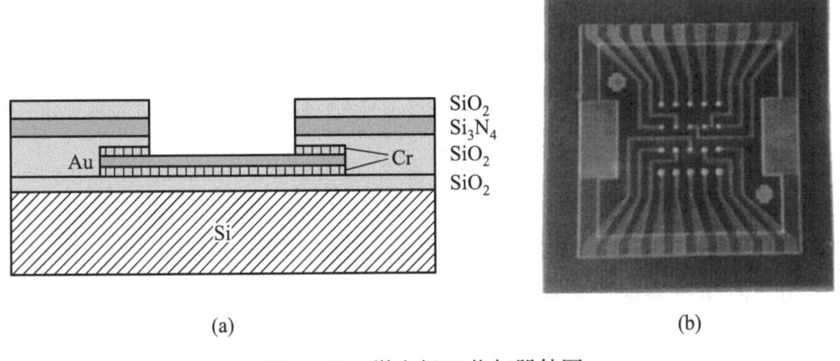

图 7.23 微电极工艺与器件图

7.2 MEMS 执行器

MEMS 执行器又称 MEMS 驱动器或 MEMS 致动器, 狭义地说, 是能够产生执行动作的一类微机械部件。从能量的角度讲, MEMS 执行器就是将某种形式的能量 (如电能、热能、化学能、机械能、磁能等) 转化为机械能。它根据控制信号完成相应的微机械运动, 是 MEMS 中实现微操作的关键部件。

理想的微执行器应该具有能耗低、能量转换效率高等特点, 对机械状态和环境条件适应性强, 需要时能够高速运动, 具有高的能量 – 质量比。近年来, 微机械加工技术发展迅速, 至今已有微电机、微泵、微阀、微镊等多种 MEMS 执行器出现[35]。

按照功能实现的基本原理, 目前 MEMS 执行器可以分为电学执行器 (静电执行器、压电执行器等)、磁学执行器 (磁执行器、磁致伸缩执行器等)、流体执行器 (气压执行器、液压执行器等)、热执行器 (形状记忆执行器、双金属片执行器等)、化学执行器 (热凝胶执行器等)。

7.2.1 静电执行器

静电执行器是利用静电效应将电能转化换为机械能 (变形能、动能) 的方法。

当改变施加的电压 (通常为 40 ~ 200 V) 时, 静电引力的变化会使电极之间的距离发生几个 μm 的变化。电极间距越小, 电场强度就越大, 产生的静电力也越大。由于微加工工艺可以加工出 μm 级的结构和间隙, MEMS 静电执行器因而能获得相对较大的驱动力。

静电执行器的力 – 电压特性理论上为非线性的, 但是其耗能小, 并且制造工艺相对简单, 因此被广泛地应用在微机械器件中。同时, 静电执行器的驱动力取决于施加的电压、电极间距和面积, 而与电极厚度和体积无关, 因此静电执行器与电磁执行器、形状记忆合金执行器等与体积密切相关的执行器相比更适于用 MEMS 工艺来实现。但静电执行器在应用中也存在如下问题:

(1) 理论上静电执行器耗能量很低, 但由于边缘泄漏以及表面泄漏等原因, 实际的输出能量和效率远低于其理论分析值;

(2) 静电执行器工作时需要较高的驱动电压, 限制了它的应用, 如电极间距为 1 μm 时, 施加 150 V 的电压才能产生 98.07 kPa 的压力;

(3) 当静电执行器电极表面存在毛刺、灰尘时, 存在电击穿的危险, 因此要求静电执行器表面十分平整, 并应将执行器封装起来。

尽管如此, 在许多应用上, 特别是执行器仅需自身移动, 而不必带动其他物体时, 静电执行器仍然是极具竞争力的方式。两个电极面对面的运动方式已应用于微阀门、微泵和人工肌肉等。这时, 微执行器的可动电极是一个膜片或梁, 在施加电压的情况下发生变形, 产生微运动, 电压撤销后弹性力使可动电极回复原位。但在静电微电机中, 通常采用梳状电极以增加作用面积或运动稳定性 (图 7.24)。由于在静电力作用下有使电极间电容达到最大的趋势, 因此可动电极会沿梳状电极垂直方向插入固定电极齿隙中, 形成垂直方向的合拢运动 (图 7.24 a)。当垂直方向运动受到约束时, 可以沿梳状电极平行方向运动, 形成齿顶对齐运动 (图 7.24b)。

1. 静电微电机

当前已研制出多种不同类型的微电机, 如静电微电机、超声微电机、共振微电机、生物微电机、纳米微电机、分子微电机等。静电微电机因其与集成电路 (IC) 兼容、转速高、易于控制等诸多优点成为研究重点。一般来说, 静电微电机可适用于诸

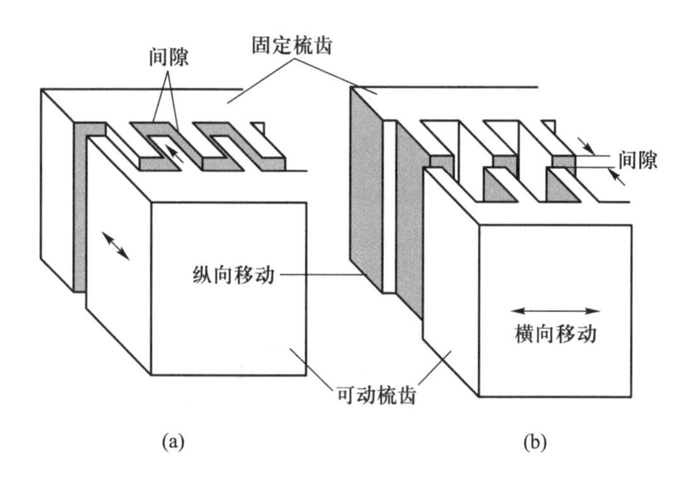

图 7.24 静电执行器工作方式

如微传感器、微驱动器、光开关和数据存储介质等低转矩、高速度的应用。

1) 静电旋转电机

静电旋转电机的工作原理和工艺路线在第 4 章中已作讨论, 它以梳状电极平行运动为基础, 通过时序控制施加在定子电极各齿面上的电压, 使转子受到转动力矩, 从而产生旋转运动。

2) 静电直线电机

在原子力显微镜、高密度磁存储器等产品中都需要纳米级精度的驱动机构, 静电直线电机十分适合应用于这些领域。如图 7.25a 所示, 静电直线电机由一个运动件和一个固定件组成, 它们上面都沉积有电极。通过对静子施加一系列电压可以使运动件产生一步步的直线运动, 运动速度的控制可以通过调节电极上施加的电压来达到。又如图 7.25b 所示, 可以将运动件的电极制作在圆柱体四周上, 形成一个沿直线滚动的运动。

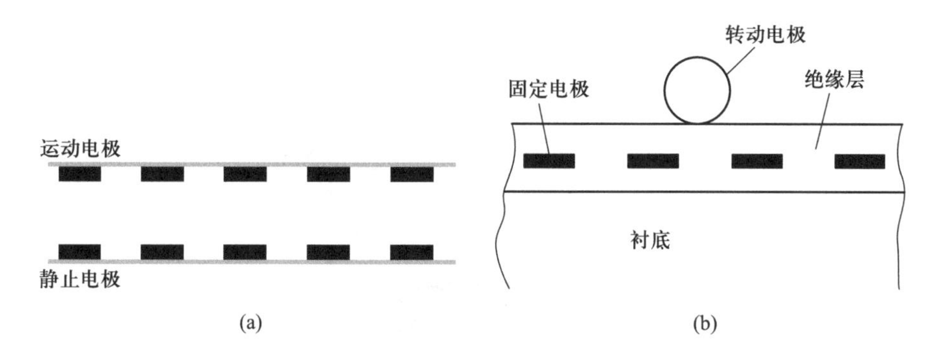

图 7.25 静电直线电机

由于电动机的驱动力与作用面积成正比, 而采用 LIGA 工艺可以制作较厚的电极, 采用 LIGA 工艺制作的静电直线电机可以有较大的驱动力。图 7.26 所示为采用 LIGA 工艺制作的静电直线步进电机。该电机具有数千个平行的齿状电极，分三组排列，各组之间存在一定的相位差。可动电极由平面弹簧支撑，能够在静电力作用下克服弹簧力而产生运动，当静电力撤销后，可动电极回复原位。当对某一组电极施加电压时，可动电极被吸引到相对位置最近的固定电极位置。当对各组电极以一定时序分别施加电压时，可动电极产生连续直线运动，直到弹簧允许的极限位置。

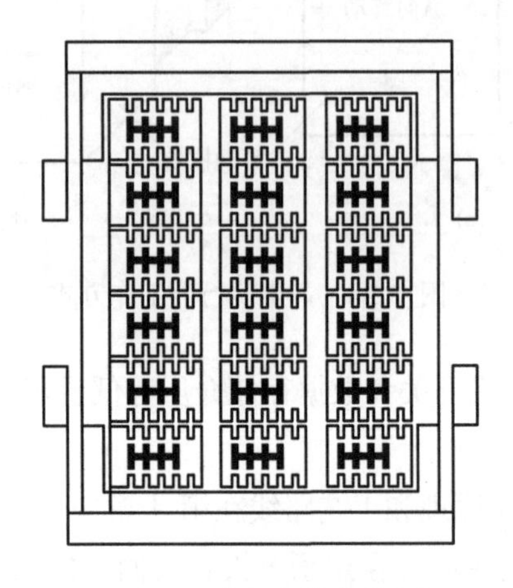

图 7.26 静电直线步进电机

图 7.27 所示的静电执行器可以非常精确地逐级运动[36]。当在可动的、端部带有凸起的导电板和埋在衬底中的导电体之间施加电压时，导电板会向下弯曲，推动端部凸起向前运动一小段距离 ΔX；当撤走电压时，由于凸起点与绝缘表面的摩擦力不平衡，会产生运动的校正而恢复原状，这时导电板已产生了向前的净运动。重复以上步骤，可使导电板形成连续的线性运动[37]。

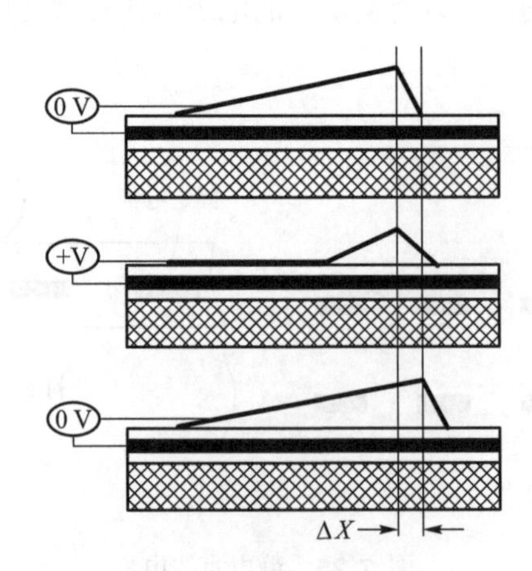

图 7.27 静电执行器

2. 静电微泵和微阀

静电微泵通常采用面对面运动的静电膜片驱动。图 7.28 所示的静电微泵由 4 层体微加工的硅片以及用于静电驱动的负电极组成, 其中上两层结构为固定电极和可动电极, 构成驱动部分, 下两层构成入口阀和出口阀[38]。

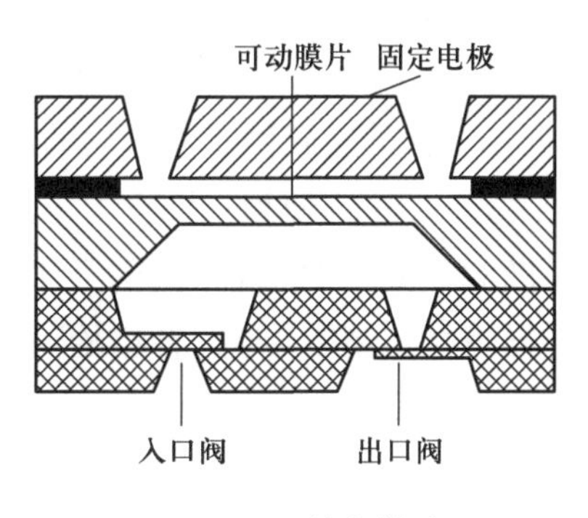

图 7.28 静电微泵

当在电极上施加电压时, 可动电膜向上变形, 在泵体内形成负压。这时入口阀在负压的作用下打开, 液体流入泵体内。当电压撤销后, 膜片在弹性力作用下回复原位, 使泵体内的压力增加, 这时出口阀在正压力作用下打开, 液体被排出泵体, 并从出口排出, 从而实现微泵的功能。在泵膜和负电极间施加交变电压时, 泵膜由于强静电力的作用反复平直弯曲, 致使泵腔体积周期性地变化, 使流体不停地泵入泵出。静电微泵的优点就是工作频率非常高 (可达 kHz), 且所用材料为硅微工艺常用材料, 易与控制电路集成在同一硅片上。缺点是, 因电极间隙限制, 驱动电压较高 (几百 V), 驱动力不大, 位移较小 (约几 μm), 需防止电压击穿绝缘膜。

图 7.29 所示为采用氧化硅薄膜作为可动电极基底的静电微阀[39]。该阀门利用氧化硅薄膜存在内部应力的现象, 使阀门腔体腐蚀成型后得到的氧化硅薄膜自然向上拱曲, 而在施加电压后使薄膜被吸引到向下拱曲, 将阀门入口堵住, 从而关闭阀

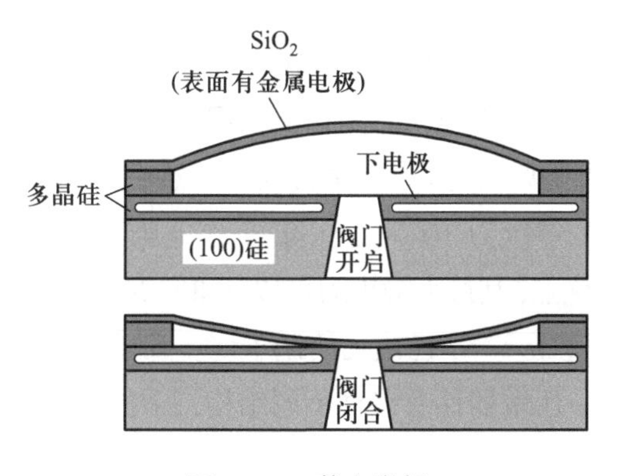

图 7.29 静电微阀

门。该阀门采用体微加工和表面微加工组合工艺制作, 可以低成本批量制造, 具有寿命长、死区小、抗冲击的优点, 并可将多个微阀集成在一起, 构成多路流体控制系统。

图 7.30 所示为另一种采用静电驱动原理设计的微阀结构[40]。这种微阀有三层硅结构, 底部为硅加工的两个凹坑, 坑表面均因其内在压应力而弯曲成一定形状, 且在薄膜下面的一凹坑中充入空气, 两坑通过一微通道相连。即在这两个凹坑及薄膜间形成一对气动偶。当一凹坑上面的薄膜由于通电后的静电作用向下弯曲时, 则此坑内的气体通过微通道压入另一凹坑, 使另一凹坑上方的薄膜凸起, 阀门关闭; 反之则开启。通过控制两电极的开关, 可实现阀门的开闭。采用这种结构有两点好处: 一是可从两个方向进行静电控制; 二是这种结构可减小对外部压力变化的敏感性[41]。

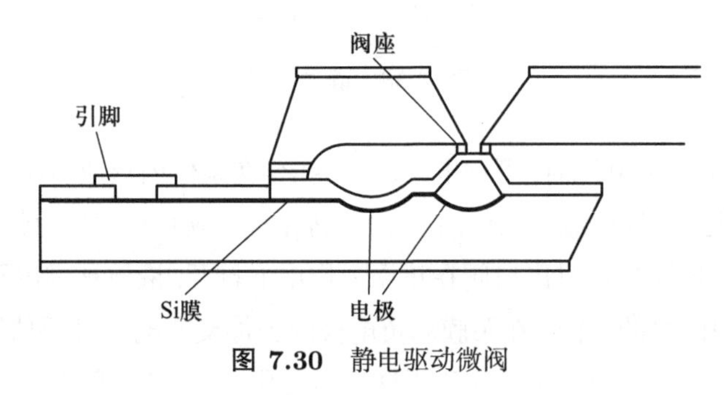

图 7.30 静电驱动微阀

7.2.2 压电执行器

压电执行器利用压电材料的逆压电效应来实现驱动[42]。压电材料 (石英、氧化锌和钛酸钡等) 在受到机械应力时能够产生电荷, 利用这种现象可以制作压电式加速度计、压力传感器等。相反, 压电材料在电压作用下又能够产生变形, 利用这种现象可以制作执行器。由于压电材料的变形量微小, 一般仅为几个 nm/V, 单个压电元件的变形量约为总长度的 0.1% ~ 0.2%, 这在需要精密定位的微操作中有较大的应用价值。在实际应用中, 为了得到较大的位移范围, 常常将多个压电执行器叠加起来, 或采取一定的结构形式进行位移放大。制作由多层压电陶瓷和电极层构成的层叠式压电执行器时, 先将压电陶瓷薄片印刷上电极浆料, 然后叠在一起, 最后放入高温炉中烧结而成。陶瓷薄片的厚度为 10 ~ 200 μm, 工作电压为 50 ~ 300 V。层叠式压电执行器具有输出力大的优点, 其最大输出力可以达 30 kN, 但位移量只有 20 ~ 200 μm。

压电效应已被研究很多年, 已成功研制了许多在较小执行距离中产生较大作用力的微机电压电器件。压电器件有多种不同结构, 压电棒的伸缩由下式表达:

$$D = e_{\varepsilon}E + e\varepsilon \tag{7.3}$$

$$T = C_E\varepsilon + eE \tag{7.4}$$

式中, E 为电场; D 为平衡位置的位移; e_ε 为无伸缩时的介电常数; e 为压电应力常数; ε 为机械伸缩量; T 为外加应力; C_E 为平衡位置的弹性系数。

压电微执行器的另一种工作方式为压电悬臂梁 (图 7.31)。压电悬臂梁是在悬臂梁基底材料的上、下面分别制作一层压电材料和相应的电极, 当施加在上、下压电层的电压方向相反时, 两层压电膜分别伸长和缩短, 从而使悬臂梁发生弯曲, 在悬臂梁末端产生垂直于悬臂梁的位移。当施加在两个压电层的电压方向相同时, 悬臂梁伸长或缩短, 产生沿悬臂梁方向的位移。悬臂式压电执行器具有位移大的优点, 其弯曲位移可达到 1 mm, 但是输出力只有 5 N 左右。

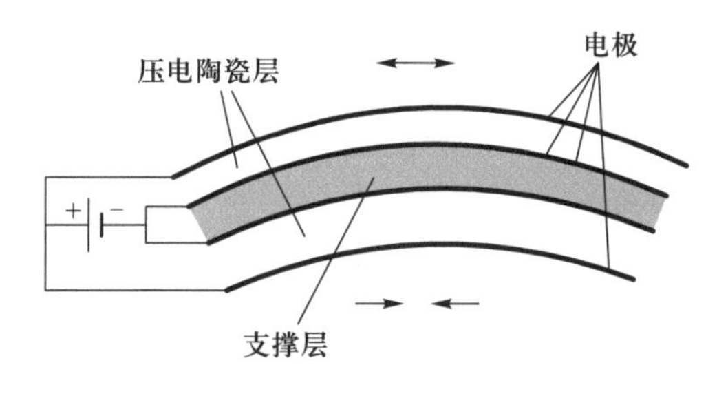

图 7.31 压电悬臂梁

压电驱动的优点是能够实现高应力 (约为数十 MPa)、高带宽和高能量密度, 且比静电驱动需要更小的电压。同时, 压电微执行器的控制模型较为简单, 比较容易实现控制。

1. 压电微阀

图 7.32 所示为三通阀, 在硅基板有两套膜和两个凸台式阀块, 在两个凸台式阀块上分别有圆环状阀座, 外侧使用镍衬垫, 管状晶体固定在外侧凸台式阀块上, 压电执行元件位于内侧凸台式阀块上。执行元件不施加电压时, 液体通过内侧凸台式硅阀块与硅酸耐热晶体之间的间隙, 从入口 2 (输入 2) 向出口处流动。一旦施加电压, 则内侧凸台式硅阀块接触玻璃, 外侧阀座被提起, 流体通过此时产生的间隙, 从入口 1 (输入 1) 向出口处流动。

用控制液体流量的阀控制血液等较稠的液体时, 与控制气体流量的阀相比, 存在通路和阀阻力问题。解决的办法之一是放大尺寸, 要求阀的驱动部分行程也要增大, 进而需要大位移的执行元件。

2. 压电微泵

压电微泵主要利用压电薄膜 (片) 的逆压电效应驱动。通过外加交变电压控制泵上方的压电薄膜 (片), 产生逆压电效应, 使泵膜产生周期性振动, 从而实现流体从入口到出口的流动[41]。目前所用的压电结构主要有压电薄膜、压电片、PZT 堆、双晶

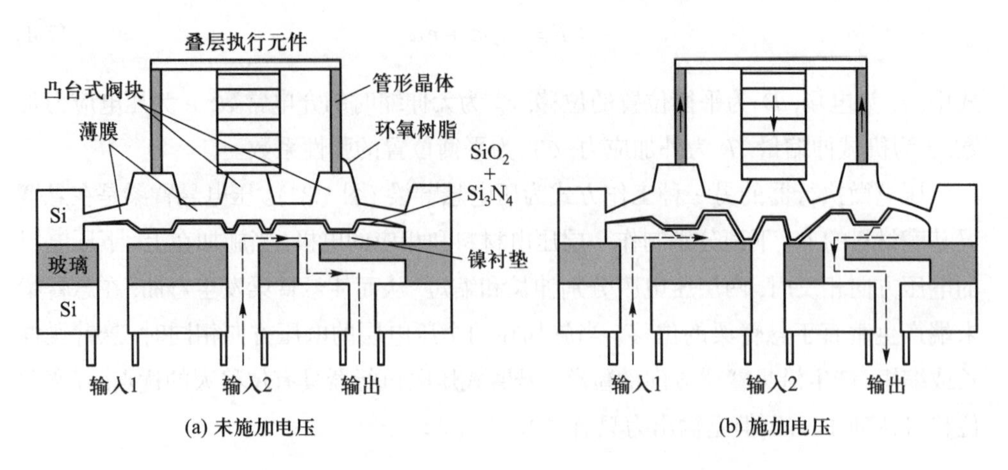

图 7.32 用于控制液体的三通阀结构和工作原理

压电片等。泵膜上压电薄膜的加工方法主要有溶胶 – 凝胶法和平面印刷法; 而压电片一般是粘在泵膜上的[43]。

图 7.33 所示为压电微泵结构[44], 在泵膜上印刷有一层 100 μm 厚的 PZT 压电膜。对于 8 mm × 4 mm 的硅薄膜, 在 100 V 的外加电压下, 可产生 1 μm 的位移, 泵的最大流量达 120 μL/min, 在 200 Hz、600 V 正弦电压作用下, 最大背压可达 2 kPa。

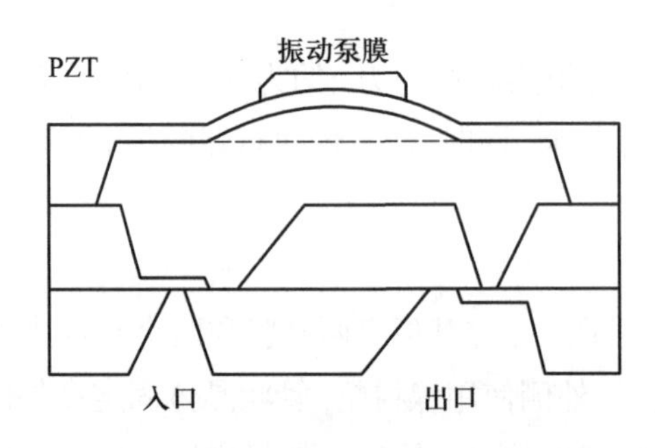

图 7.33 压电微泵

3. 压电微电机

图 7.34 所示为摆线式压电微电机。在定子和转子外壁上分别有内齿和外齿, 可以相互啮合。在定子外壁上均匀对称安装了 4 个压电驱动器, 将定子卡在中间。当在 4 个压电驱动器上分别施加呈 90° 相位差的交变电压时, 4 个压电驱动器产生相位差 90° 的伸缩运动, 从而带动定子作圆周摆动, 而转子由于齿与齿之间的啮合作用被带动而发生转动。图 7.34 中摆动电机采用的压电元件尺寸为 5 mm × 5 mm × 20 mm, 在 150 V 电压下可伸长 16 μm[39]。

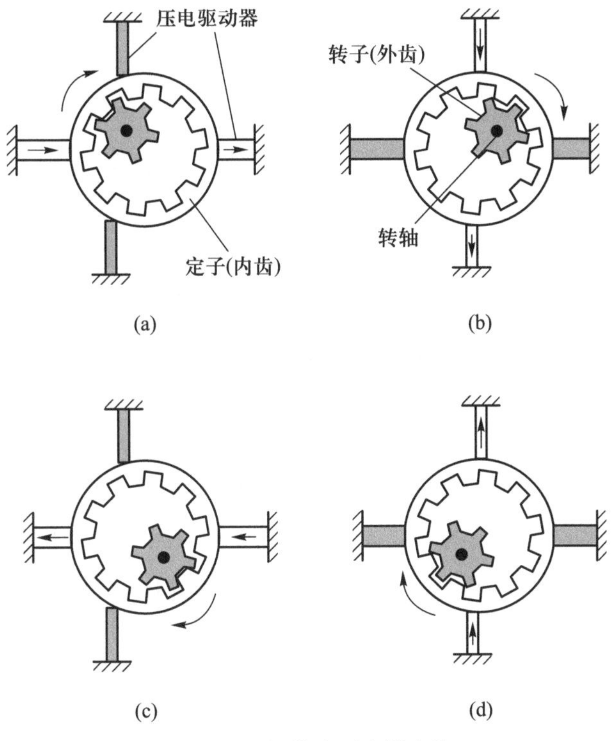

图 7.34 摆线式压电微电机

7.2.3 形状记忆合金执行器

形状记忆合金 (shape memory alloy, SMA)[45] 是利用应力和温度诱发材料相变的机理来实现形状记忆功能, 这种合金的金相结构在常温下为马氏体状态, 当加热到相变温度之后成为奥氏体状态, 当温度下降到相变温度以下时又回到马氏体状态。如果在马氏体状态下对合金施加变形, 使其存在残余变形, 然后再将其加热到相变温度以上, 将使合金记住该形状。合金在低于金属相转变温度时, 可以被加工成另外一种形状, 但是当温度达到或超过转变温度时, 合金自动变化为原来记忆的形状。合金的这种升温后变形消失、形状复原的现象称为形状记忆效应 (shape memory effect, SME)。

SMA 的形状记忆效应可以分为三种: 单程记忆效应、双程记忆效应和全程记忆效应。单程记忆效应是指形状记忆合金在较低的温度下变形, 加热后可恢复变形前的形状, 是只在加热过程中存在的形状记忆现象; 双程记忆效应是指某些合金加热时恢复高温相形状, 冷却时恢复低温相形状; 全程记忆效应则是指合金加热时恢复高温相形状, 冷却时变为形状相同而取向相反的低温相形状。

常用的 SMA 材料有: 金 – 镉 (Au–Cd), 镍 – 钛 (Ni–Ti), 铜 – 金 – 锌 (Cu–Au–Zn), 铜 – 铝 – 镍 (Cu–Al–Ni) 等, 其中镍 – 钛合金的记忆形状特性和力学特性十分

优越, 非常适合制造执行器。利用 SMA 的形状记忆特性可以制作对环境敏感的热响应执行器, 也可以利用 SMA 的导电特性进行电加热, 构成电驱动执行器。

SMA 执行器具有结构简单、功率体积比高的特点, 可以很方便地通过输入电能转换为热能的方法来驱动。通常直流、交流或脉冲电流都可以使用, 因此十分适合应用于 MEMS 中, 尤其适用于温度传感器集成和驱动空间窄小的场合。SMA 的另一大优点是对人体无毒害作用, 非常适合在医疗方面应用。在驱动过程中, SMA 的加热速度非常快, 但冷却过程完全依赖热传导及热辐射, 这限制了 SMA 执行器在高频场合中的应用。在 SMA 执行器微型化后, 散热速度大大提高, 因此 SMA 在一些要求相应频率较高的场合也可应用。

1. 主动式内窥镜

日本东北大学江刺研究室将 SMA 驱动器用于主动式医用内窥镜系统[46], 其运动部分由 5 个主动弯曲关节组成, 每个关节在不同方向安装了 SMA 弹簧, 可通过加热关节内相应位置的 SMA 来实现关节的弯曲。各关节根据肠道弯曲形状确定弯曲方向, 就可以实现无损伤、无疼痛的内窥镜检查。该内窥镜长 215 mm, 外径为 13 mm, SMA 弹簧直径为 1 mm。

2. 微阀

图 7.35 所示为 Ni–Ti 形状记忆合金微阀[39], 它由 SMA 梁、聚酰亚胺膜片、垫块、阀座和通气管等部分组成。其工作原理是, 当给 SMA 梁通电加热后, 梁的形变通过垫块传给膜片, 使膜片向下凹, 挡住通气管, 使得阀关闭。该阀的阀座内、外径分别为 0.5 mm 和 1 mm, 膜片厚为 3 μm; 开关阀的响应时间为 0.5 ~ 1.2 s。

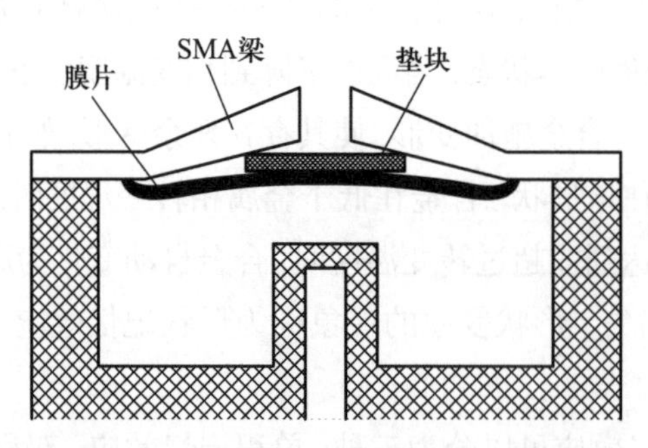

图 7.35 Ni–Ti 形状记忆合金微阀

3. 微泵

形状记忆合金微泵实际上也利用了热致动原理, 其驱动力来自合金的相变。一般在 MEMS 中所用的 SMA 均为 Ni–Ti 基合金。通过简单的通电加热冷却, 即可实现相变。现在所采用的 SMA 薄膜主要由体材料加工或溅射获得。上海交通大学微纳米科学技术研究院在硅泵膜上溅射沉积一层 Ni–Ti 膜, 而后将此膜图案化, 得到 Ni–Ti 电阻条 (图 7.36), 通过周期性加热冷却此电阻条, 使 Ni–Ti 反复发生奥氏

体 – 马氏体相变, 带动泵膜往复振动, 从而驱动泵工作。研究表明[47], 微泵脉冲电流仅为 70 ~ 120 mA, 泵膜振幅为 2 ~ 6 μm。与其他驱动薄膜相比, SMA 驱动薄膜作功密度最大, 可恢复应变高, 能耗低 (驱动电压只需几 V), 寿命长; 但由于是热相变驱动, 响应慢, 只适用于较低频的响应 (小于 100 Hz)。

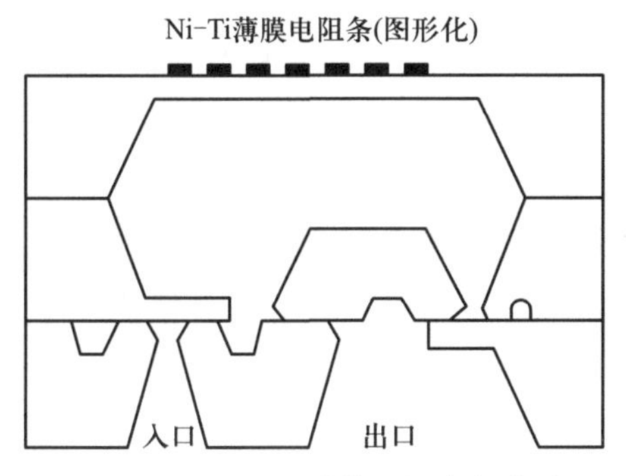

图 7.36 Ni–Ti 形状记忆合金微泵

7.2.4 热执行器

热致动的机理是固体和流体的热膨胀效应[48]。热致动比静电致动、压电致动会耗费更多的能量, 但它提供的致动力可达几百 mN 以上。在微型机械领域内, 常用的热执行器有如下三种方式:

(1) 利用连接在一起的两层不同材料的热膨胀差异而致动。即在温度升高时, 一层材料比另一层膨胀得多, 结果两层界面之间产生了应力, 使得这两层材料组成的板发生弯曲, 弯曲的状况取决于热膨胀系数的差和绝对温度的大小, 如传统的双金属片。

(2) 结构热变形致动。在一个框架上悬挂一个悬臂梁, 梁的一端固定在框架上, 另一端是自由的, 梁与框架为相同材料。当加热时, 梁与框架会产生不同变形。如果要保持梁的自由端不伸长, 则梁会产生致动力; 如果梁的自由端可以自由伸长, 则可以产生位移; 也可以适当限制梁的伸长, 就可以既产生致动力又产生位移。

(3) 热气动致动。加热一个密封腔体内的流体, 由于流体热膨胀引起的压力或蒸汽对密封腔壁的作用力, 使得腔壁变形而产生致动力。

1. 热驱动微阀

图 7.37 所示为双金属片驱动的微阀结构[41], 硅膜片中有一个硅凸台, 与之相配的是硅阀体。在硅膜上集成了扩散电阻, 作为双金属结构的一种元素, 而半环状的铝膜则构成双金属结构的另一种元素。改变施加在电阻上的电压, 即改变硅膜的温度, 使得中心凸台产生可控制的位移, 流体被封闭在内或流出。

图 7.38 所示为热驱动微阀[49], 主要由加热芯片、硅胶薄膜/硅窗口腔室以及 2947

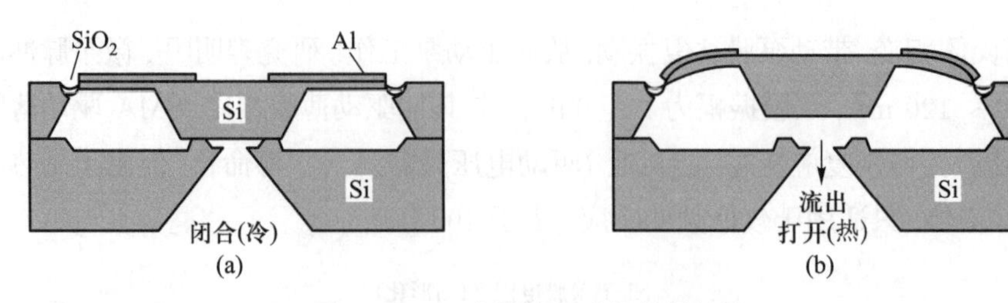

图 7.37 双金属片驱动的微阀结构

型玻璃阀座三个部件组成。其中, 硅胶选用塑性、密封性均较好的 MRTV1 硅胶, 而热气驱动源用 3MPF5060 氟化液。通电加热将使密封气腔内的 3MPF5060 气压升高, 从而使驱动气腔上部的硅胶薄膜向上运动, 并堵住入口, 起到关阀的作用。反之, 气腔内蒸汽冷凝, 气压降低, 硅胶膜恢复原状, 阀门打开。

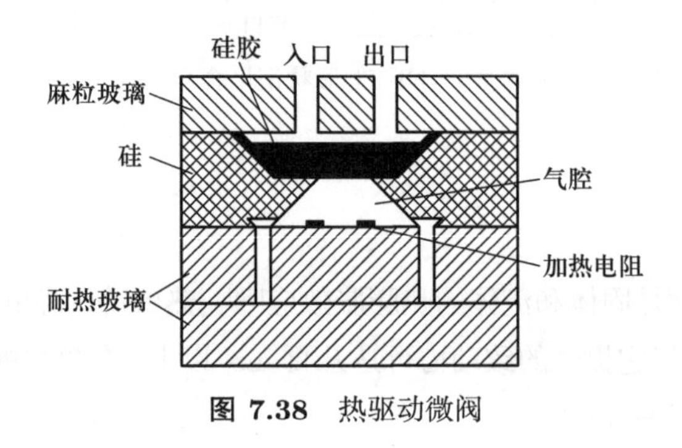

图 7.38 热驱动微阀

2. 热驱动微镊

图 7.39 所示为热驱动微镊[39], 悬指结构中的铝的膨胀系数比硅大一个数量级, 加热该结构将产生弯曲。热驱动微镊由两个悬指结构叠加而成, 为减少干扰, 分别在两个悬指上集成了致动器和传感器。两个悬指结构上作用不同的焦耳热, 热驱动微

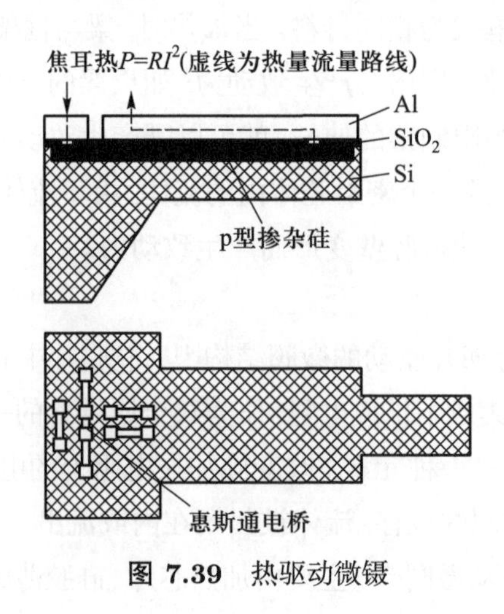

图 7.39 热驱动微镊

镊就可产生热力致动的夹紧和张开动作。实验表明, 悬指的夹紧力与集成在悬指结构上的惠斯通电桥上的微电阻的阻值变化成正比, 即变形量与加热功率成正比。

7.3 典型 MEMS 器件

一定数量的微传感器、微执行器、微结构以及一些相关的微结构能够结合成具有特定功能的 MEMS。但问题是, 根据市场需求所确定的产品功能通常要求 MEMS 具备相当大数量的构成单元, 而这样的复杂程度对于目前的 MEMS 制备工艺, 尤其是装配技术来说, 无疑是严峻的挑战。在过去的 30 年里, 人们一直不断地开发各种 MEMS 器件以探索微系统技术与市场相结合的道路。下面介绍几种比较受业界关注的典型 MEMS。

7.3.1 数字微镜

作为典型的 MEMS 产品, 数字微镜在发明之初就引起人们的广泛关注, 被誉为 "魔镜"。本节主要介绍数字微镜的工作原理、典型结构与制造工艺以及其在光投影技术中的应用方式。

数字微镜装置 (digital micro-mirror device, DMD) 技术起源于 1977 年美国德州仪器公司的一项联邦基金研究项目。1987 年, DMD 技术的研究转向数字技术, 并取得了巨大的成功。在此基础上以 DMD 和数字光处理 (digital light processing, DLP) 技术为核心的数字微镜显示技术得到迅速发展。

DMD 芯片是数字微镜显示技术的核心部件。图 7.40 所示为 DMD 芯片, 由微镜片、镜片驱动结构、CMOS 电路驱动、存储单元组成。每个静态随机存取存储器 (SRAM) 存储单元由标准的六晶体管电路构成, 采用了标准的双阱、5 V、0.8 μm、双层金属镀膜工艺。镜片呈正方形, 边长为 16 μm。对于每个微镜单元都有两个导电通道。系统依靠 SRAM 单元对每个微镜进行寻址, 并使用 CMOS 电路提供静电力, 驱动微镜围绕固定轴转动[50]。

图 7.41 所示为 DMD 芯片中的微镜片驱动机构。图 7.42 所示为相邻两个微镜片不同工作状态, 分别为 $+10°$ 和 $-10°$[50]。

DMD 采用静电力驱动微镜片完成状态转换 (图 7.43), 轭和反射镜片拥有相同的电位 (二者固定在一起) , 而两对寻址电极拥有不同的补偿电压。这样, 寻址电极 3 与反射镜片之间、寻址电极 4 与反射镜片之间、寻址电极 1 与轭之间、寻址电极 2 与轭之间, 由于电位不同而产生静电效应。各个寻址电极是静止不动的, 轭和反射镜片由于左右两侧受到的静电力不同, 导致其绕铰链轴向某一侧转动。通过控制寻址电压 1、2 和偏离电压的大小, 可以实现微镜稳定在 $\pm 10°$ 位置或向其他稳

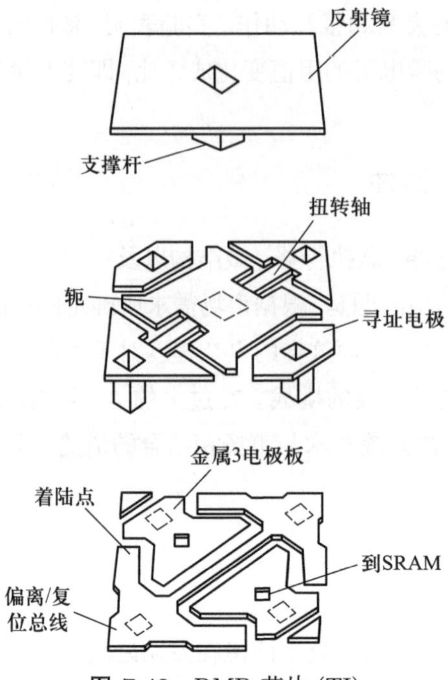

图 7.40　DMD 芯片 (TI)

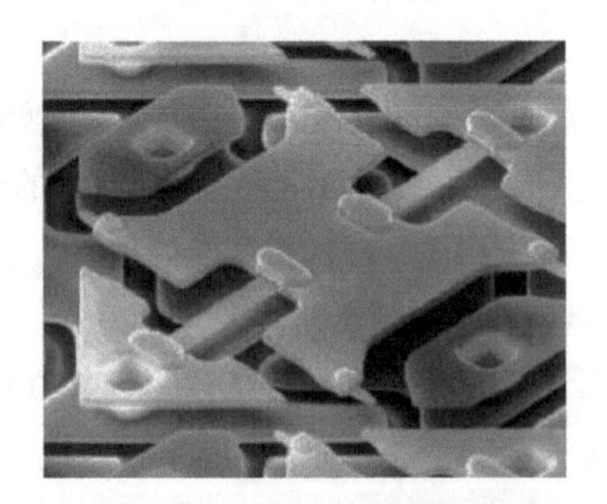

图 7.41　微镜片驱动机构

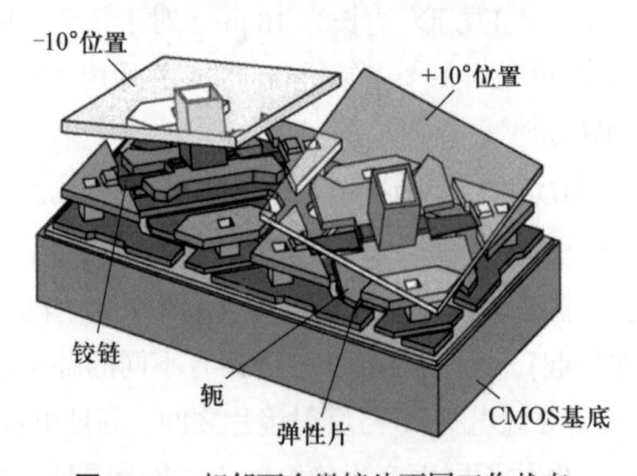

图 7.42　相邻两个微镜片不同工作状态

定状态翻转[51]。当微镜片做旋转运动到达 +10° 或者 −10° 后, 由于受到机械结构的限制和控制电压序列的作用, 最终将稳定在该位置, 直到下一个控制电压序列到来[52]。当然, 为了能够兼容标准 CMOS 工艺, 这三个电压均采用了标准电压 —— 0 V、5 V、7.5 V、24 V 和 −26 V[51]。工作时, 由控制电路向 DMD 芯片不断发送重复的偏离电压控制脉冲序列, 配合不同的寻址电压脉冲序列来完成微反射镜的各种动作。

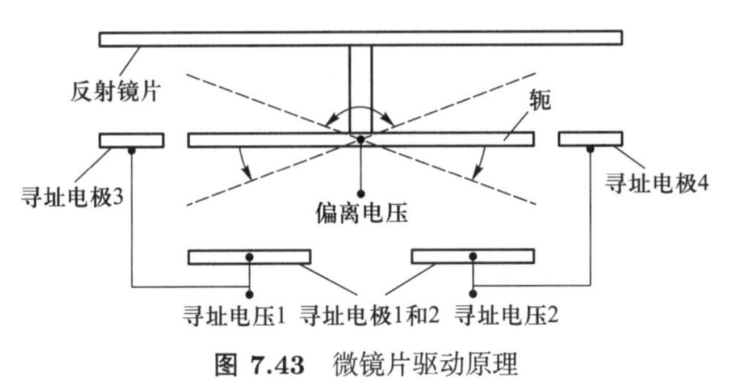

图 7.43 微镜片驱动原理

DMD 芯片上的微镜分布成 $X-Y$ 二维阵列, 对应于屏幕上的二维解析点[53]。当驱动电压信号施加于镜面与对应电极之间时, 微镜片上各极板的电压随之变化, 镜面根据驱动电压的不同发生倾斜。这样, 入射光就被微反射镜反射到光学透镜, 再投影到屏幕上形成一个亮的像素。当微反射镜偏转到另一方向时, 入射光被反射到光学透镜以外, 使屏幕上出现一个暗像素。

目前, 数字微镜的最成功应用是投影仪和高清晰度电视。光源发出的光线被聚焦后, 以一定的角度射入 DMD 微镜阵列, 通过 DMD 受控镜片的机械运动产生的光阀作用调制出含有图像信息的光束 (带像光束), 并用成像物镜使之在屏幕上成像[53]。

图 7.44 所示为 DMD 及 DLP 的工作原理。以单片 DMD 为例, 氙弧光灯发出的白光经过汇聚透镜、红绿蓝分色板、导光棒、透镜组、反射棱镜、DMD 芯片、全反射棱镜和投影镜头到达显示屏幕。光源发出的光是连续的, 系统依靠 DMD 芯片上的微反射镜来控制某个像素点光路的通断[53]。

由于 DLP 的高填充因子, LCD 投影仪中常见的 "屏幕门" 效应不见了, 所看到的是由信息的方形像素形成的数字化投影图像。相比于 LCD 投影仪, 通过 DLP 投影, 肉眼可以看到更多的可视信息, 察觉到更高的分辨率。

经测试, 在工作 3 300 h 后, LCD 显示器的图像开始模糊, 而 DLP 显示器图像仍然很清晰。事实上, DLP 显示器寿命大于 4 000 h, 远远高于 LCD 显示器寿命[50]。

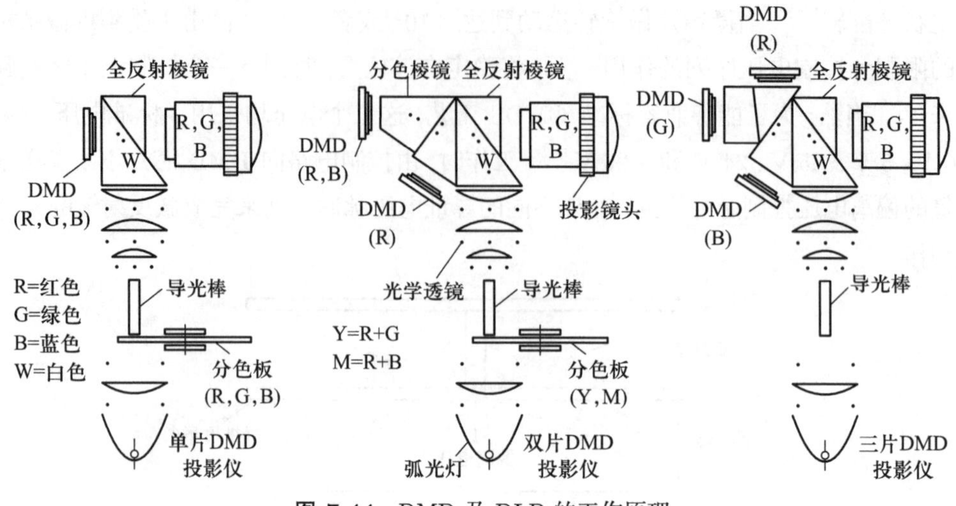

图 7.44 DMD 及 DLP 的工作原理

7.3.2 微流体芯片及系统

微流动系统 (也称微流体控制系统) 是 MEMS 的一个重要分支, 具有集成化和批量生产的特点。同时, 由于其尺寸微小, 可减小流动系统中的无效体积, 降低能耗和试剂用量, 而且响应快, 因此有着广阔的应用前景, 例如流体的微量配给、药物的微量注射、微集成电路的冷却以及微小卫星的推进等[54]。

微流体控制系统包括微流量控制器件 (包括微流量传感器、微泵、微阀等)、微流量控制电路、其他辅助器件 (如流体通道、颗粒过滤网、流体限流器、入口/喷嘴、混合器等)[55], 其制作工艺可以是体硅微加工也可以是表面硅微加工[41]。

1. 微泵

微型泵是微流体控制系统中最重要的驱动部件。最早始于 1980 年斯坦福大学 Smits 和 Wallmark 对压电薄膜驱动的微型蠕动泵所做的研究, 接着是 1988 年 Van Lintel 等将压电薄膜驱动的微型往复位移泵成功应用于胰岛素的注射中。迄今为止, 人们研制的微泵结构、驱动原理、加工工艺等均呈多样化。就其驱动原理而言, 可分为薄膜驱动泵、电液动力泵 (EHD)、磁液动力泵 (MHD)、行波传递液体泵、凝胶驱动泵等; 而按流体出入口状态, 又可分为有阀泵和无阀泵。目前的微泵大多采用薄膜结构, 即通过薄膜的往复振动来达到泵送流体的目的, 其驱动方式有压电、静电、电磁、热、气动、电液等[41]。

压电 (PZT 片) 式微泵的驱动主要利用压电薄膜 (片) 的逆压电效应, 通过外加交变电压控制泵上方的压电薄膜 (片) , 产生逆压电效应, 使泵膜产生周期性振动, 即实现流体从入口到出口的流动。目前, 所用的压电结构主要包括压电薄膜、压电片、PZT 堆、双晶压电片等。泵膜上压电薄膜的加工方法主要有溶胶 – 凝胶法和平面印刷法; 而压电片一般是粘在泵膜上。图 7.45 所示为 PZT 片式压电式微泵结

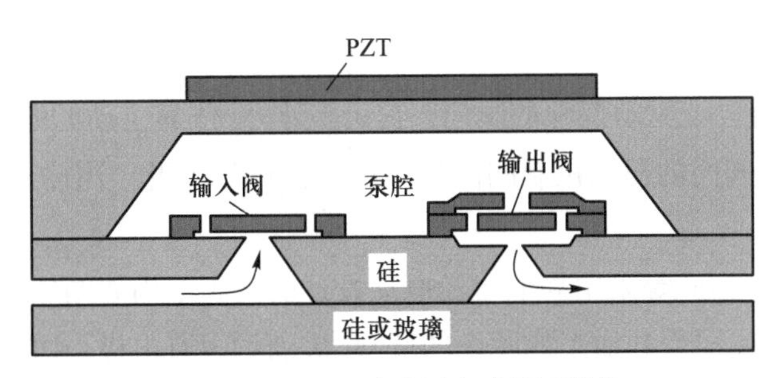

图 7.45 PZT 片式压电式微泵结构

构[41]。

2. 微阀

硅基微型阀因具有尺寸小、能耗低、响应快、加工简便、控制精度高等特点, 已成为微流体控制系统中的研究热点之一。微阀作为微流系统的关键部件, 本身也具有重要的研究价值和广阔的应用前景, 微阀的性能直接影响着整个微流系统的性能。微型阀可分为主动阀和被动阀, 主动阀可单独用于微量气、液体的控制, 被动阀往往需要与微型泵结合使用[56]。

1) 被动式微阀

被动阀不带有微致动器, 由阀两端的压力差和流体的流动来控制其开闭, 可作为微型泵的组件, 也可单独使用。微型被动单向阀的主要作用是实现微流系统中气体、液体的单向流动, 具有结构简单、制造方便、性能可靠等优点。微型被动单向阀的性能与阀片所用材料和结构特点密切相关, 其重要性能参数包括开启压力、工作压力、额定流量及正反流量比等。

被动单向微阀有悬臂梁式、环状凸台式、喷嘴式等, 其中以悬臂梁式最为常见。它们通常需与各种机制驱动 (如压电、气、热气) 的微泵结合使用, 即借助于泵膜驱动使泵腔体积变化, 形成压力差来驱动阀的开闭。图 7.46 所示为加州理工学院研制的一种被动微阀的结构图[57]。

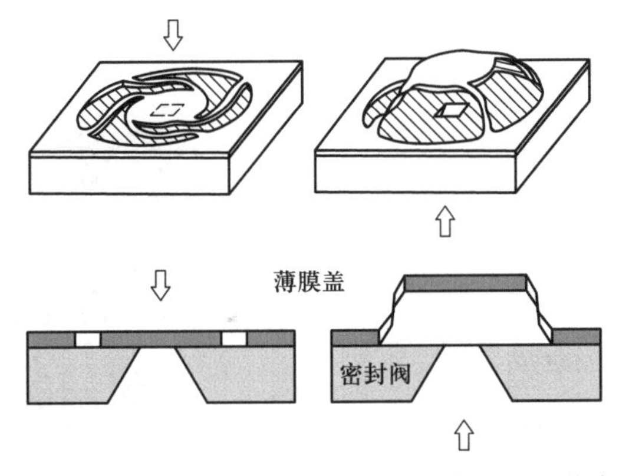

图 7.46 聚对二甲基被动阀结构图 (加州理工学院)

2) 主动式微阀

主动阀是指自带驱动部件的阀门。它无需外力, 依靠主动的薄膜变形来带动阀门的开闭。这种阀门的驱动机制同微泵一样, 也有气、压电、电磁、静电、形状记忆合金等形式[38]。

德国 B. Wanger 等采用静电驱动原理设计的微阀结构如图 7.47 所示。这种阀有三层硅结构, 底层为硅加工的两个凹坑, 坑表面均嵌有电极; 中间层为硅膜层, 因其内在压应力而弯曲成一定形状, 且在薄膜下面的一凹坑中充入空气, 两坑通过一微通道相连, 即在这两个凹坑及薄膜间形成一对气动偶。当一凹坑上面的薄膜由于通电后的静电作用向下弯曲时, 此坑内的气体通过微通道压入另一凹坑, 使另一凹坑上方的薄膜凸起, 阀门关闭; 反之, 则阀门开启。通过控制两电极的开关, 可实现阀门的开闭。采用这种气动偶, 一则可从两个方向进行静电控制; 二则这种结构可减小对外部压力变化的敏感性[38]。

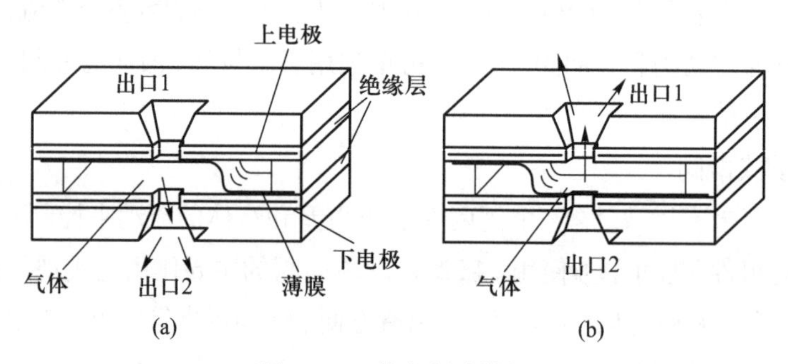

图 7.47 静电驱动微阀

3. 微通道

微通道在微流系统中是非常重要的部件, 是微流系统的纽带, 并将微流系统的其他部件相连通。图 7.48 所示为 Tierkstra 采用低压化学气相淀积 (LPCVD) 加工的深埋微通道。图 7.49 所示为埋腔技术 (buried channel technology, BCT) 加工的微通

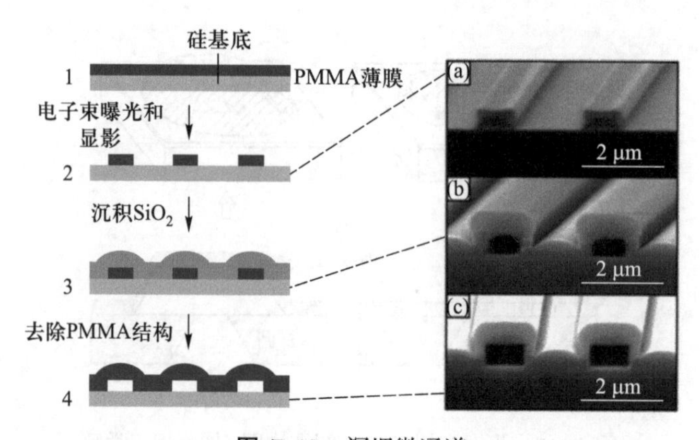

图 7.48 深埋微通道

道。图 7.50 所示为平面加工的微通道。图 7.51 所示为体硅技术结合键合技术加工的微通道。

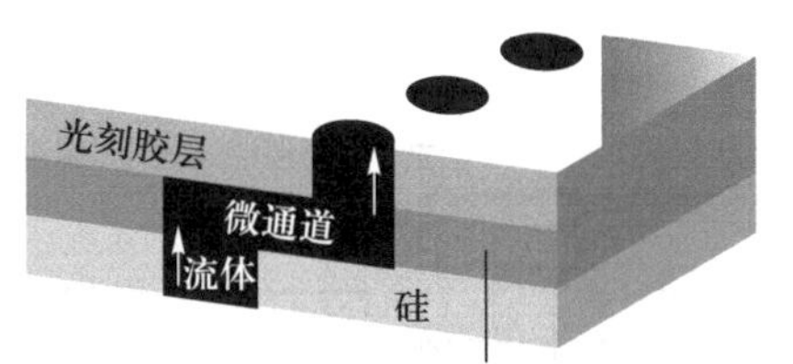

图 7.49 BCT加工的微通道

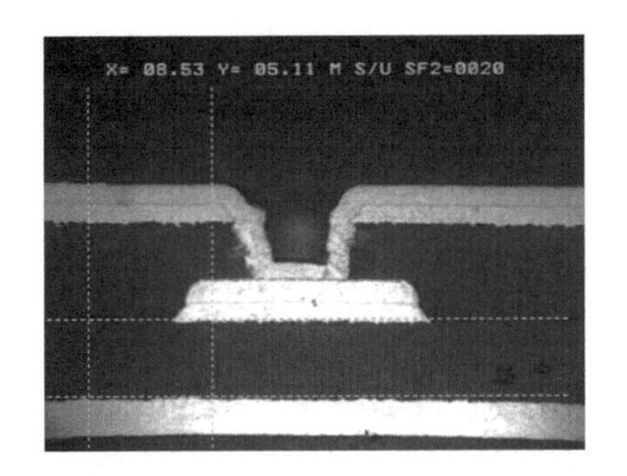

图 7.50 平面加工的微通道

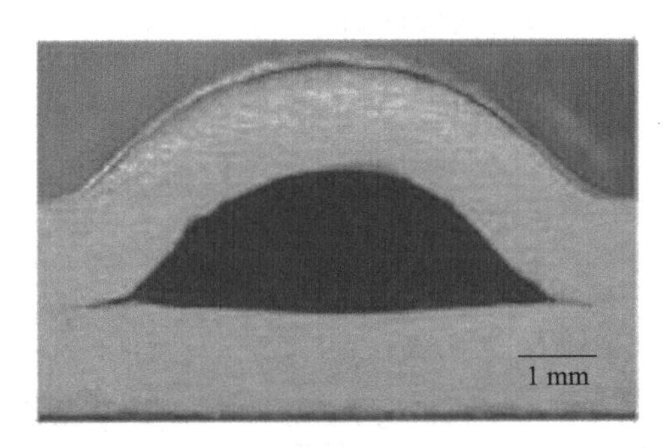

图 7.51 体硅技术结合键合技术加工的微通道

4. 集成微流体控制系统

在过去的 10 余年中, 随着人们对微流体领域的各个分立器件 (如微流量传感器、微泵、微阀、微通道等) 研究的日趋深入, 以及市场对高精度微流体控制系统的需求日益增加, 微流量闭环控制系统成为 MEMS 领域的研究热点之一。其工作原理可表述为: 系统通过其中的传感器对流体状态进行检测, 再将检测信号进行分析处理, 反馈给执行器进行动作, 最终精确控制流体的流量。这种闭环控制系统中的各器件按组合方式的不同, 主要可分为组装式 (hybrid) 和单片集成式 (monolithic) 两大类[41]。

组装式微流体控制系统主要是指: 先将系统所需的各器件独立加工, 而后再用精密机械方法组装成一个整体。如德国 N. T. Nguyen 等研制的便携式微剂量系统, 采用的即为这种方式, 如图 7.52 所示[58]。

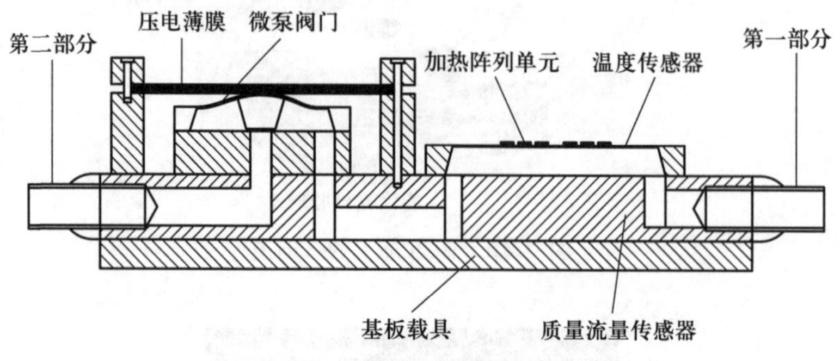

图 7.52 组装式微流体控制系统

单片集成式微流体控制系统则是将微泵、微阀、微传感器及其他辅助器件 (如微通道、过滤网、混合器等) 与控制电路等采用微加工方法集成在同一基片 (或电路板) 上, 以获得一个整体性智能化芯片器件。集成控制系统由于其加工、键合工艺与 IC 工艺兼容, 容易实现微泵、微阀、传感器等流体控制器件与控制电路的集成, 有利于批量生产, 所以这种组合方式是微流体控制系统研究的主流。荷兰 Lammerink 等研制的基于 MCB(mixed circuit board) 的氨水集成分析系统, 即是典型的单片集成式微流体控制系统, 其上层集成流体器件和检测元器件 (微泵、微阀、流体传感器)、微流体通道, 下层为控制电路, 其结构如图 7.53 所示[41]。

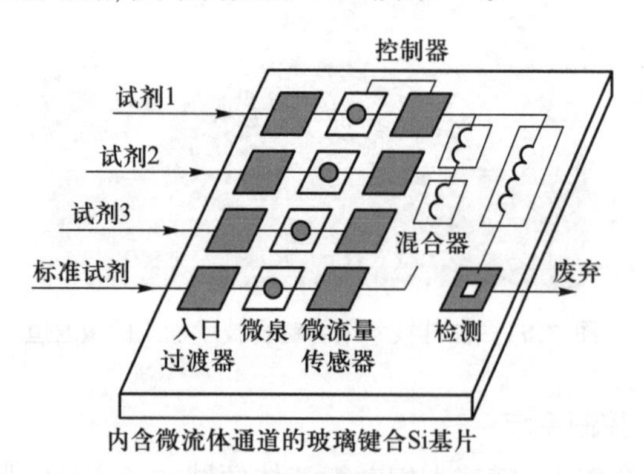

图 7.53 基于 MCB 的微化学分析系统平面图

7.3.3 MEMS 机器人

MEMS 机器人主要是指特征尺度在 mm 至 μm 范围内的微型机器人以及微型部件的设计与制备。MEMS 机器人不是简单地将传统机器人微型化, 而是要遵循微观尺度下的特定物理规律, 如静电吸引排斥和微流体力学等, 并基于 MEMS 工艺进行制造。目前, MEMS 机器人主要应用在军事、生物化学、微观尺度分子组装、微型机械手、仿生机器人等领域。

7.3.3.1 功能组件

1. 微结构[39]

基于体硅加工工艺的典型微结构如图 7.54 所示, 包括微型悬臂梁、微型桥、微型膜片、微型沟槽、微型空腔和微型喷嘴等。这些结构虽然简单, 但利用它们的变形、位移, 可以完成很多的功能, 它们是组成微系统的基本构件。用表面硅微机械加工工艺, 利用牺牲层技术, 也可以制作很多可动、复杂的机构, 例如梳状机构。常见的微结构还有微型铰链、微型弹簧、微型继电器、微型保险丝、微探针等。

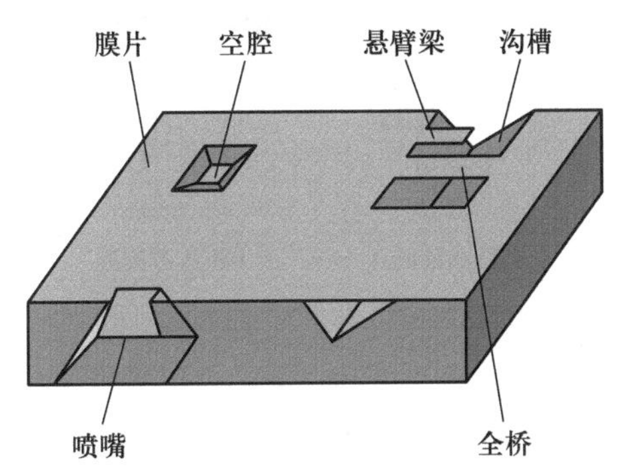

图 7.54 基于体硅加工工艺的典型微结构

由于微加工过程的特点, 即使一个集成的 MEMS 很复杂, 单个元件一般也都比较简单。这使得我们可以通过了解有限数量的简单元件及其相互关系来理解 MEMS。例如, 一个电容式加速度传感器可以通过了解其结构梁和平行板电容来解析。

1) 结构梁

顾名思义, 结构梁就是作为结构基础的长条材料。对于 MEMS 中的大部分梁, 即使在器件结构中引入了多种非单一的细节, 总体上仍可近似为矩形截面。在某些情况下, 采用湿腐蚀法或某些 CMOS 制作法制作的梁, 其横截面比矩形多了一些梯形部分。

2) 薄膜

薄膜结构的定义是结构的 z 向尺寸远小于 x 及 y 向尺寸, 但由于它们平面张力会影响厚度方向的变形, 故不同于传统意义上的板类。近年来, 薄膜在压力和流量传感器设计中的应用日益增多。许多应用得益于薄膜结构的一个优势: 能以较小质量提供较大传感区域。

3) 铰链

在 MEMS 中, 常需要产生不受扭转弹簧约束的平面运动, 在这种情况下常使用铰链。作为技术用语, 铰链指结构中不能平动但能自由转动的两端。

图 7.55 所示为非平面铰链的示意图。图 7.55a 所示为一个最基本的铰链, 仅由销和卡环组成, 图 7.56 为其实物照片。销是一个被弯曲的薄膜做的卡环所牵制的结构梁。这种铰链常用来支撑非平面结构, 在微光机电系统 (MOEMS) 中相当普遍。图 7.55b 所示为一个剪刀铰链, 由内锁的结构梁构成, 常具有较大的运动范围。剪刀铰链常用于将松散结构铰接起来。在有些时候, 铰链并不用来支持大范围的运动, 而是用来支持静态结构。

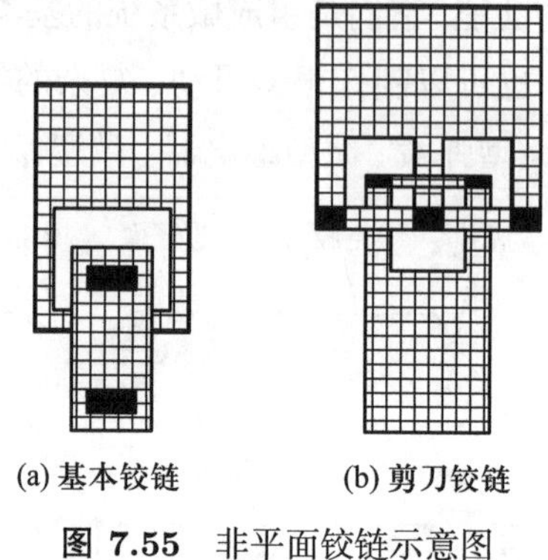

(a) 基本铰链　　(b) 剪刀铰链

图 7.55　非平面铰链示意图

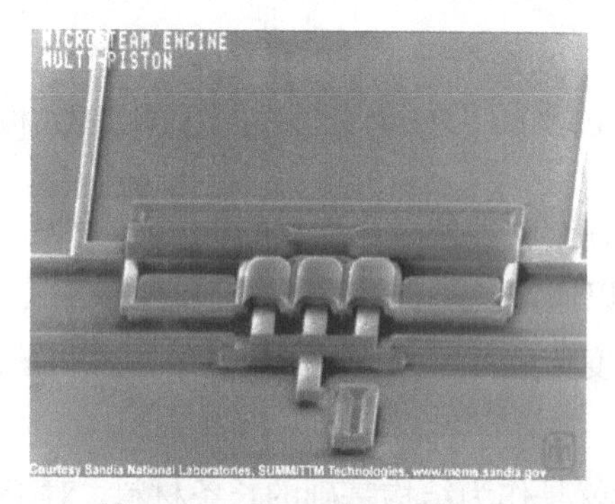

图 7.56　基本铰链的实物照片

图 7.57 所示为利用表面微加工技术和牺牲层技术制作的三维微铰链工艺。先在硅衬底上铺一层 0.5 ~ 2.5 μm 厚的磷硅酸盐玻璃作为牺牲层; 然后在其上沉积第一层多晶硅, 约 2 μm 厚; 光刻方孔后, 用第二层多晶硅制卡环, 卡环直接与衬底相连, 溶去牺牲层后, 释放第一层多晶硅平板, 形成铰链的销。

4) 微夹钳[59]

微夹钳作为一种典型的微执行机构, 不仅可成为微机器人的手爪, 而且在微机械零件的加工、装配、生物工程和光学等领域均有很好的应用前景。因此, 微夹钳及与其相关的研究已成为国内外微机械研究领域的前沿课题。

(1) 静电式微夹钳。

如图 7.58 所示, 以静电驱动微夹钳齿状或叉指状平行电容器产生的侧向静电吸

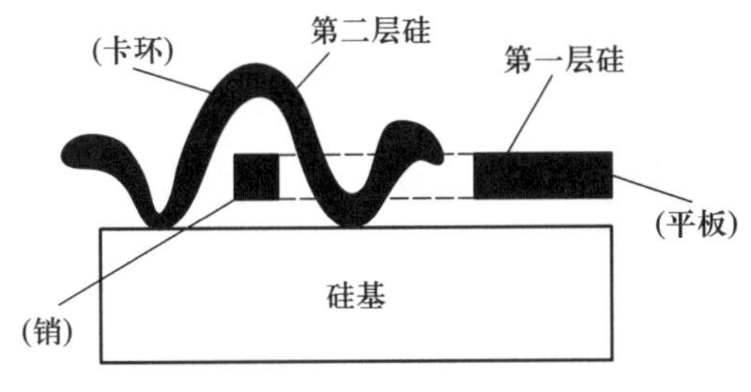

图 7.57　三维微铰链工艺

引力作为夹持力。当微夹钳通直流电时, 平板电容器的侧向吸引力使钳口夹持物体; 当微电容器放电, 夹持力消失后, 夹钳靠侧壁的弹性回复到原来的位置, 从而使钳口张开, 松开被夹持的物体。

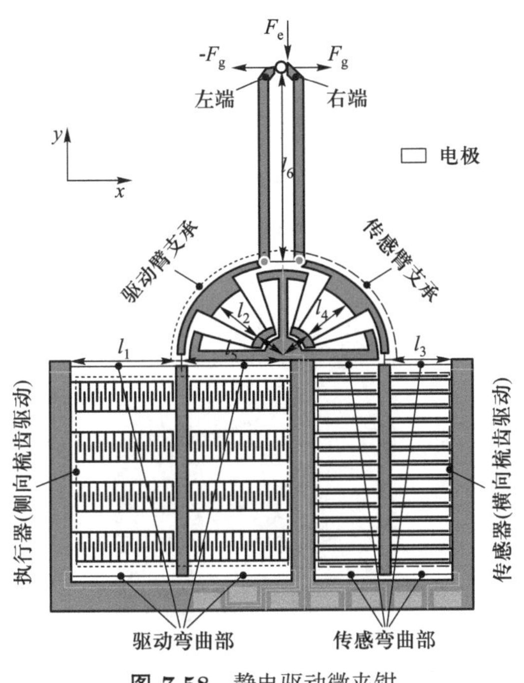

图 7.58　静电驱动微夹钳

静电驱动微夹钳的优点是制作工艺与 IC 工艺兼容, 较易实现小型化和微型化, 其缺点是难以实现大的夹持力和位移输出[60]。

(2) 压电式微夹钳。

图 7.59 所示为压电式微夹钳结构, 其驱动源是压电变换器 (压电晶片)。通过施加电压, 压电晶体产生长度变化, 使钳口张合。该微夹钳具有可控输出、无摩擦、无间隙、易制作等优点[61]。但其总体尺寸受压电元件的限制, 难以微型化, 且压电元件的逆压电效应产生的变形量很小, 一般需采用机械增幅机构。

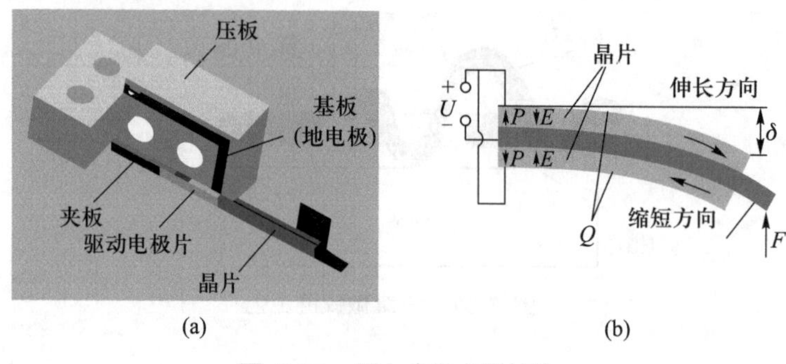

图 7.59 压电式微夹钳结构

2. 微传动[62]

宏观机械中常包含多种传动机构, 如凸轮机构、连杆机构、齿轮机构等。针对 MEMS, 研究者们也开发出不少微型传动机构。

1) 微型连杆传动机构

在宏观机械中, 连杆机构用于传动, 以期获得特定的运动轨迹或速度。在微型机械中, 也期待连杆机构能完成较复杂的运动。图 7.60 所示为 AT&T 贝尔实验室制作的 3 个自由度的并列微型连杆机构 (micro link)。这 3 个自由度分别为 x、y 直线方向和一个转动自由度。

图 7.60 微型连杆机构

该机构用硅的微表面加工工艺制成, 有 3 个固定轴承和 6 个在平面上可运动的轴承, 驱动后可模拟人类腕关节的运动, 可动范围为 0.01 mm^2。

2) 微型齿轮传动机构

齿轮副传动是传统机械中最常用的传动方法, 可用来减速、改变旋转方向或将转动改变为平动。

微型齿轮 (micro gear) 也可以用硅的微表面加工而成, 也可以用 LIGA 工艺制作, 图 7.61 所示为美国 Sandia 国家实验室制作的齿轮机构。

图 7.61 微齿轮传动机构

3) 微型链传动机构

图 7.62 所示为由表面微加工工艺制作的链传动机构。

微型机构还有很多, 如前面提到过的可做微型加速度计的梳状机构, 以及由多个平行四边形组成的、可利用其微变形的运动机构等。

图 7.62 微链传动机构

4) 微型平行四边形机构

图 7.63 所示为东京大学生产技术研究所竹岛等制作的可弹性变形、可改变大小和方向、可输出力的微型平行四边形 (parallel quadrilateral) 机构的电镜照片。它是由 4 μm 厚的多晶硅薄膜加工而成的。

图 7.63 中, 细梁宽为 2.5 μm、长为 283 μm, 构成菱形结构。其工作原理如图 7.64

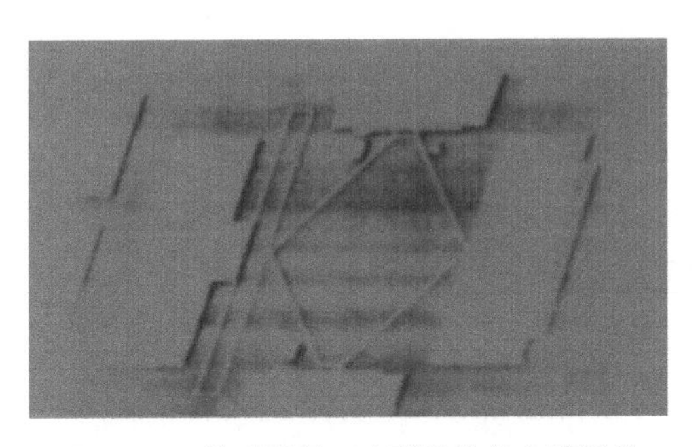

图 7.63 微型平行四边形机构的电镜照片

所示, 菱形的一个顶点固定在基板上, 其两侧的顶点与可活动的棒 (驱动电极) 相连接, 棒与其相邻的固定电极间有 2.5 μm 的间隙。在固定电极上加静电, 菱形被拉长, 其第四个顶点, 即图 7.64b 中上部顶点, 被压向内侧。

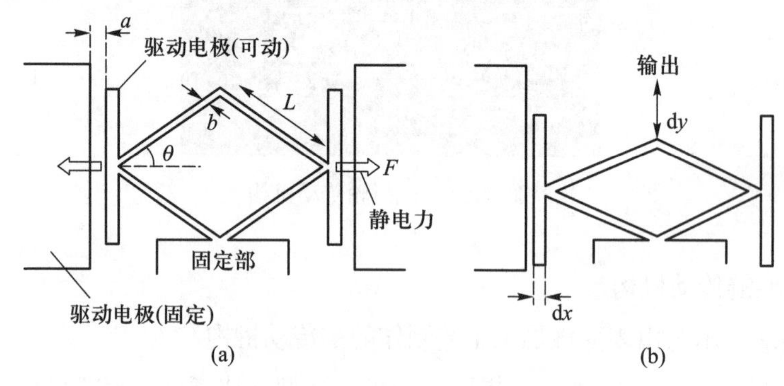

图 7.64　微型平行四边形机构的工作原理

5) 微型梳状机构

微型梳 (micro comb) 状结构也称为叉指结构, 在 MEMS 中应用得较多。图 7.65 所示为 2009 年法国的 David Pech 在硅基上利用喷墨打印的方式制作的梳状微电极结构示意图[63]。从图中可以看出, 固定驱动电极的梳齿与活动驱动电极的梳齿是相互交叉的, 两齿间隙为 0.2 ~ 0.5 μm。活动驱动电极支撑在弹性梁上。加 10 V 电压, 可得到 7 μm 的位移。

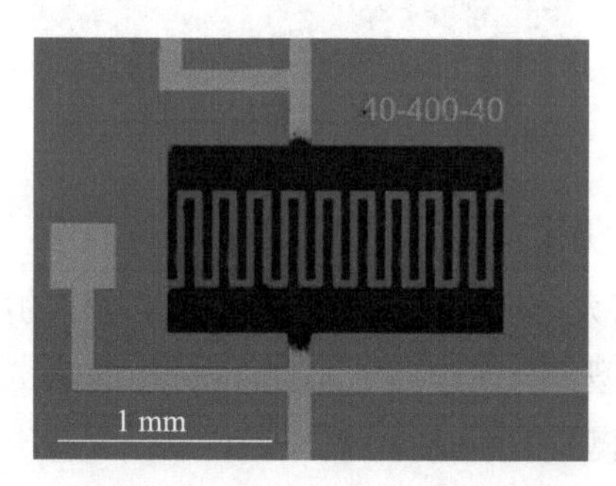

图 7.65　梳状微电极结构示意图

6) 柔性机构

柔性机构 (compliant mechanism) 是一种通过弹性变形而产生机械运动的易弯曲机构。它适用于微观领域, 无摩擦力和后坐冲力, 与刚性机构相比, 优点相当明显。图 7.66 所示为机器人的柔性手指和微小的步行机械。

7.3.3.2　微机器人系统

1. 单一微机器人系统

这一系统通常是将微传感器、微致动器、微操作器、微能源及控制单元等根据微机器人特定的功能巧妙地组合在一个微小的机体内。由于体积很小, 不可能装载

(a) 柔性手指

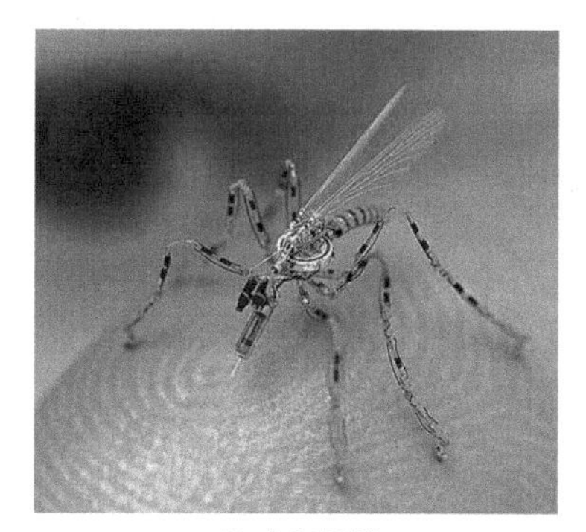

(b) 步行机械

图 7.66 机器人的柔性手指和微小的步行机械

更多的元件, 因此这一系统通常用于完成某种特定的单一任务。美国德州约翰逊宇航中心研制的一种由太阳能驱动的机器蝴蝶就是一例。它内部装有简单的控制系统, 具有飞行功能, 能被发射升空进入地球轨道, 以完成某些空间探测任务, 并将信息传递给接收站[39]。

2. 多微机器人系统

单个微机器人一般只能担任单项或部分任务。当作业比较复杂时, 就要求多台微机器人构成多级系统或机器人群, 以便各司其职、相互补充、协调工作。图 7.67 所示即为其中之一例, 属于电厂 (power plant) 维修微型电子机械系统。其中, 微型舱 (microcapsule) 用来检测异常位置, 它从维修管道入口进入检测设备中, 顺着 1 m/s 的水流在各处用超声波巡回检查, 并将异常位置信息传递给管道外部的控制中心。在判断了异常信息后, 携带检查微机器人、作业微机器人以及维修材料的母机 (mother ship) 进入维修管道, 并将改变自己的外形以适合管道的形状。在到达异常位置附近时加以固定, 并放出无缆检查微机器人 (inspection module without wire); 检查微机器人从母机接受命令后对异常状态进行检测, 检测结果通过母机传给外部控制中心,

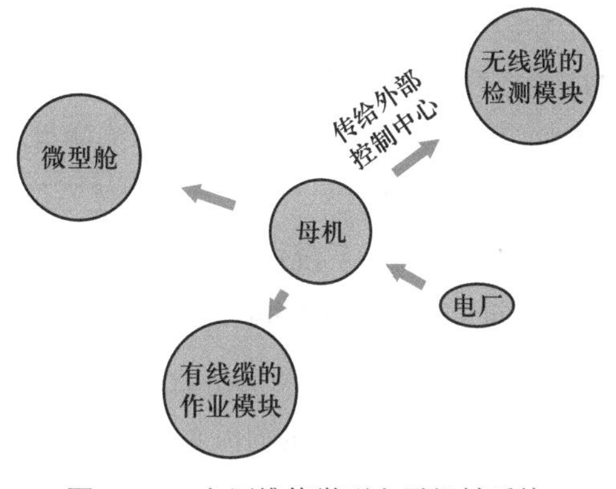

图 7.67 电厂维修微型电子机械系统

控制中心对修补作业作出判断, 指令母机放出有缆作业微机器人 (operation module with wire) 进行修复。控制中心判断修复作业完成后, 通知母机收回检查微机器人及作业微机器人, 然后从维修管道退出。

某些情况下, 大量微机器人可组成一个群体, 自主协调, 根据具体作业对象, 优化组合, 协同工作, 产生有序的有效行为。

7.3.3.3　典型微机器人

1. 电致伸缩蠕动微机器人

对于由 PZT 材料制成的电致伸缩蠕动微机器人, 其柔性链结构的蠕动器由电致伸缩微位移器驱动[64]。用柔性铰链作为传动机构, 可实现小范围内偏转、支撑, 且前后两部分可互为 “地”, 通过中间部分又可产生相对位移, 从而实现三部分的动作耦合。另外, 通过铰链的机械增益, 将电致伸缩微位移器的位移放大, 使嵌位可靠。

电流变蠕动微机器人由电致伸缩微位移器和电流变软管组成, 其结构如图 7.68 所示。其中, 1 为电致伸缩陶瓷致动器, 它推动 ER 流体 2 将压力作用在三腔硅橡胶管 3 的端面上。橡胶管的结构如 $N-N$ 剖面所示, 由半径为 r 的三腔及胶管组成, 三腔中充满了 ER 液体。

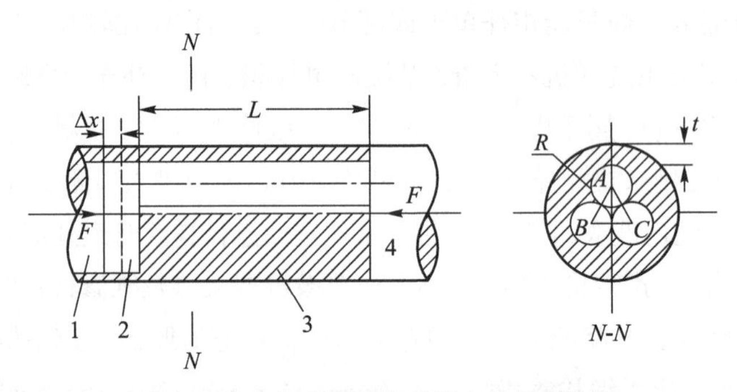

图 7.68　电流变蠕动微机器人的软管结构

1—电致伸缩陶瓷致动器; 2—ER流体; 3—三腔硅橡胶管; 4—正电极

通过控制各腔中电场电压, 使各腔的弹性模量变化, 以致各腔的应变不同。加之系统另一端的力 F 的作用, 系统不能沿轴向产生位移 Δx, 从而胶管将按所控制的方向发生弯曲。此时, 如加大电场电压, 腔中电流变体的弹性模量增大, 刚性力增加, 即使外力 F 卸除后, 变形仍然被 “固化”。而当电场恢复原位时, 胶管的弯曲弹性能得以释放, 弯曲消失, 胶管伸长。从而系统可以产生轴向位移 Δx。如果仅需要在平面内弯曲, 可只保留 A 腔, 通过改变 A 腔的电压即可实现平面内的弯曲。

这样, 电流变蠕动微机器人的电致伸缩微位移器产生微位移, 推动电流变软管, 加上摩擦力的作用, 所以电流变软管产生类似巴米虫的曲体动作。这时, 卸去电致伸缩微位移器的电压, 使之产生反向收缩, 由于棘爪结构的反向摩擦力作用, 机器人可

以向前移动 Δx。电流变软管曲体后, 由于接触面减小, 故而摩擦力减小, 电流变软管开始下滑, 完成展体动作。这样, 一个周期后电流变硅橡胶软管位移 Δx。

2. 黏滑压电致动机器人

黏滑压电致动微机器人由内外两个平台构成, 平台之间用三个压电致动器和柔性铰链相连。黏滑压电致动微机器人在工作台上的移动精度可达 10 nm。需要快速移动时, 压电致动器在 150 V 电压下一步移动 2.5 mm。黏滑压电致动微机器人定位的准确度依赖于图像识别系统的反馈控制环, 该反馈控制环基于对扫描电子显微镜摄取的静态图像的分析和处理。

黏滑压电致动微机器人采用的惯性驱动原理如图 7.69 所示。通过压电材料的电致伸缩效应使质量中心前移, 并在压电材料收缩时利用微致动器的惯性使微致动器向前运动。

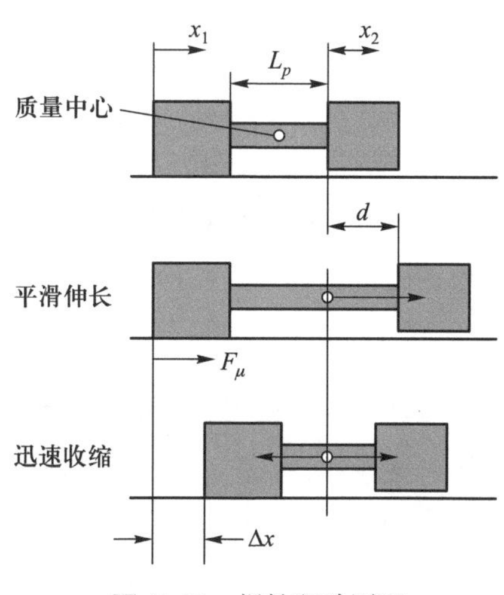

图 7.69 惯性驱动原理

3. 细线跟踪自行走微机器人

细线跟踪自行走微机器人是一种微型自主机器人 (micro autonomous robot), 由致动器、传感器和控制器构成, 可沿一条黑线运动 (运动线路标识)。

细线跟踪自行走微机器人的结构如图 7.70a 所示。

细线跟踪自行走微机器人采用的是电磁铁致动器, 共有左右两组。电磁铁致动器单元的结构如图 7.70b 所示。

线圈绕组在加载电流时可将悬置在绕组中的弹簧片向前移动, 同时弹簧片又连接带倾斜纤毛的底板, 这样通过线圈绕组就可移动带倾斜纤毛的底板。带倾斜纤毛的底板的作用在于用倾斜成一定角度的纤毛来保证单向移动。两个电磁铁致动器单元交替通电就可使微机器人运动。

细线跟踪自行走微机器人通过悬伸在前端的光敏 IC (红外线传感器) 拾取地上

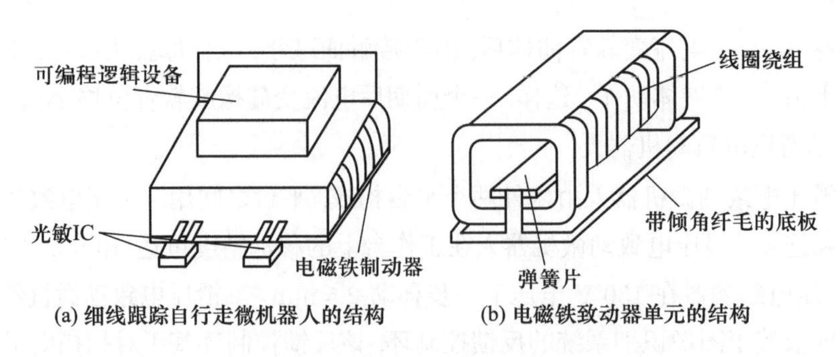

(a) 细线跟踪自行走微机器人的结构　(b) 电磁铁致动器单元的结构

图 7.70　电流变蠕动微机器人的软管机构

黑线, 红外线传感器可判别微机器人是否沿黑线移动, 并将结果传输给控制器 (位于微机器人顶端的可编程逻辑设备) 处理。由控制器决定两个电磁铁致动器单元运动与否, 以保证微机器人始终沿黑线运动。

4. 核反应堆管道检查微机器人

核反应堆的冷却采用三层循环水方式, 以保证充分冷却和防止核污染的泄漏。三层循环水的流通管道是相互隔离的。为进行核反应堆的管道检查, 要求微机器人具有对环境的感知能力、自驱动能力、可遥控性以及信号接收与传输等性能。

如图 7.71 所示, 管道检查微机器人可以在检查热交换管时不停工或使停工时间尽量少。

图 7.71　管道检查微机器人

管道检查机器人由前端的超声波微声呐和视觉传感器来识别前进方向, 并由压电驱动器和蠕动驱动机构提供向前的蠕动力。由微光谱摄像仪连接器完成对管壁的检查, 检查结果信号由光电转换器拾取。远程操纵协调控制器及微波发射器是远程控制信号的传入和输出设备。

5. 蚂蚁机器人

麻省理工学院人工智能实验室研制开发的蚂蚁机器人 (机器蚂蚁) 是为火星探索车作的前期研究。机器蚂蚁的研制与开发有两个目的: 一是集成众多传感器和致动器, 探寻微机器人所能达到的最小尺寸; 二是形成一个结构化的机器蚂蚁群落, 群落中的每个机器蚂蚁可以相互作用, 相互影响。

为了实现该目标, 机器蚂蚁仿照自然界中的蚂蚁进行设计, 如图 7.72 所示。每个机器蚂蚁中集成了 17 个传感器: 4 个光传感器、4 个红外接收器、4 个碰撞传感器、4 个食物传感器和 1 个倾斜传感器。每个机器蚂蚁用两个红外线发射器与外界进行信息交换 (一个在机器蚂蚁的前端, 另一个在后端)。机器蚂蚁的运动利用了电子表中转动秒针的齿轮, 经传动齿轮组来带动微履带。

图 7.72 机器蚂蚁

6. 微型飞行器

微型飞行器 (micro air vehicle, MAV) 也称为微型飞机。它与传统意义上的飞机有本质的区别, 实际上是一种 6 自由度可飞行的微型电子机械系统。MAV 采用 MEMS 技术, 系统功能高度集成, 其成本及价格大为降低。MAV 便于随身携带, 可配备给单人使用, 适用于军事或民用的隐蔽性侦察、城市或室内等复杂环境的作战、跟踪尾随、化学或辐射等有害环境的探测、复杂环境的救生定位等特殊任务。图 7.73 所示为 MAV 与传统飞机的对比。

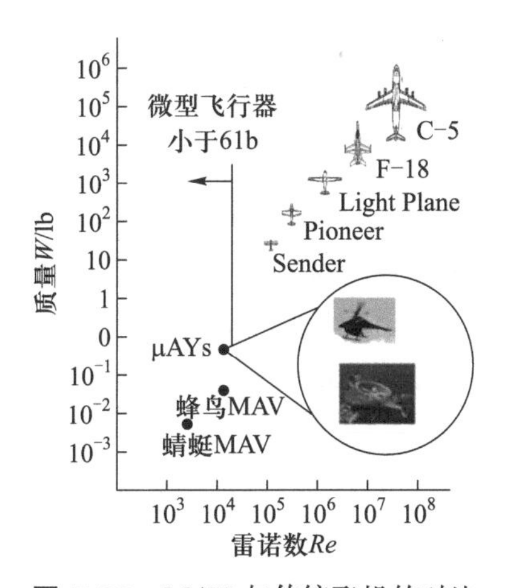

图 7.73 MAV 与传统飞机的对比

图 7.74 所示为昆虫式 MAV。它利用化学 “肌肉” 采取了扑翼式飞行方式。

图 7.74　昆虫式 MAV

图 7.75 展示了微型飞行器的典型用途。图 7.75a 所示为一名战士正在放飞随身携带的 MAV 进行军事侦察, 返回信息及其控制可以通过身边的监视器和控制器交互。图 7.75b 所示为一名消防队员正遥控 MAV 穿梭于化学或有害气体之间, 探测其详细情况。

(a)

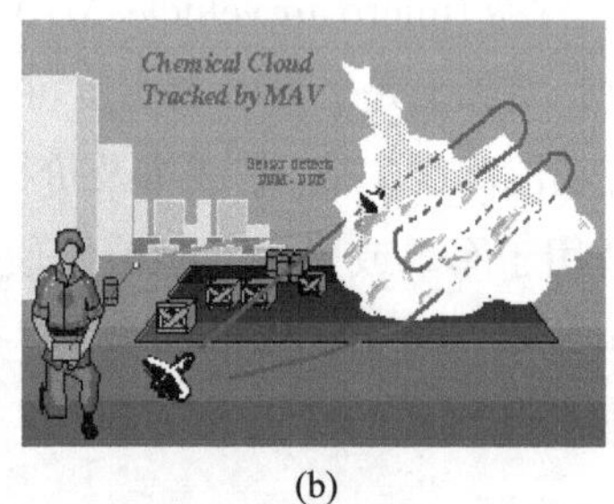

(b)

图 7.75　微型飞行器的典型用途

微型飞行器的研究涉及器件集成、通信、飞控、负载、能量与推进等技术难题, 美国国防高级研究计划局 (DARPA) 将 MAV 的研究划分成许多子课题, 由企业、高等院校、科研院所等单位分别承担。图 7.76 所示为微型飞行器样机, 其主要的控制及处理模块采用了微细加工技术。图 7.77 所示为 Intelligent Automation 公司研制的微型飞行器样机。

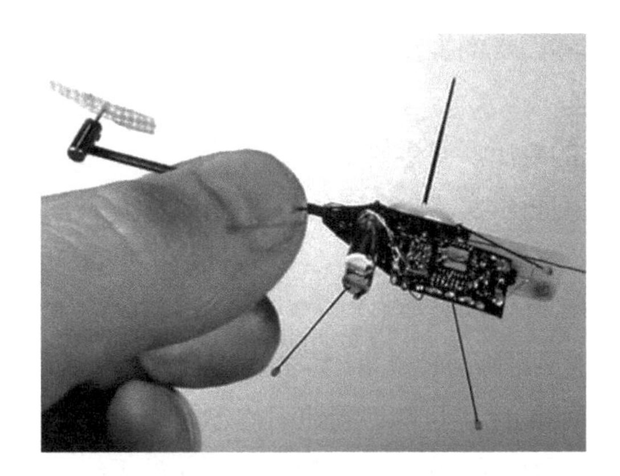

图 7.76 微型飞行器样机

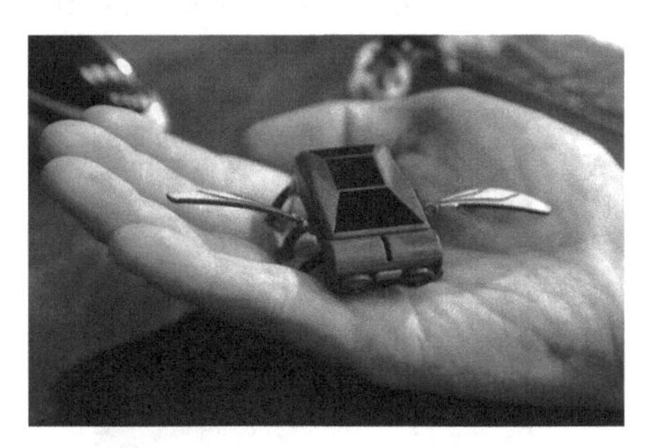

图 7.77 微型飞行器样机 (Intelligent Automation 公司研制)

7.3.4 微纳卫星[65]

国际上对卫星大小的划分一般是以整星质量为标准, 总体分为三类: 2 000 kg 以上的为大型卫星; 1 000 ~ 2 000 kg 的为中型卫星; 1 000 kg 以下的为小型卫星。其中, 小型卫星按质量又可细分: 500 ~ 1 000 kg 的为小卫星; 100 ~ 500 kg 的为超小卫星; 10 ~ 100 kg 的为微卫星; 1 ~ 10 kg 的为纳卫星; 1 kg 以下的为皮卫星。微纳卫星一般是微卫星与纳卫星的统称, 即通常把整星质量在 1 ~ 100 kg 范围的卫星称为微纳卫星。

相对于大型卫星来说, 微纳卫星的优势主要体现在以下几个方面: 研制周期短, 发射简洁快速, 发射成本低, 能够满足局部战争和突发事件中战术性应用的快速响应要求, 同时也可满足新技术快速验证的需求, 系统应用灵活, 整体可靠性高。将一颗大卫星的任务分散给众多的微纳卫星, 则任务可灵活裁减与组合。大卫星上任何一个部件的失效将造成整星报废, 但众多微纳卫星中任何一颗失效, 仅造成整体性能的下降, 而且还可以通过地面快速补充发射来替代失效的微纳卫星。通过数量优势来实现星座组网运行, 可使得整个卫星系统对地重访周期的大幅度缩短。在保证任务功能的前提下, 可以大量使用商业产品与器件, 从而大大降低微纳卫星的研制成本。

随着高新技术的发展和需求的推动，微纳卫星以其众多优势，在科研、国防和商用等领域发挥着重要作用。

微纳卫星所研究的应用形态主要集中在以下几方面：① 空间环境感知；② 新技术空间演示验证与空间科学实验；③ 通信与数据传输；④ 对地或对空间目标进行光学成像。

图 7.78 所示为美国陆军的微纳卫星“鹰眼”。单颗卫星质量为 12 kg，能产生 1.5 m 分辨率的图像，每颗卫星可瞬时覆盖 64.75 cm^2 的区域。虽然它不算是高分辨率的成像卫星，但是通过该图像，已经足够识别地面的建筑物和车辆等目标。微纳卫星“纳眼”如图 7.79 所示，质量约为 20 kg。它使用 0.25 m 的天线。最佳运行高度是 200 ~ 300 km 的极地轨道。可拍摄分辨率为 0.5 ~ 0.7 m 的图像，在轨寿命为 6 ~ 12 个月。

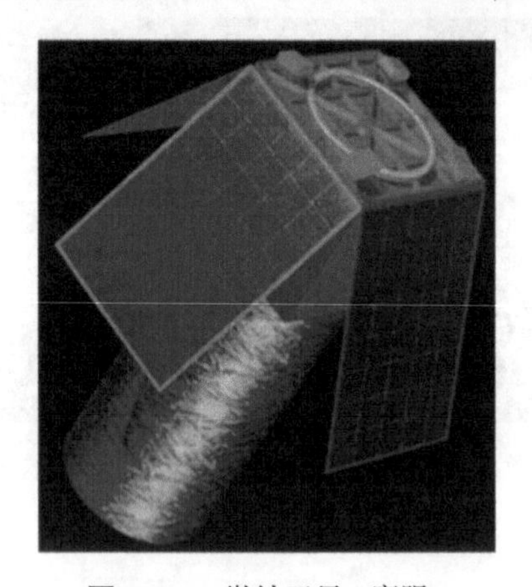

图 7.78 微纳卫星“鹰眼”

图 7.79 微纳卫星“纳眼”

近年来，我国航天工业部门研制的微小卫星也得到迅速发展。2009 年，由中国航天科技集团研制的我国第一颗科普卫星“希望一号”发射成功，重约 50 kg，以无线电通信为主要任务。2013 年，清华大学和中国东方红卫星股份有限公司联合研制的 SY-7B 微小卫星, 作为目标航天器, 成功开展了我国首次空间机器人操控技术在轨演示验证, 该星质量为 61 kg, 具备三轴稳定控制能力。2011 年发射的 “萤火一号”, 由航天八院 509 所研制, 参与了中俄联合火星探测, 由此发展了 SAST100 平台, 可适应从深空探测到近地遥感、通信、技术试验等各种任务。2012 年, 深圳海特公司研制的 “新技术验证卫星一号” 发射, 是我国第一颗企业自主投资开发的试验卫星, 整星质量为 129 kg, 其中试验载荷为 38.07 kg。

国内对微纳航天器及其相关技术的研究较为活跃, 在理论和部分关键技术上也取得了一定的成果, 然而与国外领先水平相比, 我国在微纳航天器的原始创新性、顶层规划系统性、研究与应用关联性以及标准化方面还存在明显差距, 尚有很多方面的工作亟待开展。

参考文献

[1] 陈勇, 郭方方, 白晓弘, 等. 基于 SOI 技术高温压力传感器的研制. 仪表技术与传感器, 2014 (6): 4-6.

[2] 王权, 丁建宁, 王文襄, 等. 压力传感器灵敏度温度系数三极管补偿技术. 仪表技术与传感器, 2004 (10): 61-62.

[3] 蒋庄德, 田边, 赵玉龙, 等. 特种微机电系统压力传感器. 机械工程学报, 2013, 49(6): 187-197.

[4] 赵玉龙. 耐高温压力传感器技术研究. 西安: 西安交通大学, 2003.

[5] 赵立波. 耐高温高频压力传感器的关键技术研究. 西安: 西安交通大学, 2007.

[6] 李童杰, 董景新, 刘云峰. 梳齿式微机械加速度计的研制. 传感技术学报, 2009, 22(3): 320-324.

[7] 张栩. 基于三轴加速度计的按键输入技术研究. 哈尔滨: 哈尔滨工业大学, 2008.

[8] 许高斌, 陈兴, 马渊明, 等. SOI 高 g 值压阻式加速度传感器与工艺实现. 真空科学与技术学报, 2013 (7): 674-677.

[9] 方澍, 郭群英, 汪祖民, 等. 电容式 MEMS 加速度传感器技术. 集成电路通讯, 2011, 29(3): 1-8.

[10] 刘岩. MEMS 多梁结构高频加速度传感器研究. 西安: 西安交通大学, 2013.

[11] Liu Yan, Zhao Yulong, Sun Lu. An improved structural design for accelerometers based on cantilever beam-mass structure. Sensor Review, 2012, 32(3): 222-229.

[12] 贾玉斌, 郝一龙, 张嵘. 一种新型谐振加速度计. 光学精密工程, 2004, 12(3): 284-287.

[13] Kaiser W J. Novel position sensor technologies for microaccelerometers//Proceedings of SPIE—The International Society for Optical Engineering, 1992: 165-172.

[14] 罗源源. 基于隧道效应的力平衡式 MEMS 陀螺仪的设计研究. 太原: 中北大学, 2007.

[15] 朱京, 温廷敦, 许丽萍, 等. 基于介观压光效应的 MEMS 陀螺研究. 传感器与微系统, 2015, 34(3): 15-17.

[16] Mohamad N, Iovenitti P, Vinay T. High sensitivity capacitive MEMS microphone with spring supported diaphragm//Proc. of SPIE 6800: 68001T-1-68001T-9, 2008.

[17] Lee B C, Kim E S. Analysis of partly corrugated rectangular diaphragms using the Rayleigh-Ritz method. Journal of Microelectromechanical Systems, 2000, 9(3): 399-406.

[18] Scheeper P R, Olthuis W, Bergveld P. Design, fabrication, and testing of corrugated silicon nitride diaphragms. Journal of Microelectromechanical Systems, 2002, 3(1): 36-42.

[19] Torkkeli A, Rusanen O, Saarilahti J, et al. Capacitive microphone with low-stress polysilicon membrane and high-stress polysilicon backplate. Sensors & Actuators A Physical, 2000, 85(1): 116-123.

[20] Kim H J, Lee S Q, Park K H. A novel capacitive type miniature microphone with a flexure hinge diaphragm//Proceedings of SPIE—The International Society for Optical Engineering, 6374, Boston, MA, 2006.

[21] Littrell R J.High performance piezoelectric MEMS microphones. USA: The University of Michigan, 2010

[22] 方华军, 刘理天, 任天令. 硅基压电悬臂梁式微麦克风的设计与优化. 微纳电子技术, 2007, 44(z1): 210-212.

[23] Yang Yi, Ren TianLing, Zhang LinTao, et al. miniature Microphone with silicon-based ferroelectric thin films. Integrated Ferroelectrics, 2003, 52(1): 229-235.

[24] 韩建国, 翁维勤, 柯静洁. 现代电子测量技术基础. 2 版. 北京: 中国计量出版社, 2003: 188-189.

[25] 李宏煦, 王淀佐, 胡岳华, 等. Fe2+ 在 T.f 菌修饰粉末微电极表面氧化的电化学. 中国有色金属学报, 2002, 12(6): 1263-1267.

[26] 徐学锋. 超微电极的制备及其在扫描电化学显微镜中的应用. 兰州: 西北师范大学, 2009.

[27] 芮琦, 田阳. 非接触法微电极阵列的制备及其电化学特性的研究. 分析化学, 2009, 37(A03): 53-53.

[28] 王利, 蔡新霞, 李华清, 等. 纳米材料与微电极生物传感器//中国微米/纳米学术年会, 2003.

[29] 刘敬伟. 基于体硅加工技术的安培型微电极生物传感器研究. 北京: 中国科学院电子研究所, 2004: 8-10.

[30] Piechotta G, Albers J, Hintsche R. Novel micromachined silicon sensor for continuous glucose monitoring. Biosensors and Bioelectronics, 2005, 21(5): 802.

[31] Borkholder D A. Cell Based biosensors using microelectrodes. Stanford University, 1998: 75-100.

[32] Kovacs G T A. Introduction to the theory, design, and modeling of thin-film microelectrodes for neural interfaces//Enabling Technologies for Cultured Neuralnetworks. SanDiegot Academ-iC Press, 1994: 115–160.

[33] 徐莹, 余辉, 张威, 等. 基于 MEMS 技术的微电极阵列细胞传感器. 自然科学进展, 2007, 17(9): 1265-1272.

[34] Martinoia S, Bonzano L, Chiappalone M, et al. In vitro cortical neuronal networks as a new high-sensitive system for biosensing applications. Biosensors & Bioelectronics, 2005, 20(10): 2071-2078.

[35] 王亚珍, 朱文坚. 微机电系统 (MEMS) 技术及发展趋势. 机械设计与研究, 2004, 20(1): 10-12.

[36] Akiyama T, Shono K. Controlled stepwise motion in polysilicon microstructures. Journal of Micro-electromechanical Systems, 1993, 2(3): 106-110

[37] 方敏. 执行器饱和控制研究. 济南: 山东大学, 2007.

[38] Zengerle R, Ulrich J, Kluge S, et al. A bidirectional silicon micropump. Sensors & Actuators A Physical, 1995, 50 (1-2): 19.

[39] 莫锦秋, 梁庆华, 汪国宝, 王石刚. 微机电系统设计与制造. 北京: 化学工业出版社, 2004.

[40] Wagner B, Quenzer H J, Hoerschelmann S, et al. Bistable microvalve with pneumatically coupled membranes//International Workshop on MICRO Electro Mechanical Systems, 1996, MEMS'96, Proceedings. An Investigation of MICRO Structures, Sensors, Actuators, Machines and Systems. IEEE, 2002: 384-388.

[41] 程秀兰, 蔡炳初, 徐东, 等. 基于硅结构的微流体控制系统. 微细加工技术, 2002(2): 58-67.

[42] 王社良, 刘敏, 樊禹江, 等. 新型压电陶瓷驱动器的特性分析. 材料导报, 2012, 26(22): 153-156.

[43] 苑伟政, 马炳和. 微机械与微细加工技术. 西安: 西北工业大学出版社, 2000.

[44] Koch M, Harris N, Maas R, et al. A novel micropump design with thick-film piezoelectric actuation. Measurement Science & Technology, 1997, 8(1): 49-57.

[45] 本间敏夫. 张丽英. 形状记忆合金. 材料开发与应用, 1987(1): 44-49.

[46] 江刺正喜, 江涛. 光机电微系统概论(下). 红外, 1999(3): 35-39.

[47] Xu D, Wang L, Ding G, et al. Characteristics and fabrication of NiTi/Si diaphragm micropump. Sensors & Actuators A Physical, 2001, 93(1): 87-92.

[48] 薛蕙. 压电材料、磁致伸缩材料 —— 电子新材料简介 (四). 磁性元件与电源, 2013(3): 144-150.

[49] Yang X, Grosjean C, Tai Y C, et al. A MEMS thermopneumatic silicone membrane valve//Tenth International Workshop on MICRO Electro Mechanical Systems, 1997. Mems'97, Proceedings. IEEE, 1997: 114-118.

[50] 田文超, 贾建援. DMD 及 DLP 显示技术. 仪器仪表学报, 2005, 26(z2): 358-359.

[51] 邱崧. 基于 LED 光源的 DLP 投影系统的研究. 上海: 华东师范大学, 2007.

[52] 贾建援, 邵彬, 冯小平. 数字微反射镜装置的分析与设计. 西安电子科技大学学报 (自然科学版), 2001, 28(1): 1-4.

[53] 刘霞芳. 数字微镜的动力分析. 西安: 西安电子科技大学, 2007.

[54] 沙菁契, 侯丽雅, 章维一, 等. 微流体系统驱动技术的研究进展. 微纳电子技术, 2006, 43(12): 586-591.

[55] Stemme G. Micro fluid sensors and actuators//International Symposium on MICRO Machine and Human Science. IEEE, 1995: 45-52.

[56] 栗克国. 松香流体包装控制系统研究与实现. 昆明: 昆明理工大学, 2011.

[57] Wang X Q, Lin Q, Tai Y C. A Parylene micro check valve//Twelfth IEEE International Conference on MICRO Electro Mechanical Systems. IEEE, 1999: 177-182.

[58] Nguyen N T, Schubert S, Richter S, et al. Hybrid-assembled micro dosing system using silicon-based micropump/valve and mass flow sensor. Sensors & Actuators A Physical, 1998, 69(1): 85-91.

[59] 张培玉, 武国英, 郝一龙, 李志军. 微夹钳研究的进展与展望. 光学精密工程, 2000, 8(3): 292-296.

[60] 邢昊. 三臂微操作系统的研究与分析. 合肥: 中国科学技术大学, 2005.

[61] 王旭. 基于柔性铰链支撑的热驱动微夹钳性能研究. 上海: 上海大学, 2007.

[62] 王琪民, 刘明侯, 秦丰华. 微机电系统工程基础. 合肥: 中国科学技术大学出版社, 2010.

[63] Pech D, Brunet M, Taberna P L, et al. Elaboration of a microstructured inkjet-printed carbon electrochemical capacitor. Journal of Power Sources, 2010, 195(4): 1266-1269.

[64] 白绍平. SMA 及电致伸缩小型蠕动机器人的研究. 北京: 清华大学, 1993.

[65] 石荣, 李潇, 邓科. 微纳卫星发展现状及在光学成像侦察中的应用. 航天电子对抗, 2016, 32(1): 8-13.

第 8 章　NEMS 概述

8.1　绪论

8.1.1　NEMS 的定义

纳机电系统 (nano-electro-mechanical system, NEMS) 是 20 世纪 90 年代末基于 MEMS 技术的发展提出的一个新概念, 是指在特征尺度和效应上具有纳米技术特点的一类超小型机电系统, 一般指特征尺度在纳米到数百 nm, 以纳米结构所产生的新效应 (量子效应、界面效应和纳米尺度效应等) 为特征的器件和系统, 即纳米尺度上的机械装置、电子器件、计算机和传感器。

NEMS 可以说是 MEMS 在纳米尺度上的再现, 但是微观世界的一些特性使 NEMS 和 MEMS 又具有明显的区别。MEMS 的特征尺度一般在微米量级, 其大多特性实际上还是基于宏观尺度下的物理学。而 NEMS 的特征尺度达到了 nm 数量级, 尺度效应、表面效应等更加突显, 其机电耦合特性等开始涉及微观和介观物理学领域。

现阶段 NEMS 研究所涉及的主要方面包括: 研究机械中的运动变换和动力传递, 纳机构机械系统在运动过程中的动态特性; 研究适用于制造微型构件而性能独特的材料及其在环境影响下的变形响应和失效规律的微结构材料力学; 从原子、分子尺度出发, 研究相互运动接触界面上的作用、变化与损伤机理以及相应的纳米摩擦学; 研究与纳米机械原理、制造及应用相关的关键技术等。可以看出, 当前 NEMS 研究的内容涉及光学、力学、热学、声学、磁学、自控、生物、材料以及表面物理与化学等领域, 这使得 NEMS 成为一门多学科交叉的综合学科。

8.1.2 NEMS 的特点

NEMS 器件可以提供一些 MEMS 器件不能提供的特性和功能, 比如超高频率、超低能耗、超高灵敏度以及对表面质量和吸附性的前所未有的控制能力, 以及在纳米尺度上的有效驱动方式。但是, 在纳米尺度下产生的一些新的物理特性将影响器件的操作方式和制造手段。与 MEMS 相比, NEMS 对微加工技术提出了更高的要求, 研究的材料范围更宽, 加工过程的空间分辨率更高。

1. 超高频率

NEMS 可以在保留较高机械响应度的基础上获得很高的谐振频率, 这两种特性组合带来的效应可以直接转换为很高的力学灵敏度、超低功率下的可操作性, 以及在一种适度的控制力下产生有用的非线性化响应的能力。目前, 已可以实现用表面纳米加工技术生成基频 10 GHz 以上的谐振腔。图 8.1 所示为加州理工大学研制的双箝位 SIC 谐振器, 其频率可以达到 134 MHz。

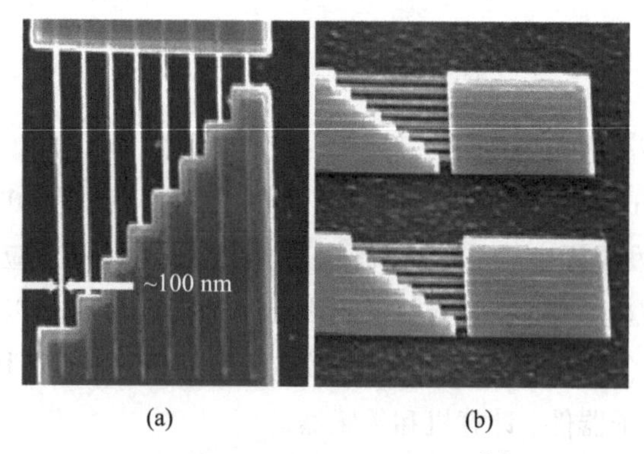

图 8.1 双箝位 SIC 谐振器[1]

2. 超低功率

NEMS 器件的功率可以用热能和响应时间的比值表达, 即

$$P_{\min} = \frac{k_B T \omega_0}{Q} \tag{8.1}$$

式中, Q 为力学因子; $k_B T$ 为热能; ω_0 为工作频率。NEMS 的 Q 值通常高达 $1\times10^3 \sim 1\times10^5$, 因此它的功率很小。

目前, 电子束刻蚀技术加工的 NEMS 器件的功率可以小到 1×10^{-17} W。基于 NMES 技术的信号处理器或者计算机系统所消耗的能量只有 1 μW, 比当前同等计算能力的计算机系统消耗的能量小 6 个数量级。

3. 超小尺寸和质量

NEMS 器件的微小尺寸意味着它们具有很高的局部空间响应。其几何形状可以被设计为只对某一方向的力产生响应。这一特性对于设计快速扫描隧道显微镜至关重要。同时, 器件振动部分非常小的质量使 NEMS 对外加力的灵敏度大大提高, 可以用下面的公式估计 NEMS 器件对外力的灵敏度[2]:

$$\partial M|_{\min} = \left(\frac{\partial \omega_0}{\partial m}\right)^{-1} \partial \omega_0 \tag{8.2}$$

通常情况下, 上述灵敏度还可以表示为

$$\partial M|_{\min} = \left(\frac{2m}{\omega_0}\right)\left(\frac{\omega_0}{2Q}\right) = \frac{m}{Q} \tag{8.3}$$

式中, m 为谐振器的有效质量。

目前的一些 NEMS 器件可以获得 1×10^{-24} N 的分辨率, 而高的测力灵敏度对器件的再现能力提出了更高的要求。

4. 超高 Q 值

Q 值通常指谐振器的品质因数。较高的 Q 值使得器件对外部阻尼运动非常敏感, 这一点对于各种传感器都具有非常重要的影响。因为与电阻中的 Johnson 噪声相似的热噪声的大小与 Q 值成反比, 所以较高 Q 值下的热噪声比较小, 它还可以抑制随机的机械振动, 从而提高对外力的灵敏度, 并因此对于反射和谐振传感器有着重要的意义。在信息领域, 高 Q 值说明较低的插入损耗和能量消耗[3]。NEMS 器件可以获得 $1 \times 10^3 \sim 1 \times 10^5$ 的 Q 值, 大大超过了只能提供几百 Q 值的典型电子谐振器。通常来讲, 只有在高真空条件下, 单晶硅上生成的谐振器的 Q 值才有可能达到这种要求。但是, 加州理工大学的 Roukes 和他的研究小组从多晶硅上生产出的谐振器谐振频率达到了 20 MHz[4]。

不过, 器件的 Q 值也会受限于其外部和内部的一些特性。内部因素如材料接触面的缺陷和材料表面的吸附性等会影响谐振器的运动。外部因素如空气阻力和箝位误差等也会影响 Q 值的大小。采用理想的器件材料, 如没有缺陷的单晶体和高纯度的异质结构, 可以抑制能量的损失, 并因此获得更高的 Q 值。

8.1.3 NEMS 的发展

在 MEMS 器件发展中开创了三项创新性的技术, 即微结构空气阻尼、微结构静电力作用和微电子电路兼容集成微机械制造技术。这三项技术只适用于微机电系统及器件, 且对器件特性起决定性作用。当机电器件特征敏感尺度达到纳米量级, 同样会遇到微米级中关键性的 "双刃剑" 问题。由于纳米机电器件需要在微米结构上构建, 很多在微米量级解决问题的思路仍然可以用于纳米机电器件, 同时也需要发现和利用一些全新的纳米敏感效应来构建纳米机电器件。利用纳米尺度下的新效应可以显著提高 NEMS 器件的敏感特性。纳米敏感的三个重要问题是纳米尺度敏感、纳米特异性结合和有限个数粒子效应。

近年来, 在美国国防部支持下, “纳米尺度级器件和系统” 领域取得了显著进展, 包括在标准 CMOS 基片上使用亚微米光子元件和混合信号电路技术成功制造出了复杂单片式光电系统; 研发了用于光通信和使用光子晶体网络的芯片级的全光网络元件, 实现了导向、开关、分光、调制、耦合和过滤等多种功能; 实现了单离子注入硅, 用于控制从掺杂物到掺杂物的循环电子隧道效应, 表明在固体量子计算上迈出了一大步; 研发了第一个发光晶体管, 为将来高速信号处理集成电路和光信号奠定了基础; 使用超高密度纳米线电路制成了 4.5 kbit 存储器; 实现了使用纳米荧光跟踪颗粒技术的感应电荷电渗透流的实验展示, 在自动生化监测中表现出很好的应用潜力; 制成了模仿人眼视网膜的合成纳米管道玻璃等。在欧洲, 微纳技术同样受到高度重视, 得到了欧盟框架计划和各成员国的大力资助。资助的方向包括纳电学、纳光子学、传感器技术、致动器和分子马达、功能纳米材料 (如复合材料、纳米粉、纳米管)、晶体、薄膜、测试制造设备等。欧盟提出加强纳米研究与太空技术研究间的交流与合作, 促进其共同发展。

总体来讲, 目前世界各地在 NEMS 及其相关方面开展的研究工作主要有:

(1) 谐振式传感器, 包括质量传感、磁传感、惯性传感等;

(2) RF 谐振器、滤波器;

(3) 微探针热读写高密度存储、纳米磁柱高密度存储技术;

(4) 单分子、单 DNA 检测传感器以及 NEMS 生化分析系统 (N–TAS);

(5) 生物电机;

(6) 利用微探针的生化检测、热探测技术;

(7) 热式红外线传感器;

(8) 机械单电子器件;

(9) 硅基纳米制作、聚合物纳米制作、自组装等。

尽管 NEMS 器件有着很多优异的性能, 但要实现纳机电系统, 还面临着许多挑战与问题。突出的问题体现在:

(1) 许多 MEMS 研究的理论和分析方法不能直接用于 NEMS 的研究。因为尺度达到 nm 级, 一些经典力学和机械理论都不再适用, 量子效应逐渐显现出来。

(2) NEMS 器件由于其超高的灵敏度, 在 MEMS 器件分析中可以忽略的问题此时显得尤为突出, 各种微观能量耗散机理会影响器件的工作性能。

(3) 随着 NEMS 器件尺寸的缩小, 其表面体积比的不断增大, 表面效应越来越明显, 表面质量和吸附的不可控制性成为一个主要问题。

(4) 随着器件尺寸的减小, 器件的品质因数下降。综合利用物理学、材料力学、热力学和分子动力学等理论建立合理的数学物理模型, 考虑多种尺度效应来分析 NEMS 的特性, 成为目前亟待解决的问题。

8.1.4 NEMS 的应用

1. 生物领域

NEMS 技术与生物领域的结合伴随着被称为 BioNEMS 新概念的出现而产生。基于 BioNEMS 的生物芯片技术可以用来检测生物领域的微小力，具体方法为采用一个纳米尺度的悬臂梁 (ligand) 和接收器 (receptor) 之间的作用力来检测生物分子之间的作用力，如图 8.2 所示。

图 8.2 用 BioNEMS 进行生物系统微小力的检测[5]

美国康奈尔大学的 Montemagno 博士领导的研究小组研制出一种生物分子电机。该电机由一个腺苷三磷酸 (ATP)、一个金属镍制成的桨片 (直径 150 nm，长 750 nm) 和一个金属镍柱体 (直径 80 nm，高 200 nm) 组成，平均速度可达 4.8 r/s，运行时间长达 40 min ~ 2.5 h。生物分子电机为进一步研制有机或无机的智能 NEMS 创造了条件。美国佐治亚理工学院王中林教授等利用多壁碳纳米管研制出纳谐振器，通过其共振频率的变化可称出 30 fg (1 fg=10^{-15} g) 碳微粒的质量。这种谐振器可作为分子秤，用于检测分子或细菌的质量[6]。

NEMS 的研究人员正在探索物理系统与生物系统中同尺度的问题，其成果对生物系统的研究有关键作用。

2. 信息领域

当前基于半导体器件和磁盘的信息技术在未来 10 年中的发展会达到其物理极限，预示着 NEMS 会成为下一代信息技术的主要载体。

NEMS 会对射频 (RF) 电路的设计带来深远的影响，其主要的推动力来自 NEMS 提供的高质量谐振器，它能够以很高的频率 (约 10 MHz) 振动，传统的集成电路无法做到；同时，NEMS 器件在很小的振幅下就可以显现出一些非线性机械特性，有助于高灵敏度的谐振器或力传感器的开发。

NEMS 技术也影响着无线通信领域，如基于 NEMS 技术的电磁仿真以及建立对电信号精确描述的力学模型和热模型等。

3. 流体领域

许多化学和生物的反应是在液体环境下进行的, 微流体系统可以使化学反应系统小型化, 也就是所谓的片载实验室系统, 在此技术上产生的纳米流体系统, 其尺寸可以和流体环境的相关尺寸 (包括分子的扩散长度、分子本身的大小等) 相当。在此尺度/尺寸下, 可以用外加电场对水中离子作用, 从而驱动和控制单个水分子的运动。通过 NEMS 系统可以开展一些单分子检测、分析及应用方面的研究, 这也是 NEMS 系统所独有的能力。

4. 军事领域

现代战争对武器装备的智能化、信息化和微小型化的要求越来越高, 纳米技术的发展将带动军事技术的变革。与传统武器相比, 纳米武器具有许多不同的特点与超常性能: 武器装备系统超微型化; 高度智能化; 以神经系统为主要打击目标; 成本低、体积小, 可大量使用。当前, 世界各主要军事大国相继制定了名目繁多的军用纳米技术开发计划, 纳机电系统是其中的关键技术。

除了上述领域, NEMS 器件和系统在能源、农业、食品等很多其他领域都有着广泛的应用前景。

8.2 NEMS 材料、工艺与器件

8.2.1 纳米材料

纳米材料是指因几何尺寸达到了纳米尺度 ($1 \sim 100$ nm) 而具有明显的小尺寸效应、量子尺寸效应、表面效应和宏观量子隧道效应, 在光学、热学、电学、磁学、力学以及化学方面显示出许多奇异特性的材料。根据纳米材料的来源不同, 又可分为天然纳米材料、半导体纳米材料、新型纳米材料。

按照空间维数分类, 纳米材料可分为如下三类:

(1) 零维。在空间中三维尺度均在纳米尺度, 如纳米尺度颗粒、原子团簇等。

(2) 一维。在空间中有两维处于纳米尺度, 如纳米线、纳米管、纳米棒等。

(3) 二维。在空间中有一维在纳米尺度, 如超薄膜、多层膜、超晶格等。

因为这些单元往往具有量子性质, 所以对零维、一维、二维的基本单元又分别有量子点、量子线、量子阱之称。

由于纳米微粒的尺寸小, 表面效应、量子尺寸效应和宏观量子隧道效应等使得其在磁、光、电、敏感等方面呈现常规材料不具备的特性。因此, 纳米颗粒在磁性材料、电子材料、光学材料、高致密度材料的烧结、催化、传感、陶瓷增韧等方面有广

阔的应用前景, 如表 8.1 所示。

表 8.1　纳米材料的应用领域

性能	用途
磁性	磁记录、磁性液体、永磁材料、吸波材料、磁光元件、磁存储、磁探测器、磁制冷材料
光学性能	吸波隐身材料、光反射材料、光通信、光存储、光开关、光过滤材料、光导电体发光材料、光学非线性元件、红外线传感器、光折变材料
电学性能	导电浆料、电极、超导体、量子器件、压敏和非线性电阻
敏感性能	热敏、湿敏、气敏、热释电
热学性能	低温烧结材料、热交换材料、耐热材料
显示、记忆性能	显示装置 (电学装置、电泳装置)
力学性能	超硬、高强、高韧、超塑性材料, 高性能陶瓷和高韧高硬涂层
催化性能	催化剂
燃烧特性	固体火箭和液体燃料的阻燃剂、助燃剂
流动性	固体润滑剂、油墨
悬浮特性	各种高精度抛光液
其他	医用过滤器, 能源材料、环保用材

1. 天然纳米材料

1) 纳米矿物材料 —— 膨润土

膨润土的矿物学名称是蒙脱石, 其分子粒径为 $10^{-11} \sim 10^{-9}$ m, 形成于亿万年前。国外把膨润土称为天然纳米材料、万用黏土等。膨润土的这种万种用途取决于其矿物特性。一般膨润土都具有良好的黏结性、膨胀性、胶体分散性、悬浮性、吸附性、催化活性、触变性和阳离子交换性等。

2) 核酸与蛋白质材料

核酸包括 DNA 和 RNA。DNA 是一个直径为 3.4 nm 的双螺旋双链, 是构建大分子的最佳材料。它易合成, 具有高度特异性与柔韧性。DNA 碱基互补配对特性已用于制造二维晶体、DNA 电子线路与计算机的原型。DNA 不仅可以形成双链二级结构, 而且可以形成三级、四级, 甚至更高级的结构。

DNA 分子的力学研究也取得了进展。在不同的拉力下 DNA 至少出现 4 种形变, 其规律为: 熵 – 弹性形变、虫样链、外周轮廓伸展、B–DNA 向 S–DNA 相变。DNA 分子的不同构象可以用于 DNA 马达的设计。例如, 一个人造的 DNA 纳米马达采用了分子内部结构与分子间的结构, 通过两种构象间的快速转化, 使得纳米马达能完成虫样的延伸与收缩运动。其结构简单稳定、操作方便、效率高, 使得 DNA 纳米马达具有为纳米装置提供动力的潜力。

3) 金属纳米材料

金属纳米微粒是纳米技术领域最早的研究对象，始于 20 世纪 60 年代初。至今，已成功开发出的金属纳米材料包括 Ag、Au、Ti、Fe、Co、Ni、Zn、Pd、Pt 及 Cu 等。金属纳米微粒具有许多奇异的结晶形态，如多面体、截角多面体、四面体、条状、针状、环状、球形、三角形、长方形、六边形。金属纳米微粒具有宏观金属无可比拟的特异性能，其光学性质、电学性质、磁学性质、热学和力学性质等均发生突变。如金属纳米微粒的色彩、熔点和硬度均显著地不同于大块材料；其导电性能会显著下降，具有特异的磁性和超导性质等。将通常的金属催化剂 Fe、Co、Ni、Pd、Pt 制成纳米微粒，可明显改善催化效果。

2. 半导体纳米材料

相对于金属材料而言，半导体中的电子动能较低，有较长的德布罗意波长，因而对空间的限制比较敏感，电子的德布罗意波长 λ 与其动能 E 的关系为 $\lambda = h^2/\sqrt{2mE}$，其中 m 是半导体中电子的有效质量，h 是普朗克常量。当空间某一方向的尺度限制与电子的德布罗意波长可比拟时，电子的运动就会受限，而被量子化地限制在离散的本征态，从而失去一个空间自由度或者说减少了一维。因此，通常在体材料中适用的电子的粒子行为在这样的材料中不再适用，这种新型的材料称为半导体低维结构，也称为半导体纳米材料。

当半导体材料的尺度缩小到纳米范围时，其物理、化学性质将发生显著变化，并呈现出由高比表面积或量子效应引起的独特性能，包括宽频带强吸收、蓝移 (与大块材料相比，纳米微粒的吸收带普遍存在 “蓝移” 现象，即吸收带移向短波方向)、优异的光电催化活性、介电压电特性等。

3. 新型纳米材料

1985 年，美国莱斯大学 Smalley 等发现了富勒烯，开启了纳米科技发展之路，并于 1996 年获得了诺贝尔化学奖。1991 年，日本 NEC 物理学教授 Iijima 在高分辨透射电子显微镜下发现了碳纳米管 (carbon nanotube, CNT)，在纳米科技领域做出重要的奠基性工作。2004 年，英国曼彻斯特大学 Geim 博士等采用机械剥离法成功得到单原子层石墨烯 (graphene)，获得 2010 年的诺贝尔物理学奖。

石墨烯、石墨、碳纳米管和富勒烯的结构如图 8.3 所示。石墨烯是一层由碳原子紧密组织成二维蜂窝状晶格的材料，其他几种材料可看成石墨烯的变形，例如石墨是由石墨烯一层一层堆积起来；碳纳米管是石墨烯卷起来的圆柱体；富勒烯 (C60) 是石墨烯包裹起来并在六边形晶格中引入五边形晶格得到的球状分子。

1) 富勒烯

富勒烯 (C60) 是单纯由碳原子结合形成的稳定分子，它具有 60 个顶点和 32 个面，其中 12 个为正五边形，20 个为正六边形，其相对分子质量约为 720。C60 具有金

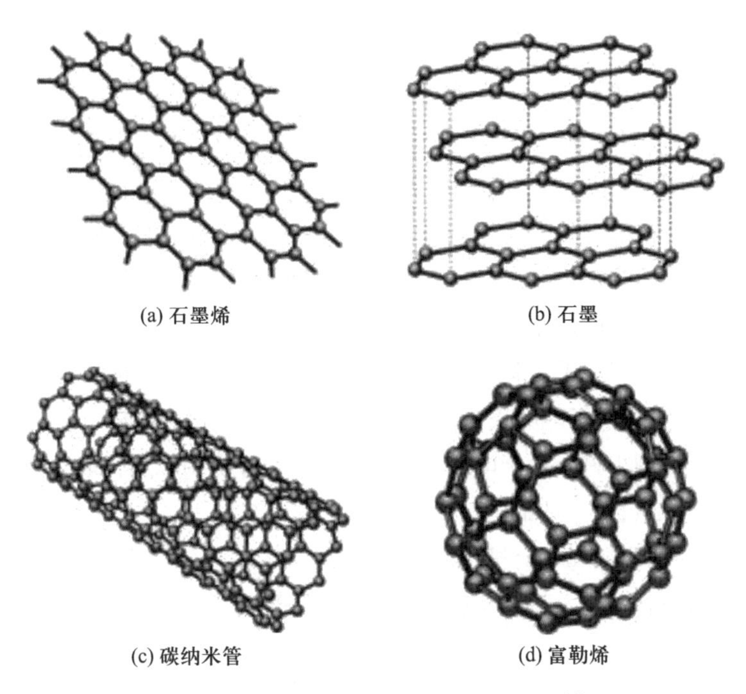

(a) 石墨烯　(b) 石墨

(c) 碳纳米管　(d) 富勒烯

图 8.3　几种碳元素同素异形体的结构[7]

属光泽, 有许多优异性能, 如超导、强磁性、耐高压、抗化学腐蚀等, 在光、电、磁等领域有潜在的应用前景。

1985 年, 美国休斯敦莱斯大学的史沫莱 (R. E. Smalley) 等和英国的克罗脱 (H. W. Kroto) 首次成功研制出 C60。他们用大功率激光束轰击石墨使其气化, 用 1 MPa 压强的氦气产生超声波, 使被激光束气化的碳原子通过一个小喷嘴进入真空膨胀, 并迅速冷却, 形成新的碳分子, 从而得到了 C60。C60 的组成及结构已经由质谱仪、X 射线分析等所证明。

2) 碳纳米管

碳纳米管是典型的富勒烯, 由石墨原子单层绕同轴缠绕而成或是由单层石墨圆筒沿同轴层层套构而成的管状物。其直径一般在一到几十个 nm 之间, 长度则远大于其直径。碳纳米管按照石墨烯片的层数可分为: 单壁碳纳米管 (single-walled nanotube, SWNT) 和多壁碳纳米管 (multi-walled nanotube, MWNT)。多壁管在开始形成的时候, 层与层之间很容易成为陷阱中心而捕获各种缺陷, 因而多壁管的管壁上通常布满小洞样的缺陷。与多壁管相比, 单壁管是由单层圆柱形石墨层构成, 其直径大小的分布范围小, 缺陷少, 具有更高的均匀一致性。单壁管典型直径为 0.6 ~ 2 nm, 多壁管最内层可达 0.4 nm, 最粗可达数百 nm, 但典型管径为 2 ~ 100 nm。

目前, 用于制备碳纳米管的方法主要有: 电弧放电法、激光烧蚀法、化学气相沉积法, 固相热解法、气体燃烧法和聚合反应合成法等[8]。

3) 石墨烯

石墨烯是宇宙中已知的厚度最薄, 强度最大的材料。它的载流子有非常大的本征迁移率, 而且可以在室温下运输数 μm 而不散射。石墨烯可以承受比铜大 6 个数量级的电流密度, 有很好的热传导率和热刚度, 不能被气体穿透, 并同时拥有脆性和延展性。常见的石墨是由一层层蜂窝状有序排列的平面碳原子堆叠而成, 石墨的层间作用力较弱, 很容易互相剥离, 形成薄薄的石墨片。当把石墨片剥成单层之后, 这种只有一个碳原子厚度的单层就是石墨烯。石墨烯的出现在科学界激起了巨大的波澜, 人们发现, 石墨烯具有非同寻常的导电性能、超出钢铁数十倍的强度和极好的透光性。在石墨烯中, 电子能够极为高效地迁移, 而传统的半导体和导体, 例如硅和铜远没有石墨烯表现得好。由于电子和原子的碰撞, 传统的半导体和导体以热的形式释放了一些能量, 目前一般的电脑芯片以这种方式浪费了 72% ~ 81% 的电能, 石墨烯则不同, 它的电子能量不会被损耗。

石墨烯的合成方法主要有两种: 机械方法和化学方法。机械方法包括微机械分离法、取向附生法和加热 SiC 方法; 化学方法包括化学还原法与化学解理法[9] 。有关石墨烯的更详细讨论见本书第 9 章。

8.2.2 纳米加工

纳米加工的含义是达到纳米级精度 (包括纳米级尺寸精度, 纳米级形位精度和纳米级表面质量) 的加工技术。纳米级加工中, 工件表面的原子和分子是直接加工的对象, 即需切断原子间的结合。传统的切削/磨削方法, 由于加工方法的局限或由于加工机床精度所限, 显示出在纳米加工领域应用裕度的不足。纳米加工必须寻求新的途径, 即直接用光子、电子、离子等基本粒子进行加工。

1. 扫描探针显微镜和原子力显微镜加工技术

扫描探针显微镜 (SPM) 包括原子力显微镜 (AFM) , 作为高分辨的表面分析工具, 不但能对物质表面形貌进行原子、分子级观测, 而且能够对单个分子、原子、纳米粒子进行可控操作, 这极大推动了 SPM 在纳米加工中的应用。

1981 年, IBM 公司苏黎世研究所的物理学家 G. Binning 和 H. Rohrer 发明了扫描隧道显微镜 (STM) [10], 观察到了 Si (111) 表面清晰的原子结构, 使人类第一次进入原子世界, 直接观察到了物质表面上的单个原子, 1986 年他们为此获得诺贝尔物理奖。STM 的基本原理是利用量子理论中的隧道效应, 其工作原理如图 8.4 所示。工作时探针和试样之间的间距小于 1 nm, 用压电陶瓷作为高精度三维扫描控制器, 控制探针对试样扫描。由于探针充分接近试样, 在其间产生高度空间限制的电子束, 因此电子成像时 STM 具有极高的空间分辨率, 横向可达 1 nm, 纵向优于 0.01 nm。

1990 年, 美国 Eigler 等在低温和超真空环境中, 用 STM 将镍表面吸附的 Xe 原

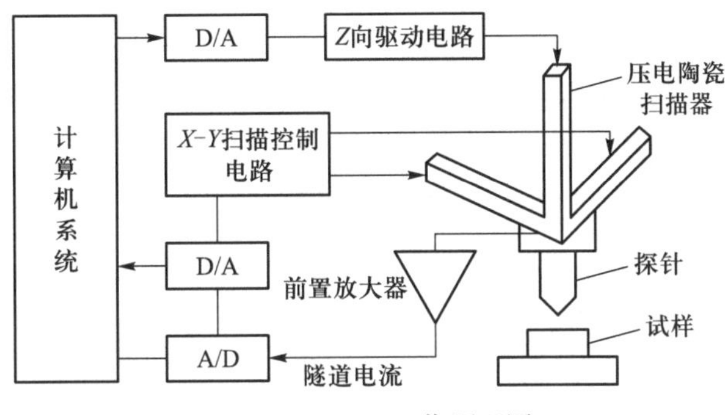

图 8.4 STM 工作原理图

子逐一搬迁, 最终以 35 个 Xe 原子排列成 IBM 三个字母, 每个字母高 5 nm, 原子间最短距离约为 1 nm, 如图 8.5 所示。之后, 他们又实现了原子的搬迁排列, 在 Pt 单晶表面上, 将吸附的 CO 分子用 STM 搬迁排列起来, 构成一个身高 5 nm 的世界上最小的 "人" 的图样, 此 "一氧化碳小人" 的分子间距仅为 0.5 nm, 同时又成功制造了更具有实际物理意义的人工 "量子栅栏"[11]。

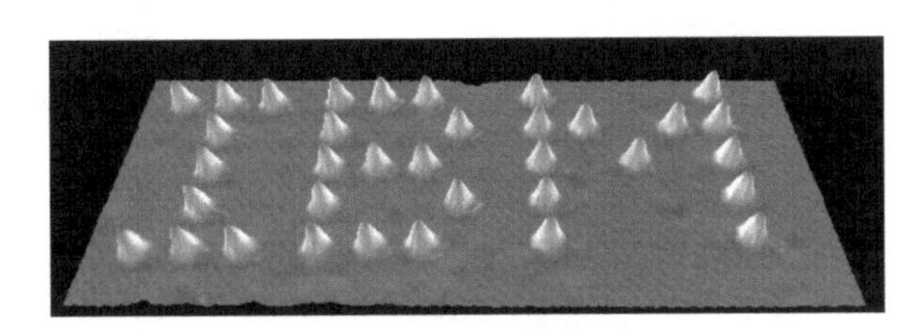

图 8.5 原子排列的字母 "IBM"[12]

STM 的局限主要包括: ① 扫描隧道显微镜在恒电流工作模式下, 有时它对试样表面微粒之间的某些沟槽不能够准确探测, 与此相关的分辨率较差。② 扫描隧道显微镜所观察的试样必须具有一定程度的导电性, 对于半导体, 观测的效果差于导体, 对于绝缘体则无法直接观察。如果在试样表面覆盖导电层, 则由于导电层的粒度和均匀性等问题又限制了图像的分辨率。③ 扫描隧道显微镜的工作条件受限制, 如运行时要防振动, 探针材料在湿热环境应选铂金, 而不能用钨丝, 钨探针易生锈。

1986 年, G. Binnig 等在 STM 的基础上发明了 AFM[13]。AFM 对试样要求低, 对环境要求也不高, 一些反应的动态过程和生物试样活体都可以用它进行观测, 这些特点极大地拓宽了 AFM 的应用范围。1987 年, 美国斯坦福大学成功研制了现在广泛使用的激光偏转监测 AFM 和可以批量制备的微探针, 使 AFM 的稳定性大大提高, 并进一步拓展了 SPM 的应用范围。

AFM 主要由四大件组成: 扫描探头、电子控制系统、计算机控制及软件系统、步进电机和自动逼近控制电路。其工作原理如图 8.6 所示。半导体激光器发出激光束, 经透镜汇聚打到探针头部, 并发射进入四象限位置检测器中, 转化为电信号后, 由前置放大器放大后送给反馈回路, 反馈电路发出的一部分信号进入计算机, 再由计算机将数字信号转化为模拟信号, 经高压放大后驱动压电陶瓷管在二维平面扫描。AFM 针尖是利用一种弹性微悬臂梁作为传感器, 其一端固定, 另一端有针尖。当针尖在试样上扫描时, 针尖和试样间的作用力引起微悬臂的变形, 从而导致了光反射激光束在检测器中的位置发生改变。检测器中不同象限间所接收到的激光强度代表臂变形量的大小。在反馈电路的作用下, 微悬臂形变通过压电管在 Z 方向伸缩进行补偿, 计算机采集每个坐标点对应的反馈输出后, 再转化为灰度级, 在显示屏上表示出试样的表面形貌。AFM 除了观测表面形貌外, 还可以研究探针和表面间作用力与距离的关系。

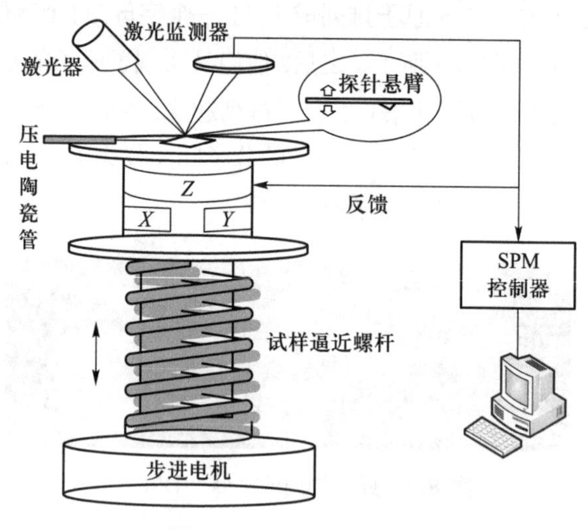

图 8.6 AFM 工作原理

在纳米加工领域中, STM 的应用和研究已涉及表面的直接光刻、电子束微区辅助淀积和刻蚀、掩模的修补, 进一步深入到对表面单个原子进行操纵, 以及对抗蚀剂的曝光机理进行研究诸多方面的工作。日本松下公司最早用 STM 制作 10 nm 高质量硅量子线, 1994 年在瑞士召开的国际纳米工程会议上, 首次展示了用 STM 探针制作的晶体管单元电路。由于 STM 曝光速度低, 目前仅限于制作很小尺寸的单个器件, 尚未在生产上实际应用。但是 STM 是目前实现 10 nm 以下的原子及分子操纵, 以及提供具有纳米尺度低能 (20 eV 以下) 电子的唯一手段, 是纳米科学技术研究的热点。基于 STM 的加工技术包括:

1) 机械刻蚀

机械刻蚀指利用 SPM 的针尖与试样之间的相互作用力, 在试样表面刮擦、压痕、提拉或推挤粒子产生纳米尺度的结构。根据作用机制不同, 机械刻蚀可归纳为两种方式: 一种为机械刮擦, 主要利用 SPM 的探针机械压力搬移试样表面材料, 该方式要求针尖材料的硬度大于试样, 使其不至于磨损严重; 另一种为机械操纵, 类似于原子操纵, 利用 SPM 的针尖移动在试样表面上弱吸附的粒子, 从而达到构筑表面纳米结构的目的。

2) 电致刻蚀

电致刻蚀主要由一个施加在试样与表面间短的偏压脉冲引起, 当所加电压超过阈值时, 暴露在电场下的试样表面会发生化学或物理变化。这些变化或者可逆或者不可逆, 其机理可以直接归因于电场效应, 高度局域化的强电场可以诱导原子的场蒸发, 也可以由电流焦耳热或原子电迁移引起试样表面的变化。通过控制脉冲宽度和脉幅可以限制刻蚀表面的横向分辨率, 这些变化通常并不引起很明显的表面形貌变化, 然而检测其导电性、$\mathrm{d}I/\mathrm{d}S$、$\mathrm{d}I/\mathrm{d}V$、摩擦力, 可以清晰地分辨出衬底的修饰情况。SPM 电致刻蚀也包括直接表面刻蚀和活性层刻蚀, 后者又包括有机抗蚀剂 (PMMA) 、LB 膜、自组装单分子层 (SAM) 等的电致刻蚀。中国科学院分子结构与纳米技术重点实验室在氢钝化的 p 型 Si (111) 表面上, 利用电脉冲诱导氧化法刻蚀出了图案清晰的中国科学院院徽。

3) 光致刻蚀

典型的光致刻蚀方法为近场光刻/光写, 利用扫描近场光学显微镜 (scanning near-field optical microscope, SNOM) 产生的超高分辨率光束, 进行线度为纳米级的光刻/光写。Kransch 和 Smolyaninov 等最早用 SNOM 进行了光刻技术的研究, 在对有关光刻胶和未镀膜光纤探针近场光学相互作用研究的基础上, 利用紫外光近场直写光刻技术在硅衬底的光刻胶上得到平均线宽为 100 nm 的图案[14]。Lewis 在 194 nm 的入射光波长下实现了 50 nm 的加工线宽; Massanell 等在铁电材料 TGS 表面上获得了 60 nm 的加工线宽。北京大学纳米科学与技术研究中心在明胶 (DCG) 薄膜上进行了横向分辨率为 120 nm 的纳米光写实验, 证明 DCG 薄膜在近场光刻过程中, 可以不像通常那样用紫外光而用蓝绿可见光进行辐照, 且不经显影即可生成形貌像。对于 SNOM 的发展来说, 还可以结合光镊技术, 同步实现微操纵和微成像。激光技术制成的光镊依据光辐射原理, 利用激光与物质间进行动量传递时的力学效应形成三维光学势阱。光镊对粒子无损伤, 具有非接触性、作用力均匀、微米量级精确定位、可选择特定个体以及可在生命状态下进行操作等特点, 将其与荧光技术相配合, 已成功地用于观察和操纵在溶液中的单个大分子, 为研究在溶液中分子的力学行为及分子间的相互作用提供了重要工具。

4) 热致刻蚀

扫描热显微镜用于探测试样表面的热量散失, 可测出表面温度在几十 μm 尺度上小于 10^{-4} ℃ 的变化。由于其探针尖端是一热电偶, 尺寸难以小于 30 nm, 这使它的分辨率受到一定限制, 因而只在一些专门的场合发挥作用。扫描热显微镜的发展为热致刻蚀提供了技术保证, 在针尖局域热场作用下, 针尖下试样可以熔化、分解,形成纳米结构。

北京大学纳米科学与技术研究中心刘忠范等提出 STM 热化学烧孔 (THB) 方式的信息存储技术, 成功地在新型光电电荷分离型复合晶体材 TEA–TCNQ 薄膜上记录了极为漂亮的大面积信息点阵, 最小信息点达 6 nm, 而且重复性好。北京大学电子学系薛增泉研究小组和中国科学院北京真空物理实验室利用有机复合材料作为STM 存储介质, 于 1996 年实现了直径 1.3 nm 的信息记录点, 1998 年他们又在 DBPDA 薄膜上实现了 0.7 nm 的记录点。

5) 浸笔印刷术

美国西北大学的 Mirkin 研究小组开发了浸笔印刷术 (dip-pen nanolithography, DPN) , AFM 的针尖被当做 “笔”, 硫醇分子被当做 “墨水”, 而基底被当做 “纸”, 吸附在针尖上的硫醇分子借助针尖和基底之间的水层被转移到基底上的特定区域[15] 。但是, 这种 DPN 存在一个明显的缺点, 即只能把有机分子 “写” 在基底上, 而且难以保持所生成结构的长期稳定性。后来, Lee 等发明了电化学 AFM“dip-pen” 的纳米加工技术, 简称为 E-DPN[16], 针尖与基底间的水层被当做溶有金属盐的电化学池, 通过加一定大小的直流电压让金属盐在该电化学池中被还原, 随后还原产物沉积到基底上, 一方面提高了结构的热稳定性和多样性, 另一方面能够以更高的位置及形状可控性加工金属、半导体纳米结构。DPN 是一种简单方便的从 AFM 针尖到基底传输分子的方法, 其分辨率可与电子束刻蚀相比, 对纳米器件的功能化更有用。

2. 聚焦离子束技术

聚焦离子束 (FIB) 技术是一种将微分析和微加工相结合的新技术, 在微纳米器件的设计、工艺控制和失效分析等诸多领域发挥着非常重要的作用。FIB 系统大致可以分为三个主要部分: 离子源、离子束聚焦/扫描系统 (包括离子分离部分) 和试样台, 如图 8.7 所示。离子源位于整个系统的顶端, 离子经过高压抽取、加速并通过

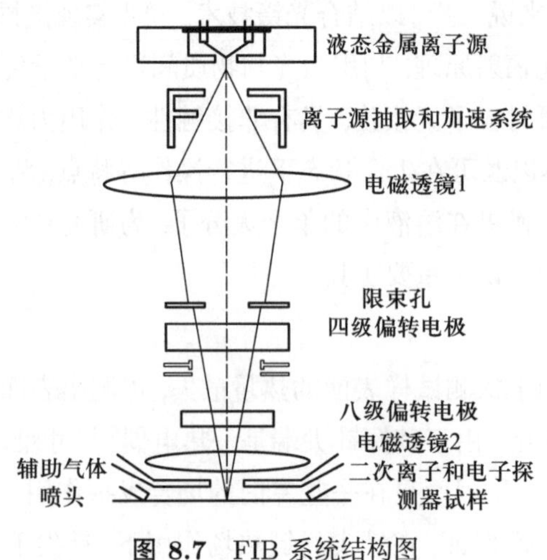

图 8.7　FIB 系统结构图

位于离子柱腔体内的静电透镜、四级偏转透镜以及八级偏转透镜, 形成很小的离子束斑 (可达到 5 nm), 轰击位于试样台上的试样[17-18]。

1) FIB 系统的功能

聚焦离子束设备的基本功能可分为以下 4 种: 定点切割, 利用粒子的物理碰撞来达到切割的目的; 选择性的材料蒸镀, 以离子束的能量分解有机金属蒸气或气相绝缘材料, 在局部区域作导体或非导体的沉积, 可提供金属和氧化层的沉积, 常见的金属沉积有铂和钨两种; 强化型蚀刻或选择性蚀刻, 辅以腐蚀性气体, 可加速切割的效率或作选择性的材料去除; 蚀刻终点侦测, 侦测二次离子的信号, 借以了解切割或蚀刻的进行状况。

2) FIB 系统的应用

(1) 离子刻蚀。

由于离子具有较大质量, 经加速聚焦后轰击材料表面会发生溅射, 通过逐点扫描的方式可以对材料表面进行微区刻蚀。刻蚀深度由束流大小、刻蚀面积和刻蚀时间等参数决定, 刻蚀的形状由离子束的扫描范围决定。周期性微纳米结构的加工有两种解决方案: 一种是改变束斑与束斑之间的重叠度, 使能量分布不均匀, 并在空间具有周期性, 从而制备出规则纳米结构; 另一种是通过引入位图图形对加工过程进行控制, 从而得到与位图相同的结构。后一种方法的原理是图形的颜色与离子束斑在每一扫描点的驻留时间存在对应关系, 即不同颜色的区域有不同的离子剂量 (刻蚀深度) 。在黑白位图中, 白色区域具有设定的驻留时间, 而离子束斑在黑色区域的驻留时间为零, 即黑色区域不发生刻蚀。控制扫描的面积和离子剂量可以得到任意周期的柱体阵列结构。

为了提高离子束刻蚀的速率和离子束刻蚀对不同材料的选择性, 通常在刻蚀过程中通过气体注入系统加入一定量的刻蚀气体, 以增强刻蚀作用。其基本原理就是用高能离子束将惰性的辅助刻蚀气体分子 (如卤化物气体) 变成活性原子、离子和自由基, 这些活性基团与试样材料发生化学反应, 生成挥发性物质, 这些物质脱离试样后被真空系统抽走, 从而实现快速刻蚀。该技术的最大特点是可以大幅度提高刻蚀速率、刻蚀对材料的选择性以及结构侧壁的垂直性等。

(2) 离子注入。

在与材料原子的相互作用过程中, 高能离子的能量逐渐减小并最终留在材料内部, 这种现象称为离子注入。利用 FIB 可以对特定的区域甚至点进行无掩模离子注入, 并且能够精确控制注入的深度和剂量。例如, 利用合金液态金属离子源 (如 AuSiBe、CoNe) FIB 系统 (配有质量分析器) 可以选择不同的离子 (如 Au、Si、B、As、Ga、In 等离子) 注入同一试样, 从而在一定范围内形成特定的掺杂或具有特定物化性质的薄膜。离子注入区域在后续的刻蚀加工中扮演着掩模的角色, 利用聚焦离子束注入和湿法刻蚀或干法刻蚀的结合, 可以在特定区域高效地加工出纳米结构。

(3) 离子束辅助沉积。

FIB 能够无掩模沉积金属和绝缘材料。通过样品室中安装的气体注入系统将金属有机物气体喷涂到试样上待沉积区域, 高能离子束的轰击导致有机物发生分解, 分解产物中的固体成分 (如 Pt、SiO_2) 沉积到表面, 而可挥发的气体部分被真空系统抽走, 当离子束按照一定的图形进行扫描时, 就可形成特定的微结构。沉积速率与有机物分解速率和溅射速率有关。当离子束流较小时, 随着束流的增大, 金属有机气体的分解速率加快, 薄膜的沉积速率也相应加快。在合适的束流下所有气体被完全分解利用, 此时沉积速率达到最大值。若离子束流继续增大, 与气体反应后多余的束流会对已沉积的区域产生溅射作用, 使沉积速率逐渐减小。

FIB 技术为研究人员和制造人员提供了一种对多种试样在纳米尺度进行修改、制作和分析的有效工具, 显示了巨大的应用潜力。目前, 各国 FIB 技术的发展趋势主要体现在以下几个方面:

FIB 与扫描电子显微镜 (SEM) 的组合: FIB 加上场发射扫描电子显微镜 (FE–SEM) 的双束系统集合了两种设备的优势。单独的 FIB 系统在完成大束流刻蚀和小束流观察形貌的过程中需要不停地变换束流强度, 不可避免地影响到束流的校准。在双束系统中, 用 FE–SEM 来实现高分辨率成像, 由于采用电子束作为一次束, 不但大大提高了成像的质量, 而且将观察中对试样的损伤降到了最低程度, 同时避免了 FIB 反复变换束流强度所带来的误差。

FIB 与二次离子质谱仪 (SIMS) 的结合: 二次离子质谱仪是通过收集二次离子来分析试样元素成分的设备, 具有很高的深度分辨率和杂质分析灵敏度。FIB 扫描本身就会产生大量二次离子, 因此在 FIB 的样品室上配以二次离子组分的探头并辅以质谱系统, 就能在 FIB 进行缺陷观测、试样制备、失效分析的同时实现试样或杂质的颗粒成分分析, 深度分辨率可达 30 nm。

FIB–MBE 组合装置: 分子束外延 (MBE) 是一种用于单晶半导体、金属和绝缘材料生长的薄膜工艺。用这种工艺制备的薄层具有原子尺寸的精度, 原子逐层沉积导致薄膜生长。这些薄层结构构成了许多高性能半导体器件的基础, 同时由于聚焦离子束束斑直径可达 50 nm 以下, 因而可以用来加工量子点、线结构。在使用 FIB–MBE 组合装置时, 首先利用 MBE 装置生长出原始薄膜, 经过中间处理过程, 最后利用 FIB 研磨功能加工膜片。这样既可以加工出高质量、低污染的表面, 还可以加工光电子和量子阱器件的三维纳米结构。

单轴聚焦离子/电子束 (FIEB) 装置: 单轴 FIEB 是一项最新发展起来的技术。铟最先被成功证明为稳定的双重离子/电子发射源, 可以在不移动发射源的情况下, 将聚焦离子束转换成扫描式电子显微镜。当金属被熔化之后即成为一个液态金属离

子源 (LMIS), 当离子源经过离子发射后, 槽内冷却凝固的金属即被用作场发射电子源。单轴 FIEB 系统比传统离子与电子分成两轴的系统更具潜力, 是更简单且成本更低的一种方式。

3. 电子束直写技术

电子束光刻技术具有极高的分辨率, 其直写式曝光系统可达到几个 nm 的加工能力。电子束曝光技术是迄今分辨率最高的一种曝光手段, 是生产及研究集成光学器件、更高频场效应晶体管 (FET) 器件、量子效应器件及超微细曝光的主导技术之一, 是目前国际上相当活跃的研究领域。

由于缺乏研究手段, 国内的电子束曝光工艺研究和国外有很大距离, 难以深入到纳米级。1998 年, 中国科学院微电子中心首先引进了一套日本 JEOL 公司的 JBX-5000LS 电子束曝光系统, 其最小束斑为 8 nm, 最小加工线宽可达 30 nm, 为开展纳米级电子束曝光工艺研究提供了有力手段[19]。

电子束纳米曝光的核心问题是设计一个高分辨率的电子光学系统, 使其具有高质量的纳米曝光能力。最初人们用改进的 SEM, 理论上可以将电子束聚焦到 10 nm 以下, 由于邻近效应等因素的影响, 在抗蚀剂上图像的分辨率往往大于 10 nm。另一方面, 采用扫描透射电子显微镜 (STEM) 和扫描隧道显微镜 (STM) 作为曝光手段。如剑桥大学工程系和 IBM 公司 T. J. 沃森研究中心合作在 JEOL 的 JEM40000E 透射镜设备的基础上增加双偏转扫描系统, 以及 IBM 的 PC 图形发生器改制成 STEM, 用 Lab6 阴极和 350 kV 高速电压, 在试样上高斯束斑的最小值为 ϕ0.4 nm, 加工出线宽小于 10 nm 的金属微结构。用 STEM 作为电子束纳米曝光设备, 一般场深很小 (几百 nm), 由于试样表面不平度和工件台运动时偏摆, 当试样随工件台移动时, 很难保持电子束在试样上的最佳聚焦状态[20]。英国格拉斯哥大学纳米电子学研究中心在 JEOL100CX Ⅱ STEM 设备上安装双频激光外差干涉仪, 检测试样相对于物镜之间工作距离的变化, 把所对应的测量干涉信号送到聚焦控制电路中的检测和信号处理电路, 最后送到主透镜的控制电路, 接到物镜线圈, 动态校正电流值, 从而达到最佳聚焦状态。该设备场深达到 200 nm, 当加速电压为 100 kV 时, 束径为 $2 \sim 3$ nm, 束流为 $10 \sim 15$ pA, 在硅片上加工出线宽 38 nm 周期光栅图形[21]。

目前, 圆形电子束和成型电子束曝光仍然是电子束曝光技术中的主导加工技术。成型电子束曝光机目前达到的最小分辨率一般大于 100 nm, 广泛用于微米、亚微米及深亚微米的曝光领域, 深入到纳米量级曝光尚有距离, 圆形电子束曝光机的最高分辨率可达几 nm。

电子束投影曝光技术通过转写掩模对试样曝光, 把光学投影曝光高生产率的特点和 TEM 均匀照射的技术结合起来, 是目前最有希望实现高效掩模加工的发展方向。微电子光柱主要特点是有极高分辨率、高电流密度及小的物理尺寸, 主要用于线宽小于 100 nm 曝光领域。目前, 在 1 keV 时光柱长度为 315 nm, 探针尺寸为 10 nm, 束流大约为 1 nA。各类电子束曝光设备的性能比较如表 8.2 所示。

表 8.2 各类电子束曝光设备的性能比较

设备类型	特点	存在问题
STEM	高分辨率 (~0.5 nm) 高电流密度 (场致发射源) 高加速电压 (>100 kV)	小扫描场 (控制范围受限) 样品室小 (加工容量受限)
圆形束	高控制速度, 完全工艺化 大样品室 (150 mm × 150 mm)	中等分辨率 2.5 ~ 8 nm 中等加速电压, 一般 ⩽ 50 kV
成型束	高作图速度, 高电流, 生产效率较高	束尺寸 (>100 nm) 结构较复杂
投影曝光	并行的曝光方式 (通过转写掩模对芯片曝光), 生产效率高	畸变及覆盖精度很难控制 束间哥伦布干扰大
STM	极小的探针, 高电流, 结构简单 极高的空间分辨率 (横向 0.1 nm, 纵向 <0.01 nm)	曝光速度慢 尚未满足大规模生产要求 探针及试样间干扰
微电子光柱	小的探针, 高电流密度, 用于阵列曝光	小扫描场, 低电压, 尚未使用

电子束曝光技术中电子束邻近效应是影响电子束成像分辨能力最关键的因素, 由于电子在抗蚀剂和衬底中的前散射和背散射现象的存在, 电子散射轨迹向邻近区域扩展, 其波及范围近则几十 nm, 远则数十 μm。因此, 虽然电子束曝光系统从硬件上已经可以实现几个 nm 的电子束束斑, 但由于电子束曝光邻近效应现象的存在, 采用电子束曝光进行纳米尺度的结构图形加工仍然十分困难。

虽然国际上关于邻近效应现象和邻近效应校正技术方面已有大量的研究成果, 也开发出一些邻近效应校正商业软件, 但是由于邻近效应本身是一种非常复杂的综合效应, 与设备、材料和工艺等条件都有很大的关系, 目前还没有一种商业软件能够理想地解决这方面的问题, 尤其是在电子束纳米加工技术方面, 如何有效地抑制邻近效应的影响, 仍然是当前的研究热点。为此, 要实现利用电子束曝光系统进行纳米结构图形加工, 有必要进一步对电子束曝光邻近效应的产生机理进行深入研究。

邻近效应校正措施主要有两种: 一种方法是通过优化曝光 – 显影工艺和有效的工艺措施抑制邻近效应的产生或降低其影响程度; 另一种方法是采取软件修正措施, 主要通过波前工程实施几何图形尺寸调整, 或实施曝光剂量调制, 或将二者相结合来修正邻近效应。对于孤立的线条或简单的器件, 可以在版图设计时采用预先改变几何图形的形状以补偿邻近效应影响的方法。

实验结果表明: 通过电子束曝光、显影后得到的抗蚀剂图形所反映出来的邻近效应现象是一种综合效应, 邻近效应起因于电子在抗蚀剂及衬底中的散射, 但是显影后所得到的抗蚀剂图形的形态却受诸多因素影响。邻近效应除了取决于抗蚀剂及衬底等因素外, 还受制于版图设计中的图形形状、图形密集度、图形特征尺度大小及其相对位置等图形结构因素的影响, 并且受曝光 – 显影工艺条件的影响很大, 包括抗蚀剂的前后烘条件、抗蚀剂灵敏度的选择 (会造成过曝光或曝光剂量不足)、显影时间和温度 (会造成过显或显影不足) 以及电子束曝光系统状态 (电子加速电压、电子束束流大小) 等。只有在优化曝光 – 显影工艺条件的基础上, 邻近效应校正才能达到预期效果。

国际上几大公司在研制先进的电子束纳米曝光设备方面做了大量工作, 前后推出多种不同型号的设备, 具有代表性的电子束曝光装置如表 8.3 所示。

表 8.3 具有代表性的电子束曝光装置

参数	JBX–5FE	JBX–6000FS	JBX5000LS	EBPG–5FE	MEBES–IV–TFEETEC
厂商	日本电子	日本电子	日本电子	飞利浦	
公布年代	1987	1990	1995	1993	1993
加速电压/kV	25/50	25/50	25/50	100	100
阴极材料	Zr/O/W (TFE)	Zr/O/W (TFE)	LaB6	Zr/O/W (TFE)	Zr/O/W (TFE)
束径/nm	5 (min)	5 (min)	8 (min)	10	8 (min)
束流密度/(A/cm^2)		2000 (max)	50		400 (max)
扫描场/μm^2	160 × 160 80 × 80	160 × 160 80 × 80	1 500 × 1 500 80 × 80	560 × 560	125 × 125
最大扫描速度/MHz	6	12	6	10	160
最小扫描增量/nm	2.5	1.25	5	5	3
拼接精度/nm	21 (2σ)	40 (2σ)	25 (σ)	14	24 (3σ)
套刻精度/nm	16 (2σ)	40 (2σ)	15 (σ)	14	
作图范围/mm^2	150×150	150 × 150 200 × 200	120×120	125×125	125×125
激光分辨率/nm	λ/1024 (5 nm)	λ/1024 (5 nm)	λ/1024 (5 nm)	λ/1024 (5 nm)	λ/512 (5 nm)
工件台速度/(mm/s)	5 (max)	50 (max)	9		50

1) 电子束诱导表面淀积技术

电子束诱导表面淀积技术是超微细加工中非常有前途的加工技术, 是一种在液体或气体氛围下在材料表面形成各种微结构的方法, 可以认为是在气体和液体氛围下的直接光刻。基本原理为: 将源气体物质 (某种金属有机化合物气体) 引入到真空样品室并接近电子探针, 在探针与基片之间一个小区域内, 聚焦电子产生的高电场发射电子高速运动, 使气体分子解离, 建立微区等离子区, 分解析出的金属原子淀积在基片表面而形成纳米尺度图形。理论上认为这种加工方法的极限分辨率是由附在基片表面的气体分子的大小决定的, 可以达到 1 nm 左右。日本 JEOL 在 JBX–5FE 设备上用苯乙烯气体作为源气体, 产生诱导表面反应在 Si 基片上淀积直径 14 nm 的碳点图形。

2) 电子束全息干涉纳米曝光技术

随着热场致发射 (TFE) 电子源研制成功和技术日渐成熟, 它被广泛应用于以电子探针作为加工及观测的设备中。根据德布罗意假设可计算出, 加速电压为 50 ~ 100 kV 时, 电子波长为 0.005 31 ~ 0.003 70 nm, 比结构分析中常用的 X 射线波长小 1 ~ 2 个数量级。Gabor 等近期用干涉性良好的 TFE 作为电子束全息干涉设备的 "源", 得到间隔优于 100 nm 的干涉条纹, 最初应用于测量显微镜的电磁场分布等纳米范畴中物性观测及研究。后来大阪大学应用物理系和 NEC 公司基础研究实验室把一台 JEM–100FEG 型 TEM 改制成电子全息干涉曝光设备, 其光学系统如图 8.8 所示。该系统用 W (100) TFE 作为干涉源, 设计了新颖的电子双棱镜 (X 双棱镜), 当 θ 角很小时, 干涉条纹间隔 S 为

$$S = \frac{\lambda(a+b)}{2a|\beta|} \tag{8.4}$$

图 8.8 中, a 为聚焦点和双棱镜之间的距离, b 为双棱镜和图像之间距离, θ 为重叠角。

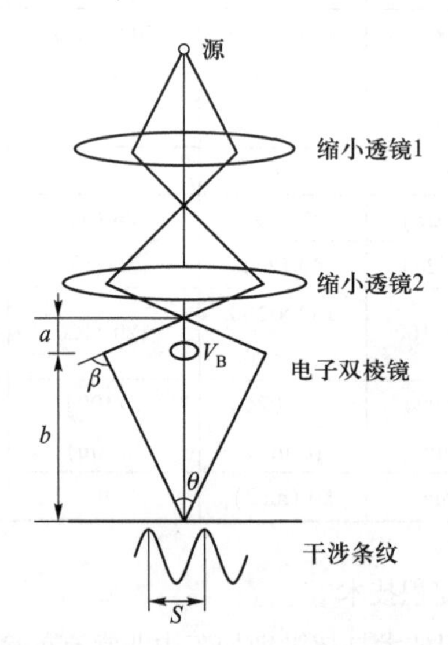

图 8.8 电子束全息干涉光学系统原理图

式 (8.4) 中 β 是电子偏转角度, 同加速电压成正比, 因此全息干涉条纹间隔 S 取决于加速电压的大小。用 40 kV 的加速电压, 在 50 nm 厚的 SiN 表面涂覆 30 nm 厚的聚甲基丙烯酸甲酯 (PMMA) 抗蚀层, 加工出线宽 108 nm 间隔相等的周期图形; 用一个双棱镜产生两个波的干涉栅状图形; 用两个正交的双棱镜产生 4 个波的干涉

点状图形。Ogai 等首次将电子全息干涉技术应用于电子束曝光[22]。

4. 纳米压印技术

1995 年, 美国普林斯顿大学华裔科学家周郁首先提出纳米压印技术[23]。西安交通大学率先在国内开展了近零压印力的外场调制纳米压印成型研究, 实现了特征尺度 15 nm, 深宽比大于 2 的纳米特征精确复型, 并在此基础上制作了二维光栅 (幅面 $>$ 300 mm $\times$150 mm, 特征结构尺寸 $<$500 nm)、超长光栅以及超精密圆光栅角度传感器等。

纳米压印技术主要包括热压印 (HEL)、紫外压印 (UV–NIL) [包括步进 – 闪光压印 (S–FIL)]、微接触印刷 (μCP)。纳米压印是加工聚合物结构的最常用的方法, 它采用高分辨率电子束等方法将结构复杂的纳米结构图案制在印章上, 然后用预先图案化的印章使聚合物材料变形, 从而在聚合物上形成结构图案。在热压印工艺中, 结构图案转移到被加热软化的聚合物后, 通过冷却到聚合物玻璃化温度以下使其固化, 而在紫外压印工艺中是通过紫外光聚合来固化的。微接触印刷通常是指将墨材料转移到图案化的金属基表面上, 再进行刻蚀的工艺。

纳米压印中, 昂贵的光刻只需使用一次, 以制造出可靠的印章, 印章就可以用于大量生产成百上千的复制品。其优点是速度快、环节少、成本低, 在以下领域具有潜在应用: 药物供给系统、生物 MEMS、染色体组、光子学、磁学、化学、生物传感器、射频元件和电子学等。

1) 热压印工艺

热压印工艺是在微纳米尺度获得结构并行复制的一种成本低而速度快的方法。仅需一个模具, 完全相同的结构可以按需复制到大的表面上。这项技术被广泛用于微纳结构加工。热压印工艺由模具制备、热压过程及后续图案转移等步骤构成。

模具制备可以采用激光束、电子束等刻蚀形成。热压过程是模具制造的关键, 主要步骤如下:

(1) 聚合物被加热到其玻璃化温度以上, 这样可减少在模压过程中聚合物的黏性, 增加流动性。只有当温度到达其玻璃化温度以上时, 聚合物中大分子链段的运动才能充分开展, 使其相应处于高弹态, 在一定压力下, 就能迅速发生形变。但温度太高也没必要, 因为这样会增加模压周期, 而对模压结构却没有明显改善, 甚至会使聚合物弯曲而导致模具受损。

(2) 施加压力, 聚合物被图案化的模具所压。在模具和聚合物间加大压力可以填充模具中的空腔, 压力不能太小, 否则不能完全填充腔体。

(3) 模压过程结束后, 整个叠层被冷却到聚合物玻璃化温度以下, 以使图案固化, 提供足够大的机械强度。

(4) 脱模。

压印后, 原聚合物薄膜被压得凹下去的那些部分便成了极薄的残留聚合物层, 为了露出它下面的基片表面, 必须除去这些残留层, 除去的方法是各向异性反应离子刻蚀。接下来进行图案转移, 图案转移主要有两种方法: 一种是刻蚀技术; 另一种是剥离技术。刻蚀技术以聚合物为掩模, 对聚合物下面层进行选择性刻蚀, 从而得到图案。剥离技术一般先采用镀金工艺在表面形成一层 Au 层, 然后用有机溶剂进行溶解, 有聚合物的地方被溶解, 于是连同它上面的 Au 一起剥离。这样就在衬底表面形成了 Au 的图案层, 接下来以 Au 为掩模, 进一步对下层进行刻蚀。

相对于传统的纳米加工方法, 热压印具有方法灵活、成本低廉和生物相容的特点, 并且可以得到高分辨率、高深宽比结构。其缺点是需要高温、高压, 且即使在高温、高压下很长时间, 对于有的图案, 仍会导致聚合物的不完全位移, 即不能完全填充印章的腔体。

2) 紫外压印工艺

在大多数情况下, 石英玻璃压模 (硬模) 或聚二甲基硅氧烷 (PDMS) 压模 (软模) 被用于紫外压印工艺。该工艺流程如下: 被单体涂覆的衬底和透明压模装载到对准机中, 通过真空固定在各自的卡盘中, 当衬底和压模的光学对准完成后, 开始接触。透过压模的紫外曝光促使压印区域的聚合物发生聚合和固化成型, 接下来的工艺类似于热压印工艺。1999 年, 得克萨斯大学提出步进 – 闪光压印方法, 目前已经可以达到 10 nm 的分辨率。步进 – 闪光压印法与纳米热压印技术相比, 主要是在 "压印过程" 这一步有所不同。它不是把加热后的聚合物层冷却, 而是用紫外光照射室温下的聚合物层来实现固化。该方法旋涂在基片上的聚合物在室温下就有较好的流动性, 压印时无需加热; 所用压模对紫外光是透明的, 通常用 SiO_2 或金刚石制成, 并且压模表面覆盖有反粘连层。步进 – 闪光压印法的工艺过程如下: 在硅基片上旋涂很薄的一层有机过渡层, 将室温下流动性很好的聚合物 – 感光有机硅溶液旋涂在基片有机过渡层上作为压印层。在压印机中把敷涂层的基片与上面的压模对准, 把压模下压, 使基片上感光溶液充满压模的凹图案花纹, 用紫外光照射使感光溶液凝固, 然后退模。压印后, 还要用卤素刻蚀、反应离子刻蚀等除去凸图案以外那些被压低的压印层和转移层。此外再用刻蚀、剥离等图案转移技术进行后续加工。相对于热压印, 紫外压印不需要高温、高压的条件, 可以廉价地在纳米尺度得到高分辨率的图形。其中的步进 – 闪光压印不但可使工艺和工具成本明显下降, 且在工具寿命、模具寿命 (不用掩模版)、模具成本、加工成品率、产量和尺寸重现精度等方面也和光学光刻一样好或更好。此外, 该方法时间短, 生产效率高, 且能够实行局部照射固化, 可以用小压模在大面积基片上步步移动重复压印出多个纳米图案。其缺点是, 需要在洁净间环境下进行操作。

3) 微接触印刷工艺

通过光学或电子束光刻得到模版, 将压模材料的化学前体在模版中固化, 聚合成型后从模版中脱离, 便得到了进行微接触印刷所要求的压模。常用材料是 PDMS。PDMS 压模与墨的垫片接触或浸在墨溶液中, 墨通常采用含有硫醇的试剂。然后, 将浸过墨的压模压到镀金衬底上, 衬底可以是玻璃、硅、聚合物等多种形式。另外, 在衬底上可以先镀上一薄层 Ti, 然后再镀 Au, 以增加粘连。硫醇与 Au 发生反应, 形成 SAM。印刷后有两种工艺对其处理: 一种是采用湿法刻蚀; 另一种是在 Au 膜上通过自组装单层的硫醇分子来链接某些有机分子, 实现自组装, 例如可以用此方法加工生物传感器的表面。

微接触印刷工艺具有快速、廉价的优点, 且不需要洁净间, 也不需要绝对平整的表面。微接触印刷适合多种不同表面, 具有操作方法灵活多变的特点。该方法的缺点是, 在亚微米尺度, 印刷时硫醇分子的扩散将影响对比度, 并使印出的图形变宽。通过优化浸墨方式、时间, 尤其是控制好压模上墨量及分布, 可使扩散效应下降。

纳米压印技术自从发明以来一直受到人们的广泛关注, 每一种方法各有特色, 但它们的共同点是避免了多次使用相当昂贵的传统光刻方法, 只需使用一次光刻或其他刻蚀技术就可以制造出可靠的印章, 然后将此印章用于大量生产成百上千的复制品。该方法的显著优点是速度快、环节少、成本低。它有能力生产出速度更快、成本更低, 尺寸更小的芯片, 因此成为下一代光刻技术的有力竞争对象。

5. 激光加工技术

超快激光微纳加工是当前微加工新兴且不断快速发展的一个领域, 目前被普遍认为是现代精细制造的有力工具之一。该方法一般利用激光烧蚀过程去除材料表面物质或通过激光诱导的液态聚合物固化来构建高精度微纳结构。该方法不但可以实现平面加工, 而且可以用来实现三维器件的微纳制造。由于超短脉冲激光同材料的非线性作用机制, 能够实现对材料的 “冷” 刻蚀, 有利于更细微结构的高精度加工。

飞秒激光是一种脉冲形式的新型激光, 它的持续时间非常短, 通常在几 fs 到几百 fs 之间。飞秒激光具有超高的峰值功率密度, 一般情况下, 经物镜聚焦后的飞秒激光峰值功率密度可达到 10^{15} W/m^2 以上。因而, 飞秒激光与物质相互作用与传统激光与物质相互作用存在很大差异。飞秒激光加工一般是一个非热过程。这与纳秒激光加工及更长脉宽的激光加工过程完全不同。在材料加工方面, 飞秒激光可构建高精度的微纳结构, 其加工精度高的特点得益于在材料表面或内部快速的能量沉积。当飞秒激光辐照后, 只需几百 fs 到几 ps 的时间材料表面电子分布就可以达到平衡状态。但是, 能量从电子传递给晶格往往需要 $1\sim100$ ps, 这一过程会产生热, 该时间取决于材料中电子和声子的耦合强度, 且远大于电子达到热平衡所需要的时间。因此, 飞秒激光能够有效地引起电子加热, 并且产生热电子气。这些电子气距离达到平衡的晶格很远。只有一小部分激光脉冲能量最终转化为热，所以能够实现非热加工，也就是“冷加工”。冷加工的特点使得飞秒激光微加工技术具有非常高的加工精度。

图 8.9 所示为利用 200 fs 和 3.3 ns 的激光脉冲分别烧蚀 100 μm 厚钢箔所形成钻孔的 SEM 照片。飞秒激光烧蚀的孔具有锐利的边缘，陡峭平整的侧壁，几乎看不到热影响区。相反，纳秒激光烧蚀的孔周围有许多起伏的山丘状结构，这些微山丘主要来源于热效应导致的材料熔融。

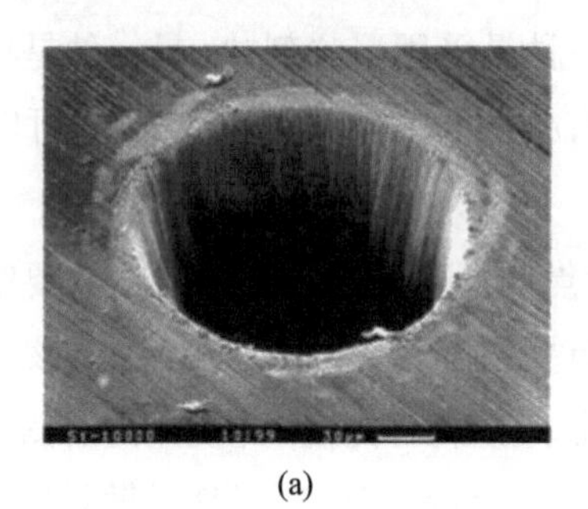

(a)

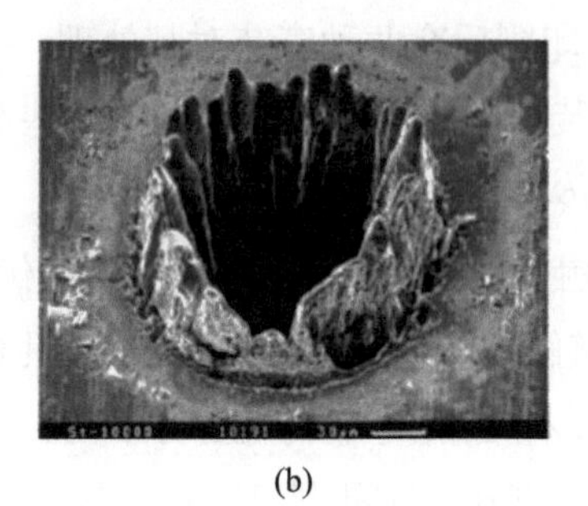

(b)

图 8.9 200 fs (a) 和 3.3 ns(b) 的激光脉冲分别烧蚀 100 μm 厚钢箔所形成钻孔的 SEM 照片[24]

将飞秒激光束聚焦在材料表面上，通过移动试样使得激光在材料表面烧蚀出一条线或微槽。相对于试样，激光焦点可以看作运动的。该焦点在试样表面移动的过程类似于用笔在纸上写字的过程，留下一条痕迹。飞秒激光微纳加工系统如图 8.10 所示。

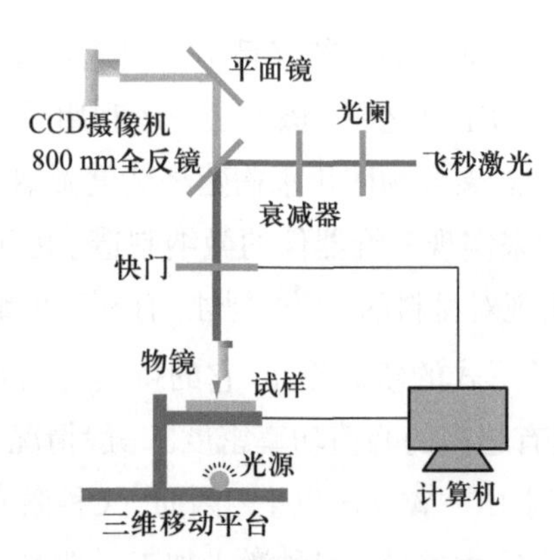

图 8.10 飞秒激光微纳加工系统

采用逐行扫描的方法，使烧蚀形成的线相互重叠，就能够形成一片烧蚀区域。这种技术可以在广泛的材料上通过一步扫描的方法直接构造出微米/纳米分级粗糙结构。将飞秒激光系统与计算机控制的三维移动平台结合，激光作用点、扫描速度、扫描轨迹等都可以通过程序准确地控制。无需严格的加工环境和昂贵的掩模版，各种预先设计好的图案结构可以使用该技术很容易地制备出来，图 8.11 所示为三阶粗糙表面台阶结构的加工过程。

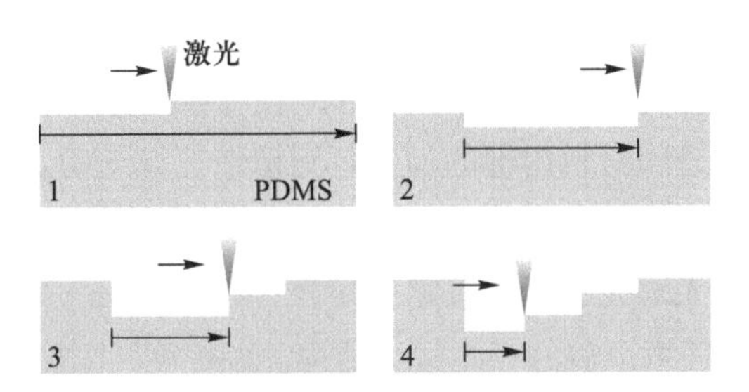

图 8.11 三阶粗糙表面台阶结构的加工过程

依然采用逐行扫描的方法。首先, 将整个平滑的试样表面通过飞秒激光扫描一遍 (步骤 1), 诱导出一层分级粗糙表面结构。然后, 对特定区域进行多层扫描 (步骤 2 ~ 4)。这些特定的辐照区域会比之前的表面高度低, 形成低洼区域。重复扫描的次数越多, 低洼区的深度就越大。重复烧蚀的区域和剩下的区域构成了三维图案结构, 如图 8.12 中所示的台阶结构。

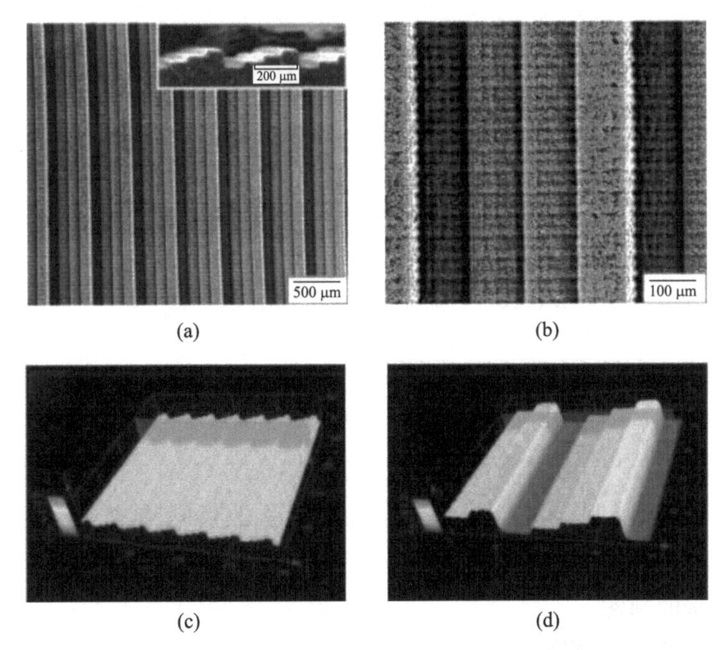

图 8.12 通过多层刻蚀的方法得到台阶结构。(a,b) 台阶结构的 SEM 图, 插图为台阶的横断面 SEM 图; (c,d) 所制备表面的三维轮廓[25]

1) 双光子聚合工艺

飞秒激光加工最令人兴奋的特征是以空间选择性的方式在透明材料内部独特的三维处理能力。非线性过程 (如多光子吸收和隧道电离) 的发生强烈依赖于激光的能量密度。例如, n–光子吸收的吸收横截面与激光强度的 n 次方成正比。因此, 当激光能量密度超过某一临界值时，才能诱导材料形成非线性吸收。一般情况下，这一临界值依赖于材料和脉冲宽度。当飞秒激光聚焦到透明材料内部，只有焦点附近的能量密度超过了多光子吸收的临界值，因此非线性吸收局限于材料内部焦点附近。通过这种方式，可以在透明材料内部的加工得到精细三维结构。由于飞秒激光的双光子吸收特性，飞秒激光微纳加工技术可广泛应用于双光子聚合、光子器件和生物芯片制造。利用飞秒激光对光敏胶的双光子聚合 (two-photon polymerization, TPP) 过程，则能够实现几乎任意形貌的三维微纳结构。2001 年，日本 Sun (孙洪波教授) 等正是利用该技术，在光刻胶中制备出尺寸为 10 μm 的微米牛结构 (图 8.13)，这一结果发表在当年的 *Nature* 期刊上。

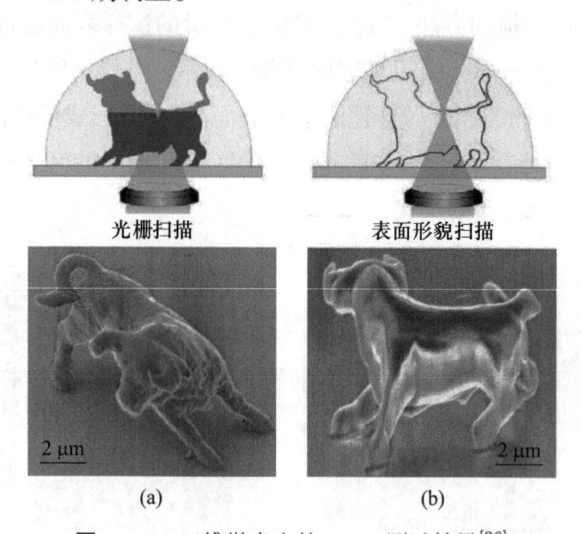

图 8.13 三维微米牛的 SEM 测试结果[26]

TPP 技术自产生起便得到学术界的广泛关注。将激光脉冲通过高数值孔径 (NA) 显微物镜聚焦至透明液态光刻胶内部，激光焦点处材料因光聚合作用固化，而其他部分的材料因不吸收光子能量而保持液体状态。通过 CAD 程序控制的高精度振镜或压电陶瓷驱动纳米移动平台，科研人员能够直写出各种三维微纳结构。近几年，科研人员发现 TPP 过程还能够诱导溶液中金属离子的聚合，这种方法可以实现金属三维微纳结构的制备。

2) 飞秒激光湿法刻蚀

飞秒激光湿法刻蚀工艺是近年来兴起的新型激光微加工工艺，飞秒激光除了能诱导双光子聚合过程外，还可以在电介质材料中造成改性或破坏，可以诱导材料的化学刻蚀。其关键步骤是飞秒激光与材料相互作用过程。该过程中飞秒激光会在其作用局域内诱导形成材料改性，改性区域材料的化学活性要远大于非改性区域；因而，在后续的化学腐蚀中，改性区域材料会被迅速地蚀刻掉。飞秒激光诱导材料改性是飞秒激光具有的独特优势，而皮秒、纳秒等激光都难以实现，这是由飞秒激光与材料相互作用的特殊微观机理所决定的。

利用飞秒激光湿法刻蚀工艺可以在材料表面和透明材料内部制备复杂的三维微结构。2010 年, 西安交大的陈烽教授等利用飞秒激光湿法刻蚀技术在石英玻璃表面制备出高填充比的微透镜阵列。他们利用脉宽 30 fs, 波长 800 nm, 重复频率 1 kHz 的飞秒激光脉冲, 采用数值孔径 0.5 的聚焦物镜, 在石英玻璃表面烧蚀出弹坑结构, 然后置于 5% 的 HF 溶液中腐蚀, 最后得到了表面粗糙度分别为 71 nm (正方形) 和 48 nm (六边形) 的凹面微透镜阵列, 比传统激光直写刻蚀技术的加工质量和加工效率都有所提高。2012 年, 陈烽教授的课题组还实现了柱面负透镜阵列的制备。将精密旋转台固定在三维加工平台的 Z 轴上, 石英玻璃棒通过丝锥固定, 加工时, 旋转轴带动玻璃棒旋转, 对棒表面同步逐点曝光, 最后通过化学腐蚀的方法制得柱面负透镜阵列。

这种飞秒激光诱导的化学刻蚀工艺还能够实现玻璃、石英、熔融硅甚至宝石内部中空三维微结构的加工, 该技术在微流控器件的制备中得到广泛应用。利用紧聚焦飞秒激光在玻璃内部按照预先设计的三维微结构进行激光扫描, 辐照区材料的化学腐蚀速率相比于未改性区域有显著提升 (提高 $50 \sim 200$ 倍)。因此, 将激光处理过的试样浸入 HF 溶液中, 经过数小时的化学腐蚀, 激光辐照区域材料被迅速去除, 而原始材料的腐蚀破坏却微乎其微, 最终在试样内部形成三维空腔、管道结构。由于这种方法无需掩模曝光、复制等步骤, 微结构基本通过激光直写而成, 因此理论上可以实现任意三维微结构的制备。

3) 多光束干涉加工

为了获得大面阵的微纳米结构, 科研人员提出了飞秒激光多光束干涉加工方法。飞秒激光具有非常好的相干性, 当两束或两束以上, 具有相同相位的飞秒激光脉冲序列在空间上重叠时, 会产生干涉现象, 形成周期性的干涉图样, 能够用来制备周期性的微纳结构。2003 年, Toshiaki 等利用飞秒激光双光束、多光束干涉法制备了如图 8.14a 所示的三维光子晶体结构。2013 年, Bagal 等将试样浸没在折射率较大的油中, 利用双光束干涉的方法制备得了特征尺度为 100 nm 的条纹阵列 (图 8.14b)。

受蝴蝶翅膀和红玫瑰花瓣的启发, 张永来等通过两束激光干涉的方法制备了一种超疏水且具有彩虹色的石墨烯薄膜。形成彩虹色的原因可以解释为光栅对入射光的干涉。周期为 2 μm 的光栅结构在激光烧蚀的过程中形成, 并伴随着羟基、环氧基、羧基等基团的脱氧。除了二维光栅结构, 由于氧化石墨烯的层状分布, 在烧蚀过程中也形成了纳米叠层结构。这种分层粗糙结构导致了高黏滞的超疏水性, 与红玫瑰花瓣类似。由于石墨烯薄膜上光栅的周期可以在一定范围内调节, 通过改变激光加工参数便可操控所制备表面的光学性质。

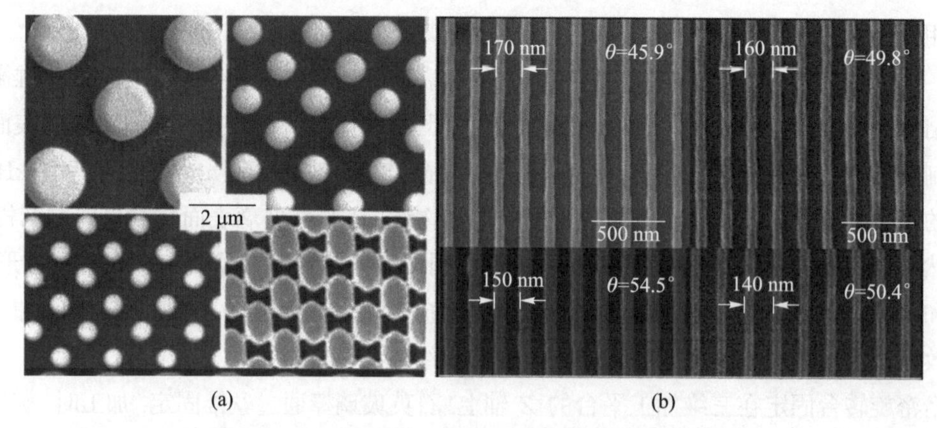

图 8.14 飞秒激光双光束干涉法制备微纳结构[27-28]

8.2.3 纳传感器、执行器和纳光电器件

纳米器件包括纳米电子器件和纳米光电子器件, 通常指采用纳米加工技术制备的纳米级尺度下 (1 ~ 100 nm) 具有一定功能的器件。这些纳米加工技术包括外延技术, 如金属有机气相沉积 (MOCVD)、分子束外延 (MBE)、原子层外延 (AEE)、化学束外延 (BE); 光刻技术, 如电子束 (EB) 光刻、纳米光刻、电子束刻蚀、聚焦离子束刻蚀等; 微细加工技术, 如扫描探针显微镜 (SPM); 以及纳米材料制备方法 (自组装生长、分子合成) 等。

1. 纳传感器

当今纳米技术的发展, 不仅为传感器提供了良好的敏感材料, 例如纳米粒子、纳米管、纳米线、纳米薄膜等, 而且为传感器制作提供了许多新颖的构思和方法, 例如纳米技术中的关键技术 STM, 研究对象向纳米尺度过渡的 NEMS 技术等[29]。

与传统的传感器相比, 纳传感器尺寸小, 精度大大提高和改善, 利用纳米技术制作传感器, 也极大地丰富了传感器的发展理论, 推动了传感器的制作水平, 拓宽了传感器的应用领域。

纳传感器主要包括纳米化学和生物传感器、纳米气敏传感器以及其他类型的纳米传感器 (压力、温度和流量等)。纳米传感器的主要应用领域包括医疗保健、军事、工业控制和机器人、网络和通信以及环境监测等。随着相关技术的成熟, 纳米传感器在国防安检方面的强大优势逐渐显现。相信在不久的将来, 纳米传感器将用于新一代的军服和设备, 以及检测炭疽和其他危险气体等。

1999 年, Georgia 技术研究所研制出首个纳米传感器, 把单一颗粒附在一根碳纳米管上, 对有无该颗粒时的频率进行测量, 两者的频率差可以测量颗粒的质量。美国 Vatannia 等对共振隧穿效应进行了研究, 在普通的隧道间隙中间加入一个共振隧穿位移转换器, 在不减小灵敏度和隧道电流的情况下, 可提高隧道间隙大约 100 Å,

不仅大大减小了 NEMS 制造和安装的难度, 也为大幅度提高隧道效应传感器的灵敏度提供了可能。另外, 一维或准一维纳米结构 (如碳纳米管和纳米带等) 具有超高的韧性、超高的强度和极灵敏的电导特性。将其制成纳米悬臂梁, 作为传感器件的敏感结构, 可实现高灵敏度、低功耗检测。

碳纳米管基微纳传感器在高灵敏度、小体积、低功耗要求等方面具有传统传感器无法比拟的优势, 近年来研究者重点开展了微纳压力传感器、微纳称重计等诸多方面的研究。碳纳米管压力传感器研究大多基于其卓越的压阻特性, 即受力作用后产生形变, 进而诱导电阻发生改变。苏黎世理工学院的 Stampfer 等[30] 以单根单壁碳纳米管 (SWNT) 为压阻器, 电学连接并黏附于半径为 50 ~ 100 μm, 厚度为 100 nm 的 Al_2O_3 悬空隔膜上, 采用微加工工艺制作了压阻式碳纳米管压力传感器, 如图 8.15 所示。隔膜用于将受压形变转换为碳纳米管的电阻变化, 可实现 0 ~ 130 kPa 的高精度压力测量, 压阻因子为 210, 高于硅材料制作的应力测力计。在此基础上, 同一研究组的 Helbling 等采用 Al_2O_3/SiO_2 为悬空隔膜, 获得了性能更佳的单壁碳纳米管, 压阻因子达 450, 灵敏度及精度分别为 −0.54 pA/Pa 和 1 500 Pa, 功耗为 100 nW[31]。

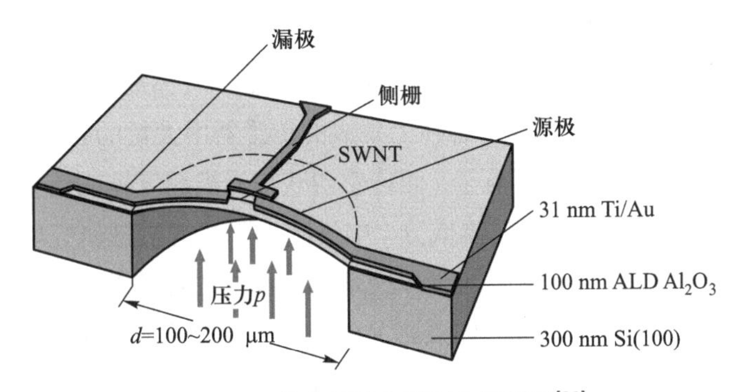

图 8.15 单壁碳纳米管压力传感器[30]

碳纳米管称重计用单根碳纳米管作为纳米谐振单元, 利用质量吸附改变其谐振频率的特性, 进而实现了原子精度质量的测量。加州大学伯克利分校的 Jensen 等[32] 采用双端固支碳纳米管构造纳米机电谐振器并用于金原子质量测量, 在超高真空 (UHV) 腔内通过测量碳纳米管和电极之间的场发射电流可实现灵敏度为 1.3×10^{-25} kg 的质量测量, 相当于 0.40 个金原子。西班牙 CIN2 实验室的 Lassagne 等[33] 采用气相沉积方法在高掺杂 Si/SiO_2 衬底上生长单壁碳纳米管, 采用电子束光刻和湿法刻蚀方法制备了用于质量称量的机械谐振器, 如图 8.16 所示。其中, 悬空的碳纳米管直径为 1.2 nm, 长度为 900 nm, 应用于焦耳蒸发器中对铬原子吸附测量, 分辨率达到 25×10^{-21} g/Hz。

1) 纳米气敏传感器

零维的金属氧化物半导体纳米颗粒、碳纳米管及二维纳米薄膜等都可以作为敏

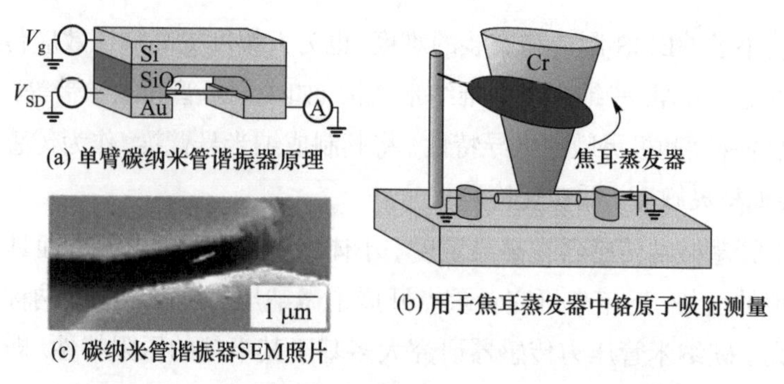

(a) 单臂碳纳米管谐振器原理
(b) 用于焦耳蒸发器中铬原子吸附测量
(c) 碳纳米管谐振器SEM照片

图 8.16 用于单原子质量称量的碳纳米管谐振器[33]

感材料构成气敏传感器。主要方向之一是在气体环境中依靠敏感材料的电导发生变化来制作气敏传感器; 在这些纳米敏感材料中加入贵金属 (如 Pt 和 Pd) 纳米颗粒, 可增加选择性, 提高灵敏度, 降低工作温度。另一个主要方向是以多壁碳纳米管制作气敏传感器; 多壁碳纳米管具有一定的吸附特性, 吸附的气体分子与碳纳米管发生相互作用, 改变其费米能级, 引起其宏观电阻发生较大改变, 通过检测其电阻变化来检测气体成分, 可用作气敏传感器。

美国加利福尼亚大学研制成功一种能够自动鉴定气体成分的 "电子鼻"[34]。它安装了只有 2 mm^2 的传感芯片, 芯片上集成的传感器由大量的碳纳米管组成, 能够捕捉到化验对象中的各种气体分子。而传感器获得的被测气体的信息可传递给计算机进行分析, 从而得出气体的具体成分。中科院合肥智能机械研究所提出了暗电流检测气体的新方法, 集成开发了基于碳纳米管电离的气体检测预警系统, 并首次实现了在大气环境下对某些有机气体及毒品的检测, 形成了多项具有自主知识产权的核心技术。浙江大学研制了一种基于气体在纳米间隙中的电离来实施气敏检测的微型气体传感器。可采用在线阻抗监测电镀法来制备具有纳米间隙的金属电极对, 所制备的微型气体传感器包括绝缘基底和在绝缘基底上设置的电极对, 两电极的间隙为 1 ~ 999 nm, 可以在较低的外加电压下产生强电场, 然后通过不同的电离电压和电离电流来实施气敏检测, 简化了微型、便携式气体传感器的制备。

2) 纳米生物传感器

纳米材料可用于非常敏感的化学和生物传感器, 具有能够选择性结合靶分子的生物探针的纳米传感器称为纳米生物传感器。它们能和生物芯片等技术结合, 从而使分子检测更加高效和简便。纳米生物传感器在微生物检测、体液代谢物监测以及组织病变检测等方面应用较多。图 8.17 所示为 pH 检测的纳米线生物传感器, 其中纳米线分别与源、漏电极接触, 用于测量电导, 电导的变化反映了 pH 的改变状态。纳米颗粒表面易于改良, 纳米线可以被任何可能的化学或生物识别分子所修饰。纳米材料以一种极度敏感、实时和定量的方式将发生在其表面的化学键事件转换成纳米线的电导率。目前, 掺硼的硅纳米线已经用于制作高度敏感、实时监测的传感器, 用于检测抗生物素蛋白、Ca^{2+} 等生化物质。研究能够快速和直接分析小分子物质与蛋白质大分子特异性结合的微型仪器, 对于发现和筛选新药分子有实质性的意义。图 8.18 所示为用于蛋白质实时监测的纳米线传感器。

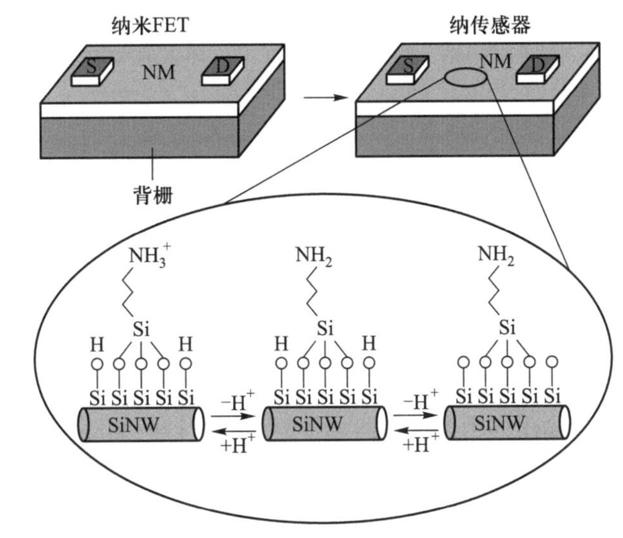

图 8.17 pH 检测的纳米线生物传感器[35]

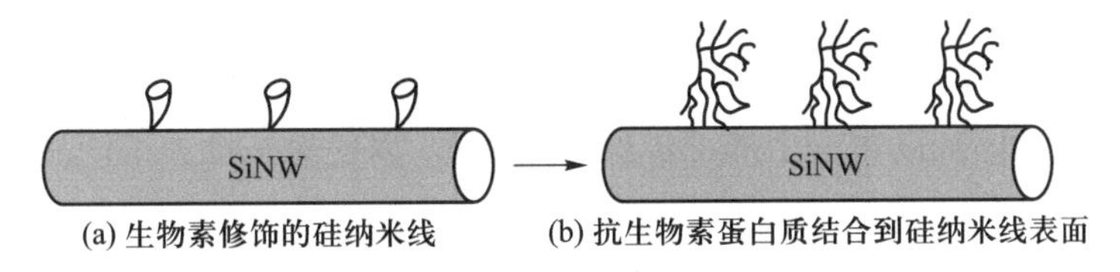

图 8.18 用于蛋白质实时监测的纳米线传感器

3) 光学纳米生物传感器

表面等离子体共振 (SPR) 是一种光和金属电子相互作用的光 – 电子现象, 将光子所携带的能量转移给金属表面的电子。目前, 迫切需要能特异鉴别周围环境中低浓度生物物质的微型化光学传感器, 借助局部 SPR 光谱技术, 采用银纳米颗粒制成一种新型的光学传感器, 这种银颗粒具有显著的光学特性, 且能大大提高检测的敏感性。目前, 所提出的激光纳米传感器可用来对单个活细胞中的蛋白或生物标记进行胞内分析。纳米传感器的光纤被拉长至尖端, 达到纳米级范围, 并被生物探针 (如抗体或酶底物) 修饰; 将尖端插入细胞, 激光导入光纤后, 尖端的消散区则会激发目标分子与探针结合, 光度检测系统采集结合区域的光信号后用于分析[35-36]。图 8.19 所示为抗生物素蛋白结合到生物素修饰的三面体银纳米生物传感器表面。

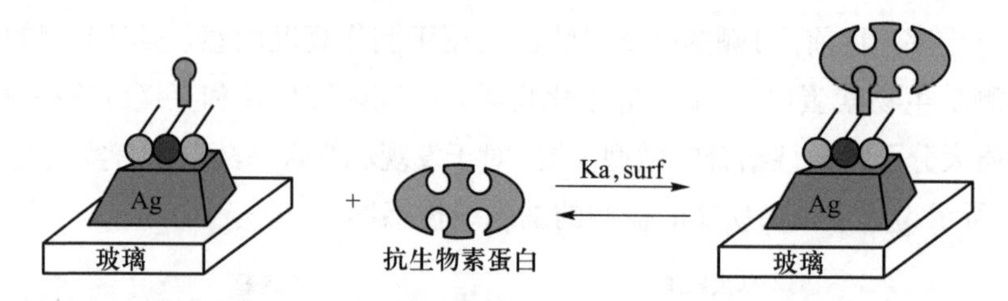

图 8.19 抗生物素蛋白结合到生物素修饰的三面体银纳米生物传感器表面[36]

2. 纳执行器

执行器是将其他形式的能量转化为机械能的装置。根据能源供给方式的不同,一般可将微执行器分为静电型、电磁型、压电型、热膨胀型、磁致伸缩型、气动型等。另外, 还有很多执行器驱动方式, 如气体力学、形变记忆合金、热膨胀、相变、电化学反应、能源燃烧以及运动液体的摩擦阻力驱动等。

在执行器设计和选择过程中需要考虑如下标准:

(1) 扭矩和力的输出能力。执行器必须要为所执行的驱动任务提供足够大的力或扭矩。

(2) 行程。在一定条件和功耗情况下, 执行器能产生直线位移和角位移。

(3) 动态响应速度和带宽。执行器必须能够提供足够快的响应, 从执行器控制的观点来看, 本征谐振频率应该大于系统的最大振动频率。

(4) 材料来源及加工的难易程度。为了减少成本可以采取两种方法: 减少材料的成本和加工时间; 提高每一个加工步骤的成品率, 以使每一批加工产品含有更多的功能单元。

(5) 功耗和功率效率。为延续系统的持续工作时间, 使用低功耗的执行器。

(6) 位移与驱动的线性度。如果位移随输入功率或输入电压变化而线性变化, 那么执行器的控制就会变得非常简单。

(7) 交叉灵敏度和环境稳定性。执行器必须长时间性能稳定, 具有抗温度变化、抗吸附水汽、抗机械蠕变的能力。机械元件可能会在非目标轴方向上产生位移、力或扭矩。

(8) 芯片占用面积。执行器的芯片占用面积是指执行器所占用的芯片的总面积。在高密度的执行器阵列中, 单个执行器所占面积是需要考虑的重要方面。

纳执行器与微执行器类似, 作为纳机电系统中的可动部分, 其动作范围的大小、动作效率的高低、动作的可靠性等指标决定了系统的成败。

表 8.4 列出了目前国外研究机构研制出的纳执行器。另外, 加州大学伯克利分校的 Fennimore 等[37] 在硅片上装配制作了基于多壁碳纳米管 (MWNT) 的纳米转子执行器, 如图 8.20 所示。将 MWNT 两端固定在基底 A1、A2 上并电接触, MWNT 为

转子的支撑轴和转动轴, 在 MWNT 轮轴上放置一块金属薄片作为转子 R。MWNT 和转子的两侧固定两个定子 S1、S2, 在 SiO_2 表面下埋入 "门" 定子 S3。该执行器尺寸约为 500 nm, 直径为 5 ~ 10 nm, 转子大小为 100 ~ 300 nm。因石墨层间摩擦力极弱, 通过调整转子和定子上的电压信号可实现对转子位置、取向和速度的控制, 频率可高达 GHz 数量级。该纳米执行器可在较大的温度范围内工作, 并可适应不同的工作环境, 包括高度真空和苛刻的化学环境。

表 8.4　微 执 行 器

分类	报道者	大小	响应速度	力/力矩	位移量	材质	驱动电压
静电电机	UCB	直径 120 μm	500 r/min	10^{-12} N·m	旋转	多晶硅	60 ~ 400 V
静电电机	MIT	直径 100 μm	15 000 r/min	10^{-11} N·m	旋转	多晶硅	50 ~ 300 V
静电线性电机	东京大学	10 mm 对角 50 μm 厚	约 3 kHz	0.04 N	15 μm	单晶硅	0 ~ 300 V
静电振子	UCB	0.1 mm 对角 50 μm 厚	10 ~ 100 Hz 共振频率	0.02 mN	10 μm	多晶硅	40 V (直流)+ 10 V (交流)
双压电悬臂梁	斯坦福大学	8 μm×0.2 μm× 1 mm	不详	23 μN	7 μm	ZnO	30 V
形状记忆合金	贝尔研究所	2 μm 对角 30 μm 厚	20 Hz	—	数 μm	TiNi	20 mA 40 V
热膨胀	斯坦福大学	3 mm 对角	约 5 ms	0.60 N	45 μm	单晶硅+ 液体	200 mW
热/空气压	多伦多大学	8 mm 对角 0.5 mm 厚	1 Hz 以下	10 N	23 μm	单晶硅	13 V
双金属	夫琅和费研究所	长 0.5 mm	10 Hz	—	60 μm	单晶硅+ 金	约 150 mW
超电导线性电机	东京大学	5 mm 对角	200 mm/s	1 mN	3 mm	$YBa_2Cu_3O_{7-x}$	0.3~0.9 A
空气悬浮线性电机	UCB	数 mm 对角	10 Hz	3 nN	数 mm	单晶硅+ 氮化膜	约 15 V

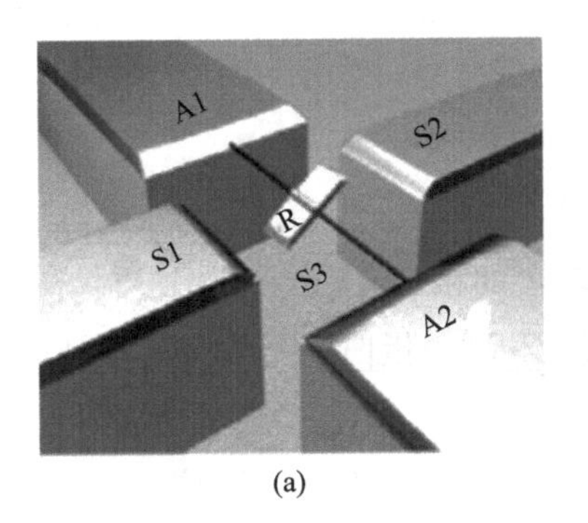

(a)

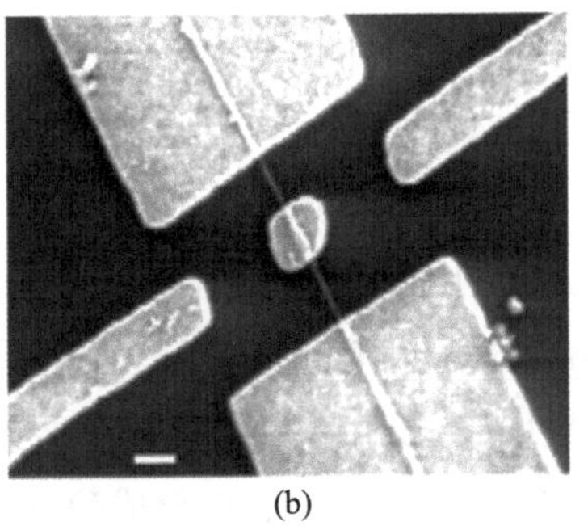
(b)

图 8.20　基于 MWNT 的 NEMS 执行器示意图 (a) 及 SEM 照片 (b)[37]

基于 MWNT 的嵌套结构以及内壁光滑及滑移摩擦小等特性, 瑞士联邦理工学院 Subramanian 等[38,39] 采用双向电泳组装 MWNT, 制备了纳米尺度超低摩擦性能的各种高密度轴承结构, MWNT 轴承两端与纳米电极桥式电学连接, 形成悬空结构, 如图 8.21 所示。其中, 图 8.21a 所示为 MWNT 轴承结构; 图 8.21b 所示为纳米电极阵列设计; 图 8.21c 和 d 所示为浮动电极双向电泳组装的 MWNT 轴承及其 SEM 照片; 图 8.21e 所示为 MWNT 组装在 5 个相互隔离的金属接触点; 图 8.21f 所示为高密度 MWNT 旋转马达和自主轴承; 图 8.21g 所示为相互隔离的 6 ~ 10 nm 间隙图; 图 8.21h 所示为节间间隔放大框架图。碳纳米管执行器及轴承制造与传统的硅微纳加工工艺相兼容, 可用于制造更复杂的纳米结构, 为制造纳米机器人及其他纳机电器件奠定了基础。

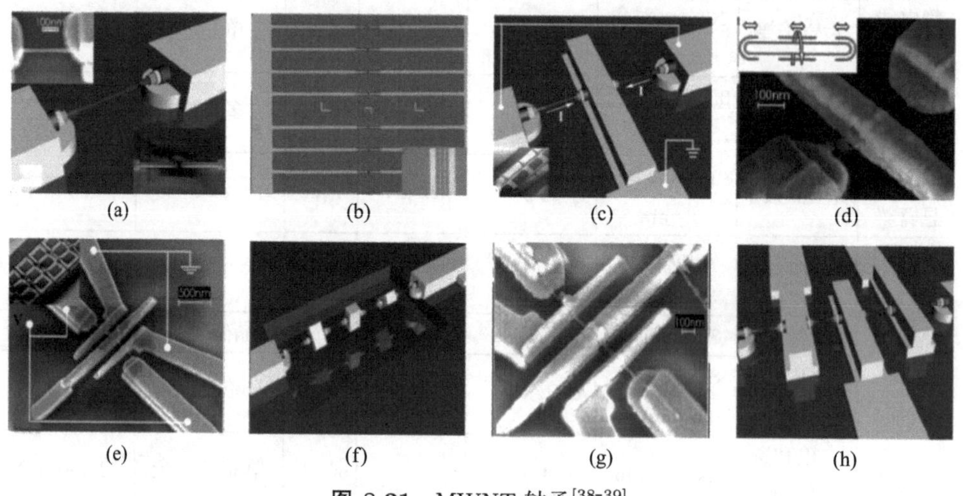

图 8.21 MWNT 轴承[38-39]

生物分子马达是将化学能转化为机械能的生物大分子。这些大分子广泛存在于细胞内, 它们是蛋白质, 也可以是 DNA, 常处于纳米尺度, 也称为纳米机器。生物分子马达能主动地从环境中俘获 ATP, 借助热涨落来消耗 ATP 水解所释放的化学能, 进而改变自己的构象。一旦与轨道结合, 马达通过构象变换产生与轨道间的相对运动, 因此它们具备 "自动性"。生物分子马达按材料属性分为两族: 蛋白马达和 DNA 马达。

蛋白马达根据运动形式可分为线动和转动两类。线动马达与特定轨道结合在一起, 利用 ATP 水解释放的化学能产生与轨道的相对运动, 其作用机制与人造发动机类似, 这类马达主要有肌球蛋白、驱动蛋白和动力蛋白等[40-42]。转动马达则类似于电动机, 也由 "转子" 和 "定子" 两部分组成, 这类马达包括鞭毛马达和 ATP 合成酶等, 它们往往可逆, 其中 ATP 合成酶既是 "电动机" 又是 "发动机"。

DNA 分子马达运转的基础是 DNA 不同构象间的可控转化, 这种转化的控制条件可以是多种多样的。DNA 作为生命遗传物质, 其生化性质和生物学意义已为人们所熟知。作为一种纳米尺度的材料, DNA 以其自身的可编程性、结构的多样性和变化的可控性等诸多优点成为纳米科学、生物科学和材料科学等领域的重要材料。目前, 已经设计的 DNA 马达按控制条件可分为两大类: 一类是环境刺激响应的马达, 这类分子的构象取决于溶液的环境条件, 即可驱动马达的运转; 第二类是基于链交换反应的马达, 即利用 DNA 双链互补配对的性质, 将特异性的 DNA 链作为燃料来驱动 DNA 分子的构象变化。

分子发动机引导的运输有两个主要的特点:

(1) 分子发动机的运输单方向进行, 一种发动机分子只能引导一种方向的运输, 如图 8.22 所示。例如, 驱动蛋白只能引导沿微管的 (–) 端向 (+) 端的运输, 而动力蛋白则是从 (+) 端向 (–) 端运输。

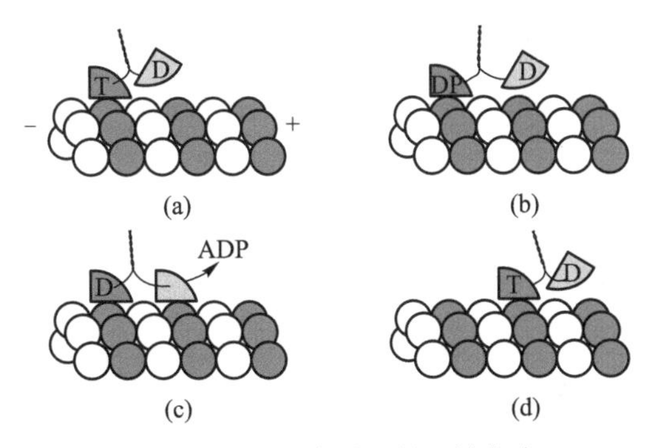

图 8.22 分子发动机的运输方式

(2) 分子发动机引导的运输是逐步行进而不像火车的轮子那样连续运行, 主要因为分子发动机要通过一系列的构型变化才能完成行进的动作。

驱动蛋白是大复合蛋白, 由几个不同的结构域组成, 包括两条重链和一条轻链, 有一对球形的头, 这是产生动力的 “电动机”, 还有一个扇形的尾, 是货物结合部位, 其结构如图 8.23 所示。

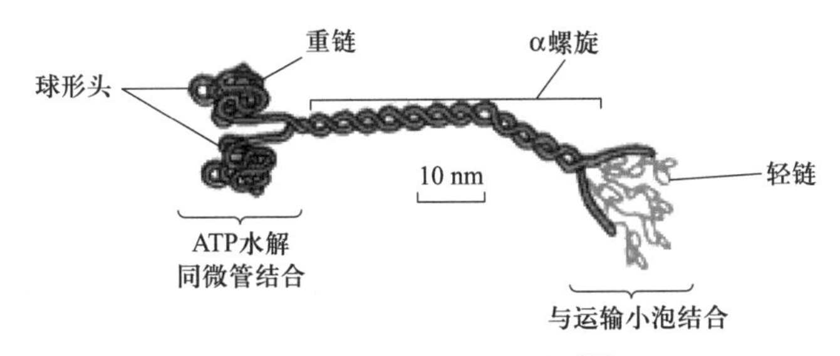

图 8.23 驱动蛋白的结构[41]

驱动蛋白的运输具有方向性, 从微管的 (–) 端移向微管的 (+) 端, 驱动蛋白是正端走向的微管发动机, 如图 8.24 所示。由于神经轴中所有的微管都是正端朝向轴突的末端，而负端朝向细胞体，所以驱动蛋白在神经细胞中负责正向的运输任务。驱动蛋白沿一条原纤维运输，移动的速度与 ATP 的浓度有关，速度高时，可达到 900 nm/s。驱动蛋白每跨一步的长度为 8 nm，正好是一个 $\alpha\beta$ 微管二聚体的长度，每跨一步所消耗的力是 6 pN。因此可以推测，驱动蛋白一次在微管轨道上移动两个球形亚基。类驱动蛋白不限于神经细胞，它们在所有的真核细胞中都存在。

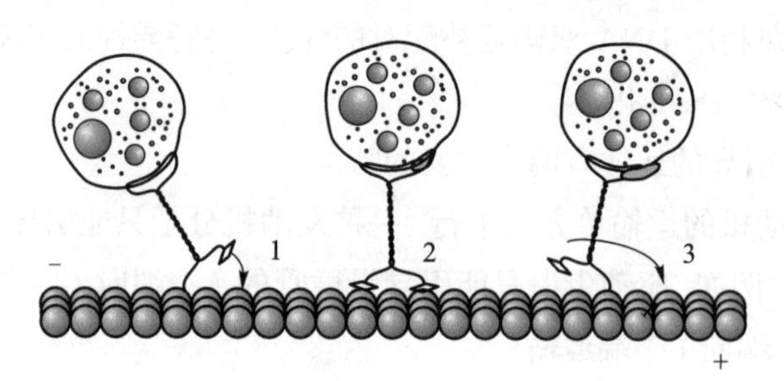

图 8.24 驱动蛋白的运输方式[41]

8.3 纳集成系统

8.3.1 集成方法

20 世纪 50 年代末，著名物理学家、诺贝尔物理学奖获得者 Feynman 曾指出，科学技术发展的途径有两条，一条是“自顶向下 (top-down)”的途径，另一条是“自底向上 (bottom-up)”的途径。近几十年来的主流是“自顶向下”的微型化过程，例如目前的 NEMS 制造基本上采用这种方法，即采用光刻刻蚀等微细加工方法，将大的材料割小，形成结构或器件，并与电路集成，实现系统微型化。这种技术途径易于批量化和系统集成。

1. “自顶向下”集成方法

在“自顶向下”的 NEMS 的集成设计方法中，将 NEMS 的设计过程从开始到结束分为系统级设计、器件级设计和工艺级设计三个阶层，每一层分别完成相应的设计任务。

在该设计方法中，先对系统的设计进行全面考虑，然后通过自顶向下的设计方法对其设计过程和设计任务进行分离，其核心思想就是合成和优化。

“自顶向下”的制作方法是光电系统得以持续发展的重要手段，如采用电子束光刻已达到 13 nm 线宽的加工能力，但对于该方法，尺寸越小，成本越高，偏差越难维持。

2. “自底向上”集成方法

“自底向上”的自组装方法为替代“自顶向下”的制作方法提供了可行的途径，

是一种分子、原子组装技术的方法, 即把具有特定理化性质的功能分子、原子, 借助分子、原子内的作用力, 精细地组成纳米尺度的分子线、膜和其他结构, 再由纳米结构与功能单元集成为微系统。这种制造技术反映了纳米技术的一种理念, 即从原子和分子的层次上设计、组装材料、器件和系统, 是一种很有前途的制造技术, 但目前还处于实验室研究阶段。

自组装过程并不是大量原子、离子、分子之间弱作用力的简单叠加, 而是若干个体自发地发生关联并集合在一起, 形成一个紧密而有序的整体, 是一种整体的、复杂的协同作用。自组装可分为两大类: 静态自组装和动态自组装。静态自组装是指在全部或局部范围内平衡的体系, 它不需要消耗能量。在静态自组装中, 形成有序的结构需要能量, 但是组装结果处在能量极小或最小状态, 一旦形成, 就非常稳定, 目前大多数关于自组装的研究都是这一类型。如原子、离子和分子晶体, 相分离和离子层状聚合物, 自组装单层膜, 胶质晶体, 流体自组装等。动态自组装发生机制必须在系统消耗外界能量的情况下才能发生, 一旦有能量的散失, 形成的结构或各单元就会相互作用而发生破坏。

纳米制造意义上的自组装一般具有如下特征: ① 由个体集合形成整体组织或系统的过程是自发的、自动的。自发意味着一旦条件满足, 个体组装成整体的过程自然起始; 自动意味着在组装过程中不需要人为干涉进程。因此, 自组装是个体之间相互作用的结果。② 组成整体组织或系统的个体必须能够自由运动或迁移。只有个体能够自由运动才能发生个体之间的相互作用, 才能有自组装过程的发生, 所以分子或微观粒子的自组装一般在液体环境中或固体表面发生。③ 自组装形成的整体组织或系统是个体相互作用的热力学平衡或能量平衡的结果。在平衡条件下, 个体之间保持等距离和长程有序周期分布, 而不是随机聚集。

自组装方法多种多样, 从起初的接枝、旋涂、化学吸附、分子沉积、慢蒸发溶剂等成膜到如今新出现的导向自组装、分子识别、模版自组装等, 各有优缺点, 因而有不同的应用。自组装技术简便易行, 无须特殊装置, 通常以水为溶剂, 具有沉积过程和膜结构分子级控制的优点。可以利用连续沉积不同组分, 制备膜层间二维甚至三维比较有序的结构, 实现膜的光、电、磁等功能, 还可以模拟生物膜, 因此近年来受到广泛的重视。

自组装的层/层沉积方式与气相沉积有些相似, 但气相沉积是在高真空下使物质沉积, 主要是指可气化的、能耐高温的无机材料, 尤其是金属材料。而高分子不能够气化, 所以不适用于气化沉积。但高分子很适合自组装, 通常可得到两种组分的复合膜, 而气相沉积制备的是同一组分的单层膜。

自组装制备超薄膜的技术可用于自组装导电膜的制备, 如含有聚苯胺和聚噻吩的组装膜等; 也可用于电致发光器件的制备, 如表面负性的 CdSe 粒子与聚苯乙

炔 (PPV) 的前体组装, 得到纳米级的 PPV/CdSe 膜, 具有电致发光性质, 随电压的改变膜发光的强度连续可调, 换用不同的组分可制备不同颜色的发光膜。另外, 带重氮基高分子的自组装膜, 在光、热处理后膜间的弱键转变为共价键, 还可得到对极性溶剂稳定、能够用于测定光 – 电转换等功能的膜。

8.3.2 典型纳集成系统

1. 分子存储器与 CMOS 的集成

分子存储器一般通过制备双稳态或多稳态的分子材料来实现, 其基本存储原理主要包括: ① 分子内或分子间的氢转移; ② 二聚化反应; ③ 顺式 – 反式结构; ④ 电荷转移; ⑤ 苯型 – 醌型转变等。

2003 年, 惠普实验室与加州大学洛杉矶分校合作, 采用纳米压印技术在 1 μm^2 的面积上制备出 8×8 的纳米交叉线阵列[43] (图 8.25), 其中纳米线的宽度约为 40 nm, 作为一个 64 bit 的随机存储器, 其工作密度可以达到 6.4 $Gbit/cm^2$。首先, 在 Si 衬底上热生长 100 nm 的 SiO_2, 通过电子束光刻和反应离子刻蚀得到纳米压印所用模版, 模版在 150 ℃、6.89 MPa 压力下压印得到下电极图形, 接着通过蒸镀金属和剥离即可得到下电极。然后, 采用 L–B 方法生长单层分子膜, 在蒸镀一层很薄的 Ti 作为保

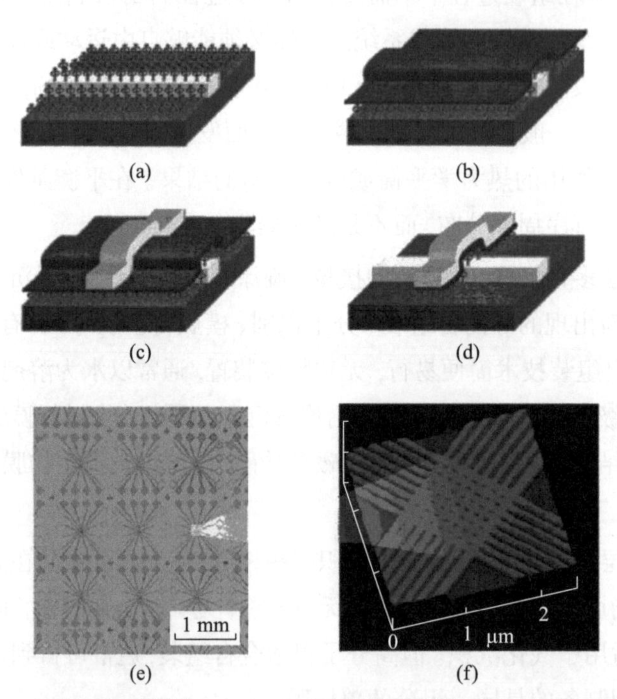

图 8.25 8×8 交叉线的制作[44] (a) 在下电极上生长有机分子材料; (b) 蒸镀 Ti 保护层; (c) 制备上电极; (d) RIE 刻蚀去掉 Ti 保护层和多余的有机膜; (e) 制备完的 8×8 交叉线; (f) 为 (e) 的局部放大

护层之后, 即可采用同样的压印方法得到上电极。最后, 通过反应离子刻蚀 (RIE) 去掉 Ti 保护层以及多余的有机膜, 仅保留每个交叉点下的有机单层膜。

2004 年, 惠普实验室的研究小组制备出 34×34 阵列, 线宽达 35 nm, 间距为 100 nm, 相当于一个 1 000 bit 的存储器达到了 10 Gbit/cm^2 的位密度[44]。与 8×8 阵列所采用的热压印工艺不同的是, 34×34 阵列采用紫外固化压印, 可防止高温高压对器件性能的影响。

分子存储器的研究逐步从分立器件走向集成器件, 基于这种发展趋势, 纽约州立大学石溪分校的 Likharev 等提出了半导体分子混合集成纳电子学 (hybrid semiconductor-molecular nbano-electronics) 的思想, 在 CMOS 芯片中混合集成分子器件, 使 CMOS 电路作为宏观世界的输入/输出单元。

2. 自组装分子电子器件

分子器件的主要研究内容包括分子导线、分子开关、分子整流器、分子存储器、分子电路和分子计算机等。相关实验技术为 LB 膜、自组装、有机分子束外延生长和扫描隧道显微镜等。其中, 自组装技术能 "自底向上" 几乎无能耗地组装分子器件, 因而受到广泛的期待。

以分子开关为例, 它是指具有双稳态的量子化体系。当外界光、电、热、磁、酸碱性等条件变化时, 分子的形态、化学键的生成或断裂、振动以及旋转等性质会随之变化, 通过这些几何和化学的变化, 能实现信息传输的功能。Bissell 等[45] 自组装合成了如图 8.26 所示的化学与电化学分子开关。

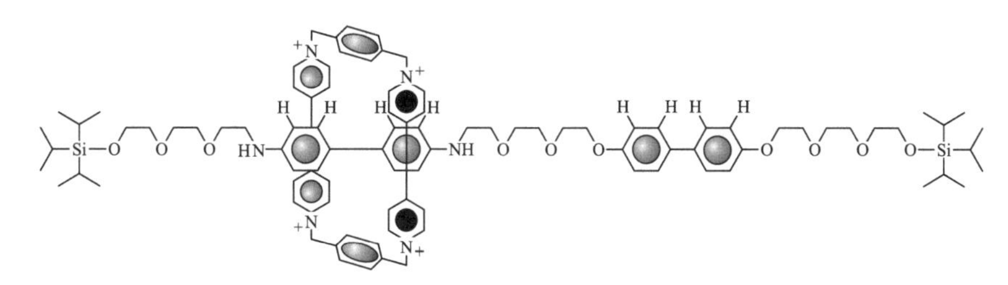

图 8.26 自组装索烃分子开关[45]

3. 集成系统的发展趋势

自组装作为一种纳米加工集成技术目前还处于初级阶段, 大多数自组装呈现二维准晶格阵列结构, 要实现大面积长程有序还相当困难。大多数情况下, 自组装必须与传统微纳加工技术相结合, 即所谓 "自顶向下" 与 "自底向上" 相结合以保证纳米器件和纳集成系统的实用性。这种传统纳米加工技术与自组装技术的结合是目前乃至未来纳米加工、系统集成技术领域的主要方式。

2006 年, 美国华裔科学家王中林及其研究小组[46-48] 利用竖直结构氧化锌纳米线, 发明了将机械能转化为电能的世界上最小的发电装置 —— 直立式纳米发电机。

在第一代直立式纳米发电机的基础上, 他们又分别于 2007、2008 和 2010 年相继发明了直流纳米发电机、纤维纳米发电机和由高分子薄膜封装的交流纳米发电机。纳米发电机在生物医学、军事、无线通信和无线传感方面都有广泛而重要的应用。据报道: 这一发明可以整合纳米器件, 实现真正意义上的纳米系统, 它可以收集机械能 (如人体运动、肌肉收缩等所产生的能量)、振动能 (如声波和超声波产生的能量)、流体能 (如体液流动、血液流动和动脉收缩产生的能量), 并将这些能量转化为电能提供给纳米器件。该纳米发电机所产生的电能足够供纳米器件或系统所需, 从而让纳米器件或纳米机器人实现能量自给。纳米发电机的发明使纳米器件的能量供给系统与工作系统都能达到纳米量级, 从而保持了自备电源的完整、纳米器件系统的微小、可体内植入等特性, 在减小电源尺寸的同时提高了能量密度与效率。纳米发电机的问世为实现集成纳米器件、实现真正意义上的纳米系统奠定了技术基础。

8.4 纳米线光电探测器的设计制备案例

8.4.1 纳米线结构的制备方法

(1) 气相沉积法。气相沉积是一种生长纳米线结构的重要方法, 主要有两种生长机制: 气相 – 液相 – 固相 (VLS) 和气相 – 固相 (VS)。以 ZnO 纳米线制备为例, 上述两种生长机理都是用高温热蒸发含有金属锌的固态源形成锌蒸气, 在衬底上吸附后被还原生长 ZnO 纳米线, 二者的区别是生长过程是否形成液相, 一般情况下使用金属催化剂 (如金、银) 会在生长过程中形成液相。

(2) 电化学沉积法。电化学沉积是一种非常简便、实用的方法, 是指通过电场作用, 在一定的电解质溶液中由阴极和阳极构成回路, 通过发生氧化还原反应, 使离子沉积在正极或负极上, 得到所需的纳米结构, 在工业和研究中被广泛用于金属和金属氧化物的制备。该方法可以通过溶液的浓度、生长时间、电流密度和温度等控制纳米线的直径、长度等参数。

(3) 水热合成法。水热合成是指将反应物放置在高压反应容器中, 用水作溶剂, 对反应物进行高温加热和加压, 使得在正常情况下难溶或不溶于水的物质溶解并参与反应的方法。相对于气相沉积法, 水热合成法所需温度低; 相对于电化学沉积法, 其在导电和绝缘衬底上都可以生长。

(4) 溶胶 – 凝胶法。溶胶 – 凝胶法是指用含高化学活性组分的化合物作前驱体, 在液相下将这些原料均匀混合, 并进行水解和缩合化学反应, 在溶液中形成稳定的透明溶胶体系, 溶胶经陈化胶粒间的缓慢聚合形成三维网络结构的凝胶, 凝胶网络间充满了失去流动性的溶剂, 从而形成凝胶。凝胶经过干燥和烧结固化制备出分子乃至纳米亚结构的材料。

(5) 模版法。模版法是指利用材料的内表面或外表面为模版，填充到模版的单体进行化学或者电化学反应，通过控制反应时间，除去模版后可得到纳米线、纳米棒或纳米管等结构，经常使用的模版包括分子筛、多孔氧化铝膜、径迹蚀刻聚合物膜、聚合物纤维、碳纳米管和聚苯乙烯微球等。

8.4.2 CdS 纳米线光电探测器设计与制备

西安交通大学[49] 采用气相沉积法在 Si 基底上获得了 CdS 纳米线，并通过紫外光刻技术制备了电极 (Pt/Ti 200 nm/20 nm)，如图 8.27 所示，进一步采用聚焦离子束技术制备了 CdS 纳米线光电探测器。具体过程如下：首先，通过超声将制备的 CdS 纳米线从 Si 基底转移至 Cu 栅微结构表面，将其和制备的电极一起放置于聚焦离子束容腔内，选定处于合适位置的纳米线，用钨探针将纳米线两端焊接在 Pt 电极上。然后，采用纳米操纵器将电极引出，使其与外部电路连通形成回路，并采用 Ga 离子束将纳米线从钨探针处截断。最后，制备得到 CdS 纳米线光电探测器。

图 8.27 CdS 纳米线光电探测器电极电镜图 (a) 及纳米线电镜图 (b)

对制备的 CdS 纳米线光电探测器的性能进行了测试 (图 8.28)。对探测器两端施

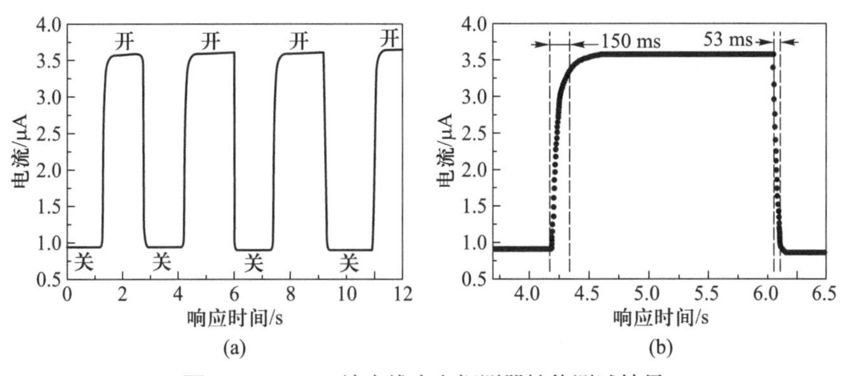

图 8.28 CdS 纳米线光电探测器性能测试结果

加 4 V 恒定电压, 照明光波长为 490 nm, 照明光关、开状态下的电流分别约为 0.94 μA 和 3.6 μA, 响应时间分别为 53 ms 和 150 ms, 响应比为 2.83。

总体来讲, 基于纳米线的 NEMS 器件制备工艺开创了不同于传统微加工的工艺概念, 提供了可有效装配高集成度光电子器件的新途径, 具有广阔的应用前景。

参考文献

[1] Yang Y T, Ekinci K L, Huang X M H, et al. Monocrystalline silicon carbide NEMS. Appl. Phys. Lett., 2001, 78(2): 162-164.

[2] Roukes M L. Nanoelectromechanical systems//Technical Digest of the 2000 Solid-State Sensor and Actuator Workshop, Hilton Head Isl., SC, 6/4-8/2000.

[3] Nguyen C T C, Katehi L P B, Rebeiz G M. Micromachined devices for wireless communications//Proceedings of the IEEE, 1998, 86(8): 1756-1768.

[4] 何洋, 姜澄宇, 苑伟政. 纳机电系统研究进展. 纳米器件与技术, 2006, 3(5): 26-30.

[5] Brown C. Nanostructures eyed to identify biomolecules[EB/OL]. (2003-4-23). https://archive.eetasia.com/www.eetasia.com/ART_8800304845_480200_NT_e8b88263. HTM.

[6] 周兆英, 杨兴. 微/纳机电系统. 仪表技术与传感器, 2003, 2: 1-5.

[7] Neto A H C, Guinea F, Peres N M R, et al. The electronic properties of graphene. Rev. Mod. Phys., 2009, 81: 109-162.

[8] 朱华. 碳纳米管的制备方法研究进展. 江苏陶瓷, 2008, 41(4): 20-22.

[9] 周银, 侯朝霞, 王少洪, 等. 石墨烯的制备方法及发展应用概述. 兵器材料科学与工程, 2012, 35(3): 86-90.

[10] Binning G, Rohrer H. Surface studies by scanning tunneling microscopy. Phy. Rev. Lett., 1982, 49 (1): 49257.

[11] Jortner J, Ratner, M A. Molecular electronics: A chemistry for the 21st century. Blackwell Science, 1997.

[12] Eigler D M, Schweizer E K. Positioning single atoms with a scanning tunneling Microscope. Nature, 1990, 344(6266): 524-526.

[13] Binnig G, Quate C F, Gerber C. Atomic force microscope. Phys. Rev. Lett., 1986, 56(9): 930-933.

[14] 张树霖. 近场光学显微镜及其应用. 北京: 科学出版社, 2000.

[15] Piner R D, Zhu J, Xu F, Hong S, Mirkin, C A. “Dip-pen” nanolithography. Science, 1999, 283(5402): 661-663.

[16] Li Y, Maynor B W, Liu J J. Electrochemical AFM dip-pen nanolithography. J. Am. Chem. Soc., 2001, 123(9): 2105-2106.

[17] 刘立建, 谢进, 王家楫. 聚焦离子束 (FIB) 技术及其在微电子领域中的应用. 半导体技术, 2001, 26(1): 19-24.

[18] 张继成, 唐永建, 吴卫东. 聚焦离子束系统在微米/纳米加工技术中的应用. 材料导报, 2006, 11(20): 40-44.

[19] 刘明, 陈宝钦, 张建宏, 等. 电子束曝光技术发展动态. 微电子学, 2000, 30(2): 117-120.

[20] Broers A N, Timbs A E, Koch R. Nanolithography at 350 kV in a TEM, Microelectronic Engineering, 1989, 9: 187-190.

[21] Cumming D R S, Thomas S, Beaumont S P, et al. Reliable fabrication of sub-40 nm period gratings using a nanolithography system with interferometric dynamic focus control. J. Vac. Sci. Technol., 1996, B14(6): 4115.

[22] Ogai K, Matsui S, Kimura Y, et al. An approach for nanolithography using electron holography. Jpn. J. Appl. Phys., 1993, 32(12B): 5988-5992.

[23] Chou S Y, Krauss P R, Renstrom P J. Imprint of sub-25 nm vias and trenches in polymers. Applied Physics Letters, 1995, 67(21): 3114-3116.

[24] Chichkov B N, Momma C, Nolte S, et al. Femtosecond, picosecond and nanosecond laser ablation of solids. Applied Physics A, 1996, 63(2): 109-115.

[25] Yong J, Yang Q, Chen F, et al. Superhydrophobic PDMS surfaces with three-dimensional (3D) pattern-dependent controllable adhesion. Applied Surface Science, 2014, 288: 579-583.

[26] Kawata S, Sun H B, Tanaka T, et al. Finer features for functional-microdevices can be created with higher resolution using two-photon absorption. Nature, 2001, 412(6848): 697–698.

[27] Kondo T, Matsuo S, Juodkazis S, et al. Multiphoton fabrication of periodic structures by multibeam interference of femtosecond pulses. Applied Physics Letters, 2003, 82(17): 2758-2760.

[28] Bagal A, Chang C H. Fabrication of subwavelength periodic nanostructures using liquid immersion Lloyd's mirror interference lithography. Optics letters, 2013, 38(14): 2531-2534.

[29] 周兆英, 杨兴. 微/纳机电系统. 仪表技术与传感器, 2003, 2: 1-5.

[30] Stampfer C, Helbling T, Obergfell D, et al. Fabrication of single-walled carbon nanotube-based pressure sensors. Nano Letters, 2006, 6(2): 233-237.

[31] Helbling T, Drittenbass S, Durrer L, et al. Ultra small single walled carbon nanotube pressure sensors//IEEE MEMS, 2009.

[32] Jensen K, Kim K, Zettl A. An atomic-resolution nanomechanical mass sensor. Nature Nanotech, 2008, 3(9): 533-537.

[33] Lassagne B, Garcia S D, Aguasca A, et al. Ultrasensitive mass sensing with a nanotube electromechanical resonator. Nano Letters, 2008, 8(11): 3735-3738.

[34] 刘凯, 邹德福, 廉五州, 等. 纳米传感器的研究现状与应用. 仪表技术与传感器, 2008, 1: 10-12.

[35] Cui Y, Wei Q, Park H, et al. Nanowire nanosensors for highly sensitive and selective detection of biological and chemical species. Science, 2001, 293(5533): 1289-1292.

[36] Wang W U, Chen C, Lin K, et al. Label-free detection of small-molecule-protein interactions by using nanowire nanosensors. PNAS, 2005, 102(9): 3208-3212.

[37] Fennimore A M, Yuzvinsky T D, Han W Q, et al. Rotational actuators based on carbon nanotubes. Nature, 2003, 424(6947): 408-410.

[38] Subramanian A, Dong L X, Tharian J, et al. Batch fabrication of carbon nanotube bearings. Nanotech, 2007, 18(7): 075703.

[39] Dong L, Subramanian A, Nelson B J. Carbon nanotubes for nanorobotics. Nonotoday, 2007, 2(6): 12-21.

[40] Hirokawa N. Kinesin and dynein superfamily proteins and the mechanism of organelle transport. Science, 1998, 279(5350): 519-526.

[41] Vale R D, Milligan R A. The way things move: Looking under the hood of molecular motor protein. Science, 2000, 288(5463): 88-95.

[42] Schief W R, Howard J. Conformational changes during kinesin motility. Current Opinion In Cell Biology, 2001, 13(1): 19-28.

[43] Chen Y, Jung G Y, Ohlberg D A A, et al. Nanoscale molecular-switch crossbar circuits. Nanotechnology, 2003, 14(4): 462–468.

[44] Jung G Y, Ganapathiappan S, Ohlberg D A A, et al. Fabrication of a 34 × 34 crossbar structure at 50 nm half-pitch by UV-based nanoimprint lithography. Nano Letters, 2004, 4(7): 1225-1229.

[45] Bissell R A, Cordova E, Kaifer A G, et al. Rotaxane molecular swithches. Nature, 1994, 369: 133-135.

[46] Wang Z L, Song J H. Piezoelectric nanogenerators based on zinc oxide nanowire arrays. Science, 2006, 312(5771): 242-246.

[47] Wang X, Song J, Liu J, Wang Z L. Direct current nanogenerator driven by ultrasonic wave. Science, 2007, 316(5821): 102-105.

[48] Qin Y, Wang X, Wang Z L. Microfiber-nanowire hybridStructure for energy scavenging. Nature, 2008, 451(7180): 809-813.

[49] Lei Li, Shuming Yang, Xiaotong Zhang, et al. Single CdS nanowire photodetector fabricated by FIB. Microelectronic Engineering, 2014, 126: 27–30.

第 9 章　石墨烯概述

9.1　石墨烯的发现

碳元素是地球上广泛存在的一种重要元素, 是构成有机物和生命体的基础。在人类的发展史中, 碳材料始终扮演着非常重要的角色, 与人们的生产和生活密不可分。碳原子通过在不同维度上以不同方式的排布, 可以构成各种奇特性质的材料。1985 年富勒烯 (fullerene) 的发现[1] 和 1991 年碳纳米管 (carbon nanotube) 的发现[2], 扩大了碳的同素异形体的范畴, 也使人们对碳元素的多样性有了更深刻的认识, 富勒烯和碳纳米管所带来的纳米材料科技将对人类社会发展作出重要贡献。

2004 年, 英国曼彻斯特大学的物理学教授 Geim 和 Novoselov 发现了一种由单层碳原子紧密堆积而成的二维蜂窝状透明晶格, 即石墨烯 (graphene)[3]。石墨烯通常被认为是所有其他碳同素异形体的 "母体" 或基本构筑单元。例如, 石墨烯可以团曲成零维的富勒烯, 也可以卷曲成一维的碳纳米管, 或堆叠成三维的石墨[4], 如图 9.1 所示。

石墨烯的理论研究已有 60 多年的历史, 最初石墨烯被看作一种理论模型而广泛用于模拟石墨以及碳纳米管等碳材料的物理性能。20 世纪 80 年代, 石墨烯模型进一步被用来描述 (2+1) 维凝聚态物质的量子电动力学行为。但根据传统的热力学涨落理论, 大多数物理学家认为不会有任何二维晶体在有限的温度下存在。一般地, 随着物质厚度的减小, 气化温度也急剧减小, 当厚度只有几十个分子层时, 物质会变得极不稳定。同时, 根据 Mermin–Wagner 理论, 长的波长起伏也会使长程有序的二维晶体受到破坏。因此, 过去科学家们一直认为, 严格的二维晶体由于具有热力学不稳定性而不可能存在[4]。但是现在石墨烯这种二维晶体却可以稳定地存在于室温下, 石墨烯的发现打破了人们的传统认知, 震撼了整个物理和材料学界。因石墨烯独

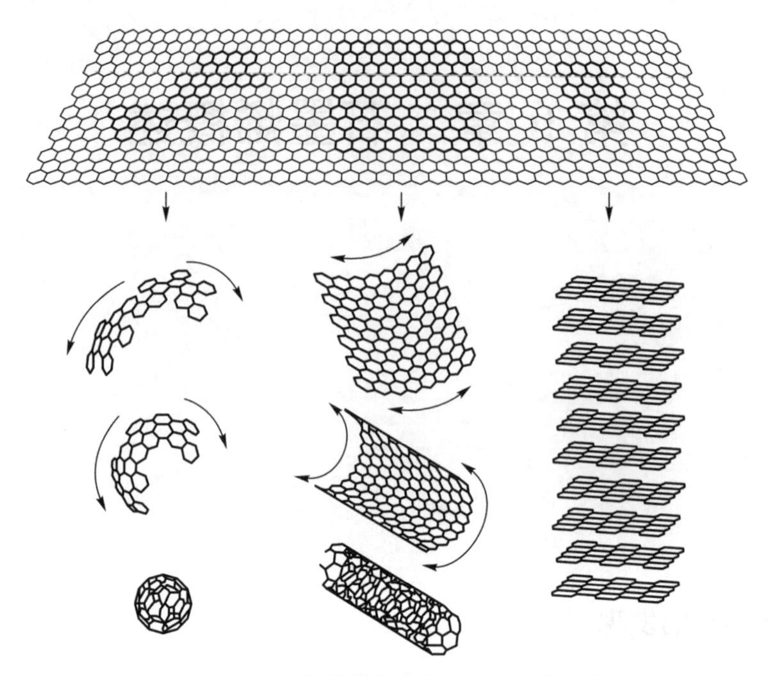

图 9.1 石墨烯是构筑其他维数碳质材料的基本单元

特的物理化学性质以及广阔的应用前景，使其成为当今物理学及材料科学的研究热点[5]。Geim 和 Novoselov 也因发现了石墨烯，于 2010 年共同获得诺贝尔物理学奖。

9.2 石墨烯的结构

广义上的石墨烯可分为单层石墨烯、多层石墨烯、还原氧化石墨烯以及石墨烯纳米带。其中，单层石墨烯为石墨的基本结构组成单元；多层石墨烯可以看作由单层石墨烯沿 c 轴堆叠而成；还原氧化石墨烯则是由氧化石墨烯通过还原所得的石墨烯，且在其结构中含有少量含氧官能团；石墨烯纳米带则是由石墨烯沿某一方向剪切而得到的带状石墨烯，且根据边缘碳链的不同分为锯齿形和扶手椅形。

严格定义下的石墨烯是指单层石墨结构层，即由单层碳原子组成的具有二维蜂窝状六方网环的周期性结构，理论厚度约为 3.34 Å。在其结构层内每个碳原子分别以 σ 键同相邻的三个碳原子连接；同时，每个碳原子所具有的 p_z 电子又分别以 π 键与相邻的三个 p_z 电子连接，形成离域型共轭大 π 键；C—C 键长约为 1.42 Å。由于共轭大 π 键中的电子为非定域的，可以在结构层内运动，因此 π 键对石墨烯的导电性起着重要的作用[6]。图 9.2 所示为石墨烯的结构[7]。

石墨烯并不是一个完全平整的碳原子平面，在其局部结构中也会出现弯曲，形成波纹形状 (图 9.3)[8]，这主要是由碳原子晶格热起伏振动引起的[9]。

在理想情况下，石墨烯结构中碳原子呈平面六方网环状排列。实际上，石墨烯碳

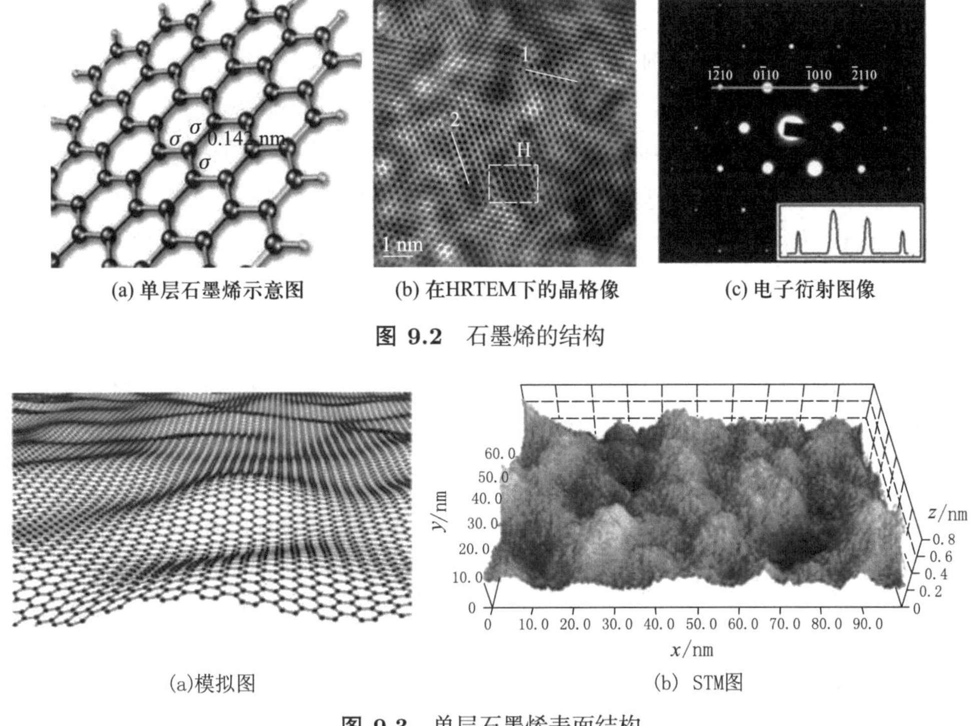

(a) 单层石墨烯示意图　(b) 在HRTEM下的晶格像　(c) 电子衍射图像

图 9.2　石墨烯的结构

(a)模拟图　(b) STM图

图 9.3　单层石墨烯表面结构

原子的排列还存在五方环、七方环等形式的缺陷[10], 如图 9.4 所示。

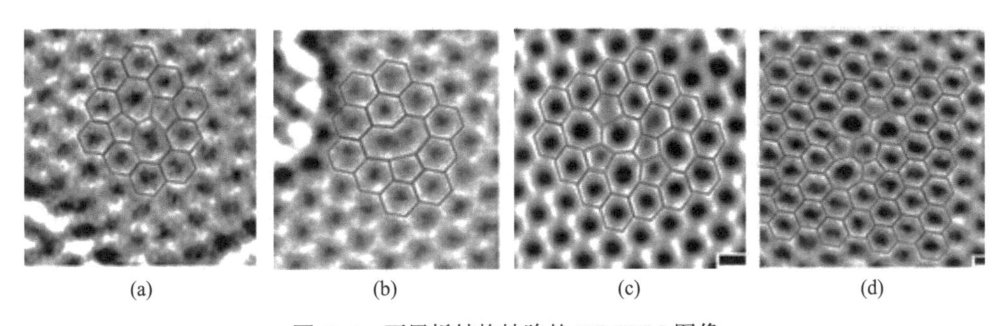

(a)　(b)　(c)　(d)

图 9.4　石墨烯结构缺陷的 HRTEM 图像

9.3　石墨烯的性质

石墨烯作为一种能够在室温条件下稳定存在的二维结构新型碳质晶体材料, 受到诸多研究者的关注和重视。研究发现, 石墨烯具有许多不同于其他碳材料的独特物理化学性质。这些优异性质使其具有重要的研究价值, 并且蕴藏着巨大的应用前景。

1. 电学性能

石墨烯独特的电子结构决定了其优异的电学性能。石墨烯的每个晶胞由两个碳原子组成，产生两个锥顶点 K 和 K'，相对应的每个布里渊区域均有能带交叉发生。此外，石墨烯是零带隙半导体，显示出金属性，具有独特的载流子特性和特殊的线性光谱特征。石墨烯是目前已知物质中室温电阻率最低即导电性能最出色的材料，可应用于导电高分子复合材料领域，以提高复合材料的导电性，这也使得其在半导体材料、晶体管、微电子和电池等领域极具应用潜力。同时有研究者发现，若采用石墨烯制备微型晶体管，能够大幅度提升计算机的运算速度，其传输电流的速度比计算机硅基芯片的快 100 倍。美国 IBM 公司研究人员 Lin 等展示了基于石墨烯材料制备的场效应晶体管 (FET)，经测试，它能在 100 GHz 的频率上运行，这是迄今为止运行速度最快的射频石墨烯晶体管，霍尔迁移率高达 1 000 ~ 1 500 $cm^2/(V{\cdot}s)$[11]。另外，石墨烯还具有室温量子霍尔效应 (Hall effect) 和自旋传输 (spin transport) 性能。量子霍尔效应使石墨烯在量子储存和基本物理常数的准确测量等方面具有重要的意义。自旋电子器件 (spintronics) 有可能成为下一代基础电子元器件，近年来石墨烯被视为一种理想的自旋材料而备受关注。

2. 力学性能

石墨烯中碳原子以 sp^2 杂化轨道排列，除了电学性能优异外，σ 键赋予石墨烯极佳的力学性能：石墨烯的抗拉强度为 125 GPa，弹性模量高达 1.1 TPa[12]；普通钢的极限强度在 250 ~ 1 200 MPa 范围内，而理想石墨烯的强度约为普通钢的 100 倍。优异的力学性能使得石墨烯可以作为一种典型的二维纳米增强相，在复合材料领域具有重要的理论研究意义以及潜在的应用价值。石墨烯中各碳原子之间的连接非常柔韧，当施加外力时，碳原子面会产生弯曲变形，使得碳原子不必重新排列来适应外力，保持了结构的稳定，因此用石墨烯不仅可以制造出纸片般薄的超轻型飞机，也可以制造出超坚韧的防弹衣，甚至可以用来制造从地面连向太空卫星的太空梯缆线。

3. 热学性能

石墨烯属于低维碳纳米材料，由于自身极高的弹性常数和平均自由程，其具有超高的热导率。Balandin 等通过非接触光学方法测得单层石墨烯室温下的热导率约为 5 300 W/(m·K)，高于碳纳米管和金刚石，是室温下铜的热导率的 10 倍。又因其在高温下的稳定性，可以用作高效的散热材料。在未掺杂的石墨烯中载流子密度较低，因此石墨烯的传热主要是靠声子传递。在 300 K 的温度下石墨烯的热导率主要由石墨烯布里渊区中心 ZA 声子贡献，如图 9.5 所示，且随着温度的升高，石墨烯的热导率总体降低，不同于普通材料的导热性质[13]。

4. 光学性能

根据理论推算，石墨烯具有非常好的光学性能。石墨烯不透明度为 2.3%，在层

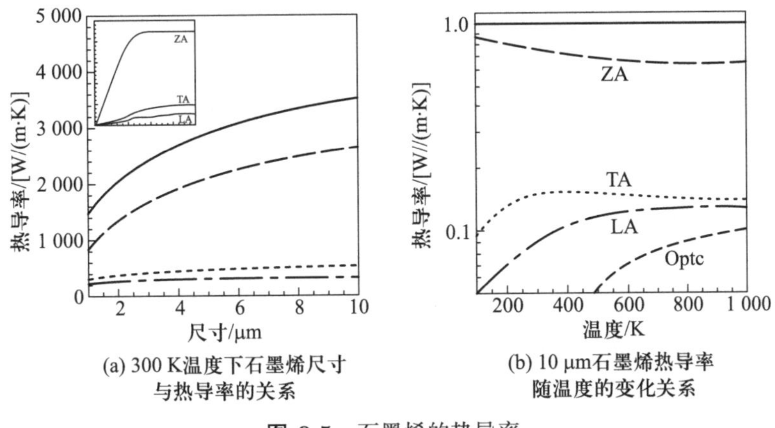

(a) 300 K温度下石墨烯尺寸与热导率的关系

(b) 10 μm石墨烯热导率随温度的变化关系

图 9.5 石墨烯的热导率

数不多的情况下, n 层石墨烯的透光率可简单地用 $(1-0.023n)\times 100\%$ 表示。因此, 石墨烯是一种特殊的 "透明" 导体, 可以用来替代目前的液晶显示材料, 同时石墨烯也有望应用于光纤领域[14]。石墨烯还表现出很好的非线性光学吸收特性, 即当强烈的光照射石墨烯时, 石墨烯对可见和红外波段的光具有良好的吸收, 加之其零带隙的特征, 石墨烯很容易变得对光饱和。因此, 石墨烯对光具有较低的饱和通量, 这一性质使其在光学领域得到许多应用, 如激光开关、光子晶体等。

5. 化学性能及其他性能

石墨烯的基本结构骨架非常稳定, 一般化学方法很难破坏其苯环结构, 另外大 π 共轭体系使其成为相对负电体系, 可以和许多亲电试剂如氧化剂或卡宾试剂反应。石墨烯主骨架参与的反应通常需要比较严苛的条件, 因此石墨烯的反应活性更多地集中在它的缺陷和边界官能团上。目前, 最多的是利用石墨烯氧化物上的官能团 (—OH、—COOH 等) 对石墨烯进行各种修饰, 这些官能团以及相应的修饰也为石墨烯的溶剂处理和性质修饰提供了简易的手段。另外, 虽然石墨烯只有一个原子层厚, 但它对绝大多数气体、蒸气和液体都具有极好的抗透性 (包括最小的气体分子 —— 氦气), 这一性能使石墨烯有可能发展成为一种柔软轻便的抗透气材料[15]。

9.4 石墨烯的制备方法

物理性能和潜在应用的市场实现离不开高质量、低成本、大规模的石墨烯制备。到目前为止, 石墨烯的制备已经取得较大的进展, 制备方法基本可以分为物理方法和化学方法, 也可以分为 "自顶向下 (top-down)" 或 "自底向上 (bottom-up)" 的方法。石墨烯的主要制备方法包括机械剥离法、液相剥离法、外延生长法、化学气相沉积法、化学合成法和氧化还原法, 下面给予简单介绍。

1. 机械剥离法

机械剥离 (mechanical exfoliation) 法采用“自顶向下”的方式利用外加物理作用力剥离石墨片, 从而获得石墨烯。在石墨中, 石墨烯片层间的范德瓦耳斯力为 300 nN/μm, 在原子力显微镜或扫描隧道显微镜操作中针尖与石墨表面的作用都可提供足够强的力来剥离石墨片。因此, 早在 1999 年 Ruoff 等就通过该方法获得了极薄的石墨片[16]。Geim 和 Novoselov 也是利用同一原理, 首先采用氧等离子体在高定向热裂解石墨 (HOPG) 的表面刻蚀得到多个深度为 5 μm 的小槽, 再将刻蚀过的表面固定于光阻材料的玻璃平面上, 烘干后将平台以外的石墨结构去除, 随后用透明胶带反复地从已固定的平台上剥离石墨片层, 直至该平台上剩下较薄的片层, 将其分散于丙酮溶液中, 再将特定的硅片浸渍于该溶液中片刻并超声洗涤, 一些厚度小于 10 nm 的石墨烯片层在范德瓦耳斯力或毛细作用下紧密地固定在硅基片上。如图 9.6 所示为石墨烯的机械剥离过程[17]。

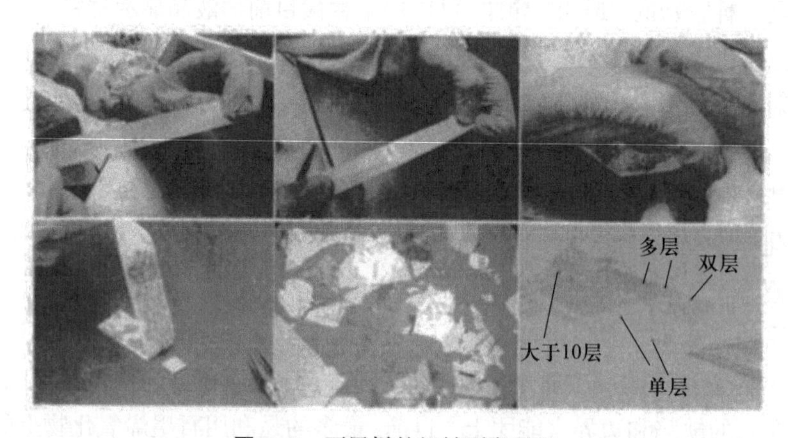

图 9.6 石墨烯的机械剥离过程

机械剥离法过程简单, 无需经过化学前处理, 而且得到的产物可保持比较完美的晶体结构, 缺陷的含量也较低, 从而成为理论研究的理想试样, 并且石墨烯的发现也归功于该方法。但利用机械剥离法得到的石墨烯存在尺寸过小、层数很难控制、产量很低以及无法实现大规模生产等一系列缺点, 使其难以应用于实际生产中。

2. 液相剥离法

液相剥离与机械剥离制备石墨烯的方法具有类似的地方, 均要克服石墨结构层之间的范德瓦耳斯力, 不同的是液相剥离法借助于溶剂的作用, 利用超声将石墨或石墨的衍生物剥离成单层或少数层的石墨烯, 从而使剥离效率大大提高。由于石墨烯具有较强的疏水性, 只有在有机溶剂或添加了表面活性剂的非极性溶剂中才能获得分散的石墨烯[18], 如图 9.7 所示。剥离过程中使用的有机溶剂通常为 N–甲基吡咯烷酮 (NMP)、N, N-二甲基甲酰胺 (DMF)、丁内酯和 1, 3-二甲基-2-咪唑烷酮等。液相剥离法主要有有机溶剂超声法、表面活性剂超声法和离子液体超声法。

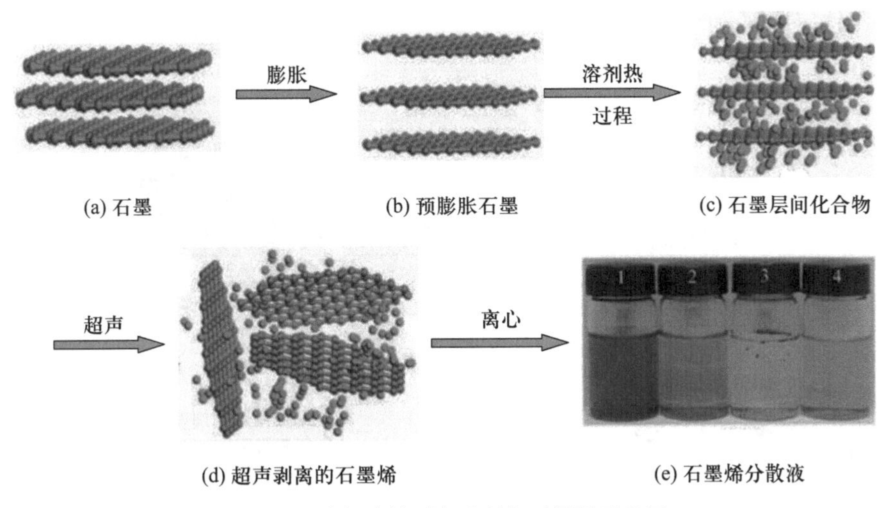

图 9.7 液相直接剥离法制备石墨烯示意图

该方法具有成本低廉和操作简单等一系列优点, 且制备的石墨烯片层无缺陷, 电导率接近原始石墨烯, 可用于基础研究和电子器件制备等。但得到的石墨烯单层率较低, 并常与未得到完全剥离甚至是未剥离的多层产物或石墨混合在一起, 导致所得到的产物质量难以控制。

3. 外延生长法

除了以 HOPG 为起始原料外, 还有一种以 SiC 为原料的外延生长 (epitaxial growth) 法。美国佐治亚理工学院的 Berger 和 Heer 等发现, 在高真空或常压下加热 ($>$ 1 000 ℃) SiC, 当表面硅原子气化后, 余下的碳原子在冷却时会重新堆积, 从而在 SiC 表面形成一层石墨烯。经过几年的探索研究, Berger 等已经能够通过控制加热 SiC 的温度获得单层和多层石墨烯。该法可以大面积制备质量仅次于机械剥离法得到的石墨烯, 但该方法制备的石墨烯在室温下观察不到量子霍尔效应, 说明该方法获得的石墨烯与机械剥离法得到的原始石墨烯性能存在差别, 同时该方法制备需在高温高压条件下进行, 成本较高, 高温下试样容易发生表面重构, 存在大量缺陷 (图 9.8)[19]。

4. 化学气相沉积法

化学气相沉积 (chemical vapor deposition, CVD) 法是指加热各种气态 (如乙烯、甲烷等) 、液态 (苯等) 甚至固态 (高分子等) 碳源材料至一定温度后, 碳原子会在一些金属 (如 Ni、Pd、Ir、Ru、Pt 和 Cu 等) 表面生成石墨烯 (图 9.9) [20]。Kim 等使用阴极射线在 SiO_2 基体表面沉积一层厚 300 nm 的 Ni 金属层, 以其为基体, 在温度为 1 000 ℃ 的管式炉中通入由甲烷、氢气和氨气所组成的混合气体, 并骤冷至室温后能得到石墨烯。

该方法制备的单层石墨烯透光率可达到 80% 左右, 在低温下的电荷迁移率为

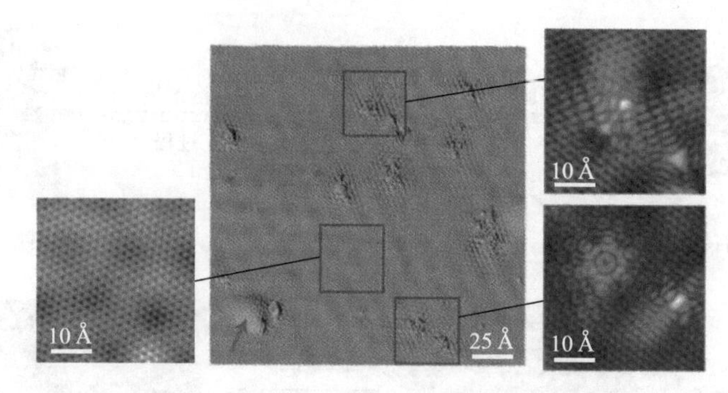
10 Å
25 Å
10 Å
10 Å

图 9.8 SiC 热解生长石墨烯 STM 图像

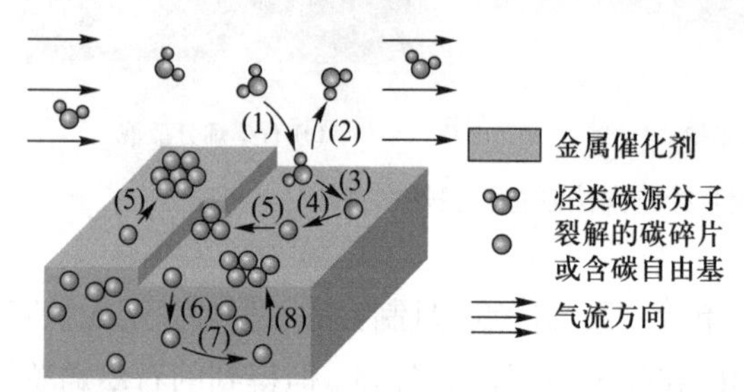
(1)
(2)
(3)
(4)
(5)
(5)
(6)
(7)
(8)
金属催化剂
烃类碳源分子
裂解的碳碎片
或含碳自由基
气流方向
(1) 碳源在催化剂表面的吸附
(2) 碳源脱附回到气相
(3) 碳源的脱氢分解
(4) 碳原子在表面的迁移
(5) 碳原子在表面(优先在台阶等缺陷位处)直接成核结晶生长石墨烯
(6) 碳原子在高温下溶入金属体相
(7) 碳原子在金属体相内扩散
(8) 降温过程中碳原子从体相析出，并在表面成核生长石墨烯

图 9.9 CVD 法生长石墨烯的基元步骤

3 700 $cm^2/(V·s)$ 以上, 且能显示出半数的量子霍尔效应。CVD 法和外延生长法制备石墨烯的机理有相似之处, 在高温阶段碳原子溶入金属体相中, 冷却后再以石墨烯的形式析出, 因此该方法和碳在金属中的溶解度有极大的关系。目前, 最常用的金属是 Cu。相比 Ni、Ru 等过渡金属, 铜箔对碳源、温度和压力等要求很低, 价格也相对低廉。CVD 法能够满足规模化制备大尺度和高质量石墨烯的要求, 且合成的石墨烯在微电子应用方面具有重大意义, 但该法的缺点在于成本较高, 工艺复杂, 且制备过程会产生有毒的气体。

5. 化学合成法

化学合成法是利用传统的有机合成方法从有机小分子开始, 逐步合成石墨烯分子。德国马普研究所聚合物研究院的 Müllen 及其同事在这方面做了大量的工作[21], 他们采用卤族元素取代的有机小分子在超高真空条件下分散在 Ag (111) 或 Au (111) 面上形成平面的石墨烯带 (图 9.10) 。

这种方法可以精确控制石墨烯的片层结构, 对于石墨烯性质的研究以及在电子学方面的应用有很大潜力。但是该法的缺点在于路线复杂, 产率极低, 目前不能实现石墨烯的大批量制备。

6. 氧化还原法

氧化还原法是以石墨为原料, 经过一系列的氧化获得氧化石墨, 再将氧化石墨作为前驱体, 经过超声或膨胀等剥离处理得到氧化石墨烯, 最后通过还原除去氧化石

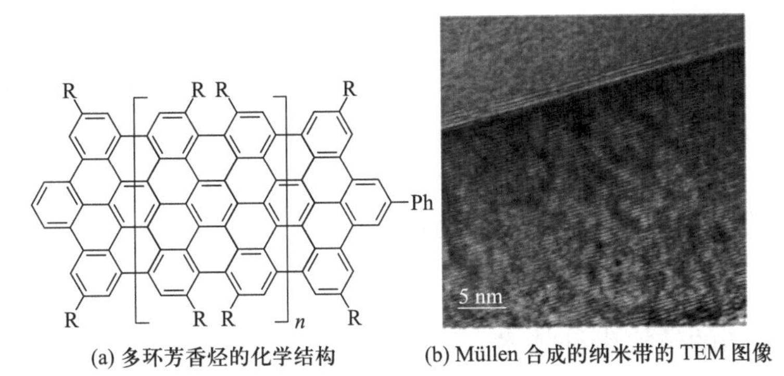

(a) 多环芳香烃的化学结构　(b) Müllen 合成的纳米带的 TEM 图像

图 9.10　多环芳香烃可为石墨烯提供一种可行的合成方法

墨烯表面的含氧官能团而得到石墨烯的一种方法[22]。其制备过程主要包括石墨的氧化、氧化石墨的剥离、氧化石墨烯的还原三个过程 (图 9.11)。其中还原制备石墨烯的方法主要包括化学还原 (还原剂包括水合肼、硼氢化钠、对苯二酚等)、热还原和电化学还原法。氧化还原法是可实现石墨烯批量生产的方法之一。

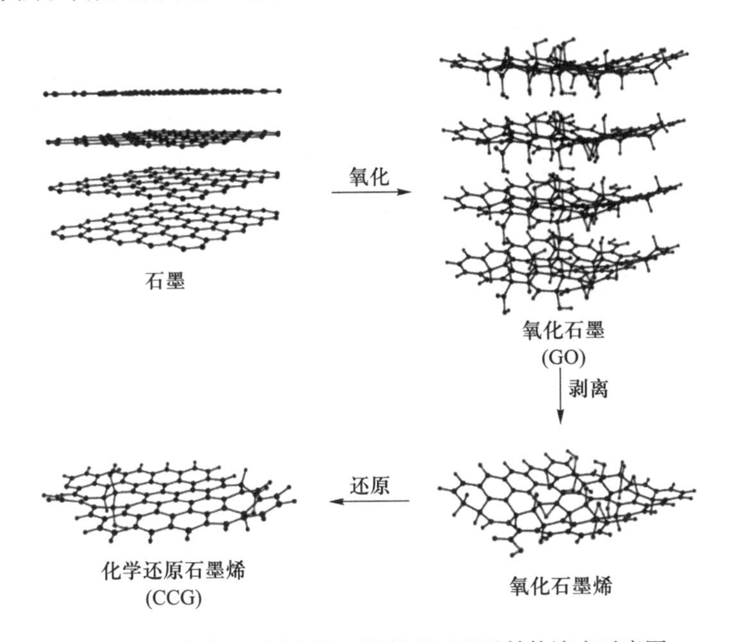

图 9.11　氧化还原法制备石墨烯的过程及结构演变示意图

Stankovich 等利用 Hummers 法辅助超声处理制备了氧化石墨 (GO) 水溶液, 并以水合肼为还原剂将 GO 还原, 结果显示制备得到的 GO 薄膜厚度约为 1 nm, GO 还原后得到的团聚黑色固体为层状结构, 每层都是褶皱的单层石墨烯。还原后样品的 C/O 比从原来的 2.7 上升至 10.3, sp^2 杂化的碳原子平面获得了极大的恢复, 大部分氧原子已经被还原。由于这种方法在化学氧化和插层过程中不可避免地使石墨烯片层上形成许多缺陷和官能团, 导致石墨烯许多优良性能部分或全部丧失, 不过相关缺陷和官能团可以通过各种化学或物理还原的方法消除, 从而可以部分或全部恢复石墨烯的本征结构和性质。另外, 通过官能团如羟基和羧基等可以对石墨烯进行各种功能化, 使石墨烯更容易在基质材料中分散, 为石墨烯在复合材料中的应用奠定了基础。氧化还原法制备工艺条件简单, 实验室操作可行, 原料易于获得, 产率高, 是工业化批量生产石墨烯的有效途径。

9.5 石墨烯的结构表征技术

石墨烯具有独特的二维单原子层晶体结构 (横向尺寸可达数百 cm, 厚度仅为原子量级) , 其结构表征技术具有特殊性: 既要兼顾层片的宏观横向尺度, 又要实现原子解析。本节将简要介绍实验室采用的几种重要的石墨烯结构表征技术, 包括光学显微、电子显微、扫描探针显微、拉曼光谱等技术。

1. 光学显微技术

单层、双层和少数层石墨烯可以使用光学显微镜、原子力显微镜 (AFM)、扫描电子显微镜 (SEM)、透射电子显微镜 (TEM) 等进行成像。为了更好地展示不同层数的石墨烯, 通常需要组合两种或多种成像技术。其中, 光学显微镜是最便宜、简单易行、非破坏性的方法, 因此它被广泛用于不同石墨烯层的成像。但石墨烯在一般的硅片基底上时无法通过光学显微镜观测到, 为了得到对比度最佳的图像, 应该将石墨烯层转移到表面有一定厚度氧化层 (SiO_2) 的硅片上。自 2008 年以来, 人们对如何设计氧化层的厚度以提高石墨烯的光学成像方面投入了大量的关注[23]。只有当氧化层的厚度满足条件时, 由于光路衍射和干涉效应而导致颜色变化, 石墨烯才会显示出特有的颜色和对比度。

为增强石墨烯在光学显微镜中的对比度, SiO_2 和 Si_3N_4 成为广泛首选用于涂覆硅片的材料。另外, 入射光波长也是影响对比度的重要因素。Blake 等在多种窄带滤波器的辅助下考察了对比度的变化规律, 用于检测不同厚度 SiO_2 基底上的石墨烯层。此外, 他们还证实了在普通白光照射下, 厚度为 200 nm 的 SiO_2 上的石墨烯层是不可见的。然而, 厚度为 300 nm SiO_2 上的石墨烯晶片在绿光照射下可见, 厚度为 200 nm SiO_2 上的石墨烯晶片在蓝光下可见。

图 9.12 所示为覆有 300 nm 厚 SiO_2 的单、双和三层石墨烯的光学成像照片。通过色彩对比和 AFM 可揭示石墨烯试样的层数[24]。此外, 该检测技术受到基底厚度和入射光波长的影响。目前, 光学显微技术已经成为一种成熟的石墨烯层数标定技术。

2. 电子显微技术

电子显微技术是研究微细结构的重要手段, 在纳米材料表征上发挥着重要作用。

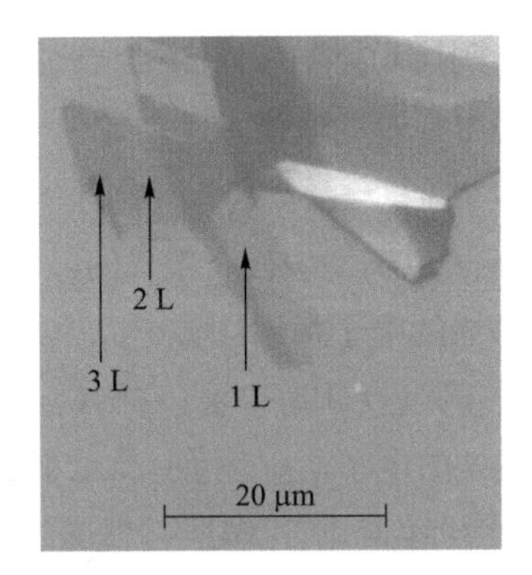

图 9.12 覆有 300 nm 厚 SiO_2 的单、双和三层 (分别标记为 1L、2L 和 3L) 石墨烯的光学成像照片

常用的电子显微镜技术包括 SEM 和 TEM。

SEM 的成像原理是: 当电子束在试样表面扫描时会激发出二次电子, 用探测器收集产生的二次电子, 则可获得试样表面结构信息。在通常情况下, 石墨烯在 SEM 下是很难成像的, 这是由于石墨烯的厚度为原子量级, 表面起伏多为纳米量级, 且石墨烯发射二次电子的能量极低。但由于石墨烯质软, 在基底上沉积后会形成大量的褶皱, 这些褶皱在 SEM 下可被清晰分辨, 从而能将石墨烯的轮廓 "勾勒" 出来, 如图 9.13 所示。因此, SEM 常被用来表征大面积石墨烯薄膜, 效率极高。

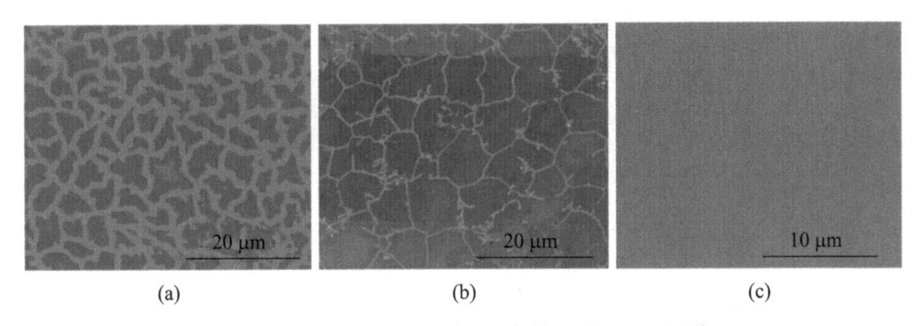

图 9.13 石墨烯在不同生长条件下的 SEM 图像

TEM 是用透射电子束穿过超薄试样到达成像透镜和检测器而产生物像的, 其分辨率可达到原子尺度。由于电子容易散射和被物体吸收, 故穿透力低, TEM 观测的试样必须制成超薄切片。石墨烯的原子层厚度使得它可直接在 TEM 下进行检测。然而, 使用传统的 TEM 手段会受限于其在低操作电压下的分辨率, 而在高操作电压下又会破坏石墨烯的单层结构。

Meyer 等使用一种新型的与单色仪相结合的球差校正 TEM 对石墨烯晶格进行直接表征[10]。它可以在仅有 80 kV 的电子加速电压下达到 0.1 nm 的分辨率, 因此能够在不破坏石墨烯薄膜稳定性的情况下对其表面结构进行精确检测。从图 9.4 中可以看出, 石墨烯结构中碳原子排列成六边形, 还会产生一些五方环和七方环的缺陷, 这些缺陷结构的存在主要是为了避免位错和断层的发生, 同时石墨烯的缺陷和拓扑特性也会影响其电子和力学性能。

TEM 自带的电子衍射仪可以辅助表征石墨烯的晶体结构, 同时帮助判定石墨烯的层数, 图 9.14 所示为石墨烯的电子衍射图像[25]。其中, 图 9.14a 为单层和多层石墨烯的 TEM 图像, 图像中左侧黑点处为单层, 右侧白点处为多层。图 9.14b 和 c 分别是图 9.14a 中黑点和白点处的电子衍射图像, 展示了石墨烯中碳原子的六边形排列特征。单层石墨烯电子衍射图像不同于多层石墨烯的主要之处在于: 代表单层石墨烯的 {1100} 衍射光斑的强度高于 {2110}。图 9.14 d 和 e 所示的电子衍射强度分布图分别对应于图 9.14 b 和 c 中从 {2110} 到 {1100} 的直线。单层石墨烯的中间两个 {1100} 峰强度较高, 这是其独有的特征。从图中二者强度的比值可以得出, 单层石墨烯 $l_{\{1100\}}/l_{\{2110\}} \approx 1.4$, 双层石墨烯 $l_{\{1100\}}/l_{\{2110\}} \approx 0.4$。利用这一特征, 可对石墨烯试样进行直接观测并进行统计分析, 进而判定试样的质量和单层石墨烯的产率。

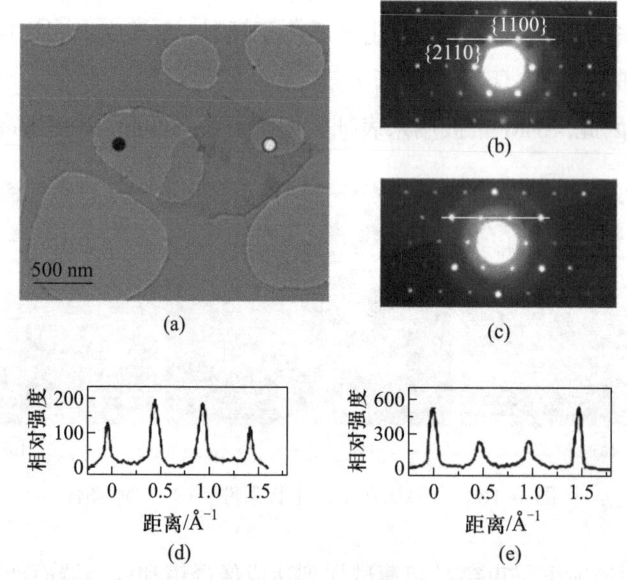

图 9.14 石墨烯的电子衍射图像: TEM 图像 (a); 单层和双层石墨烯的电子衍射谱 (b、c); 衍射峰 (d、e)

3. 扫描探针显微技术

扫描探针显微镜 (SPM) 是根据量子力学中的隧道效应而设计的。通过 SPM 不仅可以直接观测试样表面的单个原子和表面的三维原子结构图像, 还可以同时获得表面的扫描隧道谱, 进而研究材料表面的化学结构和电子状态。SPM 包括 AFM 和 STM 两种模式, 可以分别对石墨烯的表面形貌和原子结构进行检测。

AFM 是一种极为实用的能在纳米尺度内探测层厚的技术。但是, 这种技术对于大面积石墨烯成像来说非常繁琐。而且, 在常规操作条件下, AFM 成像仅能给出形貌上的对比度, 而不能区分出氧化石墨烯和石墨烯层。此外, 轻敲模式 AFM 具有一个引人关注的特性, 即可以相位成像, 由于 AFM 探针与石墨烯上附着的功能团之间存在着不同的相互作用力, 这有助于区分无缺陷原始石墨烯和其功能化变体。

Paredes 等[26] 给出引力模式对确定石墨烯层厚度的影响, 同时证实斥力模式会诱导变形, 从而导致在高度测量方面存在误差。他们还发现, 未还原的氧化石墨烯的厚度为 1.0 nm, 化学还原氧化石墨烯的厚度为 0.6 nm。据报道, 厚度和相位对比度存在差异是由某一独特含氧功能团在还原过程中的亲水性差异导致的, 如图 9.15 所示。

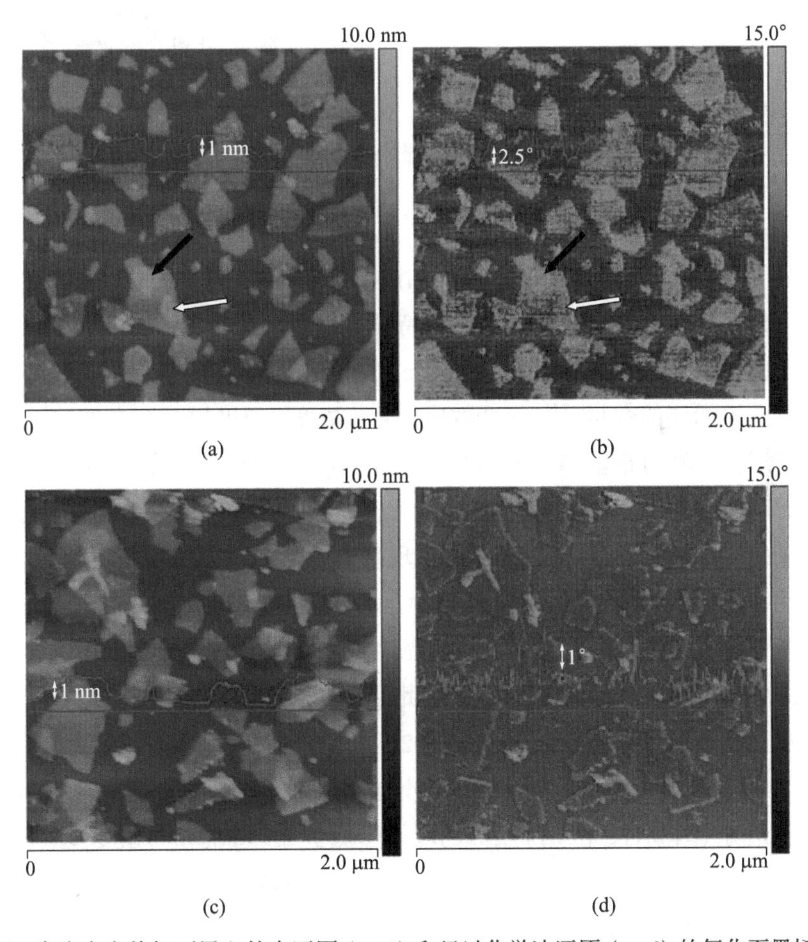

图 9.15 高度定向热解石墨上的未还原 (a、b) 和经过化学法还原 (c、d) 的氧化石墨烯晶片的高度 (a、c) 和相应相位 (b、d) 的轻敲模式 AFM 图像。该图像测量的是探针与试样相互作用的引力区的结果。叠加到每个图像上的是一条沿着深色标记线测出的轮廓线

除了成像和厚度检测, 由于 AFM 可以辨别材料变形过程中产生的微小力矩, 还

被用于探索石墨烯的力学表征[23]。现在已经可以运用各种 AFM 模式来研究石墨烯晶片的力学、摩擦力学、电力学、磁力学甚至是弹性力学性能。

通过 STM 可以得到石墨烯的原子分辨图像。STM 测量对试样的要求较高, 试样表面需平整、干净。STM 可直接检测生长在铜箔上的石墨烯 (图 9.16a)。SiO_2–Si 基底上的石墨烯 STM 图像如图 9.16b 所示。

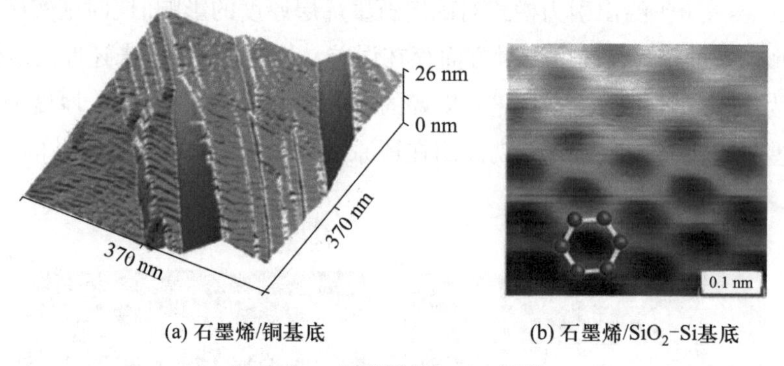

(a) 石墨烯/铜基底　　(b) 石墨烯/SiO_2–Si基底

图 9.16　石墨烯的 STM 图像

4. 拉曼光谱技术

拉曼 (Raman) 光谱技术是利用光的散射效应而开发的一种无损检测与表征技术。由于碳同素异形体的电子带变化, 其特征可以通过拉曼光谱的 D、G 和 2D 峰 (分别在 1 350 cm^{-1}、1 580 cm^{-1} 和 2 700 cm^{-1} 附近出现) 来确定。识别这些特征后就可以根据石墨烯层的数量及其应变效应、掺杂浓度、温度以及存在的缺陷情况来表征石墨烯层。G 峰与布里渊区中心的双衰减 E_{2g} 声子模式有关, 它是由 sp^2 碳原子的面内振动引起的, 反映其对称性和结晶程度。2D 峰源自二阶拉曼散射过程, 它的频率几乎是 D 峰频率的两倍。D 峰的出现是由紊乱的原子排列或石墨烯边缘效应、电子波动和电荷漩涡造成的。

石墨与单层和少数层石墨烯的拉曼光谱对比如图 9.17 所示。石墨烯层中心的拉曼光谱图中没有出现 D 峰, 这可以证实此处石墨烯无缺陷, 相反在石墨烯和石墨的光谱中观察到了形状和强度显著变化的 2D 峰 (图 9.17a 和 b)。

Ferrari 等发现块状石墨的 2D 峰会分裂成两种组分, 双层石墨烯的 2D 峰会分裂成 4 种组分 (图 9.17c 和 d)。层数的增加降低了 2D 峰的相对强度, 增强了其半高峰全宽 (full width at half maximum, FWHM) 值, 使峰位发生蓝移。据报道, 单层石墨烯的单尖 2D 峰强度比 G 峰高 4 倍[27]。

石墨烯的性能主要取决于层数和纯度。许多研究人员使用拉曼光谱作为一种非破坏性工具对单层和少数层石墨烯进行表征及维持质量控制。采用拉曼光谱也可以研究以下几种参数对石墨烯的影响, 包括厚度、石墨烯层的张力、缺陷和掺杂等。

结构表征对于材料研究来说必不可少。对于石墨烯这种新型的二维单原子层材

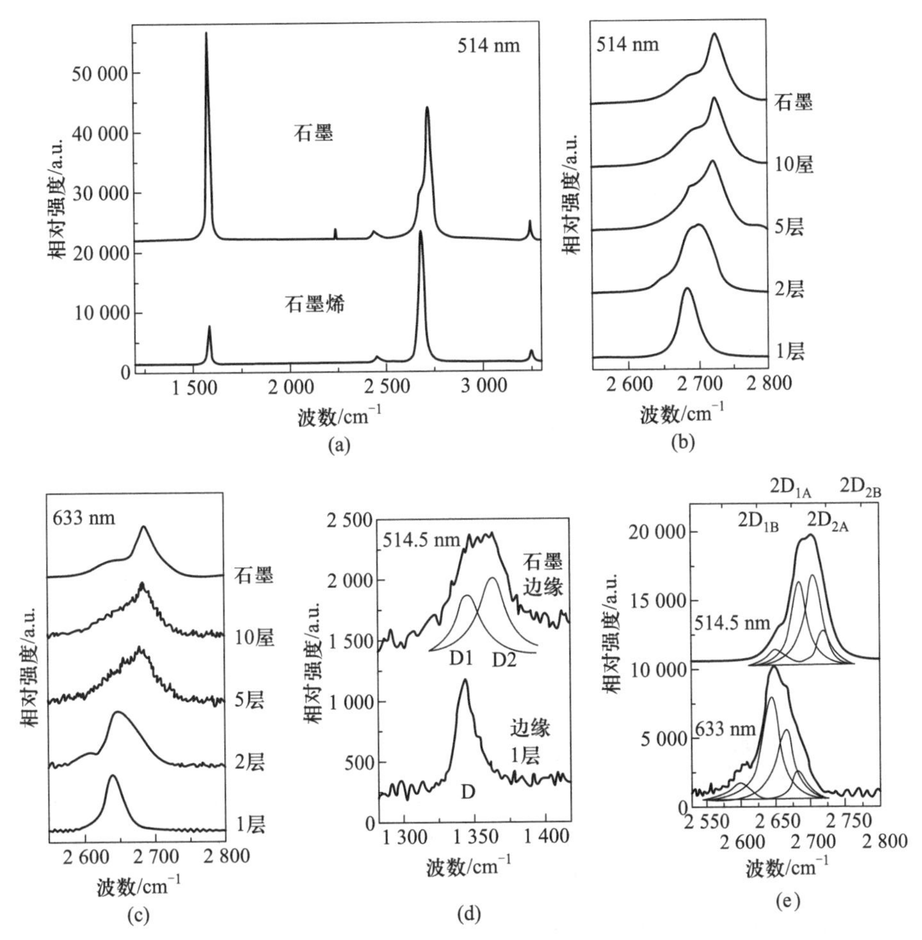

图 9.17 (a) 石墨和单层石墨烯在 514 nm 时的拉曼光谱比较; (b) 和 (c) 分别是 514 nm 和 633 nm 激发时, 2D 峰值位置随石墨烯层数的变化; (d) 和 (e) 分别为块状石墨边缘和单层石墨烯在 514 nm 时的 D 峰对比图, 图中还展示了块状石墨 D 峰的 D1 和 D2 组成的拟合曲线; (e) 双层石墨烯在 514.5 nm 和 633 nm 激发时 2D 峰的 4 种组成

料来说, 更需要系统地探究各种结构检测技术, 用以辅助石墨烯制备工艺方法的改进, 提高石墨烯的质量与纯度, 为后续的性能与应用研究奠定基础。

9.6 石墨烯的应用

由于石墨烯具有良好的导热性、高强度、高透明度以及超大的比表面积等优异性能, 使其具有广泛的用途, 在制备各种器件和复合材料等方面具有广阔的应用前景[28]。

9.6.1 石墨烯器件

由于石墨烯具有非常优异的电学、力学、光学和热学等特性, 结合石墨烯材料和微纳加工工艺可实现各种类型和功能的器件, 以下将分别介绍基于石墨烯的晶体管、存储器、传感器和执行器、储能器等方面的研究工作及存在的问题。

1. 石墨烯晶体管

石墨烯具有极高的迁移率, 因此适合应用于射频领域。2010 年, IBM 公司 Lin 等[11] 在 *Science* 上报道了基于 2 in SiC 外延生长的晶圆级石墨烯晶体管 (图 9.18) , 开关截止频率达 100 GHz, 而相同沟道长度 (240 nm) 的硅晶体管截止频率仅为 40 GHz, 这表明在 RF 领域石墨烯晶体管的性能已经超越了硅晶体管。然而, 基于石墨烯的晶体管仍然存在缺陷, 如图 9.18c 所示, 石墨烯的漏端电流随电压增加并不饱和, 这是由石墨烯零带隙造成的。2011 年, IBM 公司 Wu 等报道了采用大面积 CVD 石墨烯制备的 40 nm 沟道长度的石墨烯晶体管, 其截止频率高达 155 GHz。2010 年, Duan 课题组研制出自对准的高性能石墨烯晶体管, 截止频率高达 300 GHz。2012 年, IBM 公司 Wu 等报道了基于 SiC 生长的石墨烯晶体管截止频率高达 350 GHz。

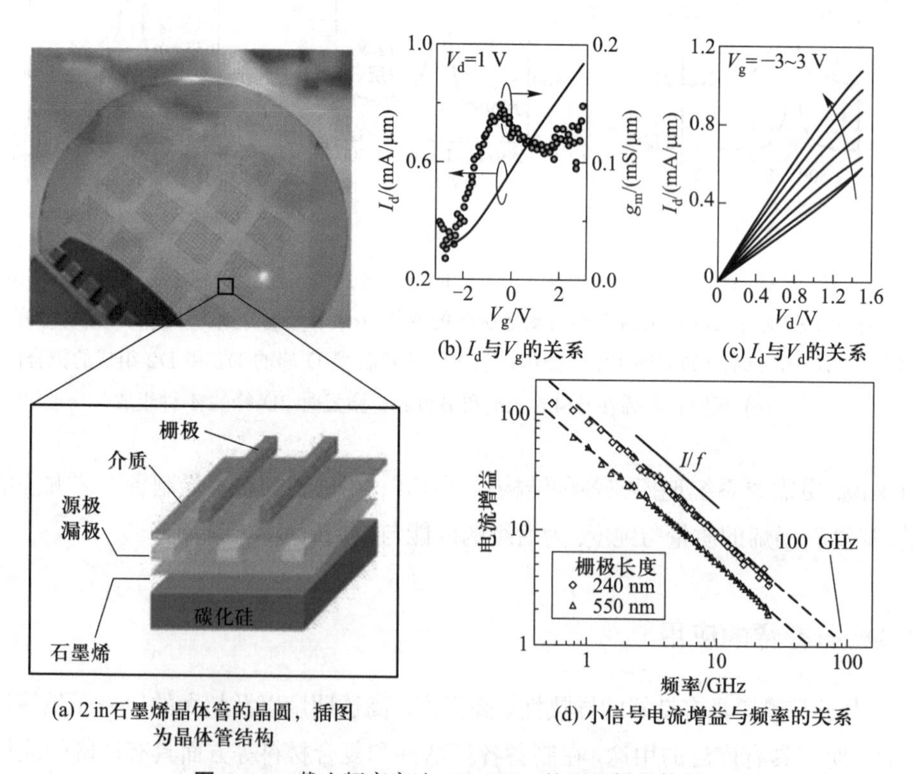

(a) 2 in石墨烯晶体管的晶圆，插图为晶体管结构

(b) I_d与V_g的关系

(c) I_d与V_d的关系

(d) 小信号电流增益与频率的关系

图 9.18 截止频率高达 100 GHz 的石墨烯晶体管

IBM 公司在石墨烯集成电路方面进行了探索, 2011 年报道了石墨烯晶体管与电感集成的射频混频器, 工作频率达 10 GHz, 2014 年实现了基于石墨烯晶体管的射频

接收器, 工作频率可达 4.3 GHz。以上提及的石墨烯晶体管应用均在射频领域, 然而石墨烯的零带隙很大程度上阻碍了其在数字电路方面的应用, 石墨烯晶体管的开关比通常小于 10, 若要应用于数字电路, 需要在其中引入带隙才有可能实现低功耗逻辑电路。研究人员尝试在石墨烯中引入带隙, 如石墨烯纳米条带、双层石墨烯、还原氧化石墨烯等, 但基于这些材料的晶体管开关比目前仍小于 10^3。研究具有高开关比的新型石墨烯晶体管对于低功耗数字电路具有重要的意义。

2. 石墨烯存储器

存储器在集成电路中占有较大比重, 目前主流的非挥发存储器技术为 Flash, 为进一步延伸摩尔定律, 需不断缩小尺寸, 而石墨烯仅为单原子厚度, 有望进一步缩小单个存储器尺寸, 以提升存储密度。目前, 将石墨烯引入 Flash 器件取得了重要进展, Wang 课题组报道了采用石墨烯作为 Flash 浮栅层以俘获电荷, 实现了 6 V 的存储窗口以及较低的擦写电压, 数据在室温下预计的保持时间长达 10 年。如图 9.19 所示, Kis 课题组集成石墨烯和 MoS_2 实现了二维 Flash 器件, 采用石墨烯作为源漏电极和浮栅层, MoS_2 作为沟道, 实现了存储窗口达 8 V 的 Flash 器件[29]。

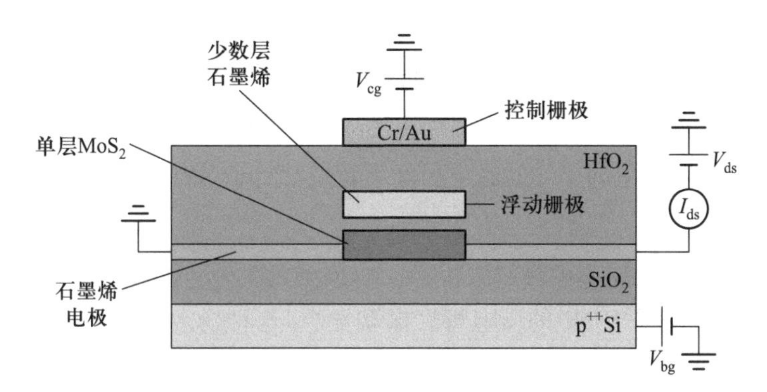

图 9.19 集成石墨烯和 MoS_2 的 Flash 器件侧面结构图

然而, Flash 技术的存储密度已经遇到瓶颈, 器件尺寸无法缩小至 10 nm 以下, 阻变存储器是目前最有潜力替代主流 Flash 技术的方案, 其优势在于结构简单, 尺寸可以缩小至 5 nm, 能够实现三维集成等。许多研究者致力于研究以氧化石墨烯 (graphene oxide, GO) 作阻变材料的阻变存储器, Jeong 等采用 Al/GO/Al 结构实现了柔性阻变存储器, 写电压为 2.5 V, 开关比大于 10^2。Hong 等采用 Al/GO/ITO 结构实现了柔性阻变存储器, 写电压为 2 V, 开关比达到 10^3。Hong 等研究了阻变机理, 发现主要由 Al 金属离子进入 GO 形成导电细丝引起电阻变化。He 等采用 Cu/GO/Pt 结构实现了阻变存储器, 写电压小于 1 V, 开关比为 20, 开启电压较小是因为采用铜作为顶电极, 在较低电场下就能在 GO 中产生铜的导电细丝。无论是阻变材料的厚度还是阻变特性, GO 并不比传统氧化物 HfO_x 或 AlO_x 具有优势。然而, 利用石墨烯作为阻变存储器的电极则是极具前景的方向, 因为石墨烯本身仅为单原子层厚度, 能够进一步降低器件的整体厚度; 2014 年在微电子器件领域顶级会议 IEDM 上, 斯坦福大学的 Philip Wong 课题组报道了采用石墨烯作为底电极实现的三维集成的 RRAM, 写电压仅为 2 ~ 4 V, 开关比大于 80。然而, 石墨烯应用于阻变存储器的探索尚处于初级阶段, 在其机理、性能提升和结构优化等方面还具有较大研究空间。

3. 石墨烯传感器和执行器

传感器和执行器日益渗透到人们的生活中, 例如手机集成了触摸显示屏、三轴陀螺仪、光线传感器、距离传感器和指纹识别装置等。由于石墨烯具有单原子层厚度, 并且对环境波动极其敏感, 如果能够采用石墨烯制备传感器和执行器, 则有望大幅提升器件的集成度和灵敏度。传感器和执行器主要依靠声电、力电、热电和光电的耦合, 从而实现传感和执行功能。下面分别介绍石墨烯在声学、力学、光学和热学方面的代表性器件。

1) 石墨烯声学器件

2013 年, Zettl 等报道了基于石墨烯的静电式扬声器, 实现了 20 Hz ~ 20 kHz 频段的声学输出, 并且输出的声频谱响应特性达到商用耳机水准。由于石墨烯质量极小并且厚度极薄, 是静电式扬声器的理想振膜, 并且石墨烯的引入将有利于器件的小型化。然而, 该器件在制备过程中存在挑战, 需要将大面积石墨烯悬空于 7 mm 直径的孔上, 而一般石墨烯可靠的悬空长度不超过 10 μm, 因此这种声学器件还存在可靠性的问题。

2013 年 Bae 等和 Xu 等研究了基于石墨烯/PVDF/石墨烯结构的压电式扬声器 (图 9.20) , 利用 PVDF 的压电特性振动发声, 这种扬声器具有柔性透明的特点。以上介绍的两种石墨烯声学器件都是基于薄膜机械振动发声。这些器件存在一个共性问题, 即振膜输出声频谱响应不够平坦, 这是振膜存在固有中心谐振导致的, 因此研究具有平坦声输出性能的新型石墨烯声学器件具有重要意义。

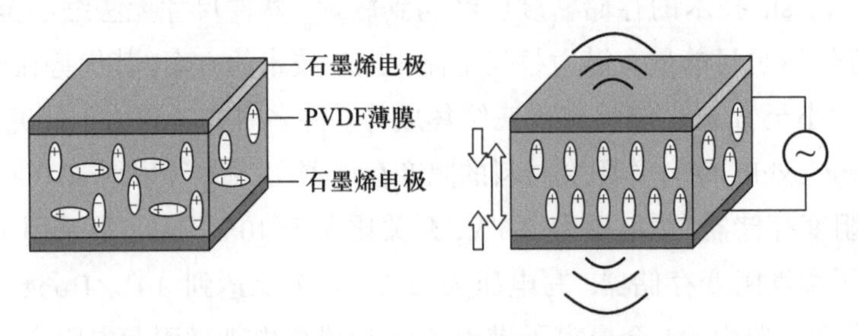

图 9.20 由石墨烯与 PVDF 构成的电压式扬声器结构

2) 石墨烯力学器件

石墨烯力学代表性器件为应力和压力传感器, 下面分别介绍这两种器件的研究情况。在应力传感器领域, 2010 年 Lee 等报道了基于 CVD 石墨烯的应力传感器, 其灵敏度系数为 6.1。Zhang 课题组于 2011 年报道了通过 PDMS 预拉伸制备带有褶皱的石墨烯应力传感器, 能够承受较大的拉伸, 其灵敏度系数为 0.55。2012 年, 该课题组报道了基于纳米晶粒的石墨烯应力传感器 (图 9.21), 灵敏度系数高达 300。Fu 等研究了石墨烯能够被拉伸的范围, 当拉伸量在 4.5% 以内, 石墨烯薄膜是可以恢复的; 当拉伸量超过 5% 时, 石墨烯会被拉断。目前, 石墨烯应力传感器的研究存在以下两大共性问题: 一方面制备工艺较为复杂, 生产过程中会对石墨烯引入沾污和预应力等; 另一方面石墨烯可承受的拉伸范围较小, 可靠性较低。

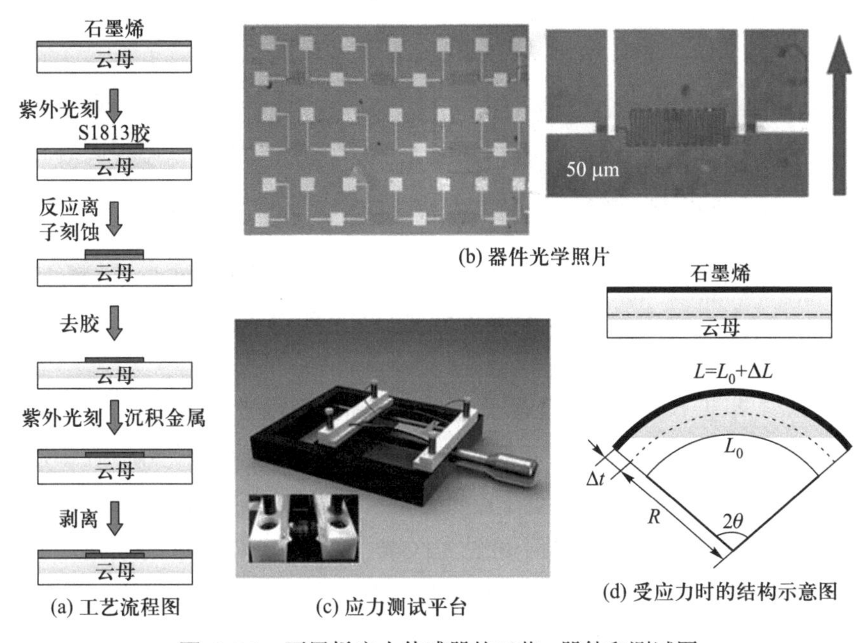

图 9.21 石墨烯应力传感器的工艺、器件和测试图

在压力传感领域, 基于压阻效应的压力传感器具有结构简单和灵敏度高的优势, 然而目前报道的石墨烯压力传感器难以兼顾检测灵敏度和压力范围。2013 年, Smith 等采用悬空的单层石墨烯作为压力传感器, 其检测范围高达 100 kPa (图 9.22), 然而灵敏度仅为 2.66×10^{-5} V/kPa。

2013 年, Yao 等用石墨烯混合泡沫制成的压力传感器的灵敏度高达 0.26 V/kPa, 但压力大于 2 kPa 以后, 灵敏度会下降为 0.03 V/kPa, 因此研究在较广压力范围内具有高灵敏度的石墨烯压力传感器具有重要意义。

3) 石墨烯光学器件

在光学领域石墨烯的代表性器件为光电探测器和发光器件, 下面分别介绍这两种器件的研究情况。

在光电探测领域, 2009 年 Xia 等基于石墨烯的高迁移率实现了高达 40 GHz 响应频率的光电探测器 (图 9.23), 不足之处在于其光电探测灵敏度仅为 0.004 A/W。

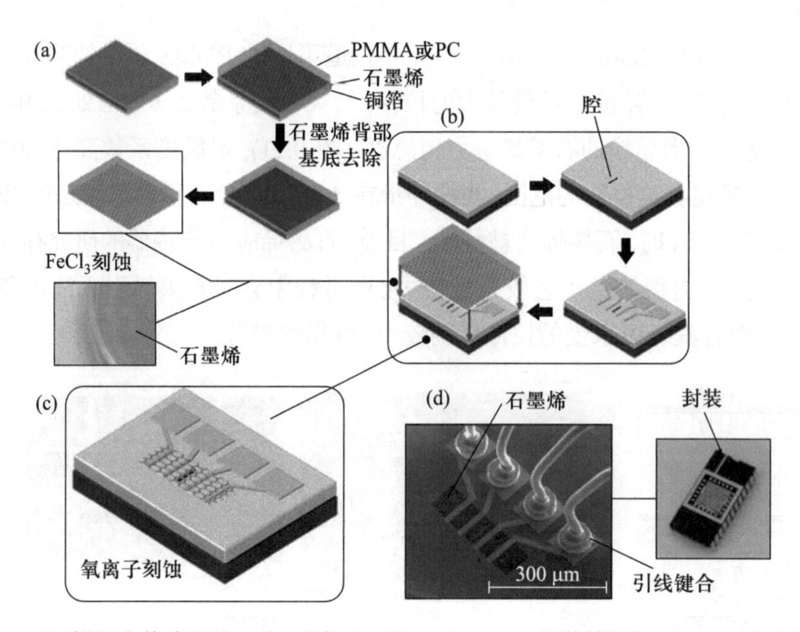

图 9.22 石墨烯压力传感器的工艺、器件和封装: (a) CVD 石墨烯转移工艺; (b) 器件加工工艺; (c) 器件结构; (d) 器件 SEM 照片及封装后的实物图

Konstantatos 等基于石墨烯混合量子点实现了高灵敏度光电探测器, 探测灵敏度高达 10^7 A/W, 其工作机理为量子点吸收光, 分离电荷后传导至石墨烯, 在该器件中石墨烯的功能为电荷传输层, 而由量子点负责光吸收, 因此其探测波长受到量子点光吸收波长的限制, 使探测波长局限于可见光区域。2012 年, Freitag 等研究了石墨烯光电探测的工作机理, 发现同时存在光电效应、热电效应和温度效应三种工作机制, 并且在不同条件下起主导的效应不同。2013 年, Wang 等利用石墨烯与硅构成异质结并集成到硅光波导上, 能够探测 2.75 μm 波长的远红外光, 探测灵敏度高达 0.13 A/W。

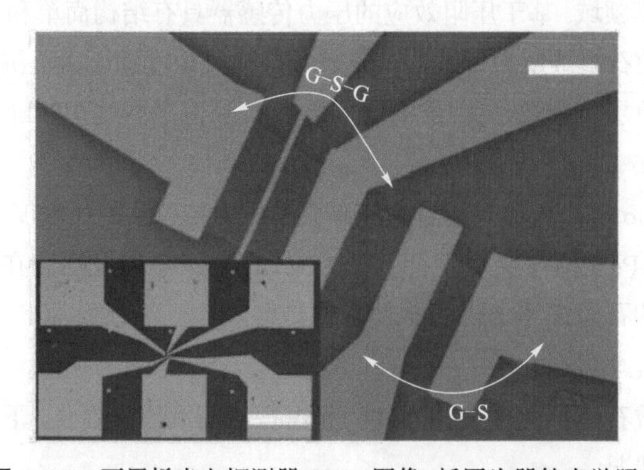

图 9.23 石墨烯光电探测器 SEM 图像, 插图为器件光学照片

以上研究表明, 石墨烯在光电探测领域具有良好的应用前景。然而, 石墨烯光电

探测器的研究主要集中于单个器件, 由于受到材料制备、器件工艺偏差等限制, 还未实现石墨烯光电探测器阵列的成像。

在石墨烯发光器件研究方面, 2013 年 Zhang 课题组研究了由石墨烯间隙与 SiO_2 构成的电致发光器件, 通过石墨烯间隙施加强电场至 SiO_2, 能够激发 SiO_2 中的硅量子点发光。2014 年, Kwon 等报道了基于石墨烯量子点的光致发光现象, 量子点直径为 $2 \sim 10$ nm, 不同直径的量子点能够发射不同波长的光。2015 年, Novoselov 课题组报道了由石墨烯、氮化硼和二硫化钼构成的叠层发光器件, 分别从上层和下层石墨烯注入电子、空穴到二硫化钼中复合发光, 实现的发光器件量子效率接近 10%。目前, 石墨烯发光器件研究尚处于初级阶段, 还未在石墨烯中观测到电致发光, 因此研究基于石墨烯的新型发光器件具有重要意义。

4) 石墨烯热学器件

石墨烯具有极高的热导率, 有望解决目前困扰集成电路的 hot spot 问题。2012 年, Balandin 课题组将少层石墨烯与大功率 GaN 晶体管进行集成 (图 9.24), 有效地将 GaN 器件温度降低 20 ℃, 降低器件的工作温度可大幅提升器件的寿命和可靠性。2013 年, Han 等报道了将 rGO 集成到 GaN 发光二极管中, 能够有效降低结区器件温度和界面热阻。2013 年, Gao 等将单层石墨烯转移至发热金属表面, 能够有效降低表面温度 13 ℃。基于以上研究成果可以发现, 石墨烯在散热应用方面取得了重要进展, 然而对于石墨烯在热整流器方面的研究仍然停留在理论层面, 亟须实验论证, 因此石墨烯热学器件研究还具有较大的拓展空间。

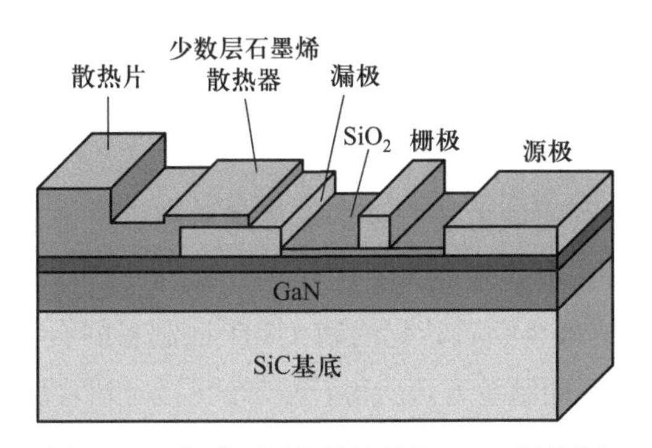

图 9.24 集成石墨烯散热片的 GaN 晶体管

4. 石墨烯储能器件

单片石墨烯的表面积为 2 630 m^2/g, 这比目前电化学双层电容器中活性炭的 Brunauer-Emmett-Teller (BET) 表面积值高出许多倍。Ruoff 等首次研发了化学改性石墨烯 (chemically modified graphene, CMG) , 并用这种石墨烯电极材料制成了超级电容器 (图 9.25) 。这些石墨烯是从仅有一个原子厚度的碳层制备得到的, 并根据需要进行了功能化处理。此外, 他们还测出了石墨烯的比电容在水相和有机相电解质中分别为 135 F/g 和 99 F/g。高电导率使得这些材料能在很宽的电压扫描速率范围内保持良好性能。

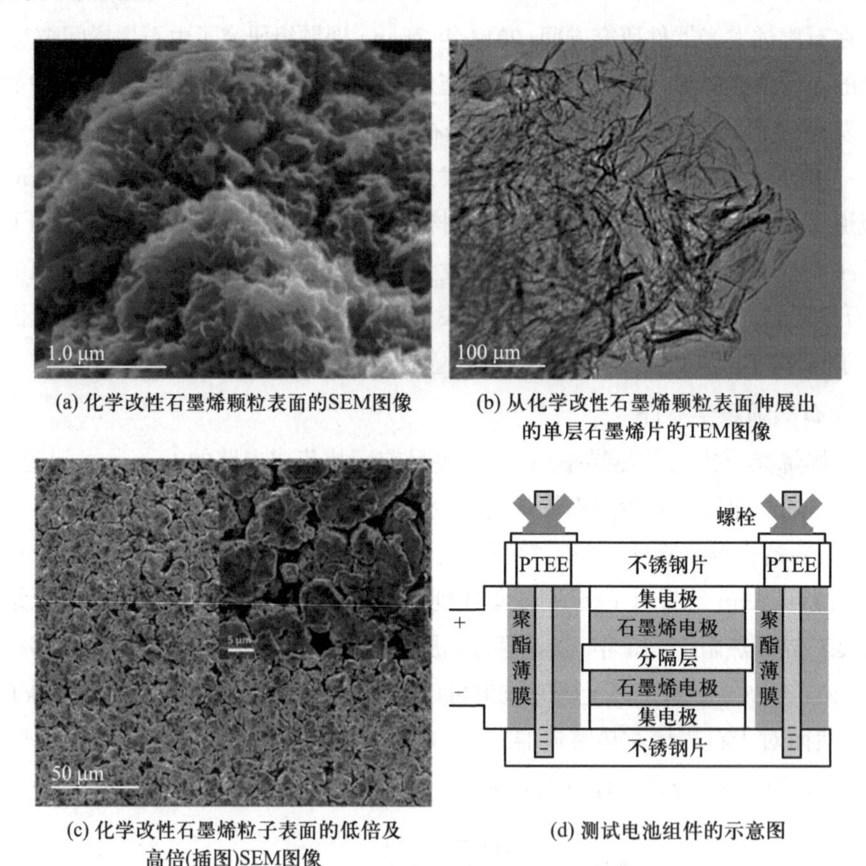

(a) 化学改性石墨烯颗粒表面的SEM图像　(b) 从化学改性石墨烯颗粒表面伸展出的单层石墨烯片的TEM图像

(c) 化学改性石墨烯粒子表面的低倍及高倍(插图)SEM图像　(d) 测试电池组件的示意图

图 9.25　化学改性石墨烯制备的超级电容器

Rao 等比较了三种不同方法制备的石墨烯基超级电容器性能, 其中氧化石墨膨胀法获得的石墨烯比电容最高, 在 1 mol/L H_2SO_4 和 1 V 电压下, 比电容密度为 117 F/g; 而用纳米金刚石转化法和 CVD 法制备的石墨烯比电容较低, 分别为 35 F/g 和 6 F/g。不同制备方法所得石墨烯的层数和形貌不同, 其电容器性能有较大差异。Jiang 等发现氧化石墨烯采用高温炉还原时, 由于表面液体收缩的作用, 还原后的石墨烯呈弯曲状态, 弯曲的石墨烯堆叠时不容易发生层片间的重叠, 并能形成利于电解液进入的孔结构, 更适合用于超级电容器电极材料。

石墨烯基超级电容器电极除了具有大的存储密度外, 还拥有传统多孔碳电极所没有的超高充放电速率。Holloway 等利用射频等离子体增强 CVD 法在镍基底表面生长得到竖直石墨烯薄片。竖直石墨烯直接生长在金属基底上, 不通过导电黏结剂与电极固定, 减小了电极内阻, 同时垂直敞口孔形态使电解液离子能迅速从电极上吸附/脱附。因此, 基于竖直石墨烯电极的双电层电容器既有较大的电容值, 又具备良好的高频性能。竖直石墨烯电极制备的超级电容器在 120 Hz 交流电下, 表观电容值为 175 μF, 电阻为 1.1 Ω, RC 时间常数小于 200 μs。其在水相和有机相电解液中的电荷存储能力分别为 1.5 FV/cm^3 和 5.5 FV/cm^3, 与常用的铝电解电容器 0.14 FV/cm^3 相比要高许多。

9.6.2 石墨烯复合材料

石墨烯复合材料的研究主要集中在石墨烯聚合物复合材料与石墨烯基无机纳米复合材料上。石墨烯聚合物复合材料可分为石墨烯填充聚合物复合材料和功能化聚合物复合材料。Vadukumpully 等通过溶液混合成功制备出石墨烯/聚氯乙烯复合材料, 结果发现, 2 wt% 的石墨烯填充物不仅可以使复合材料的杨氏模量提高 58%, 抗拉强度提高 130%, 同时还可以提高聚合物的玻璃化转变温度。而且, 石墨烯及其衍生物也可以通过聚合物修饰实现共价或非共价功能化, 制备出功能化石墨烯聚合物复合材料。其中, 石墨烯衍生物的共价功能化主要是指通过聚合物官能团和氧化石墨烯表面的含氧官能团发生反应。例如, Cai 和 Wang 等就分别制备出聚氨基甲酸乙酯和环氧树脂功能化石墨烯复合材料, 皆发现石墨烯的加入大大提高了复合材料的力学性能、杨氏模量和硬度。

参考文献

[1] Kroho H W, Health J R, Brien S C, et al. C60: Buckyminister-fullerene. Nature, 1985, 318: 162-163.

[2] Iijima S. Helical microtubules of graphite carbon. Nature, 1991, 354: 56-58.

[3] Novoselov K S, Geim A K, Morozov S V, et al. Electric field effect in atomically thin carbon films. Science, 2004, 306 (5696): 666-669.

[4] Geim A K, Novoselov K S. The rise of graphene. Nature Materials, 2007, 6: 183-191.

[5] 张丹慧, 张长茂, 杨厚波. 贵金属/石墨烯纳米复合材料的合成及性能. 北京: 国防工业出版社, 2015.

[6] Rao C N R, Biswas K, Subrahmanyam K S, et al. Graphene, the new nanocarbon. Journal of Materials Chemistry, 2009, 19(17): 2457-2469.

[7] Gu W, Zhang W, Li X, et al. Graphene sheets from worm-like exfoliated graphite. Journal of Material Chemistry, 2009, 19(21): 3367-3369.

[8] Meyer J C, Geim A K, Katsnelson M I, et al. The structure of suspended graphene sheets. Nature, 2007, 446(7131): 60-63.

[9] Li X S, Cai W W, An J, et al. Large area synthesis of high quality and uniform graphene films on copper foils. Science, 2009, 324(5932): 1312-1314.

[10] Meyer J C, Kisielowski C, Erni R, et al. Direct imaging of lattice atoms and topological defects in graphene membranes. Nano Letters, 2008, 8(11): 3582-3586.

[11] Lin Y M, Dimitrakopoulos C, Jenkins K A, et al. 100-GHz transistors from wafer-scale epitaxial graphene. Science, 2010, 327 (5966): 662.

[12] Lee C, Wei XD, Kysar J W, et al. Measurement of the elastic properties and intrinsic strength of monolayer graphene. Science, 2008, 321 (5887): 385-388.

[13] Lindasy L, Broido D A, Mingo N. Flexural phonons and thermal transport in graphene. Physical Review B, 2010, 82(11): 115427.

[14] Wang J, Hernandez Y, Lotya M, et al. Broadband nonlinear optical response of graphene dispersions. Advanced Materials, 2009, 21 (23): 2430.

[15] Nair R R, Wu H A, Jayaram P N, et al. Unimpeded permeation of water through helium-leak-tight graphene-based membranes. Science, 2012, 335 (6067): 442-444.

[16] Lu Xuekun, Yu Minfeng, Huang Hui, et al. Tailoring graphite with the goal of achieving single sheets. Nanotechnology, 1999, 10 (3): 269-272.

[17] 朱宏伟, 徐志平, 谢丹. 石墨烯: 结构、制备方法与性能表征. 北京: 清华大学出版社, 2011.

[18] Qian W, Hao R, Hou Y, et al. Solvothermal-assisted exfoliation process to produce grapheme with high yield and high quality. Nano Research, 2009, 2(9): 563-568.

[19] Rutter G M, Crain J N, Guisinger N P, et al. Scattering and interference in epitaxial graphene. Science, 2007, 317(5835): 219-222.

[20] 邹志宇, 戴博雅, 刘忠范. 石墨烯的化学气相沉积生长与过程工程学研究. 中国科学, 2013, 43(1): 1-17.

[21] Zhi Linjie, Müllen K. A bottom-up approach from molecular nanographenes to unconventional carbon materials. Journal of Materials Chemistry, 2008, 18 (13): 1472-1484.

[22] Bai H, Li C, Shi G. Functional composite materials based on chemically converted grapheme. Advance Materials, 2011, 23(9): 1089-1115.

[23] Jung I, Pelton M, Piner R, et al. Simple approach for high-constrast optical imaging and characterization of graphene-based sheets. Nano Letters, 2007, 7: 3569-3575.

[24] Park J S, Reina A, Saito R, et al. G' band Raman spectra of single, double and triple layer graphene. Carbon, 2009, 47: 1303-1310.

[25] Hernandez Y, Nicolosi V, Lotya M, et al. High-yield production of graphene by liquid-phase exfoliation of graphite. Nature Nanotechnology, 2008, 3(9): 563-568.

[26] Paredes J I, Villar-Rodil S, Solis-Fernandez P, et al. Atomic force and scanning tunneling microscopy imaging of graphene nanosheets derived from graphite oxide. Langmuir, 2009, 25: 5957-5968.

[27] Ferrari A C, Meyer J C, Scardaci V, et al. Raman spectrum of graphene and graphene layers. Physical Review Letters, 2006, 97: 187401.

[28] 孙红娟, 彭同江. 石墨氧化 – 还原法制备石墨烯材料. 北京: 科学出版社, 2015.

[29] Bertolazzi S, Krasnozhon D, Kis A. Nonvolatile memory cells based on MoS_2 graphene heterostructures. ACS Nano, 2013, 7(4): 3246-3252.